现代农业高新技术丛书

# 农业物联网技术及其应用

何 勇 聂鹏程 刘 飞 著

科 学 出 版 社

北 京

## 内 容 简 介

本书系统地介绍了农业物联网技术的理论基础和实际应用，主要包括农业信息的快速感知、无线传输、智能处理与控制的关键技术、装备及实际应用案例。总体思路是在详细介绍农业物联网基本技术原理的基础上，介绍相关关键技术及其实际应用案例，并结合著者团队相关研究成果进行农业物联网综合应用的说明。本书立足于团队十多年的研究成果，实现了理论和应用的统一，使读者对物联网技术在农业中的应用有全面系统的了解。

本书可作为高等农业院校农业物联网、农业信息化、农业工程、农业电气化等相关方向本科生和研究生的参考书，亦可供农业和农村信息化领域同行和技术人员阅读。

**图书在版编目（CIP）数据**

农业物联网技术及其应用/何勇，聂鹏程，刘飞著. —北京：科学出版社，2016.5

（现代农业高新技术丛书）

ISBN 978-7-03-048139-9

Ⅰ. ①农… Ⅱ. ①何…②聂…③刘… Ⅲ. ①互联网络–应用–农业–研究②智能技术–应用–农业–研究 Ⅳ. ①TP393.4②S126

中国版本图书馆 CIP 数据核字(2016)第 091565 号

责任编辑：王海光 王 好 / 责任校对：郑金红
责任印制：吴兆东 / 封面设计：北京图阅盛世文化传媒有限公司

科 学 出 版 社 出版
北京东黄城根北街 16 号
邮政编码：100717
http://www.sciencep.com

三河市骏杰印刷有限公司印刷

科学出版社发行 各地新华书店经销

*

2016 年 5 月第 一 版 开本：787×1092 1/16
2025 年 1 月第七次印刷 印张：23 1/4
字数：531 000

**定价：139.00 元**

(如有印装质量问题，我社负责调换)

# 作 者 简 介

**何勇** 浙江大学“求是”特聘教授、博士生导师。浙江大学农业信息技术研究所所长、浙江大学数字农业与农村信息化研究中心常务副主任、农业部设施农业装备与信息化重点实验室副主任，“十二五”国家863计划现代农业技术领域“数字农业技术与装备”主题专家、863计划项目首席专家、国家教学名师、国家百千万国家级人才、国家农村信息化示范省国家级指导专家、第四届教育部高校优秀青年教师、浙江省首届十大师德标兵、第四届浙江省十大杰出青年、浙江省有突出贡献中青年专家、全国优秀科技工作者，享受国务院政府特殊津贴。曾先后在日本东京大学、东京农工大学、美国伊利诺伊大学访问和担任客座教授。据ESI最新统计，全球共有4615名科学家进入农业科学领域前1%的“最被引科学家”，何勇教授名列72位，按TOP论文数排序名列19位，H指数35。

主要从事农业物联网、农村信息化、农用航空和智能农业装备等方面的科研和教学工作。主持国家863计划、国家自然科学基金、国家科技支撑计划及省部级重点科研项目50余项。发表论文400余篇，其中SCI收录300余篇。出版著作和教材20多部，获授权发明专利70多项、软件著作权登记30多项。担任ELSEVIER出版公司SCI收录农业工程权威杂志 *Computers and Electronics in Agriculture* 主编，*Food and Bioprocess Technology* 等10多本国际学术期刊编委，《农业机械学报》、《浙江大学学报》等10多本国内学术刊物的编委。担任国际农业工程学会（CIGR）第六分会委员、亚洲精细农业联合会常务理事。担任浙江省全国农村信息化示范省建设专家组组长、浙江省永康现代农业装备创新园区专家组组长，担任国际学术会议分会场主席、学术委员会委员30余次。负责的“精细农业”课程荣获国家精品课程和国家资源公开课程。指导的2位博士研究生分别获得2012年、2013年国家百篇优秀博士论文提名。获国家科技进步奖二等奖1项，浙江省科技进步奖一等奖3项、二等奖9项，教育部科学科技进步奖一等奖1项、二等奖1项，国家教学成果奖一等奖1项，省教学成果奖一等奖1项、二等奖2项。

# 作者简介

# 前　　言

物联网（internet of things，IoT）技术是20世纪末21世纪初提出并发展起来的高新技术。物联网技术在互联网的基础上，通过感知技术和智能传感仪器，实现“万物互联”。近年来，伴随着网络通信、电子、控制、制造、云计算和传感器等技术的发展，物联网技术得到了迅猛发展，其应用范围几乎涉及各行各业，已成为世界各国提升国家竞争力的重要组成部分。在我国，物联网产业作为战略性新兴产业之一得到国家的大力扶持，《中华人民共和国国民经济和社会发展第十二个五年规划纲要》、《国务院关于加快培育和发展战略性新兴产业的决定》和《物联网“十二五”发展规划》均对我国物联网产业的发展提出指导和规划。

农业是物联网技术的重点应用领域之一。当前，我国正处于传统农业向现代农业过渡阶段，物联网技术已逐步应用于农业生产的各个方面，如设施园艺、大田种植、畜禽养殖、水产养殖、农产品物流、农产品溯源等领域。农业生产中作物生长的特异性、生产过程的长期性和生产环境的复杂性决定了物联网技术在农业应用中的特殊性，因此，必须结合农业生产实际情况，研发适于我国农业发展特色的物联网技术和装备，实现农业生产信息快速实时获取、稳定高效传输、生产作业的智能决策与精准控制，对节约劳动力成本、减少水肥药等农资投入、降低环境污染、提升农产品品质和产量、促进农业生态和谐和可持续发展具有重要意义。

本书的撰写团队是国内最早开展农业物联网技术研究和应用的团队之一，常年工作在农业传感仪器和农业物联网技术研究与应用的前沿，在农业生产信息采集与过程控制、农业传感器开发、农产品品质检测和溯源等，进行了广泛的探索和研究。本书著者、团队负责人何勇教授是“十二五”国家863计划现代农业技术领域主题专家、863计划项目首席专家，长期致力于农业物联网技术和智能农业装备的研究、开发、应用和推广。本书著者主持了多项与农业物联网技术相关的国家和省部级项目，积累了丰富的研发成果和推广应用经验，多次荣获国家和省部级科技成果奖励。

目前，国内外出版的相关专著和教材，偏重于介绍物联网技术理论基础，实际应用案例较少，缺乏一本理论与实践相结合的著作。本书是团队十余年农业物联网技术研究与推广应用的成果积累，是多个国家863计划、国家科技支撑计划、国家自然科学基金及省部级科研项目的成果。内容上突出理论和实际应用的结合，从物联网技术的理论基础出发，结合著者对复杂农业环境的理解，通过典型案例展示物联网系统的整体性和应用效果，既详细介绍农业物联网的基本理论、关键技术，又面向农业各个方面的实际应用，深入浅出。本书主要内容包括农田土壤-作物-环境信息感知技术及其应用、畜禽水产养殖信息感知技术及其应用、农业对象个体识别、定位导航技术、遥感技术、信息传输与决策处理、物联网标准体系及实际应用案例分析，揭示了物联网技术在农业中的具体应用流程和方式。本书可帮助技术人员和学生快速入门，同时也为读者和相关研究人员了解最新动态和进一步深入研究提供了相关知识。

本书主要由浙江大学何勇、聂鹏程、刘飞等共同撰写，冯雷、方慧、裘正军、鲍一丹、吴迪和金华职业技术学院方孝荣、陈海荣参与了部分章节的撰写，并对本书的撰写给予了大力支持和帮助。团队研究生张初、余克强、朱红艳、赵艳茹、刘子毅、周莉萍、陈欣欣、孙婵骏、张建锋、骆一凡、张昭、张畅、张徐洲、朱逢乐、魏萱等参与了本书的撰写、修改和统稿工作，对他们付出的辛勤劳动表示衷心的感谢。

鉴于与物联网技术相关的信息通信、电子、控制、制造、云计算和传感器等技术发展迅猛，物联网技术涉及的知识面和应用领域非常广泛。农业物联网技术作为多学科交叉的典型技术，随着信息感知、信息传输、处理和控制，以及实际应用广度和深度的增加，必将促进农业复杂系统诸多实际问题的解决，提高农业物联网系统的稳定性和适应性，推动农业信息化、现代化和可持续发展。由于著者水平有限，书中难免有不妥之处，敬请同行和读者批评指正，以便本书再版时修正，若对本书有任何意见和建议，请与本书著者联系。

著　者

2015 年 12 月于浙江大学紫金港

# 目　　录

# 第 1 章　绪　　论

## 1.1　物联网的起源与发展

物联网技术最初由射频识别（radio frequency identification devices，RFID）技术的应用逐步演变而来，物联网技术最典型的应用可以追溯到 1991 年第一次美伊战争。在战争时期，美国军方发现战争结束后在一些港口、机场堆积着大量的军需物资和集装箱，在战后物资处理时，不知道这些物品应该运到何处，到底属于哪个部门管理。为搞清楚这些物资信息的归属，需要花费大量的人力和财力。因此，美国五角大楼启动了一个“军需物资可视化管理”的开发项目，将 RFID 技术应用于物资管理，实现智能化识别与管理，获得了成功的应用。此后，美国类似企业也开始研发这项技术，如 UPS、FEDEX 等大型速递公司也应用 RFID 技术打造了一个可以跟踪、查询快件位置的技术服务体系，并在该体系中获得较好的服务评价和业务发展。但早期这类物联网应用模式中，由于“物”没有感知力与计算力，所以其应用模式表现为人主动与“物”的交互，并没有完全实现“物”与“物”的交互。这与物联网概念有所差别，但也从此跨入了人与“物”的交互时代，奠定了物联网技术的发展基础。

随着计算机技术、电子技术、通信技术的快速发展与融合应用，“物”的属性及时空特性已经可以通过传感技术和电子计算能力获取与处理。通过通信技术进行信息交互，逐步实现了“物”与“物”之间的信息交互，从而产生物联网技术的概念。

物联网的概念最早来源于比尔·盖茨 1995 年发表的《未来之路》一书，比尔·盖茨在书中提及了 internet of things 的概念，但受当时的无线网络技术、智能硬件及传感设备发展的局限性，并未引起国际社会的广泛关注和重视。1998 年，美国麻省理工学院（MIT）提出了当时被称为 EPC（electronic product code）系统的“物联网”的构想，从此“物联网”逐步得到社会关注与重视。1999 年，美国 Auto-ID 率先提出“物联网”的概念，称物联网主要是建立在物品编码、RFID 技术和互联网的基础上。2005 年，国际电信联盟（international telecommunications union，ITU）发布了《ITU 互联网报告 2005：物联网》，综合二者内容，正式提出“物联网”的概念，包括了所有物品的联网和应用。

## 1.2　物联网的概念与内涵

### 1.2.1　物联网的概念

要理解物联网的概念，可以借鉴互联网的概念。互联网是人与人通过网络实现各种交互，它的参与互动对象指的是人，是人借助网络实现无距离、时间限制的实时信息交互。同理：物联网概念依然是以网络为媒介，以人或广义的“物”为对象通过网络实现实时信息交互，也就是我们通常讲的“物”“物”交互或称为“物”“物”相联。

物联网概念是在互联网的基础上，将其用户端延伸和扩展到任何物品与物品之间，实现“物”与“物”之间的信息交互和通信的一种网络概念。其定义是：通过射频识别、红外感应器、全球定位系统、激光扫描器等信息传感设备，按约定的协议，把任何物品与互联网相连接，进行信息交换和通信，以实现智能化识别、定位、跟踪、监控和管理的一种网络概念（詹益旺和胡斌杰，2014）。

### 1.2.2 物联网的内涵

物联网的英文名称为 internet of things，与互联网息息相关，其建立于互联网之上，又超出互联网的范畴。理解物联网概念的最佳方式是与互联网相比，根据物联网与互联网的密切关系与差别，结合国内外相关领域专家的概念诠释，提炼出以下几方面物联网技术的内涵。

#### 1. 互联网是物联网的基础

物联网并不是一张全新的通信技术或信息通信网络，实际上网络通信技术早就存在，它只是互联网发展的自然延伸和扩张，与互联网密不可分，是互联网发展的一个分支。互联网是可包容一切公网通信的网络，未来将会有更多的“物”加入到这张巨网中来，也就是说，物联网包含于互联网之内。

#### 2. 物联网是互联网的延伸

互联网是指人与人之间通过计算机网络结成的全球性的网络，实现人与人在网络上的信息互动，互联网服务于人与人之间的信息交换。而物联网的主体则是各种各样的物体，通过物体之间传递信息，实现物与物的实时交互，最终达到服务于人的目的，两张网的主体对象有所不同。所以物联网是互联网的扩展和补充，物联网将物体与物体通过传感技术将信息纳入互联网中，充分扩展、补充了互联网的信息交互对象。

#### 3. 物联网是未来的互联网

从广义角度看，随着电子信息技术的快速发展，未来的物联网将使人和“物”置身于无所不在的网络之中，在不知不觉中，人可以随时随地与周围的人或“物”进行信息的交互，将来的物联网也就等同于泛在网络，或者说下一代的互联网。物联网、泛在网络、下一代互联网之间其实并没有什么本质区别，虽然名字不同，但所表达的都是同一个愿景，那就是人类可以随时、随地使用任何网络，实现与任何人或物的信息交互。

从狭义的角度看，只要是物与物之间通过传感网络连接而成的网络，无论是否接入互联网，都属于物联网的范畴。物联网不仅局限于物与物之间的信息传递，还将与现有的公网通信网络实现无缝融合，最终形成人与物无所不在的信息交互，形成泛在网络。

物联网与互联网虽然有着相互依存的关系，但也是相对独立的两种网络，在数据传输技术上存在一定的共性技术。在物联网或下一代互联网应用中，我们希望所有的人、物、计算机、智能终端设备实现互连互通。物联网的发展泛在性很强，在一张大的物联网内，可能存在不同的系统，不同的应用终端，根据行业的不同可能应用系统完全不同，但很难鉴定不同的系统之间存在的相互关系，也许不同的应用系统之间没有任何信息交集，也可能使不同的系统中存在很多数据、规律上的交集。物联网的信息汇聚产生大数据，对大数据通过数据挖掘可以使信息产生价值。所以，物联网是基于对物可控、可管理技术的一个个互不相连的专用网络的统称，国际上习惯将其称为“泛在网络”，实际上就是要与互联网有所区别。

## 1.3 物联网的发展历史与现状

### 1.3.1 物联网发展历史

1998年，Auto-ID的概念以无线传感器网络和射频识别技术为支撑。1999年，在美国召开的移动计算和网络国际会议Mobi-Com 1999上提出了传感网（智能尘埃）是21世纪人类面临的又一个发展机遇。同年，麻省理工学院的Gershenfeld Nell教授撰写了*When Things Start to Think*一书，以这些为标志开始了物联网的发展。

2005年11月17日，在突尼斯举行的信息社会世界峰会（world summit on the information society，WSIS）上，国际电信联盟（ITU）发布了《ITU互联网报告2005：物联网》，正式提出了“物联网”的概念。报告指出：无所不在的“物联网”通信时代即将来临，世界上所有的物体都可以通过互联网主动进行信息交换。射频识别技术、无线传感器网络技术（wireless sensor networks，WSN）、纳米技术、智能嵌入技术将得到更加广泛的应用。2006年3月，欧盟召开会议“From RFID to the Internet of Things”，对物联网做了进一步的描述，并于2009年制定了物联网研究策略的路线图。2008年起，已经发展为世界范围内多个研究机构组成的Auto-ID联合实验室组织了“Internet of Things”国际年会。2009年，IBM首席执行官Samuel J. Palmisano提出了“智慧地球”（smart planet）的概念，把传感器嵌入和装备到电网、铁路、桥梁、隧道、公路、建筑、供水系统、大坝、油气管道等各种应用中，并且通过智能处理，达到智慧状态（刘强等，2010）。

### 1.3.2 各国物联网的发展战略

#### 1. 美国的“智慧地球”

随着互联网技术的快速发展及智能硬件的逐步普及，美国将IBM 2009年提出的“智慧地球”概念（建议政府投资新一代的智能设施装备）上升至美国的国家战略。该战略认为IT产业下一阶段的任务是将新一代IT技术（智慧信息设施与网络通信技术）充分应用于国民生产与服务的各个行业。例如，将传感器与信息获取装置应用到钢铁、电网、铁路、桥梁、公路、建筑、医疗等行业，实现不同行业的信息互通、智慧监控与数据联通，实现物物之间的无缝连接，并且被普遍连接，形成“物联网”。

#### 2. 欧盟“欧盟物联网行动计划”

2009年6月，欧盟委员会向欧盟议会、理事会、欧洲经济和社会委员会及地区委员会递交了《欧盟物联网行动计划》，确保欧洲在建构物联网的过程中起主导作用。该计划共包括14项内容，主要有管理、隐私及数据保护、“芯片沉默”的权利、潜在危险、关键资源、标准化、研究、公私合作、创新、管理机制、国际对话、环境问题、统计数据和进展监督一系列工作。欧洲物联网研究项目组（the cluster of european research projects on the internet of things，CERPIOT）于2009年制定了物联网相关的战略研究路线图（SRA）。

### 3. 日、韩“u”战略

2001年，日本政府在“e-Japan”战略的基础上推出了“e-Japan”2002年工程计划。根据计划，日本要在2002年建成全国各级政府网络的基本构架。可以说，从家庭、学校到政府，从核心干道到偏远地区，“e-Japan”战略的实施推进了这些地区基础设施的建设。尽管宽带普及率迅速提高，2004年3月，日本政府召开了“实现泛在网络社会政策”座谈会。同年5月，“u-Japan”战略正式诞生，用“u”（ubiquitous，意指“无所不在的”）取代“e”。根据“u-Japan”战略，到2010年，日本将建成一个在任何时间、地点，任何人都可以上网的环境。“u-Japan”战略提出要创造新商业及新服务，如开发区域资讯平台，强化“电子政府”的服务等，通过应用的普及和多元化，建立起促进用户使用网络的软条件，但这只是众多手段之一。“u-Japan”战略对不同的原因，制定出不同的解决方案。

2004年，面对全球信息产业新一轮“u”化战略的政策动向，韩国信息通信部提出“u-Korea”战略，并于2006年3月确定总体政策规划。根据规划，“u-Korea”发展期为2006～2010年，成熟期为2011～2015年。

“u-Korea”战略是一种以无线传感网络为基础，把韩国的所有资源数字化、网络化、可视化、智能化，以此促进韩国经济发展和社会变革的国家战略。“u-Korea”旨在建立信息技术无所不在的社会，即通过布建智能网络、推广最新信息技术应用等信息基础环境建设，让韩国民众可以随时随地享有科技智能服务。其最终目的，除运用IT科技为民众创造食、衣、住、行、体育、娱乐等各方面无所不在的便利生活服务之外，也希望通过扶植韩国IT产业发展新兴应用技术，强化产业优势和国家竞争力。

### 4. 中国的“感知中国”

2009年8月7日，温家宝在中科院无锡高新微纳传感网工程技术研发中心考察时提出“感知中国”的概念。在“十二五”规划中，明确物联网产业作为战略性新兴产业之一得到国家的大力扶持（李道亮，2012）。物联网“十二五”规划明确国家将重点推动智能工业、智能农业、智能物流、智能交通、智能电网、智能环保、智能安防、智能医疗与智能家居九大领域的示范工程和先导作用。到2015年，我国要在核心技术研发与产业化、关键标准研究与制定、产业链条建立与完善、重大应用示范与推广等方面取得显著成效，初步形成创新驱动、应用牵引、协同发展、安全可控的物联网发展格局（詹益旺和胡斌杰，2014）。

### 1.3.3 物联网的典型行业应用

目前，国际上关于物联网应用主要还集中在RFID技术应用上，其中，在智慧城市管理、智慧医疗、智慧交通、智慧物流等方面已有成功的应用。

#### 1. 智慧城市

智慧城市管理是利用物联网、移动网络等技术感知和利用各种信息、整合各种专业数据，建立一个集行政管理、城市规划、应急指挥、决策支持与社会服务等综合信息为一体的城市综合运行管理体系。

智慧城市管理与运行体系在业务上涉及公安、娱乐、餐饮、消费、国土、环保、城建、交通、水务、卫生、规划、城管、林业园林绿化、质监、食品药品、安监、水电气、电信、消防、气象等部门的相关业务。以城市管理的部件和事件为核心、以事件联动处置为主线，强化资源整合、信息共享和业务协同，实现政府组织结构和工作流程的优化重组，促进管理主导型向服务主导型的转变。

#### 2. 智慧医疗

智慧医疗是利用物联网及传感仪器技术，实现患者与医务人员、医疗机构、医疗设备之间的互动，以达到医疗过程的全程信息化、智能化。

智慧医疗使从业医生能够搜索、分析和引用大量科学证据来支持他们的诊断，并且通过网络技术实现远程诊断、远程会诊、远程探视、临床智慧决策、智慧处方等功能，同时还可以使医生、医疗研究人员、药物供应商、保险公司等整个医疗生态圈的每一个群体受益。在不同医疗机构间，建立医疗信息整合平台，将医院之间的业务流程进行整合，医疗信息和资源可以共享和交换，跨医疗机构也可以进行在线预约和双向转诊，这使得“小病在社区，大病进医院，康复回社区”的居民就诊就医模式成为现实，从而大幅提升了医疗资源的合理化分配，真正做到以患者为中心。

#### 3. 智慧交通

智慧交通系统是将先进的信息技术、数据通信传输技术、电子传感技术、控制技术及计算机技术等，有效地集成运用于整个地面交通管理系统而建立的一种在大范围内、全方位发挥作用，实时、准确、高效的综合交通运输管理系统。

智慧交通可以有效地利用现有交通设施来减少交通负荷和环境污染，保证交通安全，提高运输效率。智慧交通的发展依靠物联网技术的发展，只有物联网技术的不断发展，智慧交通系统才能越来越完善。

21世纪是公路交通智能化的世纪，人们将要采用的智慧交通系统，是一种先进的一体化交通综合管理系统。在该系统中，车辆靠自己的智能在道路上自由行驶，公路靠自身的智能将交通流量调整至最佳状态，借助智慧交通管理系统，管理人员可以对道路、车辆、人员进行更加科学、严谨的智能化管理与智慧决策。

### 4. 智慧物流

IBM 于 2009 年提出建立一个面向未来的，具有先进、互联和智能三大特征的供应链，通过感应器、RFID 标签、制动器、GPS 和其他设备及系统生成实时信息的“智慧供应链”概念，紧接着“智慧物流”的概念由此延伸而出。与智慧物流强调构建一个虚拟的物流动态信息化的互联网管理体系不同，智慧物流更重视将物联网、传感网与现有的互联网整合起来，通过精细、动态、科学的管理，实现物流的自动化、可视化、可控化、智能化、网络化，从而提高资源利用率和生产力水平，创造社会价值更丰富的综合内涵。

智慧物流是利用集成智能化技术，使物流系统能模仿人的智能，具有思维、感知、学习、推理判断和自行解决物流中某些问题的能力。即在流通过程中获取信息从而分析信息作出决策，使商品从源头开始被实施跟踪与管理，实现信息流快于实物流。即可通过 RFID、传感器、移动通信技术等实物配送货物自动化、信息化和网络化。

### 5. 智慧校园

智慧校园是以物联网技术为基础的智慧化的校园工作、学习和生活一体化环境，这个一体化环境以各种应用服务系统为载体，将教学、科研、管理和校园生活进行充分融合，将学校的教学、科研、管理与校园资源和应用系统进行整合，以提高应用交互的明确性、灵活性和响应速度，从而实现智慧化服务和管理的校园模式。智慧校园的三个核心的特征：一是为广大师生提供一个全面的智能感知环境和综合信息服务平台，提供基于角色的个性化定制服务；二是将基于计算机网络的信息服务融入学校的各个应用与服务领域，实现互联和协作；三是通过智能感知环境和综合信息服务平台，为学校与外部世界提供一个相互交流和相互感知的接口。

### 6. 智慧家居

智慧家居是以住宅为基础，利用物联网技术、网络通信技术、安全防范手段、自动控制技术、语音视频技术将家居生活有关的设施进行高度信息化集成，构建高效的住宅设施与家庭日程事务的管理系统，提升家居安全性、便利性、舒适性和艺术性，并实现环保节能的居住环境。利用先进的计算机技术、网络通信技术、综合布线技术，将与家居生活有关的各种子系统有机地结合起来进行统筹管理，让人们的家居生活更加舒适安全。

智慧家居包括家庭自动化、家庭网络、网络家电、信息家电等方面，从功能上，包括智能灯光控制、智能电器控制、安防监控系统、智能语音系统、智能视频技术、可视通信系统、家庭影院等。通过智慧家居可以大幅度提升家庭日常生活的便捷程度，让家居环境更加舒适宜人。

### 7. 智慧电网

智慧电网是以物理电网为基础（中国的智能电网是以特高压电网为骨干网架、各电压等级电网协调发展的坚强电网为基础），将现代先进的传感测量技术、通信技术、信息技术、计算机技术和控制技术与物理电网高度集成而形成的新型电网。它以充分满足用户对电力的需求和优化资源配置，确保电力供应的安全性、可靠性和经济性，满足环保约束，保证电能质量，适应电力市场化发展等为目的，实现对用户可靠、经济、清洁、互动的电力供应和增值服务。

建立在集成的、高速双向通信网络的物联网技术基础上，通过先进的传感和测量技术、先进的设备技术、先进的控制方法和先进的决策支持系统技术的应用，实现电网的可靠、安全、经济、高效和环境友好的目标。

与现有电网相比，智慧电网体现出电力流、信息流和业务流高度融合的显著特点，其先进性和优势主要表现在：具有坚强的电网基础体系和技术支撑体系，能够抵御各类外部干扰和攻击，能够适应大规模清洁能源和可再生能源的接入，电网的坚强性得到巩固和提升；信息技术、传感器技术、自动控制技术与电网基础设施有机融合，可获取电网的全景信息，及时发现、预见可能发生的故障。故障发生时，电网可以快速隔离故障，实现自我恢复，从而避免大面积停电的发生；柔性交/直流输电、网厂协调、智能调度、电力储能、配电自动化等技术的广泛应用，使电网运行控制更加灵活、经济，并能适应大量分布式电源、微电网及电动汽车充放电设施的接入；通信、信息和现代管理技术的综合运用，将大大提高电力设备使用效率，降低电能损耗，使电网运行更加经济和高效；实现实时和非实时信息的高度集成、共享与利用，为运行管理展示全面、完整和精细的电网运营状态图，同时能够提供相应的辅助决策支持、控制实施方案和应对预案；建立双向互动的服务模式，用户可以实时了解供电能力、电能质量、电价状况和停电信息，合理安排电器使用；电力企业可以获取用户的详细用电信息，为其提供更多的增值服务。

### 8. 智慧工业（工业 4.0）

物联网在工业领域的应用主要体现在供应链管理、生产过程自动化、产品和设备监控与管理、环境监测和能源管理、安全生产管理等。与很多其他领域一样，工业生产的信息化和自动化虽然取得巨大的进步，但各个子系统还是相对独立的，协同程度不高。先进制造技术与先进物联网技术的结合，各种先进技术的应用，将使工业生产变得更加智能，真正实现智慧工业。

### 9. 智慧农业

智慧农业是将物联网技术运用到传统农业中去，改造传统农业的运维方式，运用传感器和软件通过移动平台或者计算机平台对农业生产进行控制，使传统农业具有智慧决策、智慧处理、智能控制等功能。除了精准感知、控制与决策管理外，从广泛意义上讲，智慧农业还包括农业电子商务、食品溯源防伪、农业休闲旅游及农业、农村、农民等信息服务方面的内容。

智慧农业是农业生产的高级阶段，是集新兴的物联网技术、互联网技术、移动互联网技术、云计算技术为一体的智能化信息管理与决策控制系统，依托部署在农业生产现场的各种传感仪器和无线通信网络实现农业生产环境的智能感知、智能预警、智能决策、智能分析、专家在线指导，为农业生产提供精准种植、精准养殖、精准畜牧于一体的可视化管理、智能化决策系统。通过云计算、传感网、“3S”等多种信息技术在农业中综合、全面地应用，实现更完备的信息化基础支撑、更透彻的农业信息感知、更集中的数据资源、更广泛的互联互通、更深入的智能控制、更贴心的公众服务。“智慧农业”与现代生物技术、种植技术等高新技术融于一体，对建设世界水平农业具有重要意义。

## 1.4　农业物联网系统

### 1.4.1　农业物联网的架构

农业物联网主要包括三个层次：感知层、传输层和应用层。第一层是感知层，包括 RFID 条形码、传感器等设备在内的传感器节点，可以实现信息实时动态感知、快速识别和信息采集，感知层主要采集内容包括农田环境信息、土壤信息、植物养分及生理信息等；第二层是传输层，可以实现远距离无线传输来自物联网采集的数据信息，在农业物联网上主要反映为大规模农田信息的采集与传输；第三层是应用层，该系统可以通过数据处理及智能化管理、控制来提供农业智能化管理，结合农业自动化设备实现农业生产智能化与信息化管理，达到农业生产中节省资源、保护环境、提高产品品质及产量的目的。农业物联网的三个层次分别赋予了物联网能全面感知信息、可靠传输数据、有效优化系统及智能处理信息等特征。农业物联网技术的三个层面如图 1.1 所示，农业物联网三个层面中包括的内容如图 1.2 所示，种植业的细分技术层面如图 1.3 所示。

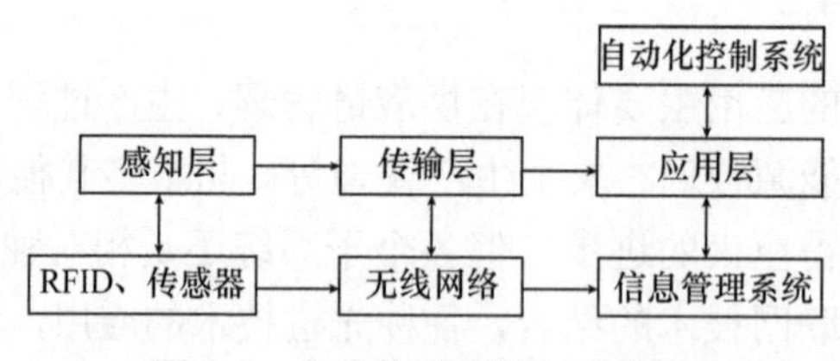


图 1.1　农业物联网的三个层面

### 1.4.2　农业物联网的特点

物联网无线自组织网络在国内外研究应用非常广泛，尤其在工业控制领域。物联网的组网通信协议研究也随之成为研究热点。但物联网应用环境不一样，往往导致它的通信协议并不一定完全兼容于其他场合，如环境监测、农场机械、精准灌溉、精准施肥、病虫害控制、温室监控、大田果园监控、精准畜牧等。不同的应用环境需要不同的组网方式。传统的无线网络包括移动通信网、无线局域网、蓝牙技术通信网络等，这些网络通信设计都是针对点对点传输或多点对一点传输方式。然而物联网的功能不仅是点对点的数据通信，在通信方面有更高的目标和措施。

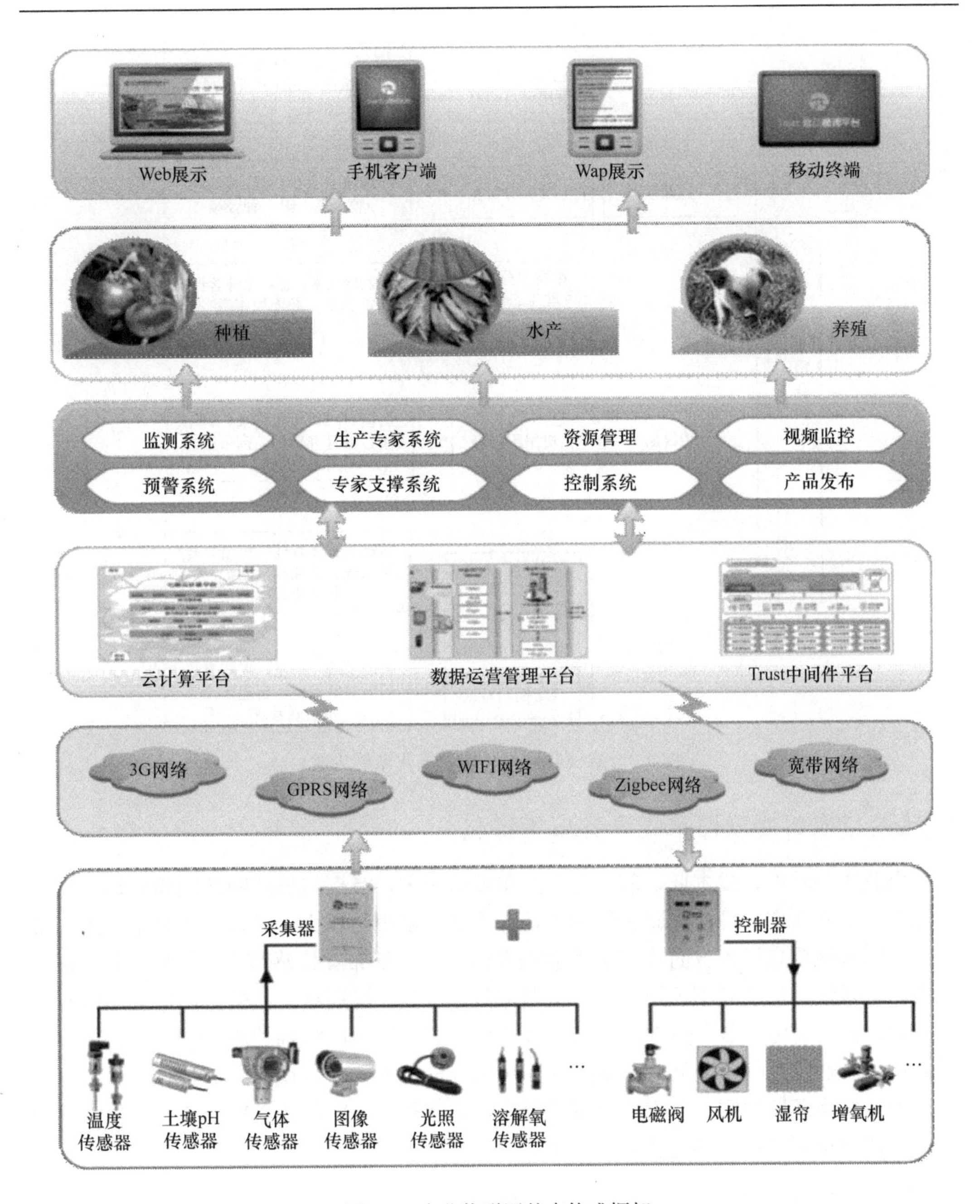


图 1.2　农业物联网基本构成框架

20 世纪末以来，美国、日本等发达国家和欧洲都相继启动了许多关于无线传感器网络的研究计划，比较著名的计划有 SensorIT、WINS、SmartDust、SeaWeb、Hourglass、SensorWebs、IrisNet、NEST。之后，美国国防部、航空航天局等多渠道投入巨资支持物联网技术的研究与发展。然而，农业物联网所处物理环境及网络自身状况与工业物联网有本质区别。农业物联网的主要特点如下。

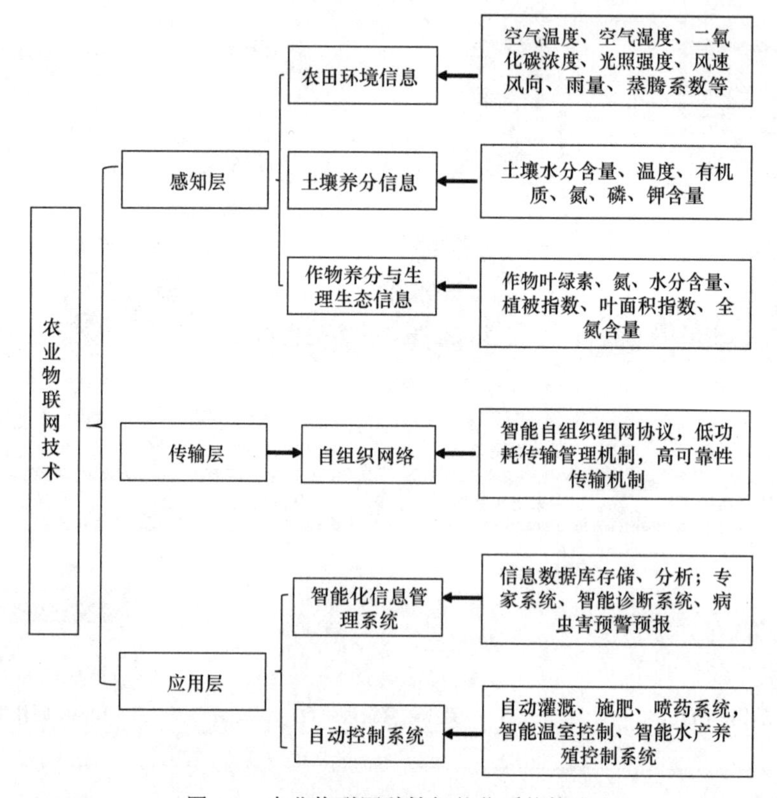


图 1.3　农业物联网种植智能化系统构成

### 1. 大规模农田物联网采集设备布置稀疏

农业物联网设备成本低、节点稀疏，布置面积大，节点与节点间的距离较远。对于实际农业生产而言，目前普通农作物收益并不高，农田面积大、投入成本有限，大规模农田在物联网信息投入方面决定了大面积农田很难密集布置传感节点。另外，大面积地在农田里铺设传感节点不仅给农业作业带来许多干扰，特别对农业机械化作业形成较大的阻碍，也会给传感节点的维护带来诸多不便，导致传感网络维护成本过高等。在大规模农田里，农业大田环境可以根据实际情况划分成若干个小规模的区域，每个小区里可以近似地认为环境相同、土质和土壤养分含量基本相同。因此，在每一个小区里铺设一个传感器节点基本可以满足实际应用需要。

### 2. 农业传感节点要求传输距离远、功耗低

对于较大规模的农田，物联网信息采集节点与节点之间的距离往往会比较大。由于布置在农田中，节点一般无人维护，也无市电供电。因此，节点不仅要求传输距离远，还要求功耗小，在低成本太阳能供电情况下实现长期不断电的工作要求。因此，农业物联网必须要求低功耗通信和远距离传输。

### 3. 农业物联网设备面临的环境恶劣

农业物联网设备基本布置在野外，在高温、高湿、低温、雨水等环境下连续不间断

运行，而且作物的生长会影响信息的无线传输，因此要求对环境的适应能力较强。同时，农业从业人员文化素质不高，缺乏设备维护能力，因此，农业物联网设备必须稳定可靠，而且具有自维护、自诊断的能力。

#### 4. 农业物联网设备位置不会经常大范围变动

农业物联网信息采集设备一旦安装好后，不会经常大范围调整位置。特殊需要时也只需小范围调整某些节点。移动的节点结构在网络分布图内不会有太大的变化。

综上所述，农业物联网技术应用特点及环境与工业物联网有明显区别。工业组网规则不一定能满足农业物联网信息传输需求。

### 1.4.3 农业物联网的应用

整体来说，目前一些农业信息感知产品在农业信息化示范基地开始运用，但大部分产品还停留在试验阶段，产品在稳定性、可靠性、低功耗等性能参数上还与国外产品存在一定的差距，因此，我国在农业物联网上的开发及应用还有很大的空间（陈威和郭书普，2013）。

近十年来，美国和欧洲的一些发达国家和地区相继开展了农业领域的物联网应用示范研究，实现了物联网在农业生产、资源利用、农产品流通领域、精细农业的实践与推广，形成了一批良好的产业化应用模式，推动了相关新兴产业的发展。同时还促进了农业物联网与其他物联网的互联，为建立无处不在的物联网奠定了基础。我国在农业行业的物联网应用，主要实现农业资源、环境、生产过程、流通过程等环节信息的实时获取和数据共享，以保证产前正确规划以提高资源利用效率，产中精细管理以提高生产效率、实现节本增效，产后高效流通、实现安全溯源等多个方面，但多数应用还处于试验示范阶段。

#### 1. 大田种植方面

国外，Hamrita 和 Hoffacker（2005）应用 RFID 技术开发了土壤性质监测系统，实现对土壤湿度、温度的实时检测，对后续植物的生长状况进行研究；Ampatzidis 和 Vougioukas（2009）将 RFID 技术应用在果树信息的检测中，实现对果实的生长过程及状况进行检测；美国 AS Leader 公司采用 CAN 现场总线控制方案；美国 StarPal 公司生产的 HGIS 系统，能进行 GPS 位置、土壤采样等信息采集，并在许多系统设计中进行了应用。国内，何龙等（2010）基于无线传感网络，实现了杭州美人紫葡萄栽培实时监控；高军等（2010）基于 ZigBee 技术和 GPRS 技术实现了节水灌溉控制系统；杨婷和汪小旵（2010）基于 CC2430 设计了基于无线传感网络的自动控制滴灌系统；卜天然等（2009）将传感器应用在空气湿度和温度、土壤温度、$CO_2$ 浓度、土壤 pH 等检测中，研究其对农作物生长的影响；张晓东等（2009）利用传感器、RFID、多光谱图像等技术，实现对农作物生长信息进行检测；中国农业大学在新疆建立了土壤墒情和气象信息检测试验，实现按照土壤墒情进行自动滴灌。

#### 2. 畜禽养殖方面

国外，Hurley 等（2007）进行了耕牛自动放牧试验，实现了基于无线传感器网络的虚拟栅栏系统；Nagl 等（2003）基于 GPS 传感器设计了家养牲畜远程健康监控系统；Taylor 和 Mayer（2004）基于无线传感器，实现动物位置和健康信息的监控；Parsons 等（2005）将电子标签安装在 Colorado 的羊身上，实现了对羊群的高效管理；荷兰将其研发的 Velas 智能化母猪管理系统推广到欧美等国家，通过对传感器检测的信息进行分析与处理，实现母猪养殖全过程的自动管理、自动喂料和自动报警。国内，林惠强等（2009）利用无线传感网络实现动物生理特征信息的实时传输，设计实现了基于无线传感网络的动物检测系统；谢琪（2009）等设计并实现了基于 RFID 的养猪场管理检测系统；耿丽微等（2009）基于 RFID 和传感器设计了奶牛身份识别系统。

3. 农产品物流方面

国外，Mayr 等（2005）将 RFID 技术应用到猪肉追溯中，实现了猪肉追溯管理系统。国内，谢菊芳等（2006）利用 RFID、二维码等技术，构建了猪肉追溯系统；孙旭东等（2009）利用构件技术、RFID 技术等，实现了柑橘追溯系统；北京、上海、南京等地逐渐将条形码、RFID、IC 卡等应用到农产品质量追溯系统的设计与研发中。

## 1.5 农业物联网的发展前景

目前，总体来看农业物联网还停留在技术研发与应用初级阶段，欧洲智能系统集成技术平台 2009 年提交的物联网研究发展报告中，将物联网的种类划分为 18 大类。其中，“农业和养殖业物联网”是最重要的发展方向之一。报告指出，农业物联网分为三个层次：感知层、传输层和应用层。而这三个层次在农业中还没有得到广泛的应用，如土壤肥力、作物长势、水分、动物健康、饮食、行为等信息，农业物联网对这些过程进行全面系统的监测与控制是未来发展的一个趋势。

未来的农业物联网将是一个大系统，大到一头牛、小到一粒米都将拥有自己的身份，人们可以随时随地通过网络了解它们的地理位置、生长状况等一切信息，实现所有农牧产品的互联。东北农业大学的张长利在《物联网在农业中的应用》中指出，要实现农业物联网就必须解决如下问题：一是农业传感设备必须向低成本、自适应、高可靠、微功耗的方向发展；二是农业传感网必须具备分布式、多协议兼容、自组织和高通量等功能特征；三是信息处理必须达到实时、准确、自动和智能化等要求，集传感器技术、无线通信技术、嵌入式计算技术和分布式智能信息处理技术于一体，具有易布置、方便控制、低功耗、灵活通信、低成本等特点的物联网技术已成为实践“农业物联网”的迫切应用需求。

最近几年，网络信息科技对发达国家的经济增长贡献率非常高，而物联网的出现更是带动了一个全新的变革，创造了更大的市场需求，拉动了国家的经济增长。而我国农业正处于传统农业向现代数字农业的转变过渡期，是实现农业物联网的大发展时期，为现代农业发展提供了前所未有的大机遇。可以看出，农业无疑是物联网应用的重要领域。未来的农业将会是高效、便利、实时、安全的农业，是“万物互联”的农业。

# 参考文献


卜天然, 吕立新, 汪伟. 2009. 基于 TinyOS 无线传感器网络的农业环境监测系统设计. 农业网络信息, (2): 23-26.

陈威, 郭书普. 2013. 中国农业信息化技术发展现状及存在的问题. 农业工程学报, 29(22): 196-205.

高军, 丰光银, 黄彩梅. 2010. 基于无线传感器网络的节水灌溉控制系统. 现代电子技术, 1: 204-206.

耿丽微, 钱东平, 赵春辉. 2009. 基于射频技术的奶牛身份识别系统. 农业工程学报, 25(5): 137-141.

何龙, 闻珍霞, 杨海清, 等. 2010. 无线传感网络技术在设施农业中的应用. 农机化研究, 32(12): 236-239.

李道亮.2012. 农业物联网导论.北京: 科学出版社.

林惠强, 周佩娇, 刘财兴. 2009. 基于 WSN 的动物监测平台的应用研究. 农机化研究, 31(1): 193-195.

刘强, 崔莉, 陈海明. 2010. 物联网关键技术与应用. 计算机科学, 37(6): 1-10.

孙旭东, 章海亮, 欧阳爱国, 等.2009. 柑橘质量安全可追溯信息系统实现方法. 农机化研究, 31(12): 162-164.

谢菊芳, 陆昌华, 李保明, 等. 2006. 基于构架的安全猪肉全程可追溯系统实现. 农业工程学报, 22(6): 218-219.

谢琪, 田绪红, 田金梅. 2009. 基于 RFID 的养猪管理与监控系统设计与实现. 广东农业科学, (12): 204-206.

杨婷, 汪小旵. 2010. 基于 CC2430 的无线传感网络自动滴灌系统设计. 计算机测量与控制, (6): 1332-1334.

詹益旺, 胡斌杰. 2014. 物联网相关研究问题的讨论与分析. 移动通信, 38(2): 59-64.

张晓东, 毛罕平, 倪军, 等. 2009. 作物生长多传感信息检测系统设计与应用. 农业机械学报, (9): 164-170.

Ampatzidis Y G, Vougioukas S G. 2009. Field experiments for evaluating the incorporation of RFID and barcode registration and digital weighing technologies in manual fruit harvesting. Computers and Electronics in Agriculture, 66(2): 166-172.

Bishop-Hurley G J, Swain D L, Anderson D M, et al. 2007.Virtual fencing applications: Implementing and testing an automated cattle control system. Computers and Electronics in Agriculture, 56(1): 14-22.

Hamrita T K, Hoffacker E C. 2005. Development of a “smart” wireless soil monitoring sensor prototype using RFID technology. Applied Engineering in Agriculture, 21(1): 139-143.

Nagl L, Schmitz R, Warren S, et al. 2003. Wearable sensor system for wireless state-of-health determination in cattle.Cancun, Mexico: Proceeding of the 25th Annual International Conference of the IEEE EMBS, 3012-3015.

Parsons J, Kimberling C, Parsons G, et al. 2005.Colorado sheep ID project: Using RFID for tracking sheep.Journal of Animal Science, 83: 119-120.

Spiessl-Mayr E, Wendl G, Zähner M, et al. 2005. Electronic identification (RFID technology) for improvement of traceability of pigs and meat. Wageningen, Netherlands: Precision livestock farming 2005, 339-345.

Taylor K, Mayer K. 2004. TinyDB by remote. Austin, Texas, USA: Proceedings of the 2003 World Conference on Integrated Design and Process Technolog: 3-6.

# 第 2 章　土壤信息感知技术

## 2.1　概　　述

植物通过根系吸收土壤中的水分和其他各类元素来维持自身的生长，因此在很大程度上，土壤状况决定了植物的生长状况。为了促使作物茁壮生长，人们往往对土壤进行灌溉和施肥，以保证土壤的水分含量和肥力。传统的灌溉和施肥方式往往是粗放型的，宁多勿少。这些方式不仅会造成肥料和水资源的严重浪费，同时还会导致水体富营养化，加剧植物生长环境的恶化。

在现代农业的理念中，按需灌溉和施肥是十分重要的因素，即灌溉量和施肥量应该依据土壤本身的需求来确定。要实现这一目标，首先就要精确检测出土壤的相关特征信息。

一般情况下土壤信息包括含水量，氮、磷、钾和有机质含量，电导率及酸碱度等。传统的实验室检测方法可以较为精确地对上述土壤信息进行检测，但往往成本高、周期长、实时性差。因此，很多国内外学者一直致力于研究具有可行性土壤信息检测方法，并且已经取得长足的进展。

## 2.2　土壤特征指标感知技术

土壤特征指标主要包括含水量、酸碱度（pH）、电导率等。其中含水量是非常重要也相对较容易测量的一个指标。因此，初期的研究主要是土壤含水量的快速测量，且成果也相当显著。

当前国内外通用的土壤含水量标准测量方法是烘干称重法：首先将获取的湿土壤样本进行称重，然后置于烘箱中，在温度 105～110℃下烘干 6～8 h，得到已达恒重的干土，烘干前后土壤的质量差与烘干后土壤的质量的比值即为样本土壤的含水量。虽然该方法所得的结果精确且不需要昂贵的设备，但依赖高昂的人力和时间成本，缺乏实时性和对土壤本身的破坏性。因此，这种方法无法适应现代农业的需求。

介电常数法是当前最为成熟的土壤含水量快速测量方法。该方法通过测量土壤中的电学特性，如电阻、电容、介电常数等指标，来间接地反映土壤当前的实时含水量。相对于固体颗粒空气而言，水的介电常数在土壤中具有主导地位。因此，土壤含水量与介电常数之间存在着一定的非线性函数关系。另外，介电常数又与地磁波沿波导棒的传播时间相关，故而可以通过测定土壤中高频电磁脉冲沿波导棒的传播速度来间接地测量出土壤的含水量（张学礼等，2005）。时域反射法（time domain reflectometry,

TDR）是目前测量土壤含水量最具有代表性且应用最广的方法。高频电磁脉冲在土壤中传播的速度取决于土壤的介电特性，而在 50 MHz 至 10 GHz 频率区间内矿物质、空气和水的介电常数为常数且水的介电常数要远远大于空气和矿物质的介电常数。所以高频电磁波在土壤中传播的速度取决于土壤中的含水量。TDR 土壤水含量传感器就是将探针插入土壤中，由波导棒的始端发射一个高频的电磁脉冲信号传向终端，并在终端附近产生一个电磁场。由于此时终端处于开路状态，脉冲信号又会因为反射再次沿波导棒传回始端。检测脉冲从发生到反射回来的时间，从而得到土壤的含水量。TDR 的测量范围很广，可达 0%～100%，且测量方便快速。但其传感器主要依靠进口，价格昂贵。

近年来随着近红外技术不断地成熟，越来越多的科学家将近红外光谱技术应用到土壤含水量检测中来。科学研究发现水的吸收波长为 1400 nm、1900 nm、2200 nm，而土壤中水分的特性波段为 1900 nm。宋韬等（2009）利用近红外光谱对土壤的含水量进行了检测，通过筛选光谱特征波段及相应的数据处理建立了土壤含水量与光谱反射系数之间的 MLR（multiple linear regression）模型。该模型中的相关系数达到了 0.9665，预测均方根误差仅为 0.0121，取得了非常良好的结果，如图 2.1 所示。

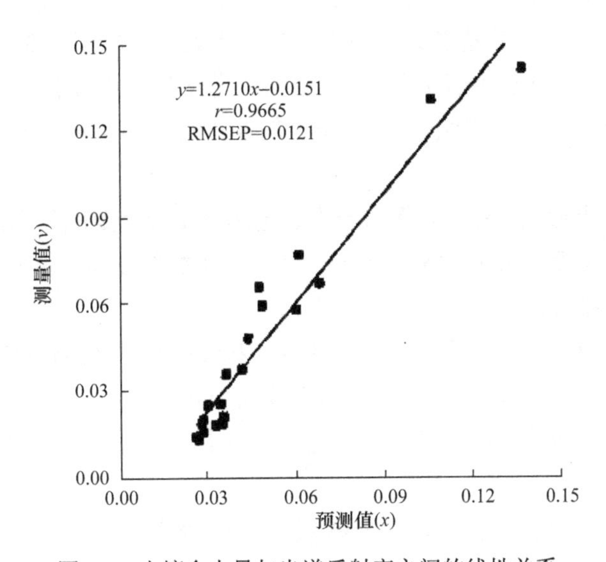


图 2.1　土壤含水量与光谱反射率之间的线性关系

此外，从 20 世纪五六十年代开始，科学家研究了通过测量射线在土壤中的衰减情况来推算土壤含水量信息。主流的测量方法有中子仪法和计算机断层扫描法。所谓中子仪法就是利用中子源辐射快的中子，在碰到氢原子时，会慢化为热中子，然后仪器通过检测热中子的数量来确定土壤的含水量。中子仪法最早于 20 世纪 50 年代被用于土壤水含量的测量，其能永久地安放在土壤之中连续稳定地监测土壤含水量，而且不受土壤深度的影响。但是应用中子仪法的测试仪器价格非常昂贵，同时还具有潜在的辐射危害。计算机断层扫描法则是利用γ射线或者 X 射线穿过物体前后的衰减变化，通过计算机进行一定的转换，用图像的方式鉴别和分析土壤中的水分、空隙、土粒等对象。早在1983年Hainsworth和Aylmore就探讨了计算机断层扫描法用于土壤水含量测量的可能性。近20年来，随着计算机技术的飞速发展，计算机断层扫描技术也得到很大的提高。目前该技术可精确测试土壤的水分及容重的空间分布，由此建立了计算机断层扫描的图像数据与土壤水分和容重之间的通用关系式。虽然计算机断层扫描技术可以对土壤进行快速和三维立体的分析，但其昂贵的仪器设备成本和分析费用大大阻碍了该方法的推广和普及。

土壤电导率也是一个非常重要的土壤特征参数。土壤中的各种盐类会使土壤溶液产生电导性，而土壤电导率就是表征这种电导性的强弱。所以，土壤电导率的根本作用就是为了测定土壤中水溶性盐的含量。而土壤中水溶性盐的含量直接影响土壤中盐类离子含量对作物生长的判断。

传统的土壤电导率测量方法及国标方法是：风干土壤样品用水按1∶5（*m*/*V*）的比例进行溶解，经过恒温20℃±1℃水浴震荡萃取，然后将提取液进行离心分离，在温度校正到25℃±1℃条件下测定提取液的电导率。

虽然传统的土壤电导率测试方法相对准确，但是无法避免费时费力的缺点，也不能做到实时、快速。针对这一问题现在市场上已经出现了相当多的直接测量土壤电导率的传感器，并且具有一定的精度。其中占据主流的是一种接触式的电极传感器，这种仪器通常采用“电流–电压四端法”（恒流电源、电压表、电极和土壤构成回路来测量土壤电导率）。此外，也有利用电磁感应原理的非接触式的土壤电导率传感器，但市场上比较少。

土壤酸碱度（土壤的pH）对作物的生长也起着十分重要的作用，对大部分作物来说过酸或者过碱的土壤都会使其无法生长，因此土壤酸碱度即土壤的pH也是土壤特征信息的一个重要的指标。

土壤酸碱度主要包括酸性强度（活性酸度）和酸度数量（潜性酸度）两方面。酸性强度即通常所说的土壤pH，也就是指在与土壤固相处于平衡状态时，土壤溶液中的$H^+$浓度。酸度数量包括酸的总量及其缓冲性能，代表土壤所含的交换性氢、铝总量，一般用交换性酸量表示。

电位法和比色法曾经是检测土壤酸碱度的两种主要方法。随着科技的进步，它们已经基本被淘汰了。电位法的原理来自于pH计的玻璃电极内外溶液的$H^+$活度不同而造成的电位差，可用于测试土壤悬浊液的pH。而比色法则是将专用的土壤混合指示剂滴入待测的土壤样品中，使之完全浸润，充分反应之后将其颜色与标准比色卡的颜色作对比，得出酸碱度。与之相比，电位法有准确、便利、快速等优点。

目前实际测量土壤pH时，主要是依靠专门的土壤酸碱度计，如图2.2根据其探针的不同分为测量表层土壤和测量深层土壤两类。

图 2.2　土壤酸碱度计

## 2.3　土壤养分指标感知技术

氮、磷、钾是植物生长最重要的三种营养元素，其含量水平直接影响作物的健康生长。而这三种元素完全来自于土壤，因而对它们的检测是非常必要的。

目前土壤中的养分检测仍然以传统的化学方法为主。即先将土壤样品取回实验室，称量后进行浸提或消煮等处理，之后加入相关试剂显色，用比色计等检测仪器测定待测离子的含量。该方法要对检测粒子逐个显色之后比色测量，测试时间长，工作效率低，检测成本高（鲍士旦，2000）。

土壤有机质是评价土壤肥力的一个重要指标。随着气候生物条件的变化，土壤有机质的含量、组成和性质也会随之发生规律性的变化。因此对土壤养分的有机质进行测量是非常重要的。目前一种很重要的检测方法是重铬酸钾法：在加热的条件下，利用重铬酸钾–硫酸溶液氧化有机质，并用邻菲罗啉来指示剩余的重铬酸钾，用硫酸亚铁标准溶液进行滴定，以氧化耗去重铬酸钾的量来计算出碳的含量。其具体计算方法如式（2.1）所示：

$$\text{TC（\%）}=\frac{c(V_0-V)\times 0.003\times 1.724}{m\times D}\times 100\% \tag{2.1}$$

式中，$c$ 为硫酸亚铁标准溶液的物质的量浓度（mol/L）；$V_0$ 为空白试验中使用硫酸亚铁标准滴定液的体积（mL）；$V$ 为测定时，硫酸液体标准溶液消耗的体积（mL）；0.003 为 1/4 碳原子的摩尔质量（kg/mol）；$m$ 为称取的试样质量（g）；$D$ 为稀释倍数。

根据土壤中有机质的含量及有机碳含量之间的换算关系，将有机碳的含量乘以换算系数 1.724，就可得出土壤中有机质的含量：

$$\text{有机质（\%）}=\text{TC（\%）}\times 1.724$$

土壤速效氮是指植物可以在短期内直接吸收利用的那一部分氮，也被称为土壤碱解氮，如硝态氮、铵态氮、酰胺和易水解蛋白质的氮，包括了无机氮和容易从有机质中分解而来的简单有机态氮。土壤碱解氮的化学测定方法称为扩散法：首先用 1.2 mol/L 氢氧化钠水解土壤样本，将其中的无机态氮及容易从有机质中分解得到的有机氮碱解转化为氨氮，利用硼酸将氨氮吸收后再用标准酸滴定。一般的具体方法是：称取 2 g 的土壤样本至扩散皿外室，加 2 mL 硼酸溶液于扩散皿内室，加 100 mL 的 1 mol/L 氢氧化钠于外室，加凡士林盖，放置 48 h 后滴定。公式如式（2.2）所示：

$$\text{碱解氮（N，mg/kg）}=\frac{c\times(v-v_0)\times 14.0}{m}\times 10^3 \tag{2.2}$$

式中，$c$ 为 0.005 mol/L（1/2 $H_2SO_4$）标准溶液的浓度（mol/L）；$v$ 为样品滴定时用去的 0.005 mol/L（1/2 $H_2SO_4$）标准溶液的体积（mL）；$v_0$ 为空白试验滴定时用去 0.005 mol/L（1/2 $H_2SO_4$）标准溶液的体积（mL）；14.0 为氮原子的摩尔质量（g/mol）；$m$ 为样品质量（g）；$10^3$ 为换算系数。

目前有很多种方法用于测定土壤中的速效磷，但在使用不同的浸润提取试剂时，结果也有所差别。土壤自身的特性是浸提剂选择的主要参考原则。例如，碳酸氢钠可用于浸提中性和石灰性土壤，盐酸用于浸提酸性水稻土，盐酸–氟化钠则用于浸提旱地酸性土壤。下面具体介绍用于酸性水稻土的盐酸浸提法。

一般称取 2.5 g 土壤样本置于 250 mL 的锥形瓶内，加一小匙活性炭，再加 0.1 mol/L 的盐酸进行浸提，摇晃锥形瓶大约 30 min，过滤，取吸滤液 10 mL 加 5 mL 钼锑抗显色剂定容，15 min 后使用分光光度计在 700 nm 比色。具体计算公式如式（2.3）所示：

$$\text{速效磷（P，mg/kg）}=\frac{\rho\times v\times 1000}{m\times 1000\times k} \tag{2.3}$$

式中，$\rho$ 为速效磷的质量浓度（μg/mL）（可从工作曲线中查得）；$v$ 为显色时定容体积（mL）；$m$ 为风干土质量（g）；$k$ 为将风干土换算成烘干土的质量系数。

土壤中的钾包含 4 类，即含钾矿物（难溶性钾）、非代换性钾（缓效性钾）、代换性钾和水溶性钾（速效性钾）。其中以水溶性和代换性存在的钾（主要是代换性钾）能够被植物吸收利用。提取土壤中的速效钾时，可以将乙酸作为浸提液进行浸提，然后用火焰光度计测定钾的含量。具体公式如下：

$$\text{速效钾（mg/kg）=待测液（μg/mL）}\times\frac{v}{m} \tag{2.4}$$

式中，$v$ 为加入浸提剂的体积（mL）；$m$ 为烘干土壤样本的质量（g）。

精细农业要求能够快速、实时地测定土壤中营养物质的含量，但传统的检测方法却远未达到要求。因此，国内外的科学家研究和提出大量的新方法来代替传统方法，并取得较多的成果，其中以光谱技术最为瞩目。

Lee 等（2001，2003）对土壤特性与土壤光谱发射率之间的关系做了初步的研究与探讨。经过试验发现土壤的光谱反射率会随着采样样本深度的加深而提高，但是采样的时间变化基本上不会造成光谱反射率的变化。对土壤中的氮含量与土壤的光谱反射率进行研究之后，还发现氮的吸收波段在 510 nm 左右，而且对于不同类型的土壤，其氮含量的预测模型也有着很大的不同。由此可知，不同土壤类型所使用的光谱数据预测模型是不同的，这也是利用光谱检测土壤营养物质含量的难点所在。之后也有不少研究者进行了大量研究，提出了更准确或者更泛用的模型。

在这方面的研究我国走在世界前列，于飞健和闵顺耕（2002）利用近红外光谱对土壤中的全氮、有机质、碱解氮进行了测量。试验分别采样了 2 mm、0.15 mm 粒度的风干土，并提取它们的近红外光谱，采用 PLS 模型对其中的营养物质进行含量预测，结果验证近红外光谱与土壤有机质、全氮、碱解氮之间均具有很好的相关性。为了在实际生产中进行应用，朱登胜等在 2008 年利用近红外光谱法对未经过预处理的土壤中的有机质和 pH 进行了检测。对未经粉碎、过筛等处理的土壤，采集了 4 000～12 500 /cm 的近红外光谱，采用偏最小二乘回归分析方法建立了一阶微分光谱的光谱吸光度与有机质含量和 pH 之间的定量分析模型。试验取得较好的结果：有机质的预测相关系数为 0.818，预测标准偏差 SEP 为 0.069，预测均方根误差 RMSEP 为 0.085（图 2.3）；pH 的预测相关系数为 0.834，预测标准偏差 SEP 为 0.095，预测均方根误差 RMSEP 为 0.114（图 2.4）。

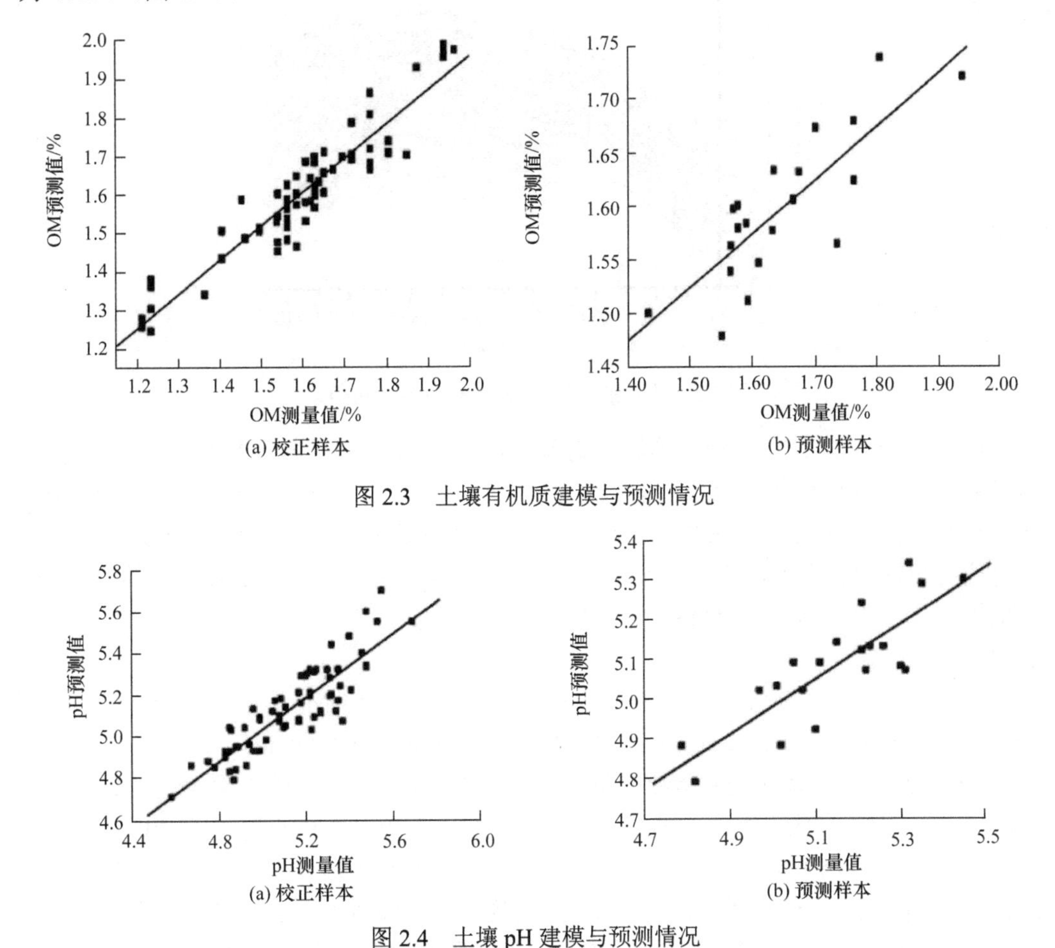


图 2.3　土壤有机质建模与预测情况

图 2.4　土壤 pH 建模与预测情况

近红外光谱主要反映有机物质的倍频和合频吸收，不同物质谱带信息重叠严重，使全波段光谱中含有大量冗余信息及噪声，影响了模型的预测性能。这也是早期光谱测量缺乏稳定性和准确性的主要原因。为了减少全波段光谱信息中大量的无用信息，我们需要一种手段从全波段当中提取真正有效的几个波段提高建模的速度，减少计算量。主要的波长提取方法有小波算法（wavelet algorithm，WA）、遗传算法（genetic algorithm，GA）、无信息变量消除法（uninformative variables elimination，UVE）、回归系数法（regression coefficient analysis，RCA）、连续投影算法（successive projections algorithm，SPA）等。将这些方法应用到光谱对土壤营养物质的检测中，结合先进的建模方法将大大提高光谱测定土壤中营养物质的准确性（章海亮等，2014）。

以350～2500 nm的光谱测定土壤中营养物质的含量为例（图2.5），如果采用全波段的方法测定一个样本的数据量就非常庞大，建模过程将非常复杂，且其中存在很多的冗余信息，建模结果不一定准确。使用SPA、GA、RCA将大大减少波段的数量简化计算。

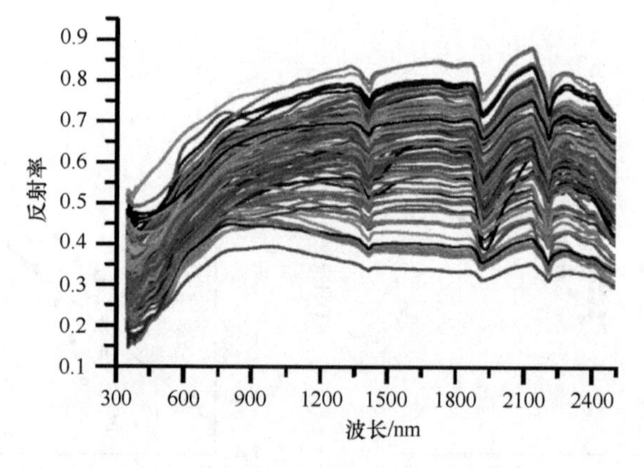


图2.5　土壤的原始光谱（350～2500 nm）

连续投影算法是一种重要的波长选择方法，该方法基于多元校正重要敏感波长选择算法，可以得到包含最重要信息的光谱波长，并且信息冗余度最小。经由SPA筛选得到的波长变量可以减少原始波长的数量以便最大限度地简化计算模型，提高运算速度和效率。图2.6表示均方根预测误差（RMSEP）值随变量数增加的变化图，当采用5个变量建模时，RMSEP值达到稳定，即使变量数再增加，RMSEP也未随之增加。

图2.7表示采用SPA得到的特征波长点在一条光谱上的分布。采用SPA得到的5个特征波长分别为499 nm、621 nm、1001 nm、1890 nm和2500 nm。

GA是通过频率值来确定建模变量的数量。GA是通过对自然界生物遗传变异的过程进行模拟，将经过成百上千次的数据迭代选出的出现频率最高的数据，作为特征波段。

图2.8表示GA的结果。其中横坐标代表波段，而纵坐标表示每个波段在整个迭代计算中出现的频率。虚线则代表一个阈值，出现频率在阈值之上的波段表示该波段对结果有较大的影响，是特征波段。而在阈值之下的波段在整个迭代过程中出现的频率较少，为非特征波段。

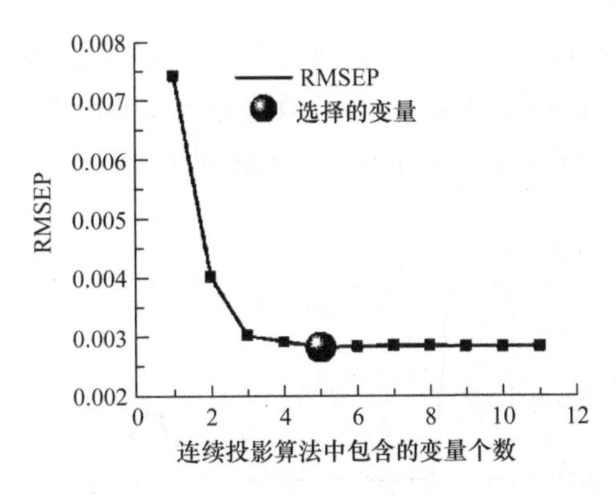


图 2.6　基于连续投影算法 RMSEP 值随变量数增加的变化图

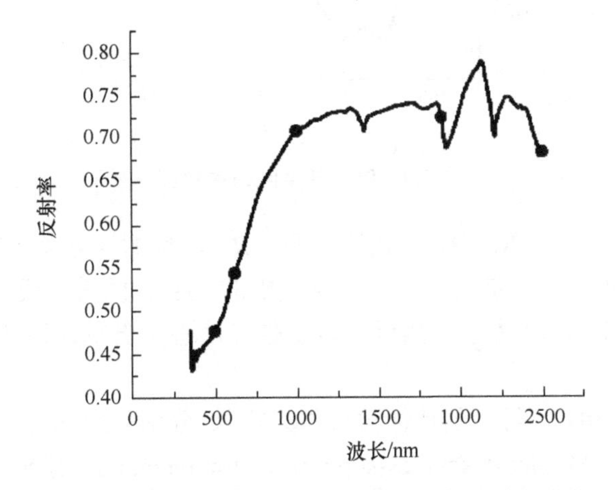


图 2.7　基于连续投影算法选择的 5 个特征波长分布

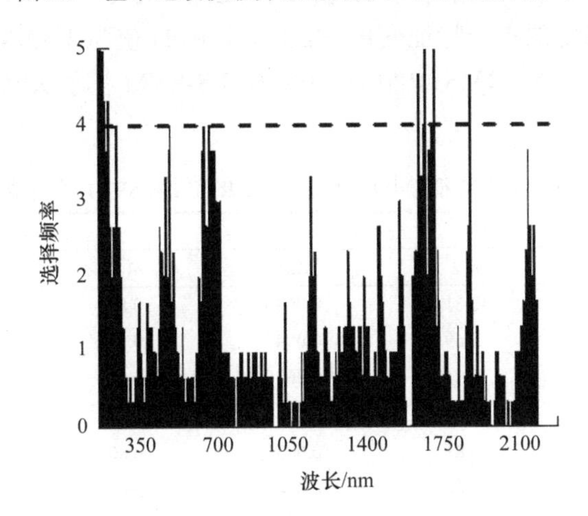


图 2.8　基于遗传算法选择变量

回归系数分析是在偏最小二乘法（partial least square，PLS）模型基础上进行的一种分析，PLS 建模（500～2500 nm）得到的回归系数如图 2.9 所示，采用回归系数分析提取特征波长是基于这样一种假设：在回归系数图形上，波峰或者波谷位置处，绝对值越大，说明该波长越重要。基于此假设，本节设置两种不同阈值提取不同数量的特征波长，当阈值为±0.0002 时，提取的特征波长数量为 7 个，分别是 499 nm、530 nm、780 nm、875 nm、1001 nm、1890 nm 和 2500 nm，当阈值为±0.0005 时，提取的特征波长数量为 5 个，分别是 499 nm、530 nm、780 nm、875 nm 和 1001 nm。

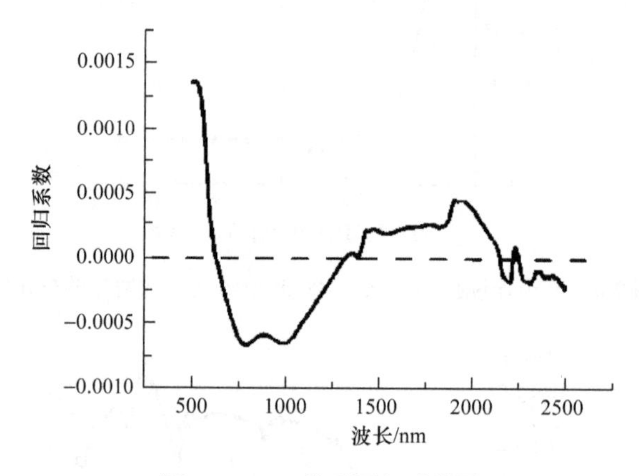


图 2.9　PLS 模型回归系数图

通常，验证均方差（RMSEC）、决定系数（$R^2$）、预测均方差（RMSEP）和剩余预测误差（RPD）这 4 个指标被用于评价模型性能的优劣。优秀的模型，RPD 和 $R^2$ 值越高越好，RMSEC 和 RMSEP 值要接近且越小越好，避免出现共线性和过拟合，使模型有较高的预测精度。

基于RCA、SPA和GA得到的特征波长作为输入，分别采用PLS、MLR（multiple linear regression）和 LS-SVM（least squares-support vector machine）建模，模型结果如表 2.1 所示。从表 2.1 可以看出，在相同输入条件下，PLS、MLR 和 LS-SVM 模型的结果比较接近，如采用 RCA 确定的 5 个特征变量，PLS 模型 RPD 值为 1.59，RMSEP 值为 0.0044；MLR 模型 RPD 值为 1.55，RMSEP 值为 0.0045；LS-SVM 模型 RPD 值为 1.59，RMSEP 值为 0.0044。

**表 2.1　基于特征波长的 PLS、MLR 和 LS-SVM 模型结果**

| 方法 | 波长个数 | 建模集 | | 预测集 | | RPD |
|---|---|---|---|---|---|---|
| | | $R_{cal}^2$ | RMSEC | $R_{pre}^2$ | RMSEP | |
| RCA-PLS | 7 | 0.81 | 0.0036 | 0.81 | 0.0031 | 2.26 |
| RCA-PLS | 5 | 0.69 | 0.0047 | 0.62 | 0.0044 | 1.59 |
| RCA-MLR | 7 | 0.81 | 0.0037 | 0.81 | 0.0031 | 2.26 |
| RCA-MLR | 5 | 0.69 | 0.0046 | 0.59 | 0.0045 | 1.55 |
| RCA-LS-SVM | 7 | 0.81 | 0.0036 | 0.80 | 0.0031 | 2.26 |
| RCA-LS-SVM | 5 | 0.68 | 0.0048 | 0.60 | 0.0044 | 1.59 |
| SPA-PLS | 5 | 0.79 | 0.0038 | 0.77 | 0.0034 | 2.06 |
| SPA-MLR | 5 | 0.81 | 0.0037 | 0.81 | 0.0031 | 2.26 |
| SPA-LS-SVM | 5 | 0.80 | 0.0038 | 0.80 | 0.0031 | 2.26 |
| GA-PLS | 10 | 0.80 | 0.0038 | 0.78 | 0.0033 | 2.12 |
| GA-MLR | 10 | 0.80 | 0.0038 | 0.78 | 0.0033 | 2.12 |
| GA-LS-SVM | 10 | 0.77 | 0.0039 | 0.75 | 0.0035 | 2.00 |

另外可知，在相同输入条件下，线性模型的结果和非线性模型的结果几乎相同，说明采用非线性模型 LS-SVM 并没有使建模结果得到提高，一般来说，采用非线性模型建立的模型比采用线性模型建立的模型复杂，因此，开发便携式仪器应该基于线性模型开发。本研究得到的线性模型和非线性模型结果相近，说明本节选择光谱信息变量共线性较好，LS-SVM 模型一般在输入变量含有非线性信息往往表现更好。三种模型得到的最好结果 RPD 为 2.26，RMSEP 为 0.0031，$R_{\mathrm{pre}}^2$ 为 0.81。

在模型结果相同的条件下，GA 选择的变量有 10 个，但是建模结果不是最优，说明选择的变量存有冗余信息。而相比于 RCA 选择的 7 个变量，SPA 选择的变量更少（只有 5 个）但更具代表性，同时两组变量之间并非完全的包含关系，说明 RCA 选择的变量也存有冗余信息。

上述研究基于近红外光谱分析技术对土壤总氮含量进行建模分析和预测，并分别采用 RCA、SPA 和 GA 3 种方法选择特征波长，随后基于 4 组不同特征波长各自建立了 PLS 模型、MLR 模型和 LS-SVM 模型并对这 12 种方法建立的模型所预测的结果进行了对比分析。

结果表明，由 SPA 筛选得到 5 个特征波长，大大简化了模型，并有效地避免了信息重叠。所选特征变量可以表达土壤总氮含量最重要的光谱信息；原始光谱经过 SPA 选择的变量更具有代表性，可以用来建立土壤总氮预测模型。

对于不同的对象和不同的测量环境最好的预处理方法和建模方式不尽相同，要根据具体的研究对象和测定环境而定。对于利用光谱测定土壤营养物质的研究不能只限于理论和实验室层面上，而是要尽可能的实用化、仪器化。本着这一思路，浙江大学何勇教授团队开发了基于光谱技术的便携式土壤总氮含量检测仪，仪器参数如表 2.2 所示。该仪器系统具有多个功能模块，内容丰富，结构合理，可以通过键盘和鼠标进行操作，也可以通过触摸屏，进行采集数据等操作，采集完光谱，立即在显示屏上显示检测数据，且查询方便。

**表 2.2　便携式仪器指标参数**

| 参数 | 指标 |
|---|---|
| 质量 | 1.9 kg |
| 尺寸 | 长 240 mm，宽 163 mm，高 144 mm |
| 波长范围 | 345～1042 nm |
| 响应时间 | 1 s |
| 硬盘存储 | 固态硬盘 |
| 输入电压 | 12 V |
| 内置模型 | 土壤有机质和总氮，切换 5 s 完成 |
| USB 接口 | 外扩 2 个 USB |
| 数据传输速度 | USB2.0 为 4 ms |
| 显示屏 | 触摸屏操作方式 |

仪器配套的检测软件基于结构化和模块化的设计思路，将整个操作流程分解为相互独立的功能模块（图 2.10），结构比较合理，同时可实现方便的可视化操作和结果查询，达到了实时的检测速度。其测量结果具有较高的精确性，与化学测量结果相比误差较小，

主程序流程图如图 2.11 所示。

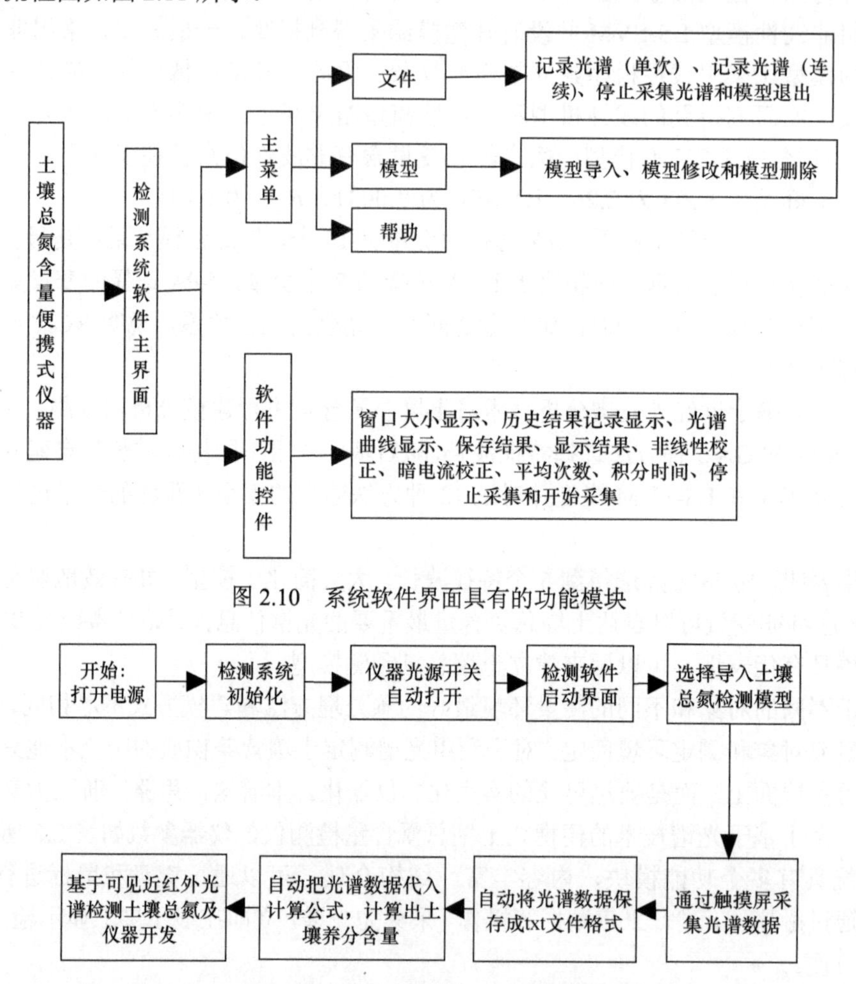


图 2.10　系统软件界面具有的功能模块



图 2.11　总氮检测软件主程序流程图

## 2.4　土壤污染指标感知技术

土壤是人类生态环境的重要组成部分和赖以生存的主要自然资源。然而，人类发展所带来的工业废弃物和农用化学物质的加剧排放却导致土壤重金属污染日益严重。目前，全世界平均每年排放 Hg 约 1.5 万 t，Cu 340 万 t，Pb 500 万 t，Mn 1500 万 t，Ni 100 万 t（周泽义，1999）。在农业部实施的全国污水灌区调查中，受重金属污染的土地占全国污水灌区总面积（约 140 万 $hm^2$）的 64.8%，其中轻度、中度和严重污染区域的比例分别为 46.7%、9.7%和 8.4%（陈志良和仇荣亮，2002）。

土壤中的重金属污染物移动性差并且会长期残留，同时还不能被微生物降解。如果经水、植物等介质的传播，会对处于食物链上层的人类造成相当大的危害。因此土壤中重金属污染的检测是土壤污染检测的重中之重（崔德杰和张玉龙，2004）。

土壤重金属含量的测定方法主要有化学分析法、光学分析法、电化学分析法、色谱分析法、原子吸收法、化学发光法等。常用的土壤重金属检测手段为，通过强酸等消煮土壤样品，采用火焰原子吸收光谱（flame atomic absorption spectrometry，FAAS）、石墨炉原子吸收光谱（graphite furnace atomic absorption spectrometer，GF-AAS）、原子荧光光谱（atomic emission spectrometry，AFS）、等离子体发射光谱（inductively coupled plasma-atomic emission spectrometry，ICP-AES）等方法进行重金属测定。虽然这些方法检测准确度高，但是预处理的步骤相当费时费力，并且用于消煮样品的强酸也存在污染性。

在快速检测土壤重金属污染的方法中，目前比较成熟的是 X 射线荧光光谱技术（X-ray fluorescence spectrometry，XRF）。国内学者在这方面研究取得了较好的成果。韩平等（2012）利用 NITON XL3t 600 型便携式 X 射线荧光光谱仪对土壤中的主要重金属污染物 Cu、Zn、Pb、Cr 和 As 进行了检测。实验室检测结果的准确率在 96%以上，取得了很好的结果。但是在田间实际应用时的检测准确率则要低很多，表明了田间复杂的不稳定的环境对 X 射线荧光光谱仪的测量结果影响很大。此外该学者还检测出利用 X 射线荧光光谱仪检测金属污染物 Cu、Zn、Pb、Cr 和 As 的最低检出限，最低检出限分别为 23.96 mg/kg、11.69 mg/kg、8.58 mg/kg、19.23 mg/kg、6.24 mg/kg，这为今后的研究奠定了良好的基础。

光谱技术有着快速、实时、无损检测等优点，但是普通的光谱却无法检测金属元素，所以一直难以应用于土壤重金属污染的研究。近年来，激光诱导击穿光谱（laser-induced breakdown spectroscopy，LIBS）技术的出现改变了这种情况，表现出对于土壤重金属污染检测的巨大潜力。

LIBS 是一种很有前景的新兴分析和测量技术。其在金属元素检测方面的优异表现，很好地弥补了一般光谱技术在金属元素检测上的无能为力。此外，LIBS 技术还能够同时分析多种元素，可实现真正的非接触条件下的快速检测，且不会对检测对象造成污染，检测对象可以是固体、液体或者气体，具备可连续的进行检测并且快速的分析等优点。

简单来说，LIBS 的工作原理是采用高能激光脉冲击中测试样品表面后形成的高强度激光光斑（等离子体），将样品中的金属元素激发至高能态，然后接收它们恢复到基态时所返回的特征光谱。通过与标准光谱库进行比较，得出样品所含的元素和各元素的含量（张俊宁等，2014）。假设等离子体中各元素含量在样品烧蚀前后保持一致，同时等离子体处于局部热平衡状态并且可以忽略原子的谱线自吸收的前提下，可以将局部热平衡近似的原子从 $k$ 能级向 $i$ 能级跃迁时辐射光谱的强度表现为

$$I_{ki}=\frac{\mathrm{h}\nu_{ki}}{4\pi}N\frac{g_k A_{ki}}{U_s(T)}\mathrm{e}^{-E_k/(\mathrm{K}T)} \tag{2.5}$$

式中，h 为普朗克常数；$\nu_{ki}$ 为谱线频率；$N$ 为受激发粒子数；$g_k$ 为 $k$ 能级统计权重；$A_{ki}$ 为原子从 $k$ 能级到 $i$ 能级跃迁概率；$U_s$（$T$）为温度 $T$ 下元素的分配函数；$E_k$ 为 $k$ 能级电位能；K 为玻尔兹曼常数；$T$ 为灼烧温度。

在确定条件下检测某种元素的特征谱线时，$v_{ki}$、$g_k$、$A_{ki}$、$T$、$U_s$（$T$）、$E_k$、K 等都具有确定的值，而受激发粒子数 $N$ 和待测元素在样品中的含量 $C$ 成比例，因此式（2.5）可以改写为

$$I=aC^b \tag{2.6}$$

式中，$a$ 为比例系数；$b$ 为自吸收系数，与待测元素的含量有关。

根据式（2.6），可以由元素特征谱线的强度计算待测元素在样品中的含量，为元素的定量检测提供理论依据。

早在 20 世纪 90 年代，国外的科学家对如何将 LIBS 应用于土壤重金属检测开展了一系列先驱性的研究。目前的 LIBS 系统一般使用单脉冲激光激发土壤样品产生等离子体，针对每千克土壤的检测误差控制在几十毫克以内，对于一些灵敏度低的金属可缩小为几毫克以内。最早在 1994 年，就有科学家在国际科学遥感协会研讨会上公布了他们已经利用 LIBS 技术成功检测出了土壤中的 As、Cd、Cr、Hg、Pb、Zn 等金属元素。而 1996 年，美国的洛斯阿拉莫斯国家实验室（Los Alamos National Laboratory）则率先研制出便携式的土壤金属探测仪 TRACER，其一次测量分析的时间不到 1 min 且最大的测量深度可达 60.95 cm。

由于 LIBS 相关仪器设备价格较为昂贵，我国在这方面的研究起步较晚，相关的研究人员也不是很多。

清华大学通过研究分析诱导击穿光谱数据，提出一种对元素进行定量分析的方法。研究首先通过傅里叶分析，分析了光谱数据中的白噪声、热辐射噪声和原子发射光谱，并利用带通滤波分离出仅含少量白噪声的发射光谱（图 2.12）。通过计算待量化元素谱线与其对应单位强度特征谱线的相似度引入卷积强度来衡量待测谱线的强度（吴文韬等，2011）。利用该方法对土壤中的 Cu 进行测定（图 2.13），表明 Cu 含量和其卷积强度的线性相关系数可以达到 0.9979，检测限为 44 mg/kg，且相对误差在 10% 以内。这一结果表明经过方法上的改进，LIBS 可以很好地对土壤中的金属元素进行定量分析。

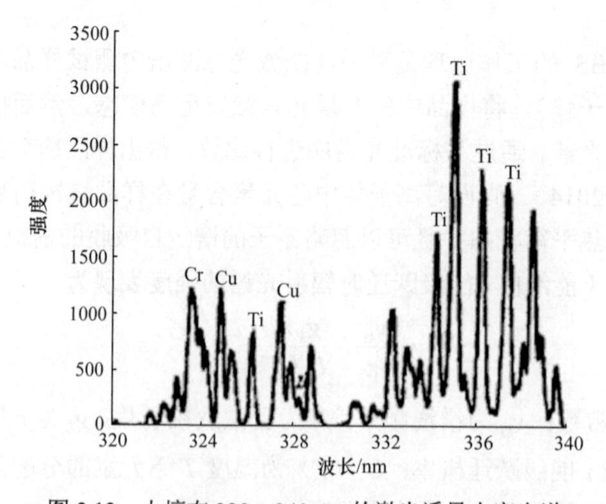


图 2.12 土壤在 320～340 nm 的激光诱导击穿光谱

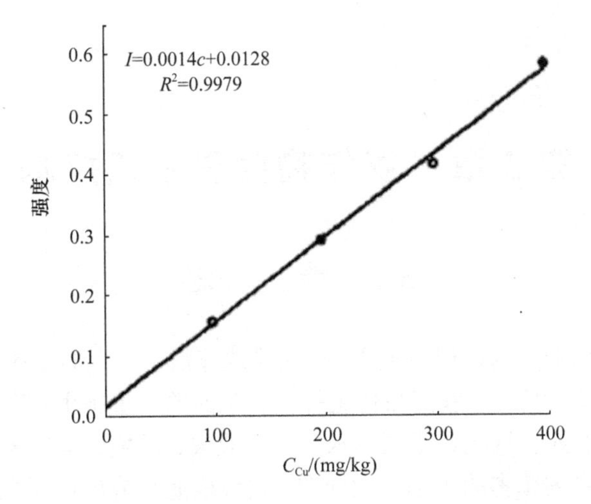


图 2.13　Cu 含量和 Cu（324.75 nm）/Ti（337.28 nm）卷积强度比值的对应关系

## 参 考 文 献


鲍士旦. 2000. 土壤农化分析(第三版). 北京: 中国农业出版社.

陈志良, 仇荣亮. 2002. 重金属污染土壤的修复技术. 环境保护, 29(6): 21-23.

崔德杰, 张玉龙. 2004. 土壤重金属污染现状与修复技术研究进展. 土壤通报, 35(3): 366-370.

韩平, 王纪华, 陆安祥, 等. 2012. 便携式 X 射线荧光光谱分析仪测定土壤中重金属. 光谱学与光谱分析, 32(3): 826-829.

宋韬, 鲍一丹, 何勇. 2009. 利用光谱数据快速检测土壤含水量的方法研究. 光谱学与光谱分析, 29(3): 675-677.

吴文韬, 马晓红, 赵华凤, 等. 2011. 激光诱导击穿光谱定量检测土壤微量重金属元素方法研究. 光谱学与光谱分析, 31(2): 452-455.

于飞健, 闵顺耕. 2002. 近红外光谱法分析土壤中的有机质和氮素. 分析试验室, 21(3): 49-51.

张俊宁, 方宪法, 张小超, 等. 2014. 基于激光诱导击穿光谱的土壤钾素检测. 农业机械学报, 45(10): 294-299.

张学礼, 胡振琪, 初士立. 2005. 土壤含水量测定方法研究进展. 土壤通报, 36(1): 118-123.

章海亮, 刘雪梅, 何勇. 2014. SPA-LS-SVM 检测土壤有机质和速效钾研究. 光谱学与光谱分析, 34(5): 1348-1351.

周泽义. 1999. 中国蔬菜重金属污染及控制. 资源生态环境网络研究动态, 10(3): 21-27.

朱登胜, 吴迪, 宋海燕, 等. 2008. 应用近红外光谱法测定土壤的有机质和 pH 值. 农业工程学报, 24(6): 196-199.

Hainsworth J M, Aylmore L A G. 1983. The use of computer assisted tomography to determine spatial distribution of soil water content. Soil Research, 21(4): 435-443.

Lee W S, Mylavarapu R S, Choe J S, et al. 2001. Study on soil properties and spectral characteristics in Florida. Joseph, Michigan: Proceedings of the ASAE Annual International Meeting: 1-1179.

Lee W S, Sanchez J F, Mylavarapu R S, et al. 2003. Estimating chemical properties of Florida soils using spectral reflectance. Transactions-american Society of Agricultural Engineers, 46(5): 1443-1456.

# 第3章　农作物信息感知技术

## 3.1　概　　述

我国作为传统农业大国，以占世界9%的耕地养活了占世界22%的人口，取得令世界瞩目的成绩。但成果背后是农药与化肥等化学制品的大量施用和矿物质能源等的不断投入。因此造成的农业土壤肥力下降、水土严重流失、环境污染加剧，以及土壤和地下水重金属污染等一系列恶劣的生态环境问题，已经引起世界的广泛关注。在降低环境污染的基础上，为了合理利用我国现有的农业资源，提高生产效率，降低生产成本，达到既提高作物产量，又维护生态环境的效果，需要在传统农业模型的基础上，大力发展精细农业模式，加快我国农业现代化的进程。

农业物联网技术是实现农业现代化、保持农业可持续发展的关键技术，对此我国政府给予高度重视。在《国家中长期科学和技术发展规划纲要（2006～2020）》明确将“传感器网络及智能信息处理”纳入“重点领域及其优先主题”，“农业物联网技术与智慧农业系统”是“十二五”863计划发展纲要的重要内容。精细农业要求实现快速、实时、准确和定位化地获取植物生长信息，而农业物联网技术也要求实时动态感知植物信息。显然，传统的信息检测和获取方法，已经限制了数字农业和农业物联网技术的发展。所以研究和开发便携式植物生命信息检测仪器和传感仪器等软硬件平台，对实现植物信息的动态感知和快速无损获取，促进现代农业的进步是十分必要的。

## 3.2　作物养分信息感知技术

作物的养分主要是指氮、磷、钾、微量元素和水分等，其中氮、磷、钾作为植物最基础的生长元素其含量的变化对植物生长至关重要，但是这三种元素植物从土壤中吸收多归还少，所以需要后续不断地施肥来维持土壤中养分平衡。因此对作物氮、磷、钾含量的快速检测和分析对精细农业中的施肥有着重要的指导意义。

### 3.2.1　作物养分信息传统检测方法

#### 1. 作物氮元素传统检测方法

**1）叶色卡法**

叶色卡法是将作物正常的叶色做成标准的比色卡，然后作物的实时叶色与比色卡进行对比，从而判断作物是否缺素。该方法的优点在于简单易行，不需要大量的培训和专业知识；其缺点在于受人的主观影响较大，往往很难准确地对作物的含氮情况进行判断（图3.1）。叶色卡中颜色由浓绿色向黄绿色变化表明营养元素由正常向缺素变化。

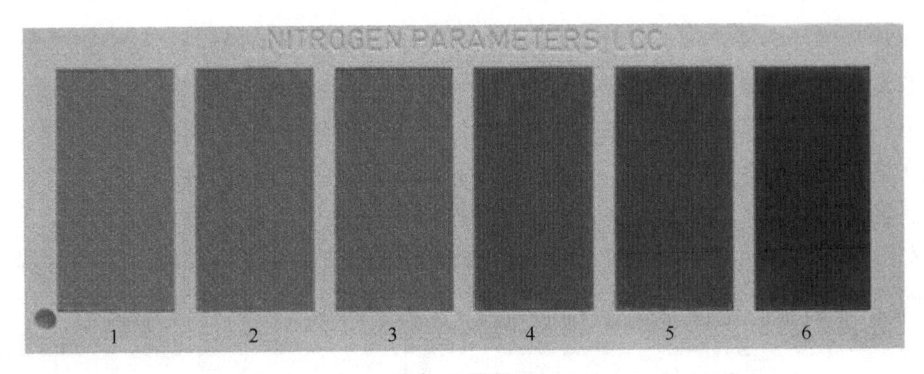


图 3.1　叶色卡

**2）凯氏定氮法**

凯氏定氮法是在催化条件下，用浓硫酸将样品中的有机氮全部转化为无机铵盐，然后在碱性条件下将铵盐转化为氨，随水蒸气蒸馏出来并被过量的硼酸液吸收，再以标准盐酸滴定，计算出样品中的氮量。其具体的计算公式如下：

$$N = \frac{(V_1 - V_2)n \times 0.014}{m} \times 100\% \tag{3.1}$$

式中，$N$ 为样品中蛋白质的含量（%）；$V_1$ 为样品消耗硫酸标准液的体积（mL）；$V_2$ 为空白试剂消耗硫酸标准液的体积（mL）；$n$ 为硫酸标准液的当量浓度；0.014 为 1 当量浓度硫酸标准液换算成氮的质量；$m$ 为样品的质量（g）。

**3）杜马斯燃烧法**

在氮元素检测中，杜马斯燃烧法也被广泛应用。相较于凯氏定氮法，杜马斯燃烧法在测定氮含量上具有单个样本测量时间短；检测过程对人体无害，没有热硫酸等有毒废物产生；可以做到 100%的氮回收率；测量过程可以实现全自动，具有很高的检测效率等优势，但是其仪器价格昂贵。图 3.2 就是一台德国 Elementar Analysis GmbH 公司生产的 Rapid N cube 杜马斯定氮仪。其具体操作过程如下。

图 3.2　Rapid N cube 氮分析仪

将样品磨成粉末，然后称取 0.1 g 后包于特制的锡箔纸中放在自动落样器中。样品通过自动落样器进入燃烧反应炉（960℃）中，将反应炉通入高纯度氧，在通氧量为 200 mL/min 充分燃烧 300 s，直至氧剩余量达到 12%时停止燃烧。将一级燃烧管从下而上依次填充进 1 g 刚玉球、80 g 氧化铜、20 g 刚玉球混合物和 10 g 刚玉球，此燃烧管的工作温度为 960℃。二级燃烧管从下而上依次填充 16 g 刚玉球、200 g 氧化铜、15 g 铂催化剂混合物、20 g 刚玉球及 13 g 银丝，此燃烧管的工作温度为 800～900℃。燃烧反应炉的产物（$NO_x$）被载气 $CO_2$ 运送至还原炉（800℃）中。将管内装填物的顺序由下而上依次还原为 17 g 刚玉球、10 层每层约 18 g 的钨、50 mm 的氧化铜、20 mm 的铜及最上面的银丝球。产生的气体由铜和钨还原生成氮气除去水后，进入 TCD 检测器检测，测量结果由计算机自动输出。

### 2. 作物磷钾传统检测方法

除了氮元素以外，磷和钾也是作物生长过程中非常重要的营养元素。作物叶片中磷含量的检测传统采用紫外-可见光分光光度法。主要包括分解样本、绘制标准曲线、样本测定、计算等步骤。计算公式如下：

$$\omega = \frac{\rho \times V_3}{m} \times \frac{V_1}{V_2} \times 10^{-4} \tag{3.2}$$

式中，$\rho$ 为试样测定液中磷质量浓度（mg/L）；$V_3$ 为试样测定液显色体积（mL）；$V_1$ 为试样分解液定容体积（mL）；$m$ 为试样质量（g）；$V_2$ 为测定用分取试样分解液体积（mL）。

我们一般采用火焰光度计测定钾元素含量。测量步骤为，首先适当稀释样本的消煮液，然后直接用火焰光度计测定，最后根据标准液即可得到待测样品的钾含量。其计算公式如下：

$$K = \frac{(c_1 - c_2) \times V \times F}{m} \tag{3.3}$$

式中，$c_1$ 为从工作曲线查得测试液的钾含量（μg/mL）；$c_2$ 为从工作曲线查得空白液的钾含量（μg/mL）；$V$ 为试样消解液定容体积（mL）；$F$ 为待测液稀释倍数；$m$ 为称样质量（g）。

## 3.2.2　作物养分信息快速检测方法

目前对作物的养分含量（叶绿素和氮元素）的无损检测的研究较广泛，叶绿素的无损检测主要是应用 SPAD 叶绿素计，而氮元素含量的无损检测主要集中在光谱分析技术、机器视觉技术、光谱成像技术等方面。

### 1. SPAD-502 叶绿素计

目前应用最广泛的便携式植物叶片氮素测量仪 SPAD-502 叶绿素计（Chlorophyll Meter SPAD-502，Konica Minolta Co.，Japan），其原理是根据植物叶片中叶绿素对有色光的吸收特性，通过测量一定波长下发射光照度和透过叶片后的光照强度进行叶片叶绿素含量的测定。叶绿素的吸收谷主要分布在绿光区域，在蓝光和红光区域主要是叶绿素的吸收峰，而近红外区域叶绿素几乎没有吸收，因此测量叶片的叶绿素含量可以选择红光区域和近红外区域。SPAD-502 叶绿素计是由发光二极管发射红色光（峰值波长约为 650 nm）和近红外光（峰值波长约为 940 nm）。叶绿素吸收波长为 650 nm 的红光，940 nm 的近红外光并不被吸收，发射和接收 940 nm 的近红外光主要是为了消除叶片厚度等对测量结果的影响。当红光发射到叶片后，叶片的叶绿素吸收其中一部分，其余部分透过叶片经接收器接收后转化成电信号。发射光透过叶片到达接收器，将透射光转化成相似的电信号，经过放大器放大，然后通过 A/D 转换器转换成数字信号，微处理器利用这些数字信号计算出叶片的 SPAD 值，显示并且自动储存（王康等，2002）。SPAD 值的计算步骤如下：在无被测样本的标准状态下，两个光源依次发光并转变为电信号，计算强度比；将待测的样本叶片插入叶绿素计后，两个光源再次发光，叶片的投射光转换成电信号，计算透射光强度比（邵咏妮，2010）。运用以上两个步骤的结果计算 SPAD 值。

计算公式为

$$\mathrm{SPAD} = \mathrm{K}\log_{10}\left(\frac{IR_t / IR_0}{R_t / R_0}\right) \tag{3.4}$$

式中，K 为常数；$IR_t$ 为接收到的 940 nm 近红外光光照强度；$IR_0$ 为发射近红外光光照强度；$R_t$ 为接收到的 650 nm 红光光照强度；$R_0$ 为发射红光光照强度。

SPAD-502 叶绿素计之所以能够在世界范围内被广泛使用，这与它所具备的几个优点是密不可分的。SPAD-502 叶绿素计携带方便，其净重仅为 225 g，外形尺寸大约为 78 mm（宽）×164 mm（长）×49 mm（高）；测试速度快，一个数据的测定时间大约 2 s；无损检测，不影响叶片的正常生长，所以可以在同一部位进行多次重复测试，多次重复测量可使检测准确率大幅提高；灵敏度高，该仪器可以分辨出肉眼难辨的深浅不一的绿色，该仪器能测出几个单位的“绿色度”差异，灵敏度高于肉眼观测和比色卡对比；适应性广，该仪器原则上可以测定叶片厚度不超过 1.2 mm 的各类植物叶片；具有存储数据和简单计算的功能，在实际应用中可以大大提高工作效率（陈防和鲁剑巍，1996）。

### 2. 光谱分析技术

光谱分析技术主要是通过分析作物叶片的光谱曲线，从中找出与作物氮元素相关的特征波长，从而分析作物的氮元素含量。裘正军等（2007）测量了不同施肥量的油菜叶片的可见–近红外光谱（图 3.3），通过分析建立了油菜叶片光谱反射率与 SPAD 值之间的定量分析模型。结果表明，利用 684 nm 处一阶微分光谱的一元线性回归模型可以较好地预测油菜叶片的 SPAD 值，预测样本的相关系数可以达到 0.801，这一发现为今后大面积油菜氮元素的快速无损检测的氮肥管理奠定了基础。姚建松等（2009）利用遗传算法建立油菜叶片 SPAD 值与光谱反射率之间的定量分析模型，并且研究了叶片的厚度对建模精度和结果的影响，确定了最优光谱范围是 696.82～716.53 nm。在不考虑叶片厚度时，建模和预测关联度分别是 0.4823 和 0.5649（图 3.4）。考虑叶片厚度校正后，建模和预测关联度分别提高到 0.8936 和 0.9178（图 3.5）。这一结果说明基于可见–近红外反射光谱技术实现油菜叶片叶绿素含量快速无损检测是可行的。

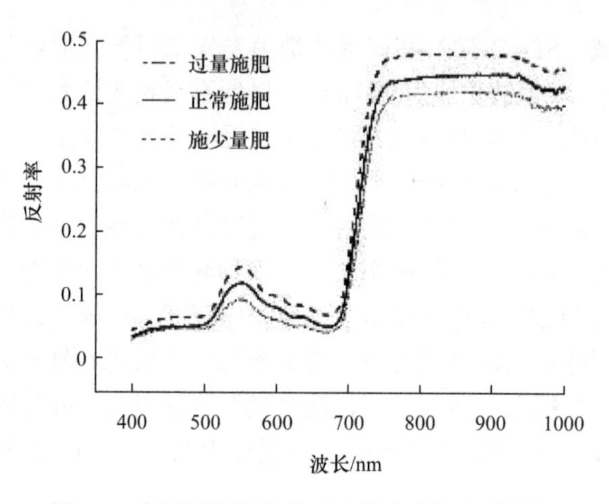


图 3.3　在不同施肥条件下油菜叶片的光谱特性

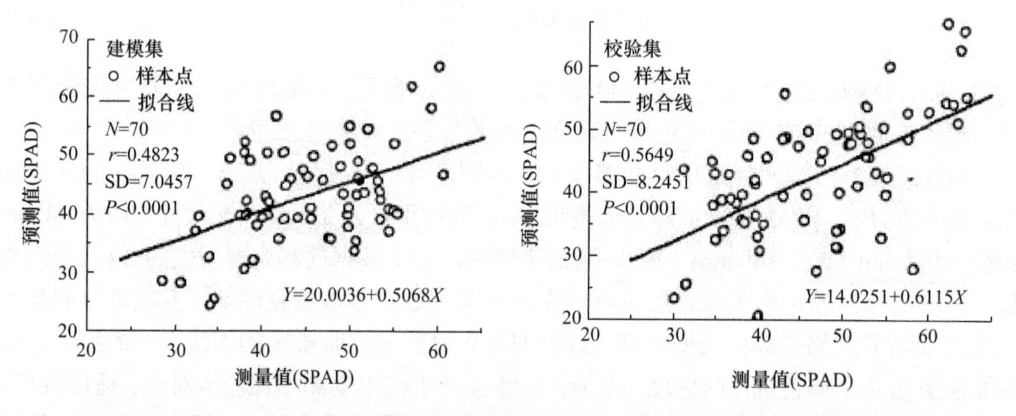


图 3.4　不考虑叶片厚度时建模集和校验集 SPAD 统计回归结果

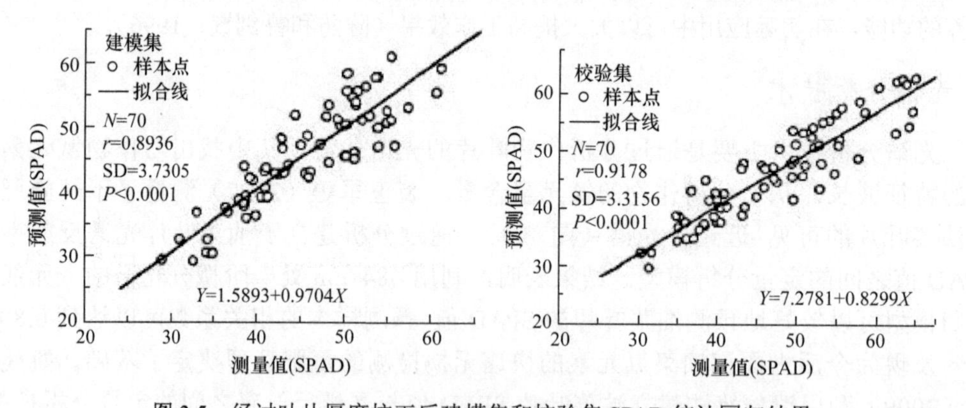


图 3.5　经过叶片厚度校正后建模集和校验集 SPAD 统计回归结果

在实际的生产中，在叶片层面的作物氮元素含量无损检测并不能起到很大的作用，为了将光谱分析技术应用到实际的生产当中，人们对冠层层面的作物氮元素无损检测也做了大量的研究。刘飞等（2011）利用美国 CROPSCAN 公司生产的 Cropscan MSR16 多光谱辐射仪对油菜的冠层进行了扫描，并将所有的多光谱辐射信息作为输入变量，建立油菜生命期冠层 SPAD 值检测的线性 MLR（multiple linear regression）和 PLS （partial least square）模型，以及非线性 LS-SVM（least squares-support vector machine）模型。通过比较分析，油菜生命期冠层 SPAD 值检测的最优模型为 LS-SVM 模型，对预测集样本预测结果为 $R_p$=0.7122，RMSEP=3.7498（图 3.6）。这一结果说明多光谱辐射信息可用于油菜生命期冠层SPAD值的检测，但是其精度还有待于进一步的提高（Liu et al.，2011）。

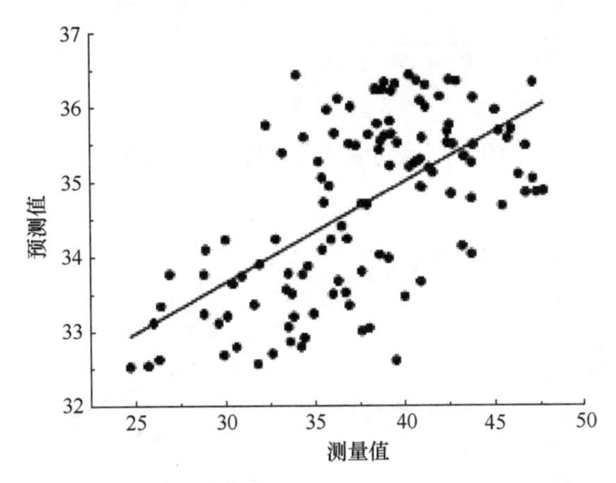


图 3.6　应用 LS-SVM 模型对油菜生命期冠层 SPAD 值的预测图

## 3. 机器视觉技术

机器视觉技术即用机器模拟人对目标物体进行测量和判断的方式来进行工作。机器视觉系统通过图像获取装置（如 CCD 相机等）将目标转化成图像信号，接收到图像信号之后利用计算机将其转化成数字信号，之后人们按照自己的需求通过计算机程序让计算机从这些数字信号之中提取所需要的目标特征，并利用这些特征做出相应的判断。

机器视觉系统最大的特点是实现了生产的自动化，传统的人工作业方法在危险或是人体视觉受限的环境下均无法作业，同时在大批量工业生产过程中，传统的人工视觉检测准确率低且效率低下，而机器视觉检测方法可以做到在线快速实时检测，很大程度上提高了生产效率和生产的自动化程度，而且机器视觉的另外一个特点是可以实现信息集成采集，是实现计算机集成制造的基础技术。

在计算机技术快速发展的时代，机器视觉因其所具有的快速、无损、高效、信息量大等特点被广泛应用到作物氮元素含量的检测当中来。作物在缺氮或其他元素时，颜色外形等会发生变化。张彦娥等（2005）利用机器视觉技术检测黄瓜叶片的营养信息，将采集的温室黄瓜叶片的图像，用在图像中提取的 RGB 三色分量及色度（$H$）、饱和度（$S$）和亮度（$I$）建模，分析模型中各分量与叶片含氮率、含磷率和含水率之间的相关特性。结果如图 3.7 和图 3.8 所示：叶片绿色分量 $G$ 和色度分量 $H$ 与氮含量呈负相关，可利用机器视觉快速诊断作物长势的指标，而其他分量与氮含量没有明显的相关性且 RGB 三色分量及色度（$H$）、饱和度（$S$）和亮度与磷含量和水分含量均没有表现出明显相关关系。

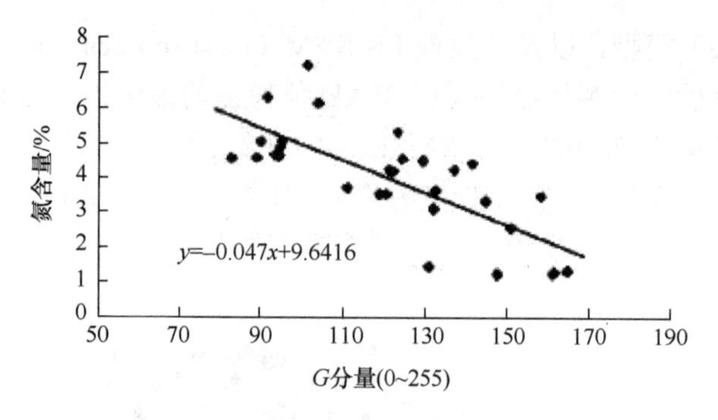


图 3.7　*G* 分量与氮含量之间的关系

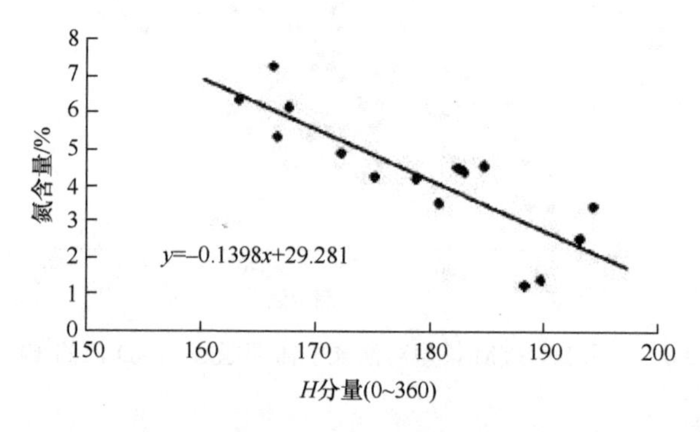


图 3.8　*H* 分量与氮含量之间的关系

## 4. 光谱成像技术

光谱成像技术是光谱与图像的融合，它既能获取光谱信息又能获取空间信息，可以对样本进行定量和定性的分析。根据波段的多少，光谱成像技术又分为多光谱成像技术和高光谱成像技术。两者的主要区别在于高光谱成像技术获取的图像由大量的连续的波段（几十个或者几百个）组成，而多光谱图像技术是由一系列离散的波段（一般少于 10 个）组成。

高光谱成像的分辨率高，能够更好地获取样本的信息。其图像的扫描主要以点、线、面的方式进行。通常实验室中采用的是线扫描的方法。然而，由于高光谱图像通常携带着大量的信息，需要对数据进行降维，去除冗余信息。高光谱技术也有着成本高、处理速度慢、不适合进行实时在线检测等局限。因此高光谱技术主要用于基础研究，而相比高光谱技术，多光谱成像技术具有能够快速获取图像、对图像进行简单处理和快速决策响应等优点，更加适合田间的快速在线检测。

### 1）多光谱成像技术

多光谱成像技术就是将光谱技术和机器视觉技术相结合，能更好地发挥两者的优点。国外 Inoue 等（2001）采用可见–近红外（400～900 nm）高光谱图像建立了多元回归模型，以水稻为研究对象，对叶片中的氮、叶绿素含量做了深入检测，得到 $R^2$ 分别为 0.72 和 0.86。国内冯雷等（2006）利用 3CCD 多光谱成像技术研究提取油菜叶面图像特性信息（图 3.9），建立了叶绿素仪数值和全氮含量的众多数学关系模型，结果显示，利用绿、红和近红外三通道图像灰度和反射率关系的经验线性标定模型分析得到的油菜植被指数与叶绿素仪数值间的决定系数 $R^2$ 可以达到 0.8864（图 3.10）。

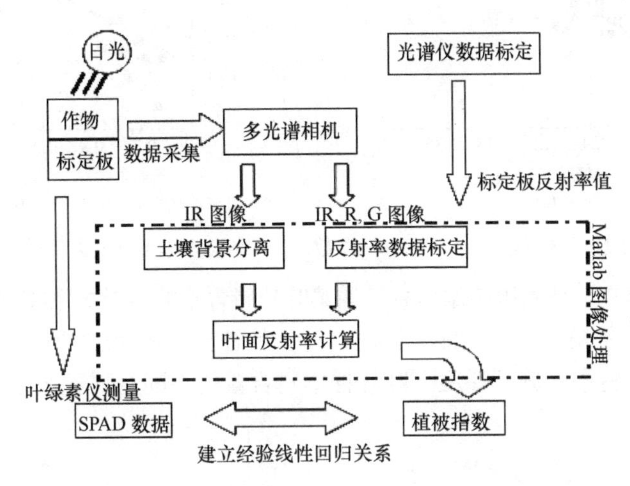


图 3.9　3CCD 多光谱成像技术检测叶片氮素含量技术路线

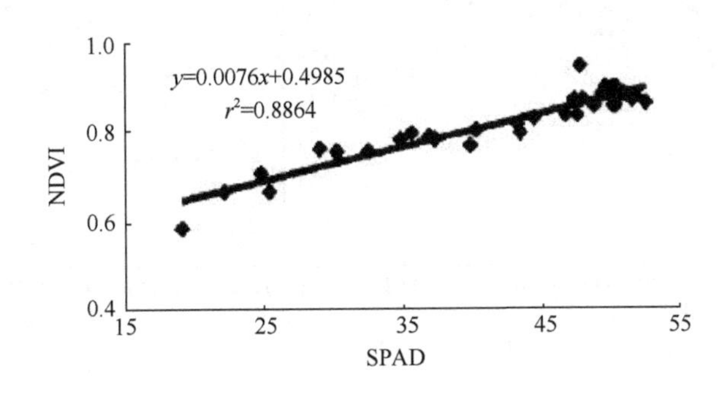


图 3.10　NDVI 与 SPAD 之间的关系

刘飞等（2009a）利用标定板建立黄瓜叶片光谱反射率与图像灰度值之间的线性公式。通过多光谱相机对样本在绿光、红光和近红外三个通道的图像进行处理，获得叶片样本在每一通道的灰度值，然后根据标定板所建立的灰度值与反射了舰的经验公式将对应的灰度值转为反射率，并由反射率计算出黄瓜的植被指数。并采用最小二乘–支持向量机（LS-SVM）建立植被指数与叶片氮含量及叶面积指数之间的拟合模型的相关系数分别为 0.8665 和 0.8553（图 3.11），取得了良好的效果。

**2）高光谱成像技术**

高光谱成像技术是当前新型光谱与图像融合的技术，具有高分辨率、工作高效等优点，在作物信息提取等方面得到广泛的应用。

Zhang 等（2013）应用高光谱成像技术，分别提取了高光谱图像数据中的光谱信息和纹理信息，综合分析多种光谱预处理方法、特征波长选择方法、纹理特征提取方法和

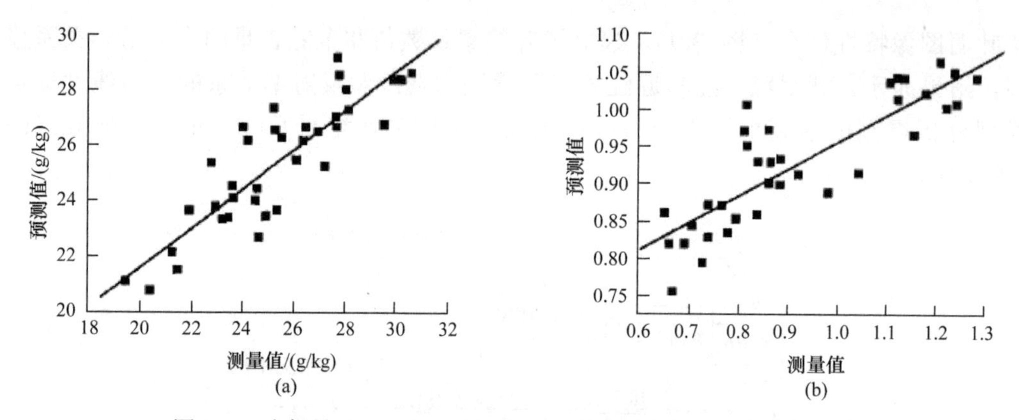


图 3.11　含氮量（a）、叶面积指数（b）测量值与预测值之间的关系

模型构建方法，建立了高光谱图像信息与油菜叶片磷含量的定量关系模型（图 3.12），实现了油菜叶片磷含量的快速无损检测。同时，基于特征波长和 PLS 模型，实现了油菜叶片磷含量的可视化，将不同施肥梯度下叶片样本磷含量的不同直观表达出来［图 3.13（a）］。

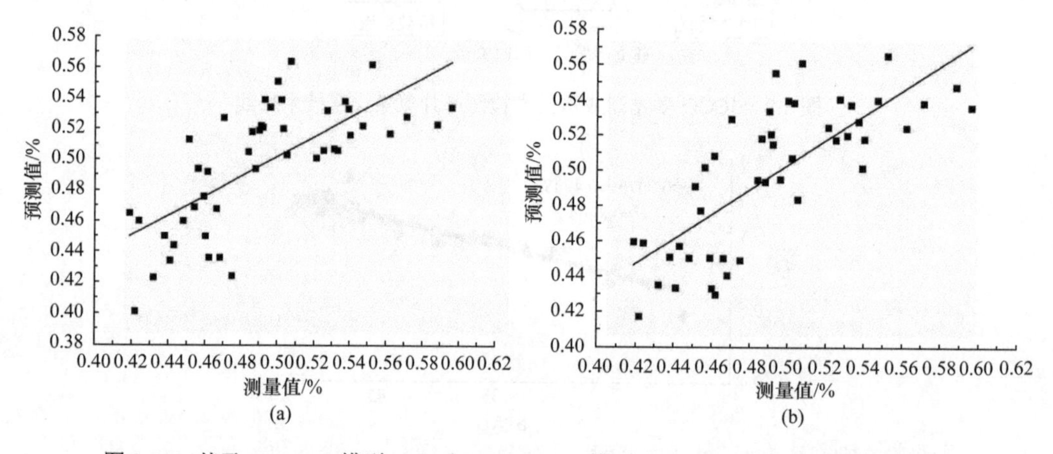


图 3.12　基于 SPA-PLS 模型（a）和 SPA-BPNN 模型（b）的油菜叶片磷含量预测图

Zhang 等（2013）利用同样的方法研究了油菜叶片中钾含量无损检测的方法。她们在可见–近红外波段范围（380～1030 nm），综合分析比较了 5 种光谱预处理方法、3 种特征波长提取方法和 3 种纹理特征提取方法对油菜叶片钾含量检测的不同模型预测性能的影响，建立了高光谱图像数据与油菜叶片钾含量的定量关系模型（图 3.14），实现了油菜叶片钾含量的快速无损检测。同时，基于特征波长和 PLS 模型，实现了油菜叶片钾含量的可视化，将不同施肥梯度下叶片样本钾含量的不同直观表达出来［图 3.13（b）］。

李金梦等（2014）应用高光谱成像技术，分别提取高光谱图像数据中的光谱信息和纹理信息，采用 SG 平滑-Detrending 的方法对光谱数据进行预处理，并采用连续投影法选取了特征波长，建立了基于特征波长的 BP 神经网络（back-propagation neural network）的模型，实现了柑橘叶片氮含量的快速无损检测（图 3.15）。

余克强等（2015）利用高光谱成像技术结合化学计量学方法对不同叶位尖椒叶片氮素含量的分布进行了可视化研究。他们利用 Random-frog 算法提取了尖椒叶片高光谱数据中的特征波段，之后利用所提取特征波段建立了偏最小二乘回归方程，取得了较好的效果。并根据预测模型计算了尖椒叶片高光谱图像中每个像素点的 SPAD 与氮含量，实现了 SPAD 和氮含量的可视化分布（图 3.16）。

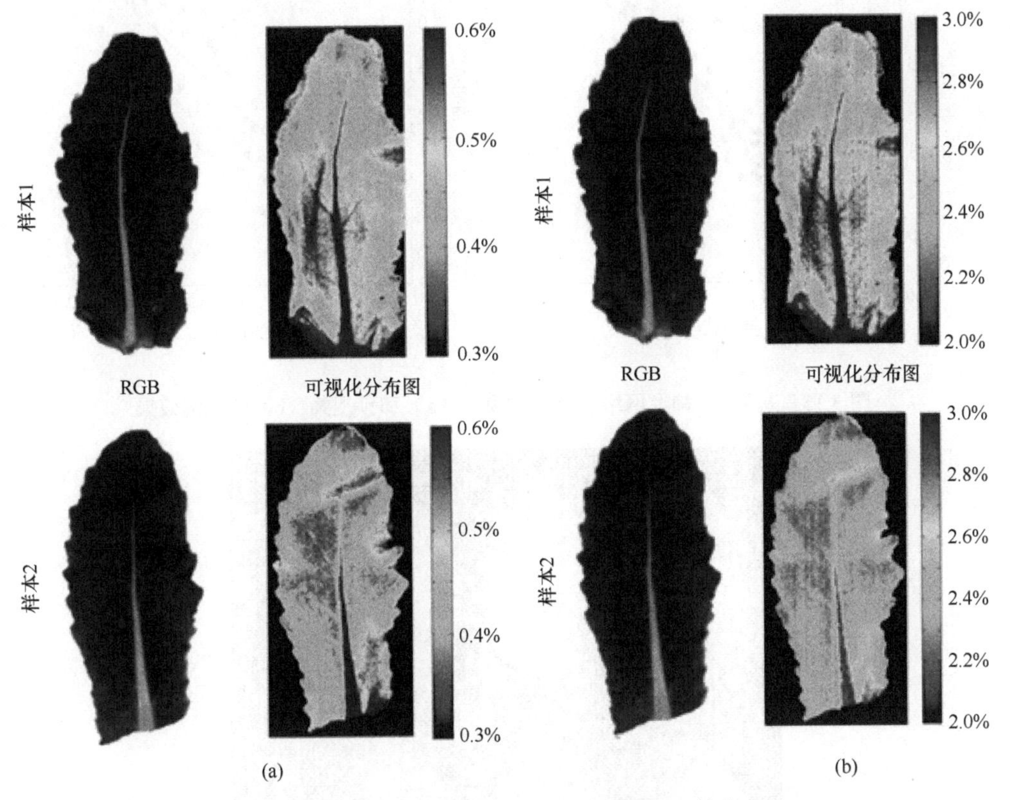


图 3.13　油菜叶片含磷量（a）与含钾量（b）的分布图

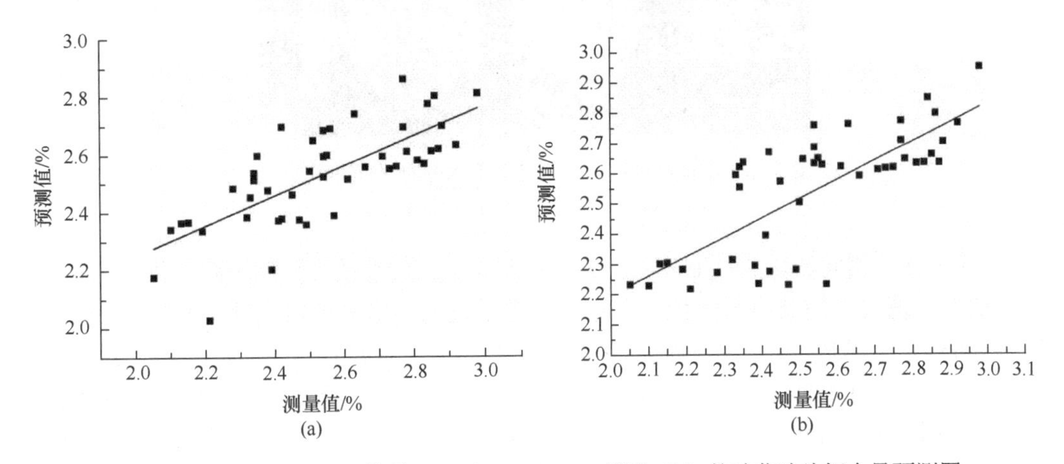


图 3.14　基于 RAW-PLS 模型（a）和 RC-BPNN 模型（b）的油菜叶片钾含量预测图

除了实验室研究之外，在作物生长过程中营养信息快速获取仪器方面，国内多个高校和研究单位已成功开发了多款实用的仪器。浙江大学何勇教授团队自主研发的“便携式植物养分无损快速测定仪”、“植物活体叶面积测量仪”和“植物冠层分析仪”等，可快速、无损、同时测定植物叶片的叶绿素、水分、氮元素含量，植物活体叶面积和植物

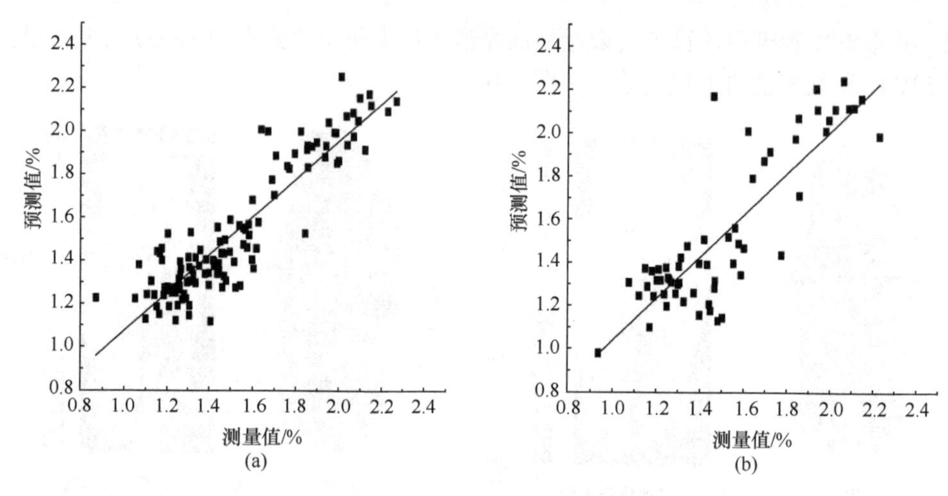


图 3.15　基于 BP 神经网络建模的建模集（a）和预测集（b）的预测效果

图 3.16　不同叶位的叶片氮含量和 SPAD 的可视化分布

（a）～（f）代表不同叶片样本

冠层 16 个互不相同波段的反射率。中国农业大学李民赞教授团队基于归一化颜色指数，研制的“便携式作物长势诊断仪”对叶绿素含量建模，相关系数达到了 0.850（张彦娥等，2005）。李民赞教授团队研制的“无损式作物冠层分析仪”，通过 2 个通道分别在 610 nm 与 1220 nm 处测量太阳辐射光，而另外 2 个通道在同样的波段上测量作物冠层的反射光。仪器与 Quality Spec 高光谱仪测得的 NDVI 值相关系数为 0.52(李修华等,2009)。

## 3.3　作物生理形态信息感知技术

### 3.3.1　作物生理信息感知技术

植物生理信息（蛋白质、酶类、氨基酸类、抗氧化指标等）、呼吸作用和光合作用

（光合速率、蒸腾速率、气孔导度、叶温、光合有效辐射、大气温湿度等）等生理指标直接影响植物不同阶段的生长发育，对作物的长势、产量和农产品质量具有重要的影响（张国平和周伟军，2005）。

对叶片中酶活力测定的传统化学分析方法非常复杂。以乙酸乳酸合成酶（acetolactate synthase，ALS）为例，检测 ALS 的酶活力需要剪取叶片样本，称量，剪碎，加入液氮速冻样品，研磨成粉末状。将提取缓冲液加入研钵中充分研磨，浸提过滤出粗酶液，待用。整个提取过程在–4℃的低温冰浴条件下进行。1.0 mL 酶促反应缓冲液中加入 ASL 粗酶液 0.5 mL，立即置于 37℃恒温水槽中启动反应，水浴 1 h 后加入 0.1 mL 的 3 mo1/L 浓硫酸溶液终止反应（空白对照试管在反应前加浓硫酸）；将水温维持在恒温 60℃左右，将待测液置于水浴槽中脱羧反应 15 min；再依次将 10% NaOH 溶液（分别包括 0.5% 肌酸和 5% α-萘酚）各 1.0 mL，置于水浴槽进行显色反应 15 min。反应结束后取出，将试液冷却至室温，5000 *g* 离心 10 min；上清液用紫外分光光度仪在 530 nm 波长下测定其吸光度，得到 ASL 酶活力（Yang et al.，2000；Leyval et al.，2003）。

蛋白质传统化学分析方法同样非常复杂：称取鲜叶样本 0.1～0.2 g 放入研钵，加入 65 mmol/L 磷酸钾缓冲液（pH=7.8）1 mL，并加入少许石英砂在冰上充分研磨，将研磨后样本小心转入离心管，加磷酸钾缓冲液洗涤研钵 2 次，每次 1 mL 全部转入离心管。将离心管的样本在 4℃ 10 000 r/min 离心机上离心 15 min，取上清液转入新管标记低温保存（待测液，用于测定可溶性蛋白）。沉淀用 1 mol/L NaOH 溶解后再次离心，其上清液（用于测定非可溶性蛋白）与原上清液一样，取 0.1 mL 于新的 10 mL 离心管内，各加 5 mL 考马斯亮蓝染液，混匀放置 2 min，在 595 nm 下比色测定（Bradford，1976）。

$$样品蛋白质含量（mg/g\ FW）=C\times V\times W$$

式中，$C$ 为依据标准曲线得到的每管蛋白质含量（mg/mL）；$V$ 为提取液总体积（mL）；$W$ 为取样量（g）。

目前，国内外应用光谱技术、多光谱成像技术、高光谱成像技术等进行植物生理信息检测的研究才刚刚起步，浙江大学率先在此领域进行了大量的探索工作，取得了一定的结果。

在植物生理信息的氨基酸类物质的检测研究方面，刘飞等（2009c）应用近红外光谱技术结合连续投影算法（SPA）实现了油菜叶片氨基酸总量（TAA）的快速无损检测。结果表明，SPA-LS-SVM 模型获得了最优的预测结果，其预测的 $R^2$ 和 RMSEP 分别为 0.9830 和 0.3964，获得了满意的预测精度。说明应用光谱技术检测油菜叶片 TAA 是可行的，为进一步应用光谱技术进行油菜生长对逆境胁迫的反应及大田监测提供了新的方法。

在植物生理信息的酶类物质检测研究方面，刘飞等（2009a）应用可见–近红外光谱技术实现了油菜叶片中乙酰乳酸合成酶（ALS）的快速无损检测。结果表明，LS-SVM 模型能够获得最优的预测结果，预测集样本的相关系数（*r*）、预测标准差（RMSEP）和偏差（bias）分别为 0.998、0.715 和 0.079，获得了满意的预测精度（图 3.17 和图 3.18）。另外，应用近红外光谱技术实现了油菜叶片中丙二醛（MDA）含量的快速无损检测。结果表明，LV-LS-SVM 在去趋势处理后预测效果为 $r$=0.9999，RMSEP=0.5302；在二阶求导处理后的预测效果为 $r$=0.9999，RMSEP=0.3957。这一结果说明应用光谱技术检测油菜叶片中 MDA 的含量是可行的，并能获得满意的预测精度。

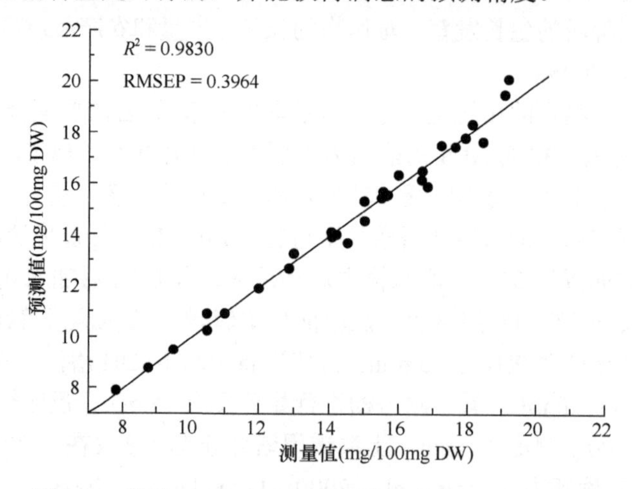


图 3.17　基于 SPA-LS-SVM 模型的油菜叶片 ALS 预测图

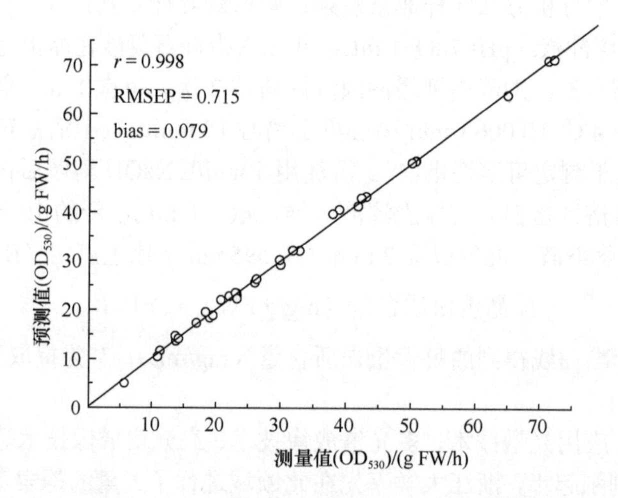


图 3.18　应用 LS-SVM 模型对油菜叶片 ALS 的预测散点图分布

孔汶汶等（2012）利用近红外光谱技术实现了除草剂胁迫下的大麦丙二醛（MDA）含量的简便、无损、快速检测。他们将利用 PLS 模型所提取的特征向量（LV）作为最小二乘–支持向量机（LS-SVM）模型的输入变量，建立了 LV-LS-SVM 模型。实验结果表面所建立的 LV-LS-SVM 模型的相关系数（$r$）和预测集均方根误差（RMSEP）分别为 0.9383 和 10.4598，取得了满意的结果（图 3.19）。

刘飞等（2009a）利用近红外光谱对在除草剂胁迫下的油菜中的总氨基酸（TAA）进行了检测。在提取样本的光谱数据之后，他们采用正交信号校正（DOSC）对光谱数据进行预处理，之后用连续投影法（SPA）选择特征波段，用最小二乘支持向量机（LS-SVM）建立了光谱数据和油菜总氨基酸的模型。该模型的相关系数（$r$）和预测集均方根误差（RMSEP）分别为 0.9968 和 0.2943，取得了良好的效果。

Liu 等（2008）应用可见–近红外光谱技术实现了油菜叶片蛋白质含量的快速无损检测。结果表明，LS-SVM 模型对于可溶性蛋白、非可溶性蛋白和总蛋白都能够获得最优的预测结果。对于非可溶性蛋白预测集样本的相关系数（$r$）、预测标准差（RMSEP）和偏差（bias）分别为 0.999、33.084 和 1.178（图 3.20）；对于可溶性蛋白预测集样本 $r$、RMSEP、bias 的值分别为 0.997、42.773 和 6.244（图 3.21）；对于总蛋白

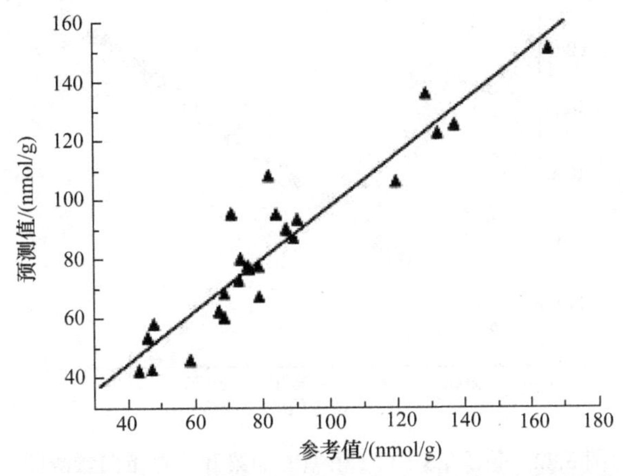


图 3.19　应用 LS-SVM 模型对大麦叶片 MDA 含量的预测散点分布图

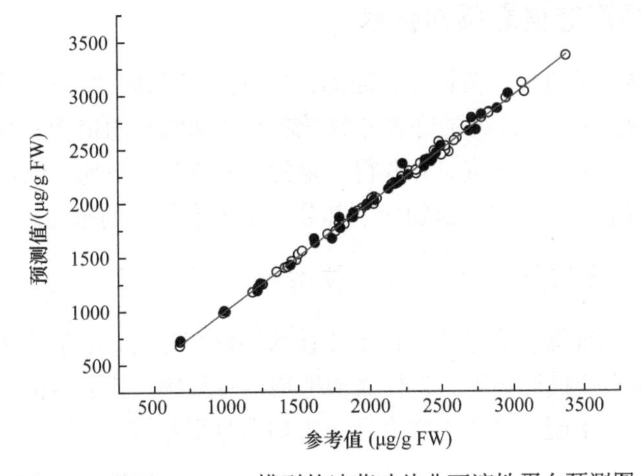


图 3.20　基于 LS-SVM 模型的油菜叶片非可溶性蛋白预测图

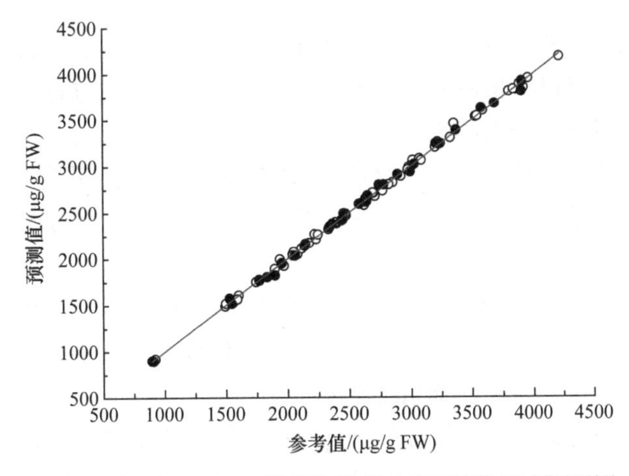


图 3.21　基于 LS-SVM 模型的油菜叶片可溶性蛋白预测图

预测集样本 $r$、RMSEP、bias 的值分别为 0.999、59.562 和 7.437，取得了满意的预测精度（图 3.22）。

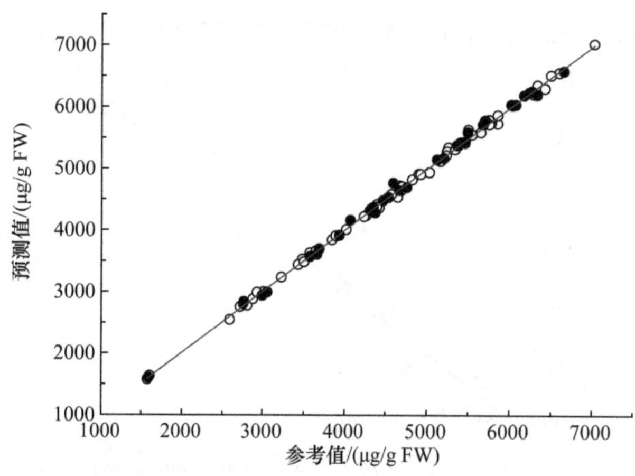


图 3.22 基于 LS-SVM 模型的油菜叶片总蛋白预测图

## 3.3.2 作物三维形态信息感知技术

为了满足植物生长建模、植物生长监测、植物生产管理、植物生产作业等数字化、智能化农业生产的需要，国内外的许多专家学者在植株水平的植物三维信息传感检测仪器和方法方面进行了大量的研究，并取得一定的研究成果。植物三维信息采集包括植株地面部分三维形态信息的感知和植物地下部分三维形态信息的感知。

### 1. 植株地面部分三维形态信息感知技术

植株地面部分三维形态信息感知技术按技术手段可分为，基于机器视觉的植物信息采集、基于三维激光扫描设备等光学仪器的植物信息采集、基于结构光扫描等精密仪器的植物信息采集、基于超声波等声学方法的植物信息采集等。

#### 1）基于机器视觉的植物信息采集

随着机器视觉技术的发展和设备不断进步，利用机器视觉系统进行植物重建已成为研究热点，也是未来虚拟植物研究的发展方向。依据机器视觉进行信息采集，采用多视点方法对同一植物多方位观测实现对植物图像或点云的采集，同时结合相关植物学（包括植物形态、长势等）知识利用重建算法等来实现植物的信息采集。

根据采集设备的数目，机器视觉可分为单目视觉系统、双目视觉系统、多目视觉系统等。

单目视觉：单目视觉就是使用一台摄像机在不同时刻从多个角度采集图像进行重建，单个相机在小范围内平动就形成了平行双目立体视觉系统架构，在小范围内平动加转动就可以形成交叉双目立体视觉系统架构。

Andersen 等（2005）在室内通过单个近红外相机的平动和转动，实现了单株植物三维重建、株高、叶片总面积等参数的测量，工作时将小麦幼苗放置于视觉系统下，通过相机位置的变化改变图像采集的视角，在每个视角下获取红、绿、蓝和近红外图像，选用模拟退火算法来查找最佳的匹配点，然后对分割获得的图像进行匹配并计算植物的几何特征，结果显示该方法能够用于植物高度和植物叶面积的估计。

除此之外，单目视觉也可以用单幅图像结合植物学知识（如植物的对称性、规则的分形特征）等建立三维模型。

Tan 等（2007，2008）先区分出图像中树的枝干，并预测模糊分枝，然后将小图像尺寸、大叶片数量的叶副本填充于枝干上重构出树的整体形状，实现了单幅图像的植物三维重建。

Zeng 等（2006）提出了一种基于单幅图像的三维重建方法，利用从背景中分离出来的无叶的树木图像，执行图像细化、像素的分类、假分枝删除、线路分段拟合和宽度估计后提取出植物无向图的拓扑结构，利用植物生长的几何正则性得到植物树的拓扑结构的方向，通过旋转获得每个分支的三维模型。

双目视觉及多目视觉：双目视觉需要从两个不同的观测点获取同一物体的感知图像，一般采取小间距并排摆放的方式组成平行双目或者交叉双目立体视觉，利用三角测量法将匹配点的视差信息转换为深度信息。主要的操作步骤如下：图像获取、摄像机标定、特征提取与匹配、摄像机校正、立体匹配和三维建模。

多目视觉是采用两个以上的相机从不同角度获得目标物的图像，可以减少单目视觉的极线约束造成的边缘模糊和视差范围增大造成的匹配错误。因此可以充分获取植物的空间信息，但重建的计算复杂且速度缓慢，适合于对植物的构型参数进行测量。

Yu 等（2014）采用平行光轴双目视觉，设计了应用于植物工厂的植物生长特征参数测量系统，对植物工厂中的叶类植物的叶投影面积、植物高度、体积和直径进行连续测量，从而实现对植物生长过程的监测。

王传宇等（2009，2010，2014a，2014b）搭建了田间简易检测平台，避免了其他植物的背景干扰及自然光照环境的影响，利用设定的标记物来提高视觉系统检测的精度。对玉米叶片和果穗进行三维重建，观测了苗期玉米株型、叶长、叶片着生高度、莲叶夹角、叶片方位角等株形参数及叶片生长状态、叶片运动状态等。

陈兵旗等（2011）基于双目立体视觉，对大田玉米生长参数进行了预测，采用大津法对 $G$ 分量图像进行自动二值化处理，利用在监测区内设置的标定杆实现对作物覆盖面积和颜色均值估计，对网格形心进行匹配获得三维点云，采用 OpenGL 实现了玉米生长过程的三维可视化，实现大田玉米生长参数的实时测量和生长过程的三维虚拟显示。

瞿端阳等（2013）采用双摄像机搭建了棉株识别定位系统，在避光实验室内搭建试验台进行了试验，选择分割获得的棉株的顶点作为匹配特征点，利用最小二乘法计算出棉株的深度信息并进行校正，校正后棉株定位误差在 0.43～30.57 mm，误差均值为 20.58 mm。

张卫正等（2013）从多角度拍摄自然生长状态下的叶片，然后利用 Photo Modeler 软件获得叶片三维点云模型，通过构建 Delaunay 三角网并计算曲面面积，测得的曲面面积精度高达 99%。

**2）基于三维激光扫描的植物信息采集**

三维激光扫描技术依据激光测距原理，利用发射自三维激光扫描仪中的激光，通过特定的测量设备和测量方法获得实物表面离散的几何坐标数据的测量技术。三维激光扫描技术在获取适当距离静态物体的空间三维信息上具有快速准确且能深入到复杂环境进行作业等优点，在农田导航和植物信息检测、果园导航和果树信息检测、森林植被信息检测、叶片检测等方面都有相应的研究和应用。

Côté 等（2009）研究了获取植物构型点云并重建植株的可行性，采用地面激光探测与测距技术，对常见的大型树木的枝干进行了三维重建可视化及量化分析。

Polo 等（2009）以搭载 GPS 系统的拖拉机作为激光扫描仪的移动载体，实现了对果树植物和冠层的几何参数的三维识别和重建，结合激光扫描仪的位置变化和扫描信息获得了果树植物的三维点云信息，在实验室和室外条件下试验，检测精度达±15 mm，并且针对梨树、苹果树、葡萄树等进行试验，获得了植物的高度、宽度、体积、叶面积指数、叶面积密度等参数。

Eitel 等（2013）设计了一个自动激光扫描系统，在不同气候条件下对针叶树、阔叶树、禾草、杂草、松树等对象的高度和枝干直径的测量进行了试验，结果表明，所设计的系统可以用于监测和量化植物生长。

Seidel 等（2011）研究了三维激光扫描仪在植物生物量和生长状况监测方面的应用，利用三维激光扫描仪获得的植物的三维点云信息测量了植物的地上部分茎、枝、叶的总的生物量、茎和嫩枝的生物量、叶生物量和叶面积等信息，通过与破坏性监测的试验对比，三维激光扫描仪在植物生物量和生长过程监测方面有很大的应用前景。

**3）基于结构光扫描的植物信息采集**

结构光扫描仪也是一种主动测距传感器，其原理是光源打出的结构光受到被测物体表面信息的调制而发生形变，利用图像传感器记录变形的结构光条纹图像，并结合系统的结构参数来获取被测物体的三维信息。

Uhrmann 等（2011）对基于结构光的植物形态测量的系统设计和数据处理进行了研究，采用三维扫描系统以单株植物为试验对象进行了三维重建和精度检验试验，获得了较好的精度。

Prion 等（2009）采用结构光扫描方法，利用多光谱相机和 RGB 相机采集图像，研究了基于高度信息的作物与杂草高度阈值调整方法，对作物和杂草的分类进行了研究，在播种后 30 天内，采用该方法最佳分类准确率是 86%，平均准确率为 82%。

**4）基于超声波等声学方法的植物信息采集**

超声波传感器是另外一种主动测距传感器，可以应用于测距、导航、传感、检测、加工、清洗等农业生产领域。在植物参数获取方面，超声波在检测时需要载体的移动来获得空间点云信息，由于波束角的影响其检测精度和在细节检测方面有一定的局限，在应用中常与其他传感器搭配，主要起辅助作用。

张霖等（2010）对采用超声波传感器在不平整路面对果树冠层参数检测进行了研究，依据姿态角和位置信息等建立的校正模型，消除了车体姿态角变化的影响，并且采用超声波传感器获得的树木不同高度和位置的点云信息，实现了果树冠层轮廓三维重构与体积测量。

Schumann 和 Zaman（2005）开发了一个超声波检测果树树冠大小的应用软件，采用超声波传感器和差分式 GPS 系统实现了对于柑橘树的树冠体积和高度的实时检测、监控、计算、存储和图形绘制。

### 2. 植株地下部分三维形态信息感知技术

根系是植物生长过程中吸收养分和水分的重要器官，对植物的正常生长发育具有极其重要的影响（Lynch，1995）。近些年，随着对根系形态、生理生态方面探究的深入，逐渐认识到根系不仅是植物赖以生存的吸收器官，还是植物与环境交换物质和信息的系统之一（Hodge et al.，2009；Lux and Rost，2012）。大量试验研究表明在土壤非生物逆境胁迫情况下，植物可通过调节自身的生命活动规律来适应环境的胁迫，在宏观上表现为根系形态构型的改变（Manschadi et al.，2006；Gaudin et al.，2011）。

但是，植物根系大都深埋于土壤中，而土壤是非透明介质，又由于根系自身结构的复杂性和重叠性，使得植物根系的研究十分困难（Danjon et al.，2008）。探究根系的传统方法大都需要经过取样、根土分离、冲洗等环节，整个取样和测量过程耗时费力，且实施操作过程中会因外力等因素造成根系结构和细小根系的损失（周学成等，2007）。另外，传统的根系无损检测法（如同位素示踪法、地下根室法、微根管等）虽然能够简化操作过程，对根系也基本不造成损伤，但往往能获取的根系原位观察数据是有限的（李克新等，2011）。另外，由于植物根系自身形态各异、枝节繁多等问题，根系三维立体几何构型的准确定量分析与描述变得更加困难。因此，传统的根系研究方法难以实现根系构型的全面观察和精确定量描述，无法满足根系生物学研究的实际需求（朱同林等，2006）。

国际上关于植物根系三维立体几何构型的定量化研究很少，其原因主要是植物根系大都生长于地下，而土壤又是不透明介质，以及根系统自身形态构型的复杂性，根系相互之间的交错生长、重叠分布，使得根系构型的全面观察和精确测定非常困难（Zhu et al.，2011）。在高新探测技术快速发展的时代，X 射线断层扫描技术和核磁共振成像技术在农业工程研究领域的应用逐渐增多，为作物根系的原位无损研究提供了新的方法和手段（Jahnke et al.，2009；Tracy et al.，2010；Mooney et al.，2012）。严小龙和戈振扬（2000）借助拓扑学理论将根系三维立体几何构型分解为二维平面几何构型，建立相关的拓扑学参数对根系内外连接数量、长度等进行测定，从而将根系形态构型细分为鱼尾形分支和叉状分支等不同的分支模式。张建锋等（2012）以玉米作为主要研究对象，应用核磁共振成像、数字图像处理技术和计算机图形学技术，建立了一套玉米根系形态构型信息的识别获取方法，包括根系核磁共振试验最佳条件的建立，根系模型的三维交互式测量及其形态构型参数的定量分析，完成了多梯度氮、磷胁迫下根系形态构型的定量分析，实现了玉米根系形态构型的原位无损检测。

## 3.4　作物病虫害信息感知技术

农作物病害是影响我国农业生产的主要生物灾害，其类型繁多、灾害性强且影响广泛，是导致农产品减产和品质下降最重要的因素之一，长期以来一直是农业生产难以解决的问题，是制约高产、优质、高效农业持续发展的主导因素之一。据联合国粮食及农业组织（FAO）调查，全世界每年因病虫害引起的粮食减产占粮食总产量的20%～40%，经济损失达1200亿美元。在我国，每年发生的病虫草害面积达2.36亿$hm^2$/次，每年因此而损失粮食15%左右、棉花20%～25%、果品蔬菜25%以上。

农作物病害不仅会导致农产品产量和质量的下降，还会因病害防治造成农药等药物的大量施用，从而既增加了农业生产成本又给生态系统带来了负担。就现阶段来看，施用农药在一定程度上虽然可以控制病虫害，降低灾害损失，提高生产效率，但农药的滥用和过度使用给我国生态和生产的长远发展带来不利。农业生产者合理使用农药的意识和观念薄弱，通常仅凭个人经验决定药剂的使用品种和使用量，缺乏科学使用药剂的相关农学知识。这种普遍存在的过度消费化学制剂的现象不仅增加生产成本，而且农药残留于土壤和农产品中，既对环境和生态平衡造成破坏，又危害生态安全和人体健康。

要做到既有效地施用化学制剂以达到防治病虫草害的目的，又能尽量减少施用化学制剂对环境和人体造成的危害。对病害作物进行变量施药是解决问题的最佳方案。变量施药是指根据获取的作物病虫害信息，及时地诊断受害作物的病因及受害程度，因病治宜，因地制宜，按需按量施用化学制剂，既能减少化学制剂的使用，又能达到及时防治的目的。对作物病害状况进行准确、快速、可靠的判断是实施变量施药、有效进行精准病害防治的基础。因此，做到对植物病害的深入探究对于我国乃至全世界农业经济的发展具有十分重要的意义。

目前传统的农作物病害检测方法，如肉眼观察法，统计学方法，基于农业专家系统的作物病害检测和基于化学、分子生物学的检测等依然是实际生产中主流检测方法。

肉眼观察法主要是由有经验的生产者或植保专家基于一定的诊断标准，在田间用肉眼观察获得农作物的病害情况。肉眼观测会被环境、天气、疲劳、情绪等客观和主管因素干扰，且只能在病症显现时进行识别。除此以外人工田间观察的方法效率低下，难以在大范围内开展，且受到观察者自身经验的影响。

统计学方法是对以往的病害发生数据进行统计分析，根据统计学的原理对作物病害的发生进行预测。该方法在精度方面不够高，缺少实效性，并且只适用于在一个很大的地域范围内进行粗略估计，很难对小区甚至单株植物进行正确诊断（鲍一丹，2013）。

农业专家系统是把专家系统应用于农业领域的一项高新技术，它是应用人工智能知识工程的知识表示、推理及知识获取等技术，总结和汇集农业领域的知识、技术和农业专家长期积累的大量宝贵经验，以及通过实验获得的各种资料数据与数学模型，模拟领域专家的决策过程，建造的各种农业智能计算机软件系统。1978年，伊利诺伊大学的植物病理学家和计算机科学家共同开发的大豆病害诊断专家系统是世界上最早的农业专家系统。我国农业专家系统的研究始于20世纪80年代初，到目前为止已广泛应用的病害专家系统有：苹果、梨病害防治决策支持系统，蔬菜病害综合治理咨询系统，大豆病害诊断专家系统，预测小麦病毒流行专家系统，水稻害虫管理专家系统，稻瘟病综合防治专家系统，玉米病害防治专家系统，安徽省水稻主要病害诊治专家系统，多媒体玉米病害诊治专家系统，农作物病虫害微机测报专家系统等（杨世凤等，2009）。

### 3.4.1　作物病害信息感知技术

检测农作物病害最准确的方法就是基于分子水平的检测方法，如生物测定技术、核酸序列分析技术、分子标记技术等。真菌性病害检测方法有洗涤镜检法、保湿培养检测，病毒性检测方法有血清学方法、免疫学和分子生物学方法，包括聚合酶链式反应（polymerase chain reaction，PCR）及相关技术，双链RNA（double-stranded RNA，dsRNA）电泳技术，核酸杂交检测技术（nucleic acid spot hybridization，NASH）（阚春月等，2010）。这些方法虽然准确，但是无法实时地在田间进行操作，而且相关的操作需要操作人员有较高的专业技能，设备昂贵，成本高，耗时长。

作物的病害分为两个大类，一类是病原微生物侵染而引起的称为侵染性病害，如锈病；另一类是不适宜的环境条件引起的称为非侵染性病害，如营养物质缺乏引起的缺素症、环境中的有害气体引起的污染性病害和杂草的疯长引起的杂草病害等。作物的病害绝大部分可引起全身症状，但是由于其致病的病原物不同，其对作物的主要危害部位也不尽相同。尽管症状多种多样，但是绝大多数的病害症状或多或少都会在作物的叶片上表现出来，使叶片的颜色、形状、纹理发生变化，出现病斑、斑纹分布。

病害对植物生长造成的影响主要有两种表现形式：植物外部形态的变化和植物内部的生理变化。外部形态变化特征有落叶、卷叶、叶片幼芽被吞噬、枝条枯萎导致冠层形状发生变化。生理变化则可能表现为叶绿素组织遭受破坏，光合作用和养分水分吸收、运输、转化等机能衰退。但无论是形态的或生理的变化，都必然导致植物光谱反射与辐射特性的变化，从而使光谱值发生变异，作物在染病后，其内部生理结构、养分含量等先于外部形态特征，如枯叶、糜烂等发生变化，因而，植株染病部分内部的光谱特性也先于外部特征发生变化（王晓丽和周国民，2010）。这为将光谱技术用于作物病害的检测提供了理论依据，浙江大学率先在此领域进行了大量的探索工作，取得了一定的结果。

基于光谱技术的农作物病害检测方法主要有可见–近红外光谱、多光谱成像、高光谱成像等。

刘飞等（2010）应用组合模拟波段建立的线性和非线性光谱判别模型实现了油菜菌核病的早期诊断。采用预处理算法与连续投影算法相结合提取组合模拟波段，分别建立偏最小二乘法、多元线性回归和最小二乘–支持向量机模型。通过比较，各种模型的预测准确率均超过95%。这一结果表明了基于组合模拟波段进行油菜菌核病早期诊断是可行的，为油菜菌核病的早期诊断及病害监测仪器的开发提供了方法和依据。图3.23提取以全部样本的原始光谱数据作为输入变量，通过留一交互验证，建立油菜菌核病早期诊断的 PLS 判别模型的前三个特征变量，得到的油菜健康样本和染病样本的散点分布图。

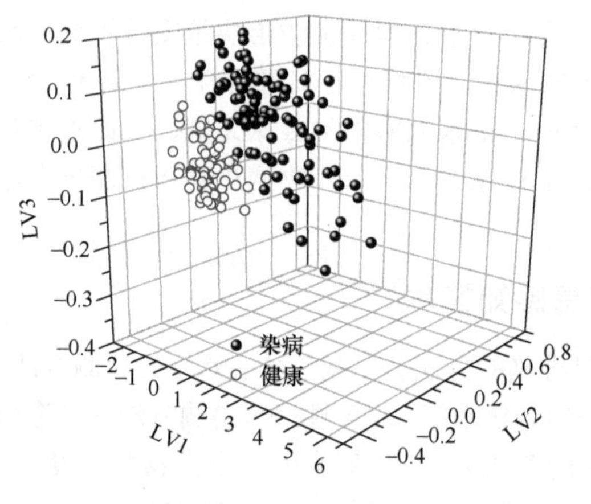


图 3.23　油菜健康样本和染病样本的散点分布图

吴迪等（2007）应用可见–近红外光谱技术对感染灰霉病的番茄叶片的感染程度进行了检测，提出了主成分分析结合 BP 神经网络的数据处理方法。采用主成分分析、BPNN 方法建立早期检测模型。检测结果显示，模型具有良好的检测效果，能够达到较高的识别率与正确率。这一结果说明基于光谱技术和化学计量学方法的灰霉病检测模型具有很好的检测能力，为光谱技术应用于病害检测提供了新的方法。

冯雷等（2009）提出了利用包含绿、红、近红外三波段通道的多光谱成像技术对水稻叶瘟病进行检测。建立了能够快速、准确分析水稻叶瘟病情的检测模型，实时过滤掉背景噪声、自然枯叶等干扰因素，实现对水稻生长状况进行及时、有效、非破坏性检测。研究表明，利用多光谱成像技术提取水稻叶面及冠层图像信息，可以快速有效地检测水稻叶瘟病情。通过实验建立的水稻叶瘟病情检测分级模型，对营养生长期的水稻苗瘟的识别准确率为 98%，叶瘟的识别准确率为 90%，为实施科学的水稻叶瘟防治提供了决策支持。

杨燕（2012）应用高光谱和高光谱图像技术，提取了对水稻稻瘟病识别敏感的特征波长，建立了基于特征波长下光谱和图像信息的水稻稻瘟病害识别模型，实现基于图像信息稻瘟病病害识别模型的优化（图 3.24）。研究应用主成分分析–载荷系数法得到基于图像特征波长的病害识别优化模型为基于特征波段长（419nm、502nm、569nm、659nm、675nm、699nm、742nm）图像信息构建逐步线性判别分类模型，校正集判别准确率为 92.7%，预测集判别准确率为 92.5%。

表 3.1 和表 3.2 为基于在可见–近红外光谱波段范围内选定的特征波长，建立的 PLS-LDA 和 PCA-LDA 的判别分析模型的效果。其中，PCA-LDA 模型在校正集的分类准确率为 0.824，在预测集的分类准确率为 0.836，有较高的分类准确率。由此可见利用从可见–近红外光谱波段选择的特征波长可以很好地适用于水稻稻瘟病病害识别。

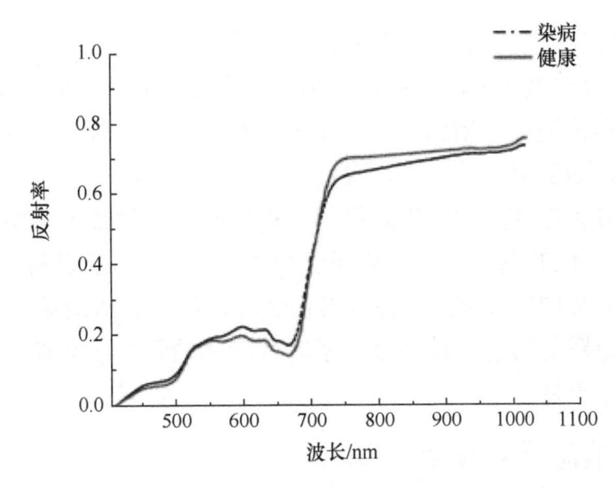


图 3.24　健康稻苗和染病稻苗的平均光谱信息

**表 3.1　基于特征波长的 PLS-LDA 判别分析模型性能**

| 模型 | Lvs | 采样系统 | 特征波长 | $R_c$ | RMSEC | $R_p$ | RMSEP |
|---|---|---|---|---|---|---|---|
| PLS-LDA | 5 | V10E | 10 | 0.7348 | 0.3333 | 0.7111 | 0.3523 |
| | 6 | N17E | 7 | 0.7260 | 0.3162 | 0.5055 | 0.5354 |

**表 3.2　基于特征波长的 PCA-LDA 判别分析和 SVM 判别分析模型性能**

| 建模方法 | 采集系统 | 输入变量 | 校正集 | | | 预测集 | | |
|---|---|---|---|---|---|---|---|---|
| | | | TPR | TNR | NER | TPR | TNR | NER |
| PCA-LDA | V10E | 10 | 0.900 | 0.718 | 0.824 | 0.966 | 0.730 | 0.836 |
| | N17E | 7 | 0.775 | 0.718 | 0.746 | 0.551 | 0.724 | 0.638 |
| SVM | V10E | 10 | 0.966 | 0.656 | 0.837 | 0.966 | 0.730 | 0.836 |
| | N17E | 7 | 0.366 | 0.901 | 0.633 | 0.069 | 0.862 | 0.465 |

注：TRR 为真正率（true positive rate）；TNR 为真负率（true negative rate）；NER 为正确分类率。

当致病生物感染作物之后作物本身会对入侵者进行抵抗来保护自己，这一特性被称为作物的抗病性。作物的抗病性具体表现面对致病生物的入侵作物的生理过程会发生一系列的变化，如叶片组织产生萎蔫、水分平衡失调、呼吸速率升高、光合作用下降、发生过敏反应（hypersensitive response，HR）、产生水杨酸（salicylic acid，SA）信号等。因此可以利用作物这一生理现象的变化对作物病害进行早期的检测。

Chaerle（1999）经过研究发现，当作物感染了烟草花叶病毒（TMV）之后，作物的叶片中会产生一种名为水杨酸的物质，会导致叶片的温度上升，而且这一变化要比叶片坏死症状的出现早很多。可以以此为原理利用热成像技术对烟草花叶病进行早期检测。Boccara 等（2001）利用热红外记录仪检测了火疫病菌蛋白诱变在烟草中引起的过敏反应。通过实验发现诱变后的 3～4 h，烟草叶片的温度下降了约 2℃，而且这一变化比叶片坏死症状的产生要早，产生这一现象主要是由于在诱变之后作物的呼吸作用发生了变化使得叶片的温度降低。研究认为可以利用热红外检测仪对作物的叶片温度进行检测，发现作物叶片温度的异常波动从而对作物的病害做出早期的诊断。

农作物代谢过程产生的过氧化氢会破坏氧化作用，而其体内存在的过氧化氢酶（CAT）能很好地分解过氧化氢，保护农作物自身不受过氧化氢的毒害。因此CAT活性的高低可以作为植物抗逆性的指标（刘志文等，2005）。传统检测作物中CAT活性的方法有分光光度计法、酶反应热效应法、滴定法、气量法、荧光法等。但是这些检测方法都费时费力、工作量大容易受到操作人员的主观影响。谢传奇等（2012）对灰霉病胁迫下的茄子叶片CAT活性的高光谱图像特征进行了研究，研究发现利用BP神经网络模型能够很好地对茄子叶片中的CAT的含量与茄子叶片的高光谱图像信息进行建模，能通过茄子叶片的高光谱图像信息定性区分茄子叶片染病的程度，为茄子灰霉病的早期快速无损检测提供了技术支持。

### 3.4.2 作物虫害信息感知技术

除了病害之外虫害在粮食生产中的发生和危害也十分频繁和严重。目前防治虫害的主要手段还是农药。据统计农药的使用可以使粮食减少损失15%左右，在很长一段时间内，农药对农作物的保护有不可替代的作用（傅泽田和祁力钧，1998）。常规农药施撒过程中，撒出去的农药中20%～25%能附于叶片上，用量中仅0.03%对目标害虫有效。对虫害的盲目用药既不能从根本上解决虫害对农作物的危害，又造成环境污染和生态破坏，还威胁到人们的健康。所以在早期发现并准确定位害虫，对其未来的发展趋势作用出评价，可以提高施药处方决策和综合防治的针对性和准确性，做到对症下药，按需施药，结合先进的施药机器，能改善农药的中靶率，有效降低盲目施药造成的浪费和带来的污染。

传统的作物虫害检测方法主要是人工方法。通常采用拍照或者诱捕等方法，利用人体自身的感官在农田现场检测害虫，借助放大镜等工具或者人体肉眼直接对害虫进行识别，并通过人工手动计数的方法来统计害虫的数量。虽然人工检测害虫的方法简单，直观但是其不仅工作量大，检测范围小，时效性差，检测成本高而且还是一种粗放型的检测方法。其检测结果是建立在人体感官上的，具有很高的主观性，会因为检测人员的经验和相关专业知识及统计分析方法的不同而产生较大的误差。例如，目前在稻飞虱调查中广泛使用的盘拍法查获率仅在30%～70%，同时还受到盘面涂胶与否、虫口密度、水稻生育期等多方面因素的影响。虫害机器检测技术的研究是为了克服传统人工检测方法的不足而开展的。目前主要的虫害信息快速获取方法包括声音特征检测、雷达观测、光谱分析及图像识别。不同的害虫在进行飞行、捕食、打斗等日常行为时，会发出不同的声音。这一声音特性检测技术被用于害虫的检测识别中来。人们通过拾音器在目标区域采集害虫的爬行声、飞行声、鸣叫声、打斗声、捕食声等声音，将其转化成电信号之后，通过信号放大和滤波降噪的处理将周围环境的声音从中分离开来只得到我们需要的害虫的声频谱，通过所得的害虫的声频谱来估计害虫的种类和数量级。

Brain（1924）检测出水果中害虫吃食时的声音，从而开启了利用声音特征来检测害虫的研究。Adams（1953）在 *Science* 杂志上发表的一篇关于通过害虫的活动声来检测粮食中害虫的论文则使得更多的科学家加入到利用声音特征来检测害虫的研究中来。随着信息技术的飞速发展，该技术也得到快速的发展。但是由于害虫的声音信号弱小而且在采集声音信号的过程中极易受到环境噪声和传感器噪声的影响，常常出现信号被淹没的现象，而且就目前的研究水平来看要一次分辨复数种类的害虫还非常困难。目前该方法主要应用于水果、粮食等作物在仓储过程中害虫的检测，而大田中的利用声音特性的害虫检测目前还处在实验室探索阶段，离实际应用还有一定的距离。

大多数的昆虫都有迁飞的特性，而在迁飞的过程中昆虫往往处于高空之中且其迁飞的距离也比较长，因此人力很难对其直接进行观测，对其迁飞的过程和相关的特性很难做出定量的分析和判断，这给虫害的预报带来很大的难度，因此如蝗虫等迁飞性害虫往往会在其迁飞的降落区发生极大的灾害，造成巨大的损失。而运用雷达观测法可以较好地检测昆虫的迁飞，运用其原理制造的昆虫雷达则成了迁飞性害虫检测的强有力的工具。

人们最早发现昆虫能产生雷达回波是20世纪40年代，而人类真正利用雷达来观测昆虫则是20世纪60年代的事。最初对昆虫的迁飞进行观测主要是使用气象雷达。随后，美国等西方国家先后研制了专门用于观测昆虫的昆虫雷达，对昆虫迁飞时的高度、方位、密度、飞行方向、速度等参数进行了很好的检测，在迁飞性害虫的预防中起到巨大的作用。

尽管昆虫雷达在昆虫迁飞的研究中应用较成功，但仍有无法解决的问题：耗时耗力，若进行长期检测需要消耗较多时间及较多精力，故只有在大型迁移时才会进行短期观测；害虫的迁飞时间和迁入地点等都无法确定，无法获得实时迁入和迁出的状况，故不能满足农业生产的需要。因作物害虫通常具有掩蔽性（如枝叶遮挡、习惯依附于叶片背面、钻入茎秆内部等），擅长于迁飞害虫观测的昆虫雷达显然不适合用于田间作物害虫分布情况的检测。

计算机图像识别技术在农业的各个领域已经被广泛应用：农产品品质检测与分级，农作物产量预估、田间机器视觉导航、杂草识别、病害识别等。但是将其运用于农业害虫识别的研究还较少，目前还处于起步阶段。将计算机图像识别技术应用到害虫识别的原理是通过一系列的计算机算法对获得的田间害虫的图像进行分析处理，有效地识别害虫的种类和数量，从而对田间的害虫活动情况进行实时的监控，并结合相应的专家系统得到田间害虫的危害等级并决策出相应的方法。

浙江大学何勇教授团队等以农田典型害虫作为研究对象，采用数字图像处理技术和模式识别技术研究了害虫图像的分割、特征提取、分类器分类等方面的技术问题，并在此基础上结合3G无线网络技术建立了基于物联网的昆虫远程自动识别系统（宋革联等，2014）。

该系统使用CMOS相机和定焦镜头，以及使用CCD相机和变焦镜头两种害虫图像采集方式可以采集诱捕到的害虫的图像和田间害虫的图像。之后针对害虫图像背景和目标颜色的特点，将基于HSV颜色模型的Otsu阈值分割方法应用到背景和目标的分割中。在进行图像分割前，将图像的RGB模型转换成HSV模型，并且将转换得到的$H$分量旋转180°后利用Otsu算法自适应找到阈值，从而实现了背景和目标的分离（图3.25）。

之后根据害虫的形态特点、颜色差别和纹理特点提取害虫的几何形状特征、矩特征、颜色矩和基于灰度共生矩阵的害虫的纹理特征组成了35个低层视觉特征。然后基于蚁群算法的特征选择技术，将原始的35维特征降低到29维，简化了计算过程提高了识别

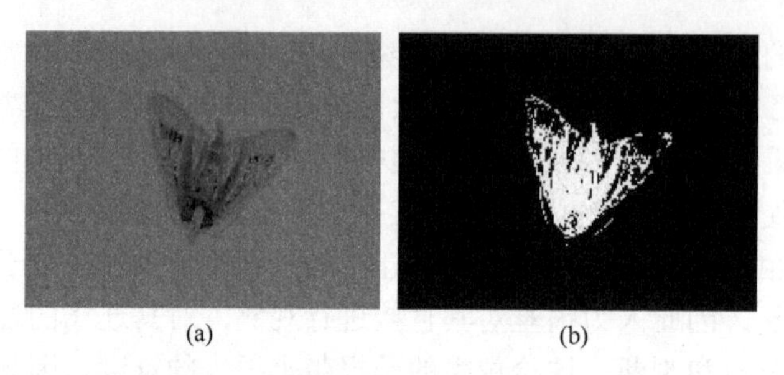


图 3.25　*H* 分量旋转 180°图像的灰度图（a）及阈值分割图（b）

精度。并采用 SVM 模式识别方法建立害虫的识别模型。

基于这一成果该团队构建了基于物联网的害虫远程智能识别系统。系统通过 3G 无线网络组成一个主控端和多个远端的分布式识别网络，系统既能够在远端自动识别害虫，也能够在远端将害虫图像压缩后，通过 3G 无线网络将图片传输到主控端，在主控端进行自动识别（图 3.26 和图 3.27）。系统通过读入本地磁盘保存的图片实现了动态扩充样本库的功能。同时，系统设计了专家识别的接口，使专家能够对本系统识别后的害虫图片进行观测分析，并和系统识别的结果进行比较。该系统采用在自然光、姿态随机的状态下获得的害虫图像建模，识别模型具有较强的泛化能力，克服了现有大多研究中因采用标准样本图像建立识别模型而导致推广能力较差的不足。

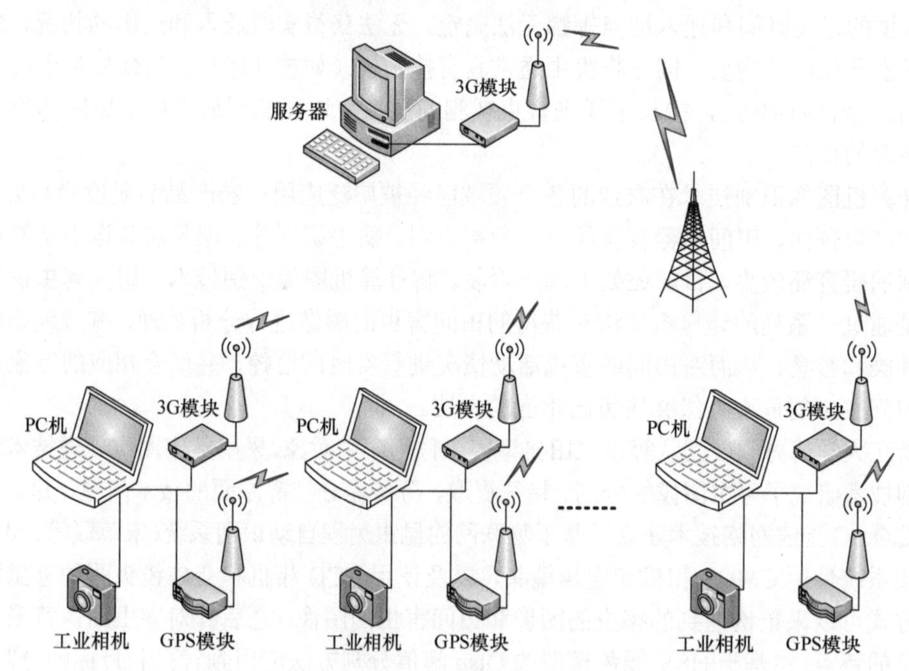


图 3.26　害虫远程识别系统结构图

计算机图像识别害虫技术一定要建立在昆虫形态学的基础上，将传统的昆虫形态学上的区分昆虫的特性进行数字化的归纳与处理，并收集相关数字化后的害虫的形态学特征，建立相应的昆虫数字化形态学数据库，为计算机图像识别害虫提供先决条件。田间的害虫种类繁多，与传统人工田间害虫识别相比，计算机图像识别技术可以大幅度提高

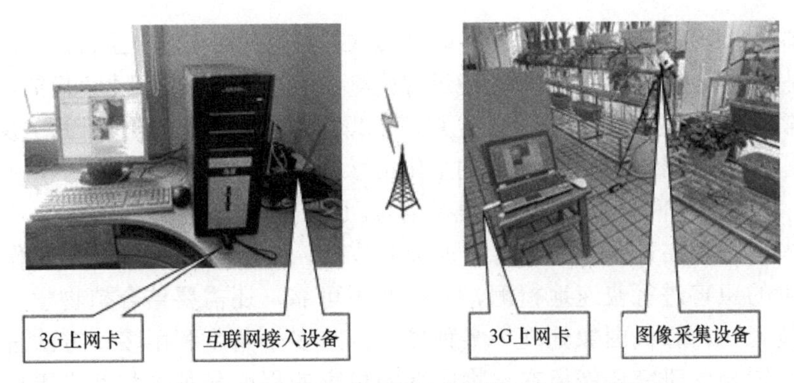


图 3.27　害虫远程识别系统的主控端平台和远端平台

害虫的识别效率，大大降低劳动强度，还可以很好地与农药的对靶喷药技术相结合，减少农药的用量，改善田间的自然环境。但是田间环境复杂而且光照条件也十分多变，因此在田间利用计算机图像识别技术对作物害虫进行识别目前来说是非常困难的。因此该技术现在多被用于仓储作物的害虫识别。目前计算机图像识别技术识别害虫在田间实际运用所面临的最大的困难就是，在农田中的害虫并不是静止不动的，具有一定的迁移性，而计算机很难通过飞行或跳跃中的昆虫的图像对其进行识别；其次即使昆虫停在作物上也无法保证昆虫的整个身体丝毫没有被作物的叶片等器官遮住，完全暴露在摄像头下，因此很难得到完整的昆虫图像，这又给图像的进一步处理和分析增加了不小的难度；除此之外，田间光线的强弱无法确定，这使得同一只昆虫在不同时间段被拍摄的照片所显示图像的颜色也会有很大的差别，需要进一步处理。

研究表明，在不同的光谱区域有着不同的吸收光谱对应不同物质，而每种不同的物质成分也同样对应不同的光谱吸收特性，这一理论为光谱的定性定量分析提供了基础。目前光谱分析技术在农业遥感、农作物长势检测、果蔬内部品质的无损检测和农产品品质分析等农业领域的应用广泛。实验证明，在作物受到虫害之后，其光谱特性会随着其外部形态和生理效应的变化而变化。因此这一特性可以被光谱技术应用与作物虫害的检测所应用。根据目前光谱技术所具有的无损、快速、大面积检测等优点，其已成为作物信息获取领域中的热点，而且其目前和将来的两个主要研究方向：光谱对害虫的直接检测和对作物的遥感检测。

光谱的直接检测就是光谱直接对造成虫害的害虫进行检测，根据不同害虫身体所表现出的光谱特性的差异，来快速鉴别害虫的种类。目前相关研究表明，光谱技术对某些特定范围内的害虫的识别有较高的准确率，但是目前光谱直接识别害虫往往需要害虫是静止不动的，而由于田间的害虫有很高的隐蔽性和迁移性，因此实现在田间实时检测害虫还需要进一步研究。

遥感技术有能在远距离不接触目标物的情况下，获得目标物体的反射光谱或者辐射光谱的相关数据与图像，且观测范围极大，因此遥感技术也被人们用于作物虫害的检测。

目前在作物虫害的检测中，遥感技术主要有两个方面的应用。其一是对害虫的生态环境进行检测。就是通过遥感的技术手段获得目标区域的表现害虫栖息、生长、繁殖的相关环境参数，如归一化植被指数（NDVI）、抗大气植被指数（ARVI）等，结合当地的气象资料，根据虫害的发生与害虫生态环境的关系，从而推测出虫害发生的程度和趋势。其二是对受到虫害之后的作物响应进行检测。一般情况下受到虫害后的作物的反射光谱与正常作物的反射光谱有很大的区别，可以通过采集作物冠层或叶片的反射光谱数据，再根据作物在受到虫害之后本身的生化指标的变化来建立相关关系，从而推测出害虫的种类、密度、空间分布和危害程度等信息。

虽然光谱技术在检测作物虫害方面前景广阔，但仅利用光谱技术对作物生长过程中所发生的虫害进行快速地检测、诊断并不可靠，还需要结合植物学、昆虫生理学、遥感技术、计算机图像处理等多种技术，从多个角度利用多种方法进行精确定位。目前位置相关研究还停留在作物所受的虫害的程度和种类与其光谱反射特性的变化的相关关系的理论研究阶段。在田间获取作物光谱信息的时候由于田间环境的复杂多变，会有大量的噪声信息混入所采集的光谱信息之中，极大地影响了检测的精度和效率，如何消除田间环境噪声对光谱数据采集与分析的影响也是相关研究的难点之一。由于以上种种原因想要在田间利用光谱技术实时检测作物虫害仍需大量的更加深入的研究。

作物虫害信息的及时获取是作物虫害防治的基础。但要满足现代化农业的发展需要，就必须克服传统的检测方法存在的工作量大、覆盖面积小、效率低、成本高、实时性差等缺点。而目前国内外所研究的机器检测作物虫害还处在实验室研究阶段，离实际应用还有一定的距离。其难点主要有三个方面：田间环境复杂、干扰因素多；叶片互相遮挡大大增加了机器识别的难度；无法确定作物虫害的发生部位（主要分布在叶片表面、叶片背面及作物茎部），很难用单一的机器进行检测。因此可以考虑多种技术相结合以提高作物虫害检测的效率和精度。

## 参考文献

鲍一丹. 2013. 番茄病害早期快速诊断与生理信息快速检测方法研究. 浙江大学博士学位论文.

陈兵旗，何醇，马彦平，等. 2011. 大田玉米长势的三维图像监测与建模. 农业工程学报, (S1): 366-372.

陈防，鲁剑巍. 1996. SPAD-502 叶绿素计在作物营养快速诊断上的应用初探. 湖北农业科学, 2: 31-34.

冯雷，柴荣耀，孙光明，等. 2009. 基于多光谱成像技术的水稻叶瘟检测分级方法研究. 光谱学与光谱分析, 29(10): 2730-2733.

冯雷，方慧，周伟军，等. 2006. 基于多光谱视觉传感技术的油菜氮含量诊断方法研究. 光谱学与光谱分析, 26(9): 1749-1752 .

傅泽田，祁力钧. 1998. 国内外农药使用状况及解决农药超量使用问题的途径. 农业工程学报, 14(2): 13-18

阚春月，王守法，杨翠云. 2010. 植物种传病害检测技术的研究进展. 安徽农业科学, 38(15): 7956-7959.

孔汶汶，刘飞，方慧，等. 2012. 除草剂胁迫下大麦叶片丙二醛含量的光谱快速检测方法. 农业工程学报, 28(2): 171-175.

李金梦，叶旭君，王巧男. 2014. 高光谱成像技术的柑橘植株叶片含氮量预测模型. 光谱学与光谱分析, 34(1): 212-216.

李克新，宋文龙，朱良宽. 2011. 植物根系构型原位观测识别技术研究进展. 生态学杂志，30(9): 2066-2071.

李修华，李民赞，崔笛. 2009. 基于光谱学原理的无损式作物冠层分析仪. 农业机械学报，40(增 1):

252-255, 257.
刘飞. 2011. 基于光谱与多光谱成像技术的油菜生命信息快速无损检测机理和方法研究. 浙江大学博士学位论文.
刘飞, 方慧, 张帆, 等. 2009a. 应用光谱技术无损检测油菜叶片中乙酰乳酸合成酶. 分析化学, 37(1): 67-71.
刘飞, 冯雷, 楼兵干. 2010. 基于组合模拟波段的油菜菌核病早期诊断方法研究. 光谱学与光谱分析, 29(7): 1934-1938.
刘飞, 王莉, 何勇. 2009b. 应用多光谱图像技术获取黄瓜叶片含氮量及叶面积指数. 光学学报, 29(6): 1616-1620.
刘飞, 张帆, 方慧, 等. 2009c. 连续投影算法在油菜叶片氨基酸总量无损检测中的应用. 光谱学与光谱分析, 29(11): 3079-3083.
刘志文, 沙爱华, 王英. 2005. 活性氧物质在植物抗病中的作用. 安徽农业科学, 3(9): 1705-1707.
瞿端阳, 王维新, 马本学, 等. 2013. 基于机器视觉技术的棉株识别定位. 中国棉花, (2): 16-20.
裘正军, 宋海燕, 何勇, 等. 2007. 应用SPAD和光谱技术研究油菜生长期间的氮素变化规律. 农业工程学报, 23(7): 150-154.
邵咏妮. 2010. 水稻生长生理特征信息快速无损获取技术的研究. 浙江大学博士学位论文..
宋革联, 韩瑞珍, 张永华, 等. 2014. 基于无线传输技术的农田害虫检测与识别系统的开发. 浙江大学学报(农业与生命科学版), 40(5): 585-590.
王传宇, 郭新宇, 吴升, 等. 2014a. 基于计算机视觉的玉米果穗三维重建方法. 农业机械学报, (09): 274-279,
王传宇, 郭新宇, 肖伯祥, 等. 2014b. 玉米叶片生长状态的双目立体视觉监测技术. 农业机械学报, (9): 268-273.
王传宇, 赵明与, 阎建河. 2009. 基于双目立体视觉的苗期玉米株形测量. 农业机械学报, (05): 144-148.
王传宇, 赵明与, 阎建河, 等. 2010. 基于双目立体视觉技术的玉米叶片三维重建. 农业工程学报, 26(4): 198-202.
王康, 沈荣开, 唐友生. 2002. 用叶绿素测值(SPAD)评估玉米氮素状况的实验研究. 灌溉排水, 21(4): 1-3
王晓丽, 周国民. 2010. 基于近红外光谱技术的农作物病害诊断. 农机化研究, 6: 171-174.
吴迪, 冯雷, 张传清, 等. 2007. 基于可见/近红外光谱技术的番茄叶片灰霉病检测研究. 光谱学与光谱分析, 27(11): 2208-2211.
谢传奇, 冯雷, 冯斌, 等. 2012. 茄子灰霉病叶片过氧化氢酶活性与高光谱图像特征关联方法. 农业工程学报, 28(18): 177-184.
严小龙, 戈振扬. 2000. 植物根构型特性与磷吸收效率. 植物学通报, 17(6): 511-519.
杨世凤, 郭建莹, 王秀清, 等. 2009. 作物病害胁迫检测的研究进展. 天津科技大学学报, 24(5): 74-78.
杨燕. 2012. 基于高光谱成像技术的水稻稻瘟病诊断关键技术研究. 浙江大学博士学位论文.
姚建松, 杨海清, 何勇. 2009. 基于可见-近红外光谱技术的油菜叶片叶绿素含量无损检测研究. 浙江大学学报(农业与生命科学版), (4): 433-438.
余克强, 赵艳茹, 李晓丽. 2015. 高光谱成像技术的不同叶位尖椒叶片氮素分布可视化研究. 光谱学与光谱分析, 35(3): 746-750.
张国平, 周伟军. 2005. 植物生理生态学. 杭州: 浙江大学出版社.
张建峰, 吴迪, 龚向阳, 等. 2012. 基于核磁共振成像技术的作物根系无损检测. 农业工程学报, 28(8): 181-185.
张霖, 赵作喜, 俞龙, 等. 2010. 超声波果树冠层测量定位算法与试验. 农业工程学报, (09): 192-197.
张卫正, 徐武峰, 裘正军, 等. 2013. 基于多视角图像的植物叶片建模与曲面面积测量. 农业机械学报,

(07): 229-234.

张彦娥, 李民赞, 张喜杰, 等. 2005. 基于计算机视觉技术的温室黄瓜叶片营养信息检测. 农业工程学报, 21(8): 102-105.

周学成, 罗锡文, 刘正敏. 2007. 植物根系原位 CT 图像分割方法的研究进展. 计算机工程与设计, 28(17): 4252-4256.

朱同林, 方素琴, 李志垣, 等. 2006. 基于图像重建的根系三维构型定量分析及其在大豆磷吸收研究中的应用. 科学通报, 51(16): 1885-1893.

Adams R E, Wolfe J E, Milner M, et al. 1953. Aural detection of grain infested internally with insects. Scince, 118(3058): 163-164.

Andersen H J, Reng L, Kirk K. 2005. Geometric plant properties by relaxed stereo vision using simulated annealing. Computers and Electronics in Agriculture, 49(2): 219-232.

Boccara M, Boue C, Garmier M. 2001. Infra-red thermograph revealed a role for mitochondria in pre-symptomatic cooling during harpin-induced hypersensitive response. The Plant Journal, 28(6): 663-670.

Bradford M M. 1976. A rapid and sensitive method for the quantitation of microgram quantities of protein utilizing the principle of protein-dye binding. Analytical Biochemistry, 72: 248-254.

Brain C K. 1924. Preliminary note on the adaptation of certain radio principles to insect investigation work. Ann Univ Stellenbosh Sera., 2: 45-47.

Chaerle L. 1999. Presymptomtic visualization of plant-virus interactions by thermography. Nature Biotechnology, 17(8): 813-816.

Côté J F, Widlowski J L, Fournier R A, et al. 2009. The structural and radiative consistency of three-dimensional tree reconstructions from terrestrial LIDAR. Remote Sensing of Environment, 113(5): 1067-1081.

Danjon F, Reubens B. 2008. Assessing and analyzing 3D architecture of woody root systems, a review of methods and applications in tree and soil stability, resource acquisition and allocation. Plant and Soil, 303(1-2): 1-34.

Eitel J U H, Vierling L A, Magney T S. 2013. A lightweight, low cost autonomously operating terrestrial laser scanner for quantifying and monitoring ecosystem structural dynamics. Agricultural and Forest Meteorology, 180: 86-96.

Gaudin A, McClymont S A, Holmes B M, et al. 2011. Novel temporal, fine-scale and growth variation phenotypes in roots of adult-stage maize (*Zea mays* L. ) in response to low nitrogen stress. Plant, cell & environment, 34(12): 2122-2137.

Hodge A, Berta G, Doussan C, et al. 2009. Plant root growth, architecture and function. Plant and Soil, 321(1-2): 153-187.

Inoue Y, Penuelas J. 2001. An AOTE-based hyperspectral imaging system for field use in ecophysiological and agricultural applications. International Journal of Remote Sensing, 22 (18): 3883-3888.

Jahnke S, Menzel M I, Van Dusschoten D, et al. 2009. Combined MRI–PET dissects dynamic changes in plant structures and functions. The Plant Journal, 59(4): 634-644.

Leyval D, Uy D, Delaunay S, et al. 2003. Characterisation of the enzyme activities involved in the valine biosynthetic pathway in a valine-producing strain of Corynebacterium glutamicum. Journal of Biotechnology, 104: 241-252.

Liu F, Jin Z L, Naeem M S, et al. 2009. Applying near-infrared spectroscopy and chemometrics to dtetmine total aminm acids in herbicide-stressed oilseed rape leaves. Chinese Journal of Analytical Chemistry, 37(1): 67-71.

Liu F, Kong W W, He Y. 2011. Nondestructive estimation of nitrogen status and vegetation index of oilseed rape canopy using multi-spectral imaging technology. Sensor Letters, 9(3): 1126-1132.

Liu F, Zhang F, Jin Z L, et al. 2008. Determination of acteolactate synthase activity and protein content of oilseed rape (*Brassica napus* L.) leaves using visible/near-infrared spectroscopy. Analytic Chimica Acta,

629: 56-65.

Lux A, Rost T L. 2012. Plant root research: the past, the present and the future. Annals of Botany, 110(2): 201-204.

Lynch J. 1995. Root architecture and plant productivity. Plant physiology, 109(1): 7.

Manschadi A M, Christopher J, Hammer G L. 2006. The role of root architectural traits in adaptation of wheat to water-limited environments. Functional Plant Biology, 33(9): 823-837.

Mooney S J, Pridmore T P, Helliwell J, et al. 2012. Developing X-ray Computed Tomography to non-invasively image 3-D root systems architecture in soil. Plant and Soil, 352(1-2): 1-22.

Piron A, Leemans V, Lebeau F, et al. 2009. Improving in-row weed detection in multispectral stereoscopic images. Computers and Electronics in Agriculture, 69(1): 73-79.

Polo J R R, Sanz R, Llorens J, et al. 2009. A tractor-mounted scanning LIDAR for the non-destructive measurement of vegetative volume and surface area of tree-row plantations: A comparison with conventional destructive measurements. Biosystems Engineering, 102(2): 128-134.

Schumann A W, Zaman Q U. 2005. Software development for real-time ultrasonic mapping of tree canopy size. Computers and Electronics in Agriculture, 47(1): 25-40.

Seidel D, Beyer F, Hertel D, et al. 2011. 3D-laser scanning: A non-destructive method for studying above-ground biomass and growth of juvenile trees. Agricultural and Forest Meteorology, 151(10): 1305-1311.

Tan P, Fang T, Xiao J X, et al. 2008. Single image tree modeling. ACM Transactions on Graphics (TOG) Proceedings of ACM SIGGRAPH Asia, 27(5): 1-6.

Tan P, Zeng G, Wang J D, et al. 2007. Image-based tree modeling. ACM Transactions on Graphics(TOG)-Proceedings of ACM SIGGRAPH 2007, 26(3): 1-7.

Tracy S R, Roberts J A, Black C R, et al. 2010. The X-factor: visualizing undisturbed root architecture in soils using X-ray computed tomography. Journal of Experimental Botany, 61(2): 311-313.

Uhrmann F, Seifert F, Scholz O, et al. 2011. Improving sheet-of-light based plant phenotyping with advanced 3D simulation. Microelectronic Systems, 253-263.

Yang Y T, Peredelchuk M, Bennet G N, et al. 2000. Effect of variation of Klebsiella pneumoniae acetolactate synthase expression on metabolic flux redistribution in *Escherichia coli*. Biotechnology and Bioengineering, 69: 150-159.

Yu H, Flora Y, Lai T C, et al. 2014. An automated growth measurement system for leafy vegetables. Biosystems Engineering, 117: 43-50.

Zeng J, Zhang Y, Zhan S.2006. 3D tree models reconstruction from a single image. Jinan, China: Proceedings of the Sixth International Conference on Intelligent Systems Design and Applications, 2: 445-450.

Zhang X L, Liu F, He Y, et al. 2013. Detecting macronutrients content and distribution in oilseed rape leaves based on hyperspectral imaging. Biosystems Engineering, 115(1): 56-65.

Zhu J, Ingram P A, Benfey P N, et al. 2011. From lab to field, new approaches to phenotyping root system architecture. Current Opinion in Plant Biology, 14(3): 310-317.

# 第 4 章　农田环境信息感知技术

## 4.1　概　　述

农业物联网是将大量的传感器节点构成监控网络，通过各种传感器采集信息，及时发现、定位并解决农田中发生的问题。所以传感器是农业物联网的核心，而目前农业传感器技术的快速发展对农业物联网的广泛应用起到了极大的促进作用，主要的农业传感器包括农业环境传感器和农业动植物本体信息传感器（李道亮，2012）。目前，相对于动植物本体信息传感器来看，光、温、水、气、热等常规环境传感器已经比较成熟，其主要检测对象关系到动植物生长的水、气、光、热等环境因素，且其检测重点主要集中在作物土壤环境检测和动物饲养环境气体检测环节。

现有的环境信息检测技术以检测对象的静态属性为主，对于实现实时、动态、连续的信息感知传感与监测还有待探究，所以对于现在农业信息技术的实时动态无线传输和后续综合应用系统平台的开发不适用（李震等，2010）。目前已有的用于进行植物、土壤和气体信息感知设备，大多是基于单点测定和静态测定，在动态测定、连续测定的情况下不适用。除此以外，同时测定信息参数的无线可感知化和无线传输水平不高，还非常缺乏适用于农业复杂环境下的微小型、可靠性、节能型、环境适应性、低成本和智能化的设备和产品，难以满足农业信息化发展的技术要求。

随着纳米技术、光电技术、电化学技术的发展，农业生态环境监测可以感知到更多、更为精细的环境参数（何东健等，2010；沈明霞等，2010；蔡义华等，2009）。农业物联网广泛应用于农业生产精细管理中，如大田粮食作物生产、设施农业、畜禽水产养殖等典型农业作业中。在大田粮食作物生产中，农业物联网主要用来对气温、地温、土壤含水量、农作物长势等信息进行感知，感知信息在农作物灌溉、施肥、病虫害防治等方面得到很好的应用。实现实时、动态、连续的环境信息检测是未来发展的趋势（孙玉文等，2010）。综合环境信息进行快速检测和评估，并将评估结果直接应用于植物生长管理的研究，也是环境信息传感技术的重点前沿方向（高峰等，2009）。

实现农作物的种植环境的全方向感知，包括环境温度、湿度、光照强度、二氧化碳浓度、风速、风向、降雨量、蒸发量等信息。农田环境信息感知的技术根本就是传感器技术。本章就以农田环境信息感知传感器为对象，详细分析农田环境传感器工作原理与应用方法。

## 4.2　传感器技术

传感器是能感受规定的被测量，并按照一定的规律将其转换成可用输出信号的器件或装置（引自 GB 7665—87）。从广义上讲，传感器是获取和转换信息的通道，又称为敏感元件、检测器、转换器等。

传感器的组成包括敏感元件和转换元件。其中，敏感元件可以感受或响应被测量，而转换元件可以将敏感元件感受或响应的被测量转换成适于传输或测量的电信号。因为输出信号一般较微弱，所以需要集成在同一芯片上，转换电路可以与敏感原件将信号放大、调制等，而一般传感器组成框图如图 4.1 所示。

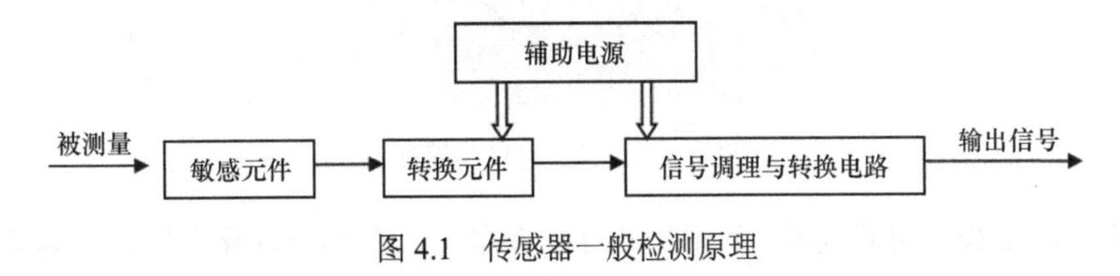


图 4.1　传感器一般检测原理

传感器处于观测对象和测控系统的连接位置，对信息进行感知、获取和监测信息，如果说计算机是人类大脑的扩展，那么传感器就是人类五官的延伸，有人形象地称传感器为“电五官”。

传感器技术是半导体技术、测量技术、计算机技术、信息处理技术、微电子学、光学、声学、精密机械、仿生学和材料科学等众多学科相互交叉的综合性和高新技术密集型的前沿研究之一，是现代新技术革命和信息社会的重要基础，是现代科技的开路先锋，也是当代科学技术发展的一个重要标志，它与通信技术、计算机技术共同构成信息产业的三大支柱。

## 4.3　农田环境信息感知传感器技术

### 4.3.1　温度传感器

温度传感器能将所感受到的温度转换成可用输出信号。温度测量仪表的核心部分是温度传感器，该类传感器品种多样。根据测量方式可分为接触式和非接触式两大类，根据传感器材料及电子元件特性分为热电阻和热电偶两类。

#### 1. 接触式温度传感器

与被测对象有良好接触的温度传感器是接触式温度传感器，又称为温度计，如图 4.2 所示。温度计通过热量传导或对流达到热平衡，从而使温度计的示值能直接表示被测对象的温度，其测量精度较高。在测温范围允许的情况下，温度计也可用于测量物体内部的温度分布。但是仅限于静态物体或较大实物温度的检测，对于运动体、小目标或热容量很小的对象则会产生较大的测量误差，常用的温度计有双金属温度计、玻璃液体温度计、压力式温度计、电阻温度计、热敏电阻和温差电偶等。它们在工业、农业、商业、卫生等部门被广泛应用，在日常生活中人们也常常使用这些温度计。

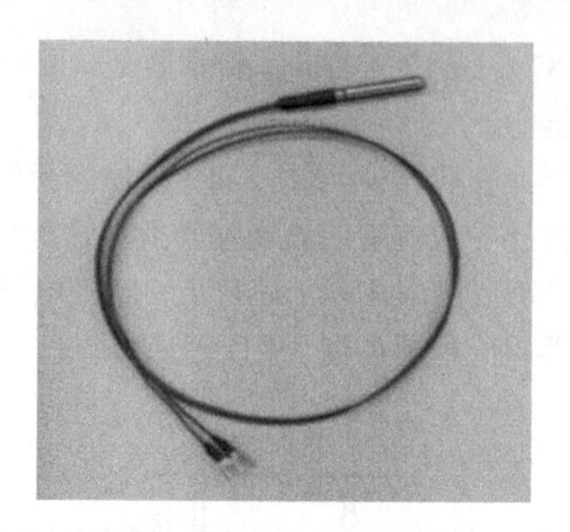

图 4.2 接触式温度传感器

随着国防工程、空间技术、冶金、电子、食品、医药和石油化工等部门越来越多地需要低温技术的支撑，测量 120 K 以下温度的低温温度计得到发展，如低温气体温度计、蒸汽压温度计、声学温度计、顺磁盐温度计、量子温度计、低温热电阻和低温温差电偶等。低温温度计对感温元件的要求是体积小、准确度高、复现性和稳定性好。一种利用多孔高硅氧玻璃渗碳烧结而成的渗碳玻璃热电阻，可用于低温温度计的感温元件，其测温范围在 1.6～300 K。

以 PT100 为例，它作为接触式温度传感器具有稳定性高和线性好的优点，温度检测范围在–200～650℃。电阻式温度检测器（resistance temperature detector，RTD）是一种物质材料做成的电阻。它的电阻值随温度的上升而改变，若其电阻值随温度的上升而上升称为正电阻系数，若其电阻值随温度的上升反而下降就称为负电阻系数。大部分电阻式温度检测器是金属做成的，其中以白金（Pt）做成的电阻式温度检测器，最为稳定，具有耐酸碱、不会变质等优点，最受工业界青睐。

PT100 温度感测器就是一种以白金（Pt）做成的电阻式温度检测器，属于正电阻系数，其电阻和温度变化的关系式如下：

$$R=R_o(1+\alpha T) \tag{4.1}$$

式中，$\alpha$=0.003 92；$R_o$为 100Ω（在 0℃的电阻值）；$T$为摄氏温度（℃）；$R$为温变电阻。

PT100 温度传感器一般使用电桥测量方法，通过恒定电流的方式将变化的阻值转化为变化的电压值，并通过信号放大、信号滤波与模拟信号处理后由 A/D 采集获取 PT100 的阻值，通过查表的方法准确测量出环境温度信息。

## 2. 非接触式温度传感器

与被测对象互不接触的温度传感器是非接触式温度传感器，又称为非接触式测温仪表，如图 4.3 所示。这种仪表多用来对动态物体、小目标和热容量小或温度变化迅速（瞬变）对象的表面温度进行测量，也可用于测量温度场的温度分布。

以黑体辐射的基本定律为原理的非接触式测温仪表，称为辐射测温仪表，是最常用的非接触式测温仪表，如图 4.4 所示。辐射测温法包括亮度法（光学高温计）、辐射法（辐射高温计）和比色法（比色温度计），对应的测温法主要检测出其对应的光度温度、辐射温度或比色温度。只有对吸收全部辐射并不反射光的黑体所测温度才是真实温度。若

图 4.3　非接触式温度传感器

想测定被测物的真实温度，则必须进行材料表面的发射率的修正。而材料表面是由温度和波长决定，同时也与表面状态、涂膜和微观组织有关联，因此很难被精确测量。对于固体表面温度自动测量和控制，可以采用附加的反射镜使其与被测表面一起组成黑体空腔，这种附加辐射的影响能提高被测表面的有效辐射和有效发射系数。利用有效发射系数通过仪表对实测温度进行相应的修正，最终可得到被测表面的真实温度。最为典型的附加反射镜是半球反射镜。球中心附近被测表面的漫射辐射能受半球镜反射回到表面而形成附加辐射，从而提高有效发射系数。至于气体和液体介质真实温度的辐射测量，则可以用插入耐热材料管至一定深度以形成黑体空腔的方法。通过计算求出与介质达到热平衡后的圆筒空腔的有效发射系数。在自动测量和控制中就可以用此值对所测腔底温度（介质温度）进行修正而得到介质的真实温度。

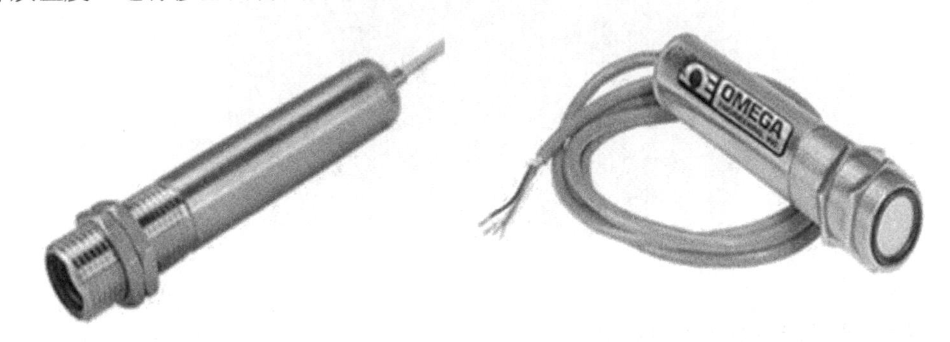


图 4.4　非接触式测温仪表

### 4.3.2　热电偶和热电阻传感器

与热电阻相同，热电偶也是温度传感器的一种，但是两者之间区别也很大。首先，从信号的性质来看，热电阻本身是电阻，温度的变化使电阻产生正的或者是负的阻值变化，而热电偶带来感应电压的变化，它随温度的改变而改变。其次，在检测的温度范围上，热电阻的测温范围为 0～150℃（当然可以检测负温度），热电偶测温范围为 0～1000℃（甚至更高），所以前者属于低温检测，后者属于高温检测。最后，从材料上分，热电阻是一种具有温度敏感变化的金属材料，热电偶是由两种不同的金属材料组成，由于温度的变化，在两个不同金属丝的两端产生电势差。热电偶是一种常见的温度检测传感器，用于感测温度的工作原理是温度变化其两端电位大小不同；热电阻也可以称为一种热敏传感器，随温度变化电阻发生变化。

热电偶传感器工作原理：焊接两种不同材料的导体或半导体 A 和 B，构成一个闭合回路，当 A 和 B 的两个执着点 1 和 2 之间形成温差时，两者之间便产生电动势，因而在回路中形成一个大小的电流，这种现象称为热电效应。温度传感器热电偶就是利用这一效应来工作的。

热电阻传感器工作原理：利用物质在温度变化时自身电阻也随着发生变化的特性来测量温度。将热电阻的受热部分（感温元件）用细金属丝均匀地缠绕在绝缘材料制成的骨架上，当被测介质中有温度发生变化时，所测得的温度是感温元件所在范围内介质中的平均温度。

### 4.3.3 湿度传感器

湿度传感器是指能将湿度转换成为与其呈一定比例关系的电量输出的装置，如图 4.5 所示。湿度传感器包括电解质系、半导体及陶瓷系、有机物及高分子聚合物系三大系列。

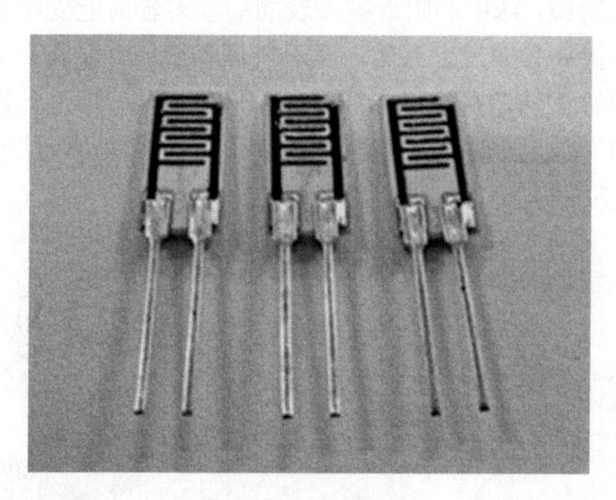

图 4.5 湿度传感器

湿敏元件是最简单的湿度传感器，主要有电阻式、电容式两大类。湿敏电阻式传感器是将一层用感湿材料制成的膜覆盖在基片上，随着空气中的水蒸气吸附在感湿膜上，元件的电阻率和电阻值都随之发生变化，利用这一特性即可测量湿度。湿敏电容式传感器是由高分子薄膜电容制成的，聚苯乙烯、聚酰亚胺、酪酸乙酸纤维是其常用的高分子材料。随着环境湿度的改变，湿敏电容的介电常数的变化致使电容量也随之发生变化，其电容变化量与相对湿度成正比。电阻式湿敏传感器的准确度可达 2%～3% RH，高于干湿球测试精度。但湿敏元件自身存在线性度及抗污染性差等缺点，若长期暴露在待测环境中，其检测精度及稳定性易被影响，这方面的性能低于干湿球测湿方法。下面对各种湿度传感器进行简单的介绍。

### 1. 氯化锂湿度传感器

#### 1）电阻式氯化锂湿度计

由美国标准局的 F. W. Dunmore 研制出来的基于电阻–湿度特性原理的氯化锂电湿敏元件，如图 4.6 所示，具有价廉、结构简单且精度高等优点，适用于常温常湿的测控。

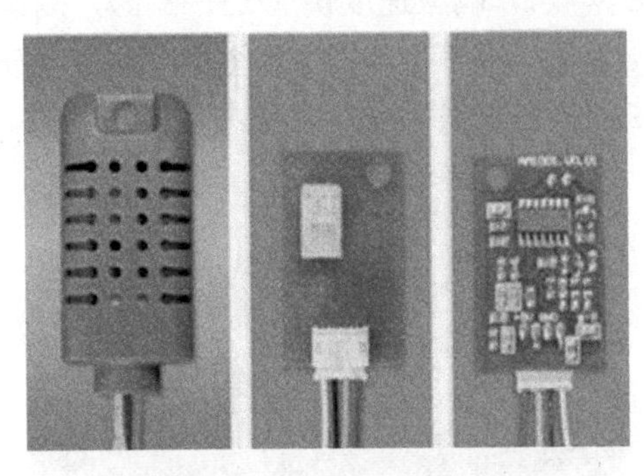

图 4.6　电阻式氯化锂湿度计

湿敏层的氯化锂浓度及其他成分影响氯化锂元件的测量范围，单个元件的有效感湿范围一般在 20% RH 以内。若要对较宽的湿度范围进行测量时，必须结合不同浓度的元件一起使用。一般用于全量程测量的湿度计组合的元件数一般为 5 个，采用组合元件进行测量时，可测范围通常为 15%～100% RH，目前国外产品测量范围可达 2%～100% RH。

#### 2）露点式氯化锂湿度计

由美国的 Forboro 公司首先研制出来的露点式氯化锂湿度计如图 4.7 所示，其后我国和许多国家也对其进行了大量的研究。它与电阻式氯化锂湿度计外形相似，但工作原理完全不同，它主要是利用氯化锂饱和水溶液的饱和水汽压随温度变化而进行工作的。

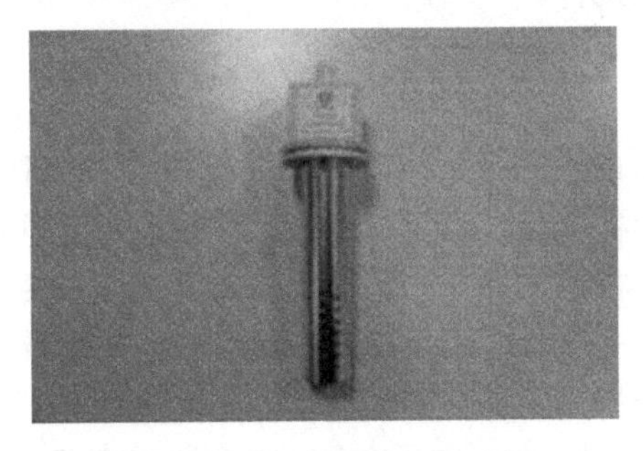

图 4.7　露点式氯化锂湿度计

### 2. 碳湿敏元件

碳湿敏元件与常用的氯化锂等探空元件相比，具有响应速度快、重复性好、无冲蚀效应和滞后环窄等优点，因此令人瞩目。我国自 20 世纪 70 年代初开始研制的碳湿敏元件其精度目前可达±5% RH，在正温时的时间常数和滞差一般为2～3 s和7%左右，比阻稳定性亦较好。

3. 氧化铝湿度计

氧化铝传感器具有体积小（如用于探空仪的湿敏元件90 μm厚、12 mg重），灵敏度高（测量下限达–110℃露点），响应速度快（0.3～3 s），测量信号直接以电参量的形式输出，大大简化了数据处理程序等，如图4.8所示。另外，亦可用于测量液体中的水分，因此在工业和气象中的某些测量领域具有极大的应用前景。

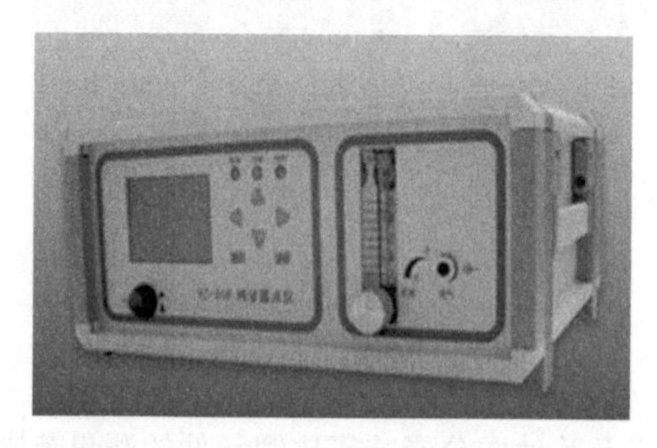

图4.8 氧化铝湿度计

4. 陶瓷湿度传感器

要在低温或高温环境下实现低湿和高湿的测量，是目前湿度测量领域的薄弱环节，而其中以测量技术最为落后。传统的通风干湿球湿度计是目前现有的唯一可测量高温条件下的湿度的方法，但其精度往往较低，结果并不让人十分满意。随着科学技术的进步，要求在高温下测量湿度的场合越来越多，因此研制适用于高温条件下测量的湿度传感器迫在眉睫。考虑到传感器的工作条件，需要既具有吸水性又能耐高温的测湿元件，经挑选陶瓷元件不仅具有湿敏特性，还可以作为感温元件和气敏元件。这些特性使它成为高温条件下测量湿度的首选元件。

### 4.3.4 光照传感器

光照度，即每平方米的流明（lm）数，也称为勒克斯（lx），是照度的国际单位。照度是反映光照强度的一种单位，其物理意义是照射到单位面积上的光通量。

光电式传感器是一种将电元件作为检测原件，将光通量转换为电量感器，一般由光源、光学通路和光电元件三部分组成。其工作原理是把被测量的变化转换成光信号的变化，借助光电元件进一步将光信号转换成电信号。光电式传感器具有非接触、高精度、高分辨率、高可靠性、反应快等特点，其在检测和控制领域获得了广泛的应用。

### 4.3.5 光电传感器

通常有4种工作方式：吸收式、反射式、遮光式、辐射式。

吸收式是将被测物体置于恒定光源与光电元件之间，根据被测物对光的吸收程度或对其谱线的选择来测定被测参数，如测量液体、气体的透明度，如图4.9所示。

反射式是由恒定光源发出的光投射到被测物体上，被测物体把部分光通量反射到光电元件上，根据反射的光通量多少测定被测物表面状态和性质，如测量零件的表面粗糙度、表面缺陷、表面位移等，如图 4.10 所示。

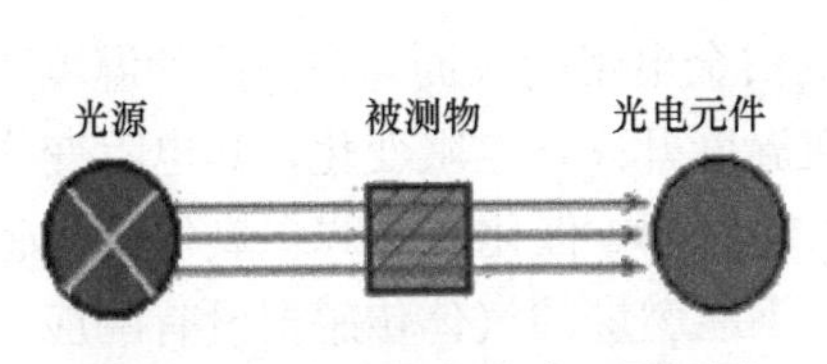


图 4.9　吸收式光电传感器原理图

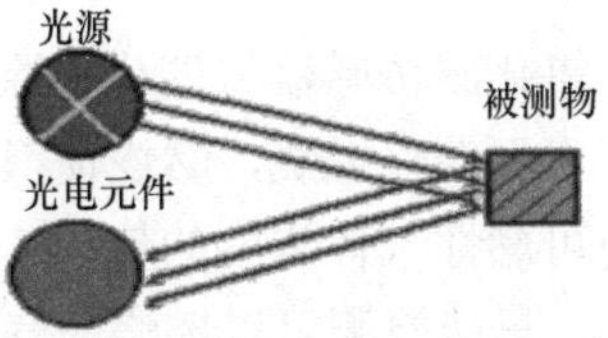

图 4.10　反射式光电传感器原理图

遮光式是被测物体位于恒定光源与光电元件之间，光源发出的光通量经被测物遮去一部分，使作用在光电元件上的光通量减弱，减弱的程度与被测物在光学通路中的位置有关。利用这一原理可以测量长度、厚度、线位移、角位移、振动等，如图 4.11 所示。

辐射式是指被测物体本身就是辐射源，它可以直接照射在光电元件上，也可以经过一定的光路后作用在光电元件上，如图 4.12 所示。光电高温计、比色高温计、红外侦查和红外遥感等均属于辐射式光电传感器，其应用广泛可用于防火报警和构成光照度计等。

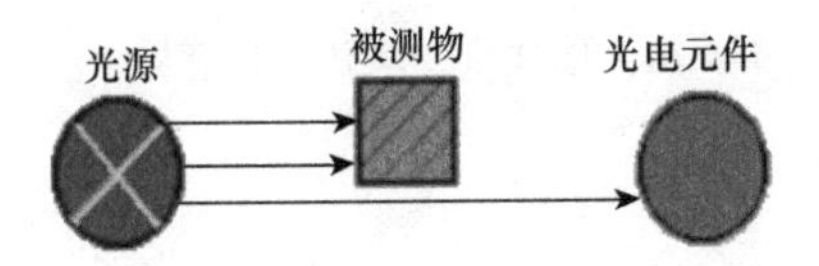


图 4.11　遮光式光电传感器原理图

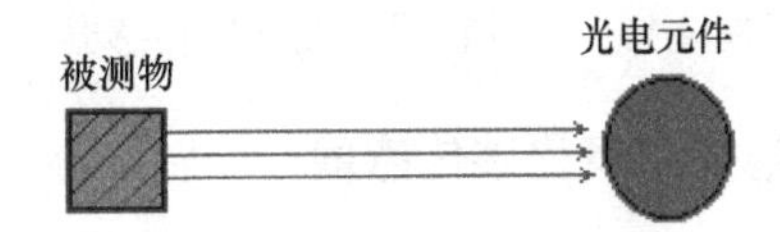


图 4.12　辐射式光电传感器原理图

### 4.3.6　二氧化碳传感器

绿色植物干重的 95%是由光合作用生成的，而二氧化碳又是绿色植物进行光合作用的原料之一。因此，控制二氧化碳浓度的高低对作物产量具有重大的影响。在大棚或温室等密闭的环境下，棚内因植株的光合作用和呼吸作用，二氧化碳浓度一天内变化很大，日出前后的差值可达到 1000 ppm[①]左右，室内二氧化碳浓度最低可降到 100 ppm，仅为大气浓度的 30%左右，这种低浓度要持续到午后 2 h 才开始回升，到下午 4 时左右恢复到大气水平，而蔬菜需要的二氧化碳浓度一般为 1000～1500 ppm，所以这种环境下的二氧化碳浓度不足以维持植物的正常吸收。在大棚或温室中安装二氧化碳传感器，可以用来监测室内二氧化碳的浓度，在浓度不足的情况下可以及时报警，从而使用气肥以保证蔬菜、食用菌、鲜花、中药等提早上市、高质高产。

#### 1. 二氧化碳传感器类型

**1）半导体式二氧化碳传感器**

半导体式二氧化碳传感器的主要成分是金属氧化物半导体材料。在一定的温度下，

① 1 ppm=$10^{-6}$。

该传感器随着环境气体成分的变化传感芯体中的电阻电流发生一定的波动，从而可以探测到与空气中的二氧化碳相关的参数，如图 4.13 所示。

**2）催化剂二氧化碳传感器**

催化剂二氧化碳传感器将催化剂涂层应用到白金电阻的表面。在一定的温度下，可燃性气体在其表面催化燃烧，燃烧使得白金电阻温度升高，电阻变化，其电阻变化值通过函数转化为可燃性气体浓度的值，仪器如图 4.14 所示。催化燃烧式二氧化碳传感器因其材料的限制，只能检测可以燃烧的气体，对于不能燃烧的气体传感器没有响应，所以这种传感器设备大多使用在金属冶炼行业。

图 4.13　半导体式二氧化碳传感器

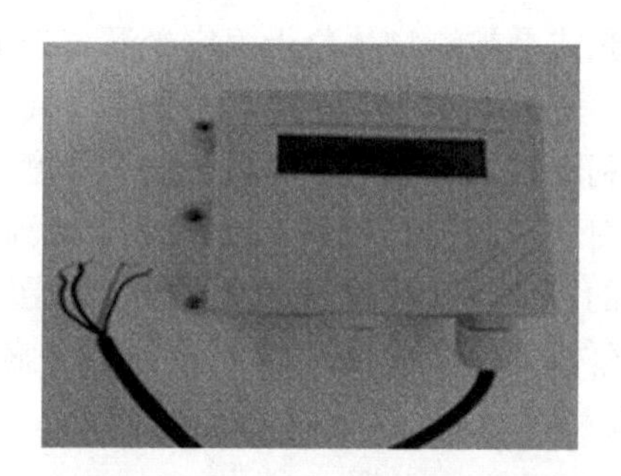

图 4.14　催化剂二氧化碳传感器

**3）热导池式二氧化碳传感器**

热导池式二氧化碳传感器的原理是对不同浓度的二氧化碳的特有热导率进行检测，当检测到两个和多个气体的热导率差别时，即可分辨出其中一个组分的含量，如图 4.15 所示。这种传感器在氢气、二氧化碳、高浓度甲烷等的检测中应用较多，但因其可应用范围较窄，限制因素较多，不能广泛使用。

**4）电化学式二氧化碳传感器**

电化学式二氧化碳传感器利用二氧化碳的电化学特性，将其电化学氧化或还原，利用二氧化碳和传感器部件间的反应，可以分辨二氧化碳在大气中的相关参数，如图 4.16 所示。

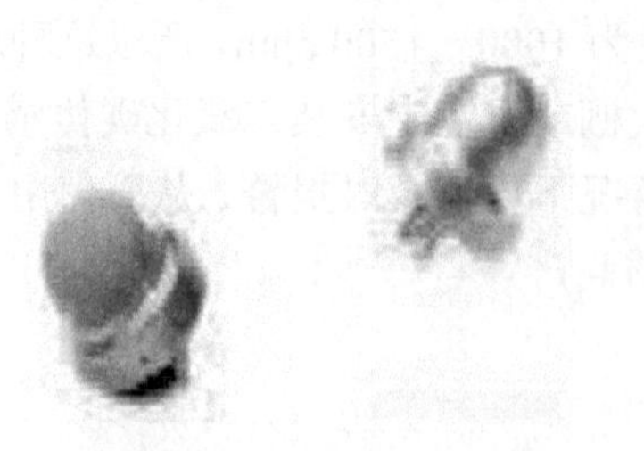

图 4.15　热导池式二氧化碳传感器

图 4.16　电化学式二氧化碳传感器

**5）红外线二氧化碳传感器**

红外线二氧化碳传感器是利用二氧化碳在红外线具有的特殊特征，检测二氧化碳对红外线的吸收情况，就可以确定某气体的浓度，如图4.17所示。该传感器的体积为2 mL（拇指大小）左右，体型轻便，使用较方便，且使用无需调制光源的红外探测器使得仪器完全没有机械运动部件，完全实现免维护化。

图4.17 红外线二氧化碳传感器

## 2. 二氧化碳传感器的应用

我国是传统的农业大国，农业对于国家的发展起着举足轻重的作用，怎样实现农业现代化，做到农业生产的增产增量一直是我们的研究热点（赵春江等，2003；罗锡文等，2006；Cardell et al.，2005）。而二氧化碳作为光合作用的主要原料，其浓度高低直接关系到农作物的光合效率，决定着农作物的生长成熟、质量及产量。二氧化碳传感器能够检测出温室和大棚环境中二氧化碳的含量，用来实现室内气肥的自动控制，如图4.18所示。

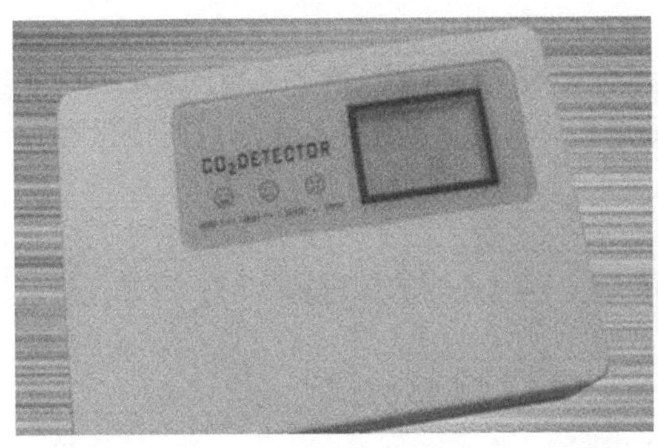

图4.18 植物生长环境（$CO_2$）测试仪

# 4.4 农田小气象（小气候）

农业气象学的主要研究对象是对农业生产有利的光、热、水、气的组合（农业自然资源）和有害的组合（农业自然灾害）（杨玮等，2008），以及它们的时间和空间分布规律，从而服务于农业生产中的区域规划、作物种植布局、人工调节小气候和农作物的栽培管理，为农业生产和气候资源的利用提供咨询和建议服务，提高农业经济效益。

具体来讲，农业气象学主要研究的是有利和不利的气象条件对农业生产对象（包括农作物、森林植物、园艺植物、食用菌、牧草、牲畜、家禽、鱼类等各个方面），及其过程（包括农业生产对象的生长发育、品质产量、农业技术的推广和实施、病虫害防治等）的影响，从而促进农业的高产、优质和低成本。可以从两方面进行概括：①影响农业生产的气象的发生、发展及其分布规律，②农业气象如何影响相关的农业问题，以及相应的解决途径（乔晓军等，2005；李志伟等，2008；包长春等，2007）。

第二次世界大战以后，急剧增长的人口对粮食供应形成了巨大的压力，而世界范围内的气候变化又带来了诸多影响粮食生产的不稳定因素，引起各国政府的密切关注。在这样的背景下，农业气象学的发展伴随着农业科学和大气科学的快速发展，也得到相当大程度的推进。

当前，农业气象的研究手段主要包括传统农业气象观测和基于传感器的气象信息自动采集。传统的观测手段主要是在农田内定时定点获取气象信息，特点是相当费时费力，且带有一定的主观因素。而应用传感器的自动采集方式则借助传感器技术的快速发展，检测对象涵盖农田小气象、农作物理化参数及农业灾害等各个方面，在实时性、准确性和检测成本方面均具有非常大的优势。

农田小气象研究对象主要是指地形、下垫面特征和其他各种因素（如农田活动面状况、物理特性等）所引起的气象过程及其特征，如辐射平衡和热量平衡的变化，以及各种变化对于农作物生长发育的过程和农产品产量的影响（Taneja et al.，2008）。

### 4.4.1　风速、风向传感器

在气象学中，风即指空气的水平移动，这种移动包括风速（水平向量的模）和风向（水平向量的幅度角）两个描述因素，故主要的传感器包括风速传感器和风向传感器。

#### 1. 风速传感器

风速传感器的主要检测指标包括风速和风量，同时还要能够进行实时的反馈，目前的风速传感器的构造原理主要有以下几种。

**1）超声波涡接测量原理**

超声波风速传感器是利用超声波时差法来实现风速的测量，如图 4.19 所示。声音在空气中的传播速度，会和风向上的气流速度叠加。超声波的传播速度会在与风向一致的情况下加快，在相反时减慢。因此，在固定的检测条件下，超声波波速和风速具有对应的函数关系。虽然温度会对超声波波速产生影响，但由于传感器检测的是两个通道的相反方向，因此可以忽略。

**2）压差变化原理**

固定一个障碍物（如喷嘴或孔板）在流动方向上，如果流速不一样，则会产生一个压差。通过对压差的测量，就可以得到流速，如图 4.20 所示。

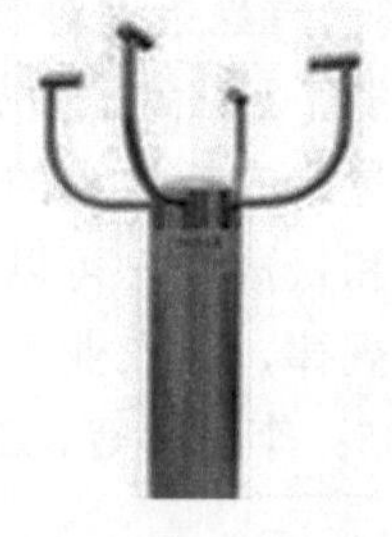

图 4.19　超声波时差风速传感器

图 4.20　压差式风速传感器

**3）热量转移原理**

根据卡曼涡街理论，插入一根无限长的非线性阻力体（即旋涡发生体 C，风速传感器的探头横杆）于无限界流场中，风流经过时，在旋涡发生体边缘下游侧会产生两排交替的、内旋的旋涡列（气流旋涡），而旋涡的产生频率 $f$ 正比于流速 $V$，其公式为

$$f = \mathrm{St} \times V/d \tag{4.2}$$

式中，$f$ 为旋涡产生频率；$V$ 为流速；St 为斯特劳哈尔数。

因此超声波风速传感器就是利用超声波旋涡调制的原理来测定旋涡频率的，如图 4.21 所示。

## 2. 风向传感器

风向传感器通过探测风向箭头的转动来获取风向信息，再将信息传送给同轴码盘，以及对应风向各参数的物理装置。如图 4.22 所示，风向传感器可用于农田环境中近地风向的监测，依照工作原理的不同，可分为光电式、电压式和罗盘式等。

图 4.21　超声波旋涡风速传感器

图 4.22　风向传感器

**1）光电式风向传感器**

光电式风向传感器采用绝对式格雷码盘编码转换光电信号以准确地获取风向信息。

**2）电压式风向传感器**

电压式风向传感器采用精密导电塑料传感器将风向信息用电压信号输出相。

**3）电子罗盘式风向传感器**

电子罗盘式风向传感器通过 RS485 接口输出由电子罗盘获取到的绝对风向。

## 3. 风速、风向传感器的应用

目前，我国正加大力度扶持风电产业的发展，如内蒙古地区的风电产业就已经具有一定的规模。然而风力发电的不稳定却使其成本相对较高，而最大限度地控制风机发电就要准确及时地掌握风向和风速，从而对风机进行实时的调整。同时，电场的位置也要有利于对风速和风向预知，以具有合理分析的基础。因此，风速风向传感器是风电产业发展所必需的基础设施。

通过风速风向传感器，风机可以实时地进入或退出电网（3 m/s 左右进入，25 m/s 左右退出），保障风力发电机组具有最高的风能转换效率；风向仪还可以指示偏航系统，当风速矢量的方向变化时，能够快速平稳地对准风向，以便风轮获得最大的风能。由此可见，对风速风向传感器这样的关键部件的质量技术要求是很苛刻的。

风杯风速计是最常见的测风仪器，其成本低廉便于使用，但存在着很多问题。例如，移动部件易磨损、体积大、维护困难，并且仪器支架的安装显著地影响量测的准确度，还易出现结冰和吹折，防尘能力差，易出现腐蚀。同时，机械式风速风向仪还存在启动风速，低于启动值的风速将不能驱动螺旋桨或者风杯进行旋转。对于低于启动风速的微风，机械式风速仪将无法测量。

测量风速风向对人类更好地研究及利用风能具有很大的推动作用。风速风向传感器作为风电开发不可缺少的重要组成部分，直接影响着风机的可靠性和发电效率的最大化，也直接关系到风电场业主的利润、赢利能力、满意度。

### 4.4.2　雨量传感器

雨量是在一定时段内降落到地面上（忽略渗漏、蒸发、流失等因素）的雨水的深度。雨量传感器的主要构成部件包括承水器、过滤漏斗、翻斗、干簧管、底座和专用量杯等，如图 4.23 所示。雨量传感器可为防洪、供水、水库水情管理等政府或研究部门提供原始数据。如今雨量传感器在市场上也是非常多见，且有多种样式，下边简单介绍一种常见的雨量传感器。

#### 1. 翻斗式雨量传感器

翻斗式雨量传感器以开关量形式的数字表示输出降雨量信息，完成信息的传输和处理，同时进行记录和显示，如图 4.24 所示。

图 4.23　雨量传感器

图 4.24　翻斗式雨量传感器

降雨经由雨量传感器的储水器进入漏斗的上翻斗，积累到一定程度时，重力作用使上翻斗翻转，进入漏斗。降雨量经节流管进入计量翻斗，把不同强度的自然降雨转换为均匀的大降雨强度以减少测量误差，当计量翻斗中的降雨量为 0.1 mm 时，雨量传感器的计量翻斗翻倒降雨使计量翻斗翻转。在翻转时，相应磁钢对干簧管进行扫描。干簧管因磁化而瞬间闭合一次。当接收到降雨量时，雨量传感器即开关信号，图 4.25 展示了雨量传感器的结构原理。

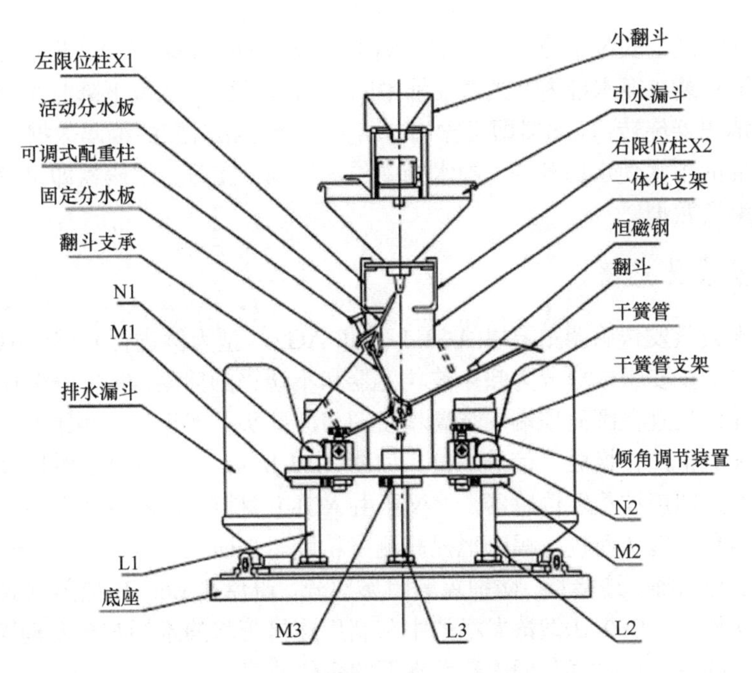


图 4.25　翻斗式雨量传感器结构原理图

雨量计的上翻斗是引水漏斗中的一体化组件，下翻斗为计量斗。下翻斗上增加了一个活动分水板和两个限位柱改变其回转方向，在翻水过程中，活动分水板顶端分水刃口能自动地迴转到降水泄流水柱的边缘临界点位置，当翻斗水满开始翻水时，分水刃口即会立即跨越泄流水柱完成两个承水斗之间的降水切换任务，由此缩短了降水切换时间，减小了仪器测量误差。

雨量传感器翻斗上的两个恒磁钢和两个干簧管，被调整在合适的耦合距离上，使传感器输出的信号与翻斗翻转次数之间具备一定的比例关系。仪器两路输出分别用作现场记数计量和遥测报信。

## 4.4.3　蒸发量传感器

水面蒸发观测是探索水体的水面蒸发在不同地区和时间上的分布规律的有效途径，可以为水文水利计算和科学研究提供依据。随着信息化发展，数字式、超声波水面蒸发传感器应运而生，极大地提到了人工观测的效率，实现自动溢流、自动补水、降雨量自动扣除及误差自动修正，使蒸发数据更加准确、客观、实时。

### 1. 数字式蒸发传感器

以 FFZ-01、ZQZ-DV 型数字式蒸发传感器为例，如图 4.26 所示，其他数字蒸发量传感器有一样的基本原理。光电开关旋转编码器的编码盘是 FFZ-01、ZQZ-DV 型数字式蒸发传感器的核心部件，用不锈钢材料制作而成，采用工业级 IC 芯片和进口半导体光电开关制作读码板组件，使传感器具有良好的机械性能和高低温电气性能。传感器编码器的角度转动范围为 0°～90°，编码器自 0 位顺时针旋转到 90°，可输出 0～1023 组编码数据，测量 0～100 mm 水面蒸发器的变化，传感器的静水桶通过连通管与蒸发器的蒸发桶或蒸发池连通，安装于静水桶上端的圆形支板上的光电编码器，测缆悬挂于编码器测轮上，浮子安装在净水桶内。当蒸发桶中的水面蒸发引起水位下降时浮子即拉动测缆带动测轮和编码器旋转，编码器即可输出与水面下降量相对应的编码数据。当遇到降雨，汇集到蒸发桶的雨水使水面升高，静水桶中的水位同步上升，编码器即可输出与水面上升量对应的编码数据。

### 2. 超声波蒸发传感器

对于超声波蒸发传感器主要以 AG1-1 型和 AG2.0 型为例进行介绍。AG1-1 型超声波蒸发传感器的主要组成成分为超声波传感器和不锈钢圆筒架，在原 E601B 型蒸发器内安装不锈钢圆筒架且在圆筒顶端安装高精度超声波探头，基于超声测距的原理，对蒸发水面进行连续测量，转换成电信号输出，如图 4.27 所示。而 AG2.0 型超声波蒸发传感器核心部分都是超声波蒸发传感器，该仪器由 AGl-1 型超声波蒸发传感器改进而来，可以通过改善测量环境从而较大幅度地提高测量精度。与研发的 AG1-1 型传感器相比，AG2.0 增加了净水桶、连接管、防护罩等附属部分，避免在 E601B 型蒸发器内直接架设不锈钢圆筒支架，在 E601B 型蒸发桶的中部利用连接管将静水桶与蒸发桶连接起来。通过静水桶水面的变化反映蒸发桶内蒸发水面的变化情况。

图 4.26 数字式蒸发传感器

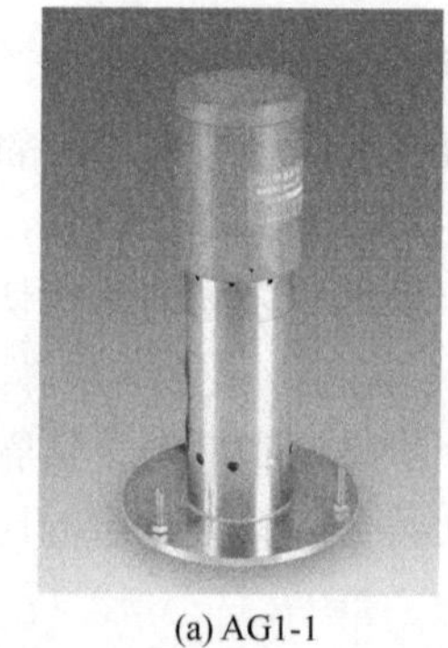

(a) AG1-1

(b) AG2.0

图 4.27 超声波蒸发传感器

## 4.4.4 辐照（辐射）传感器

辐射传感器分为红外线传感器与核辐射传感器。红外辐射又称为红外线，波长主要分布在 0.76～1000 μm，热辐射是红外辐射本质。辐射出来的红外线及辐射强度与物体的温度呈正相关关系，红外线传感器测量时不与被测物体直接接触，因而不存在摩擦，并且有灵敏度高、反应快等优点。

### 1. 红外线传感器

红外线传感器是由光学系统、检测元件和转换电路组成，如图 4.28 所示。其中，根据结构不同光学系统可分为透射式和反射式两类；按工作原理来分，检测元件又可分为热敏检测元件和光电检测元件；热敏元件使用最多的是热敏电阻。热敏电阻受到红外线辐射时温度升高，电阻发生变化，通过转换电路变成电信号输出。光电检测元件常用的是光敏元件，通常由硫化铅、硒化铅、砷化铟、砷化锑、碲镉汞三元合金、锗及硅掺杂等材料制成。红外线传感器常用于无接触温度测量，气体成分分析和无损探伤，主要应用于医学、军事、空间技术和环境工程等领域。

### 2. 红外辐射温度计

红外辐射温度计既可高温测量，又可用于冰点以下进行温度测量的优点使其成为辐射温度计的发展趋势，如图 4.29 所示。常见的红外辐射温度计的温度范围从–30～3000℃，中间分成若干个不同的规格，可根据需要选择合适的型号。红外辐射温度计的主要组成部分是光学系统、光电探测器、信号放大器及信号处理、显示输出（Cano et al., 2007）。光学系统汇聚目标红外辐射能量，红外能量聚焦在光电探测器上并转变为相应的电信号，该信号再经换算转变为被测目标的温度值。

图 4.28　红外线传感器

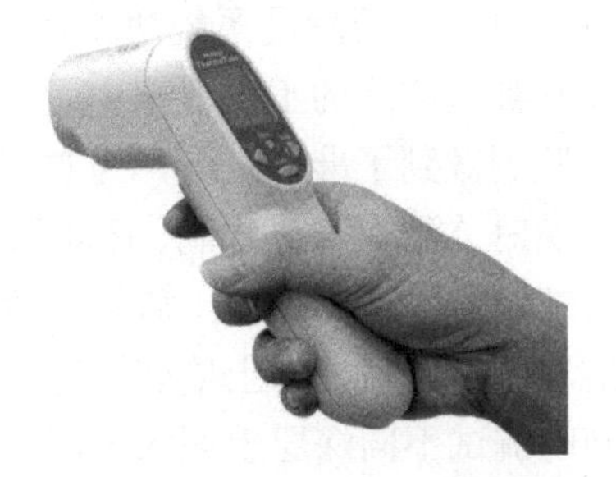

图 4.29　红外辐射温度计

## 4.4.5　应用案例

浙江综合性农业物联网园区在设施温室可视化配套中提出了大田气象监测。根据该大田农业物联网气象监测建设需求，大田种植片区内配置一套农业物联网小型气象站，小型气象站收集的信息包括风速、风向、雨量、空气温湿度、光照辐射强度、土壤温度及蒸发量 7 个参数的小环境气象信息，大田小气象站如图 4.30 所示。

图 4.30　小型气象站安装效果图

### 1. 墒情系统

土壤墒情监测系统的建立对提高农牧业抗旱管理水平、快速掌握土地旱情动态、避免或减少旱灾造成的损失十分必要。土壤墒情监测系统主要组成包括土壤水分监测站、监测信息收集网和监测信息收集加工处理中心。通过将各监测站测得的不同深度土壤水分数据进行收集，形成监测区域内土壤水分数据库，对监测数据加工处理和分析，生成各种加工产品，对提供土壤墒情监测、农田合理施水、宜种作物选择、旱情预测等即时有效的服务（孙忠富等，2006）。土壤墒情监测系统可以对土壤墒情（土壤湿度）进行长时间实时性的连续监测。用户可以根据监测需要，将传感器布置在不同的深度对不同剖面土壤水分情况进行监测。还可以根据监测需求增加监测不同参数的传感器，如土壤温度、电导率、pH、地下水水位、地下水水质、空气温度、空气湿度、光照强度、风速风向、雨量等信息，从而满足系统功能升级的需要（张瑞瑞等，2008）。整套土壤墒情监测系统在反映被监测区的土壤变化中做到了全面、科学、真实，对各监测点的土壤墒情状况的实时监测做到了准确及时，为农田监测的减灾抗旱提供了重要的基础信息。

土壤墒情实时监测在农林水利、环境保护、气象等行业部门应用广泛，在节水灌溉、温室控制、精细农业中可对各种土质的土壤进行室内或者野外在线监测，快速、准确地检测出土壤的容积含水量，对土壤墒情进行监控。不仅能够测试土壤表层水分，还能够深埋地下，同时测试不同深层土壤水分，能够满足上述行业的科研、生产、教学等相关工作需求。

### 2. 土壤介电特性测量含水量检测方法

时域反射仪和频域反射仪（包括电容法）都是通过测量土壤表观介电常数得到土壤容积含水量的。从电磁角度看，土壤中包含 4 种介电物质：如空气、土壤固体物质、束缚水和自由水。纯水的介电常数、土壤固体物质、空气在无线电频率、标准状态时（20 ℃，1 Pa）分别为 80.4、3～7 及 1。但水中物质存在（如食盐）时将会直接影响其介电特性，特别是在低频（＜30 MHz）时。

实验表明，土壤表观介电常数与容积含水量存在非线性关系，当频率＞1 GHz 时，非线性产生的原因主要是土壤束缚水的存在，束缚水的多少与土壤比表面面积大小有关。

#### 1）时域反射仪

时域反射仪（time domain reflectometry，TDR）是一项高速测量技术，用来测量液体介电常数与频率的关系。由于 TDR 具有快速测量的特点，一般无须标定，可以进行定位连续测量，既可以用作便携式测量，又可与计算机相连，自动完成单个或成批监测点的测量，因此 TDR 被作为研究土壤水分的基本仪器设备。

TDR 的基本原理是：高频电磁脉冲主要依赖土壤介电特性进行传播。在一定的电磁波频率范围内（50 MHz～10 GHz），矿物质、空气和水的介电特性为常数，因此土体的介电常数主要依赖于土壤容积含水量（极微弱地依赖于土壤类型、紧实度、束缚水等），这样可以建立土壤容积含水量与土壤介电常数的经验方程。TDR 通过测量高频电磁脉冲在土壤中的传播速度求得土壤的介电常数，从而计算出土壤的含水量。

高频电磁波在土壤中的传播速度 $v$ 与土壤介电常数 k 存在下面的关系式：

$$v \approx \frac{c}{\sqrt{\mathrm{k}}} \tag{4.3}$$

式中，$c$ 为电磁波在自由空间的传播速度；$v$ 为高频电磁波在土壤中的传播速度；k 为土壤介电常数。

在实际测量中，TDR 通过振荡器（一种发射高频方波脉冲的装置，以达到同步和事件定时的目的）发射电磁脉冲，测量它在传输线（插入土壤中的金属导波棒，长度为 $l$）中的传输时间 $t$ 而计算传输速度 $v$：

$$v=\frac{l}{t} \tag{4.4}$$

式中，$l$ 为金属导波棒的长度；$v$ 为计算传输速度；$t$ 为传输时间。

当 TDR 发射的电磁脉冲到达导波棒后，会有部分脉冲返回到仪器；当脉冲到达导波棒末端时，脉冲反射回仪器。这些反射的波形信号被捕捉下来，TDR 系统自动分析这些波形，计算出电磁波在导波棒中传播的时间 $t$，然后自动转换成土壤含水量。测量时间 $t$ 的精度可以决定 TDR 测量土壤含水量的准确性，另外，信号间相互干扰及电容的干扰也会影响其准确性。

TDR 为目前测量土壤含水量的主要方法。具有对土壤样品进行快速、连续、准确测量的特点，平均分辨率可达 0.02～0.005 $\mathrm{cm}^3/\mathrm{cm}^3$，一般无须标定，但是在测量高有机质含量土壤、高 2∶1 型黏土矿物含量土壤、容重特别高或特别低的土壤时，需要标定。测量范围广（含水量 0%～100%），操作简便，野外和室内都可使用，可做成手持式进行田间即时测量，也可通过导线远距离多点自动监测。导波棒可以长时间（可达几年）插入土中，需要的时候再连上 TDR 测量；也可做成不同形状以适应不同情况，长度一般为 10～200 cm，能够测量表层土壤含水量，测量结果受土壤盐度影响很小，但当含盐量增加后，脉冲信号从导波棒末端的反射会减弱，可在导波棒上使用涂层来解决这一问题，其具有的最大缺点是电路复杂，导致设备昂贵。

**2）频域反射仪与电容法**

频域反射仪（frequency domain reflectometry，FDR）测量土壤含水量的原理与 TDR 类似。TDR 与 FDR 的探头统称为介电传感器（dielectric sensor，DS）。FDR 传感器的组成是一对电极（平行排列的金属棒或圆形金属环），用填充在其间的土壤充当电介质，电容与振荡器可以组成一个调谐电路，振荡器工作频率 $F$ 随土壤电容的增加而降低：

$$F\ =*\left(\frac{1}{C}+\frac{1}{C_b}\right)^{0.5} \tag{4.5}$$

式中，$L$ 为振荡器的电感；$C$ 为土壤电容；$C_b$ 为与仪器有关的电容。

通过式（4.5）可得，若 $C$ 随土壤含水量的增加而增加，可得振荡器频率与土壤含水量呈非线性反比关系。FDR 使用扫频频率来检测共振频率（此时振幅最大），土壤含水量不同，发生共振的频率不同。如果使用固定频率（这与 TDR 类似），通过测量其标准波的频率变化来测量土壤含水量，这类方法严格地说不是 FDR，一般称为电容法。

FDR 几乎具有 TDR 所有的优点，但是与 TDR 相比，在电极的几何形状设计和工作频率的选取上有更大的自由度，如探头可做成犁状与拖拉机相连，在运动中测量土壤含水量。大多数 FDR 在低频（≤100 MHz）工作，能够测定被土壤细颗粒束缚的水，这些水不能被工作频率超过 250 MHz 的 TDR 有效地测定。FDR 校准次数比 TDR 可更少，也不需要专业知识去分析波形。大多数 FDR 探头可与传统的数据采集器相连，从而实现自动连续监测。FDR 的读数强烈地受到电极附近土体孔隙和水分的影响（TDR 也是如此），特别是对于使用套管的 FDR，探头–套管–土壤接触良好与否对测量结果可靠性的影响非常大。在低频（≤20 MHz）工作时比 TDR 更易受到土壤盐度、黏粒和容重的影响。另外，与纯粹的 TDR 波形分析相比，FDR 缺少控制和一些详细信息。

### 3. 墒情监测方法

目前，国内外土壤墒情监测方法可以分为三类（Raul et al.，2009；Kim et al.，2009；张瑞瑞等，2008）。第一类为移动式测墒监测技术，以便携式仪表在不同采样点进行不定期、不定点的测熵，然后通过数理统计分析和地统计分析得到区域内的土壤墒情。移动式测墒在田间和小区域内的墒情监测与分析中应用广泛，具有费用低、应用灵活等优点，但是不适用于大范围的连续土壤墒情监测。第二类为遥感监测墒情，利用卫星和机载传感器为检测平台从高空对地面土壤水分分布进行遥感研究。遥感测墒适用于实时、大面积的监测，但是遥感测墒准确度不高。第三类为固定站监测墒情，先在目标区域内建立多个固定测墒点并组成土壤墒情监测网，利用无线传感器网络技术将各固定站连续测量的土壤墒情数据汇聚到土壤墒情监测中心，实现远程实时控制，然后利用空间插值法得到目标区域内的土壤墒情。固定站测墒不仅能够提高监测精度，而且能够长期连续监测，在上述三类方法中具有优势。

### 4. 多剖面水分检测原理及应用

#### 1）介电电容型非接触式土壤水分传感器原理

在土壤的三个不同的组成成分（液、气、固）中，水的相对介电常数（81）远远大于土壤基质中其他材料的介电常数，因此通过将土壤与不同水分进行混合比得到的相对介电常数，可间接测定土壤容积含水率。测量水分的探头由 PVC 套管与土壤隔离，同时测量过程中也必须考虑到 PVC 管壁对检测数据的影响。

由图 4.31 可知该系统水分测量原理是基于电容的边缘场效应，其中环状传感电极在高频电场中充当 LC 谐振回路的电容元件，因此可通过测量高频振荡器的输出频率间接测得土壤容积含水率。电路中提供固定晶振频率为 100 MHz 的振荡源，通过频率与电容系数之间的关系可知，由高频振荡器输出频率 $f$ 与探头电极阻抗的解析关系模型如下：

$$f=\frac{1}{2\pi\sqrt{L(C_s+C_p)}} \tag{4.6}$$

式中，$L$ 为附加电感；$C_p$ 为传感器两电极之间的电容；$C_s$ 为电路中因各种因素存在的寄生电容。

通过测量高频振荡器的频率偏移量，即可反推测定土壤容积含水率，$C_s$ 数值在不同程度上取决于电路板布线、电极尺寸与几何形状、PVC 套筒介电常数和土壤质地等各种因素，由此分析可知必须通过传感器在烘干土样的标定中确定，检测原理图如图 4.32 所示。

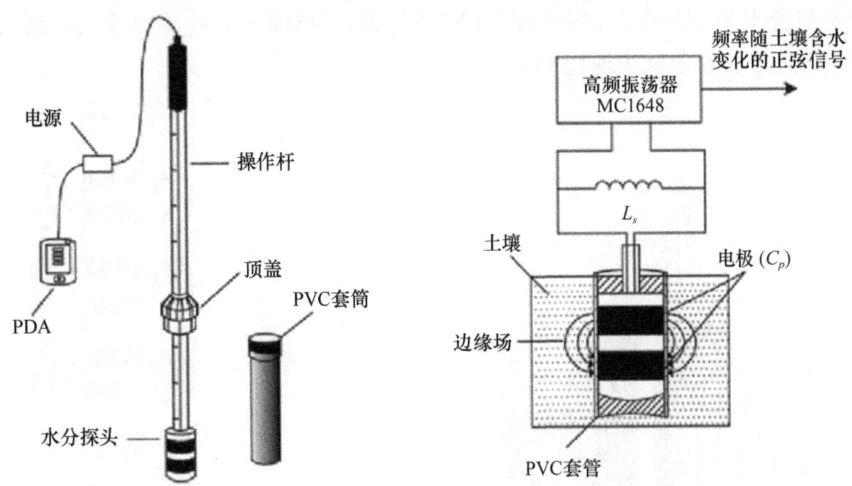


图 4.31　介电电容法水分传感器　　图 4.32　介电电容测量原理

$$f=\frac{3}{8\pi\sqrt{LC_s^{\ 5}}}C_p^2+\frac{1}{4\pi\sqrt{LC_s^{\ 3}}}+\frac{1}{2\pi\sqrt{LC_s}} \tag{4.7}$$

式中，$L$ 为附加电感；$C_p$ 为传感器两电极之间的电容；$C_s$ 为电路中因各种因素存在的寄生电容。

为了消除寄生电容对于振荡频率偏移的影响，令

$$f_0=\frac{1}{2\pi\sqrt{LC_s}} \tag{4.8}$$

式中，$f_0$ 为初始振动频率；$L$ 为附加电感；$C_s$ 为电路中因各种因素存在的寄生电容。

则振荡频率偏移：

$$\Delta f=f_0-f=\frac{1}{4\pi}\frac{C_p}{C_s}\left(\frac{1}{\sqrt{LC_s}}-\frac{3}{2\sqrt{LC_s^{\ 3}}}C_p\right) \tag{4.9}$$

式中，$L$ 为附加电感；$C_p$ 为传感器两电极之间的电容；$C_s$ 为电路中因各种因素存在的寄生电容。

由此可计算出频偏指数：

$$\eta=\frac{\Delta f}{f_0}=\frac{C_p}{C_s/2} \tag{4.10}$$

式中，$\eta$ 为频偏指数；$\Delta f$ 为振荡频率偏移；$C_p$ 为传感器两电极之间的电容；$C_s$ 为电路中因各种因素存在的寄生电容。

因此，通过测量高频振荡器的频率偏移，可间接测定土壤容积含水率。$C_s$数值在不同程度上由电路板布线、电极尺寸与几何形状、PVC套筒介电常数和土壤质地等各种因素决定，由此分析知它必须通过传感器在烘干土样的标定中确定。

通过上述原理可以解决某一个土壤剖面水分测量问题，因为该传感器检测探头不需要与土壤直接接触，因此，我们可以将该传感器原理进行进一步改造，通过一根长形PVC管安装若干个检测点，构成如图4.33所示的多剖面水分检测传感器，通过同样的原理实现多剖面水分含量快速检测。

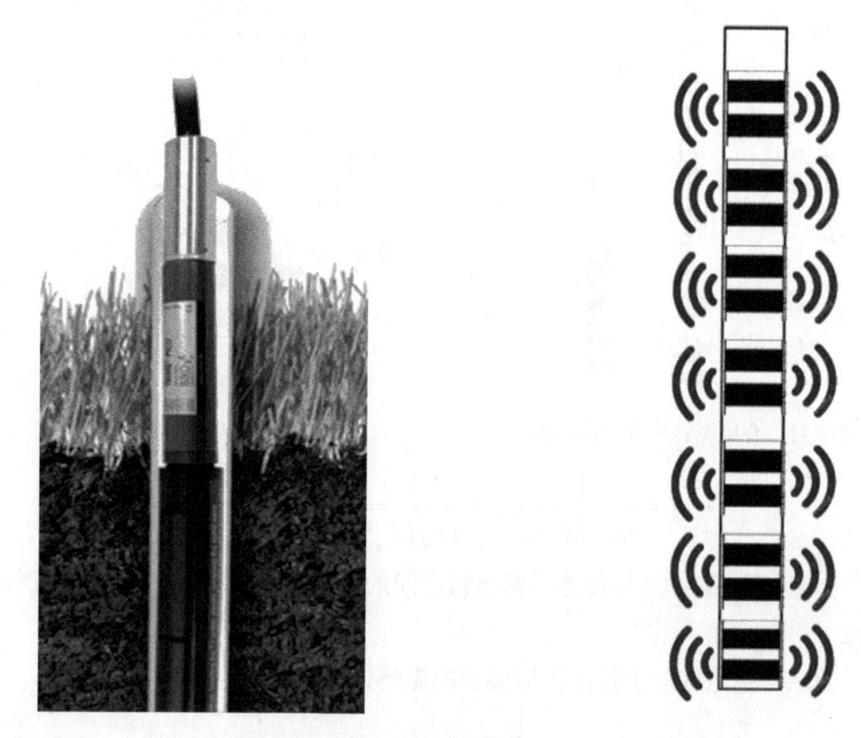

图4.33　多剖面水分传感器检测原理图

## 参考文献


包长春, 石瑞珍, 马玉泉, 等. 2007. 基于ZigBee技术的农业设施测控系统的设计. 农业工程学报, 23(8): 160-164.

蔡义华, 刘刚, 李莉, 等. 2009. 基于无线传感器网络的农田信息采集节点设计与试验. 农业工程学报, 25(4): 176-178.

高峰, 俞立, 张文安, 等. 2009. 基于无线传感器网络的作物水分状况监测系统研究与设计. 农业工程学报, 25(2): 107-112.

何东健, 邹志勇, 周曼. 2010. 果园环境参数远程检测WSN网关节点设计. 农业机械学报, 41(6): 182-186.

李道亮. 2012. 农业物联网导论. 北京: 科学出版社.

李震, 王宁, 洪添胜, 等. 2010. 农田土壤含水率监测的无线传感器网络系统设计. 农业工程学报, 26(2): 212-217.

李志伟, 潘剑君, 张佳宝. 2008. 基于GPS和SMS技术的土壤养分水分速测系统的研究. 农业工程学报, 24(2): 165-169.

刘卉, 汪懋华, 王跃宣, 等. 2008. 基于无线传感器网络的农田土壤温湿度监测系统的设计与开发. 吉林大学学报: 工学版, 38(3): 604-608.

罗锡文, 臧英, 周志艳. 2006. 精细农业中农情信息采集技术的研究进展. 农业工程学报, 22(1): 167-173.

乔晓军, 张馨, 王成, 等. 2005. 无线传感器网络在农业中应用. 农业工程学报, 21(4): 232-234.

沈明霞, 丛静华, 张祥甫, 等. 2010. 基于 ARM 和 DSP 的农田信息实时采集终端设计. 农业机械学报, 41(6): 147-152.

孙玉文, 沈明霞, 张祥甫, 等. 2010. 基于嵌入式 ZigBee 技术的农田信息服务系统设计. 农业机械学报, 41(5): 148-151.

孙忠富, 曹洪太, 李洪亮, 等. 2006. 基于 GPRS 和 WEB 的温室环境信息采集系统的实现. 农业工程学报, 22(6): 131-134.

杨玮, 李民赞, 王秀. 2008. 农田信息传输方式现状及研究进展. 农业工程学报, 24(5): 297-301.

张瑞瑞, 陈立平, 郭建华, 等. 2008. 农田土壤监测无线传感器网络通信平台. 农业工程学报, 24(增 2): 81-84.

张瑞瑞, 赵春江, 陈立平, 等. 2009. 农田信息采集无线传感器网络节点设计. 农业工程学报, 25(11): 213-218.

赵春江, 薛绪掌, 王秀, 等. 2003. 精准农业技术体系的研究进展与展望. 农业工程学报, 19(4): 7-12.

Cano A, Lopez Baeza E, Anon J L, et al. 2007. Wireless sensor network for soil moisture applications. Valencia, Spain: Proceedings of the 2007 International Conference on Sensor Technologies and Applications: 508-513.

Cardell Oliver R, Smettem K, Kranz M, et al. 2004. Field testing a wireless sensor network for reactive environmental monitoring. Melbourne, Australia: Proceedings of the 2004 Intelligent Sensors, Sensor Networks and Information Processing Conference: 7-12.

Cardell Oliver R, Smettem K, Kranz M, et al. 2005. A reactive soil moisture sensor network: Design and field evaluation. International Journal of Distributed Sensor Networks, 1(2): 149-162.

Kim Y, Evans R G, Iversen W M. 2009. Evaluation of closed- loop site-specific irrigation with wireless sensor network. Journal of Irrigation and Drainage Engineering, 135(1): 25-31.

Morais R, Matosb S G, Fernandesb M A, et al. 2008. Sun, wind and water flow as energy supply for small stationary data acquisition platforms. Computers and Electronics in Agriculture, 64(2): 120-132.

Pierce F J, Elliott T V. 2008. Regional and on-farm wireless sensor networks for agricultural systems in Eastern Washington. Computers and Electronics in Agriculture, 61(1): 32-43.

Taneja J, Jaein J, Culler D. 2008. Design, modeling and capacity planning for micro-solar power sensor networks. St. Louis, MO USA: Proceedings of the 7th International Conference on Information Processing in Sensor Networks: 407-418.

Yunseop K, Evans R G, Iversen W M. 2008. Remote sensing and control of an irrigation system using a distributed wireless sensor network. IEEE Trans. on Instrumentation and Measurement, 57(7): 1379-1387.

# 第 5 章　畜禽水产养殖信息感知技术

## 5.1　概　　述

畜禽养殖与水产养殖业在我国农牧经济体占有重要的比例，是我国农业对外创汇的重要农产品之一，我国渔业已发展成中国农业农村经济中重要的支柱产业。近 20 年间，全球的水产总产量一直保持低速持续增长，而中国的水产品产量一直保持着高速增长势头，从 1990 年至今中国的水产品总产量一直位居世界第一，目前约占世界出口产品产量的 35%。我国畜禽养殖业也一样，国际肉类组织公布的数据显示，中国畜禽类生产总量约占世界生产总量的 29%，连续 21 年位居世界第一。其中猪肉占 47%，羊肉占 28%，产量位居世界第一。对我国农副业经济发展与农村经济建设发挥了极其重要的作用。

但是传统的养殖方式产生了一系列的相关后果，主要表现在以下几方面。

（1）依靠经验的养殖方式生产出的产品良莠不齐，产品质量标准很难控制。在产品出口过程中经常遭遇国外统一质量标准体系的限制。

（2）传统的养殖方式需要消耗大量的人力物力，在当前劳动力价格普遍上涨的今天，传统的养殖业面临成本急剧上升的压力。

（3）传统养殖模式以养殖人员经验判断为主，缺乏科学诊断措施，对畜禽、水产养殖的病害无法准确判断，抗风险能力较差。

因此，发展现代化畜禽与水产养殖业，利用传感器信息技术、网络通信技术、自动化控制技术实现畜禽养殖与水产养殖的现代化养殖，通过信息技术与控制手段降低生产成本、提高养殖抗风险能力、提高养殖产品的质量标准，是我国未来畜禽水产养殖业发展的必然途径。

## 5.2　畜禽养殖信息感知技术

### 5.2.1　畜禽养殖背景

20 世纪 90 年代以来，随着新的农业生产技术不断涌现及农业生产结构的不断调整，我国养殖业获得快速发展，生猪养殖发展速度尤为迅猛，表现为养殖规模扩大和数量的迅速增长，为优化农村经济结构、提高农业效益和增加农民收入作出了重要贡献（Tai et al.，2012）。

然而，随着养殖业的规模化发展和养殖密度的不断加大，畜禽各类流行性病疫也不断暴发，在给养殖业带来巨大灾难的同时，也威胁到人类的生命健康。智能养殖技术越来越受到重视，智能养殖不仅影响畜禽产品的品质，也影响到畜禽类产品的出口（Wilson et al.，2007；Zhao and Hu，2009）。

现代畜禽养殖经过不断发展，已然成为一种“高投入、高产出、高效益”的产业，其基本特征也发展为资本密集型和劳动集约化。然而我国畜禽养殖业自动化程度较低，其劳动集约化远远超过发达国家。近年来，随着我国经济的不断发展，劳动集约化的比例有所下降，逐渐向资本集约化过渡。但是，这种集约化的生产方式同样消耗了大量的自然资源和人力资源，同时对我们生活的环境产生了一定程度的影响。随着物联网技术的逐渐成熟，可以通过在畜牧养殖业中应用物联网技术来降低资源的消耗，减少传统养殖业对环境的污染，使现代畜禽养殖发展成为资源节约型、环境友好型、管理科学、效益显著的阳光产业（李道亮，2012；蒋建明等，2013；史兵等，2011）。

现代畜禽养殖物联网通过先进传感技术、多维信息感知技术、智能信息处理技术的应用得以实现：通过先进传感技术的应用实现畜禽运动轨迹监测、动物生理信息反馈、养殖环境信息实时监测；通过多维自组织信息传输技术的应用搭建远程监控网络，通过智能信息处理技术的应用实现畜牧养殖中动物全生命周期的自主管理，如图 5.1 所示。

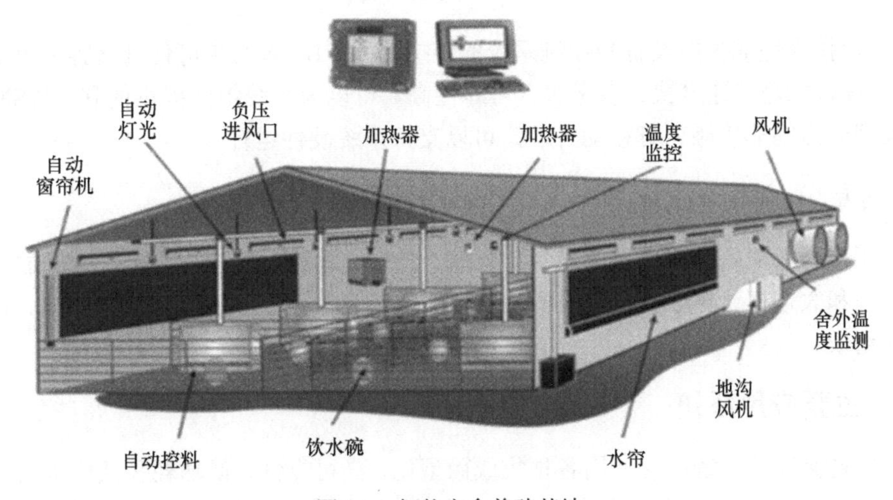


图 5.1　智能畜禽养殖基地

## 5.2.2　畜禽养殖物联网信息感知技术架构

通过各种可远程控制、智能化、自动化生产设备的使用，搭建了现代畜禽养殖物联网基本技术架构，它包括三个层次：感知层、传输层和应用层，如图 5.2 所示。

### 1. 感知层

感知层通过对先进传感技术、视频监控技术、条码（一维条码和二维条码）和射频识别（RFID）技术等的应用，实现对畜禽养殖环境和畜禽个体生理信息的探测、定位、识别和跟踪监控。感知层获取将现实环境中的有关信息转换为计算机可处理的信号。感知层主要由信息检测系统和采集系统组成，传感器、条码和 RFID 技术可以完成自动识别任务。

### 2. 传输层

传输层通过 WSN（无线传感网络）、IPv6（Internet Protocol version 6，互联网协议）、

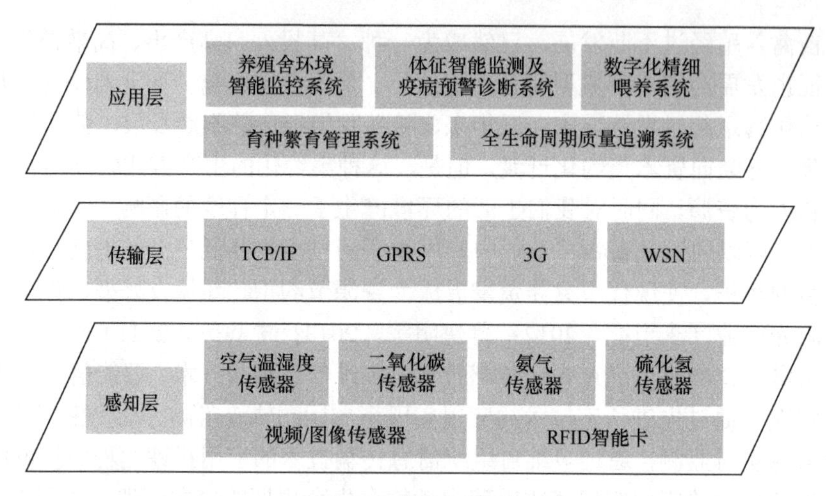


图 5.2 技术架构图

3G 网络等技术完成智能设备和控制系统的连接功能。IPV6 网络可使网络容纳更多网络节点；3G 技术通信速度快、容量大、可靠性高，可以为系统组网提供便利；WSN 技术帮助实现结点的非接触、可移动管理，可以支持系统硬件运行。

3. 应用层

应用层的功能是完成数据的采集、存储、接口、运维、管理，支持平台开放性、海量存储性和大规模计算性能。它主要由畜禽养殖信息云处理、物联网信息感知、云服务等系统组成。

### 5.2.3 主要应用系统

智能畜禽养殖系统广泛使用各种集成微型化、高可靠性、低功耗和低成本的传感器技术，RFID 无线电子标签标识技术，WSN 无线通信技术，3G 无线远程通信技术，智能云计算技术，发情自动监测技术，繁育预测技术，营养模型动态检测技术和设备的自动控制技术等，搭建出集成养殖环境监控、畜禽个体识别、个体信息智能感知、动物繁育信息获取、数据采集与转换、数据智能传输（有线或无线）、数据的智能分析与处理，以及疾病诊断及预警、畜禽饲料精细投喂于一体的畜禽健康养殖智能系统，实现物联网技术的全面应用（颜波和石平，2014）。

所有物联网技术的应用，构成了现代化畜禽养殖中各个主要应用系统，从而组成畜禽养殖物联网系统。

1. 环境监控系统

畜禽在生长过程中，以各种方式与环境之间发生联系并相互影响。在现代畜禽养殖中环境对畜禽的影响逐渐被人们所认识并受到重视。畜禽生产过程中主要因素有品种、饲料、防疫和环境 4 个。首先必须拥有优良的畜禽品种，在此基础上，要充分发挥优良品种的生长潜力就必须要有优质的饲料和良好的健康体况，同时还必须提供舒适的畜禽生长环境。如果环境不适宜，则饲料利用率低，畜禽不能合理的进食，畜禽的免疫能力下降，畜禽的发病率和死亡率提高，那么优良品种就不能充分发挥其遗传潜力，造成巨大经济损失。在现代畜禽养殖中，随着养殖规模的增大、集约化程度的提高及最新育种技术的采用，畜禽的抗逆性变得较差，对环境条件的要求也越来越高，因此为畜禽创造适宜的环境条件显得尤为重要。

畜禽养殖环境监控系统通过各种物联网技术的应用实现畜禽养殖场地的环境参数监测与控制，主要监测信息有：空气温湿度、光照强度、空气流通性等畜禽养殖热环境，这些参数不仅可以单独影响畜禽的体热调节，也可以通过共同作用来综合影响畜禽体热调节；空气中的 $CO_2$、$NH_3$、$CH_4$、$H_2S$ 等有害气体，这些有害气体对畜禽的生长发育、环境的平衡、工人的工作效率和身体都会产生不良影响，通常，这些有害气体是通过畜禽的粪便、垫草的腐败分解、畜禽的呼吸及过量的饲料产生的。

环境监控系统包括三个主要模块。系统结构如图 5.3 所示。

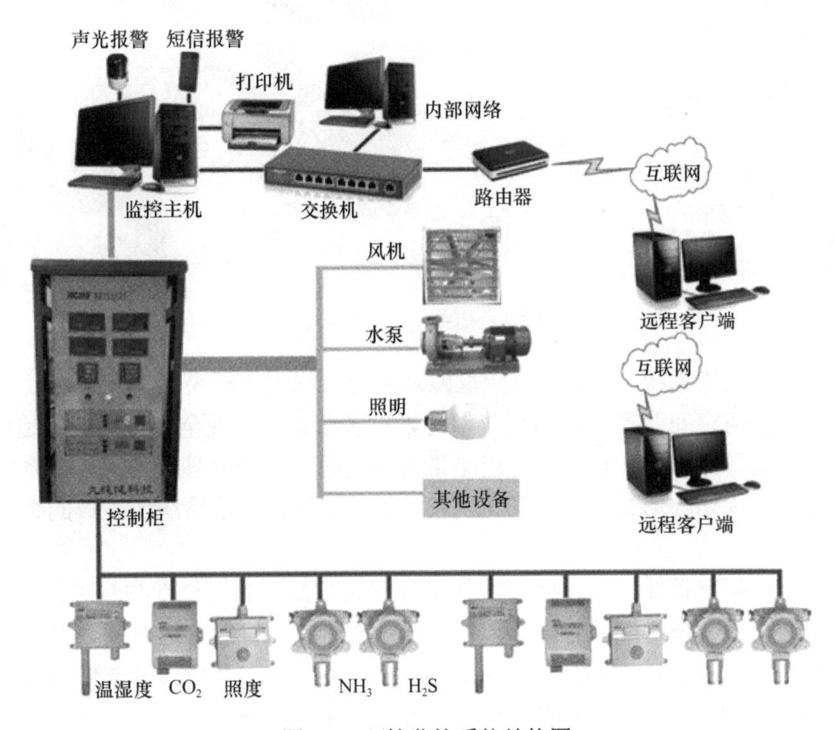


图 5.3　环境监控系统结构图

信息采集模块：自动检测、发送和接收畜禽养殖场地中温湿度、光照、$CO_2$、$H_2S$、氨氮等信号。

智能调控模块：完成对畜禽舍环境的远程自动控制。

管理平台模块：完成对信号数据的存储、分析和管理，设置环境阈值，并作出智能分析与预警。

## 2. 生理信息采集系统

基于先进物联网技术搭建畜禽生理信息智能监测及疾病预警系统，通过建立畜禽自身生长信息与生存环境信息远程采集、图像和视频智能监测及后台数据处理系统，实时监测畜禽的生长状况并对疾病及时发现，通过系统模型和相关领域专家给出预警信息和合理的诊断方案。图 5.4 所示为生理信息采集系统示例。

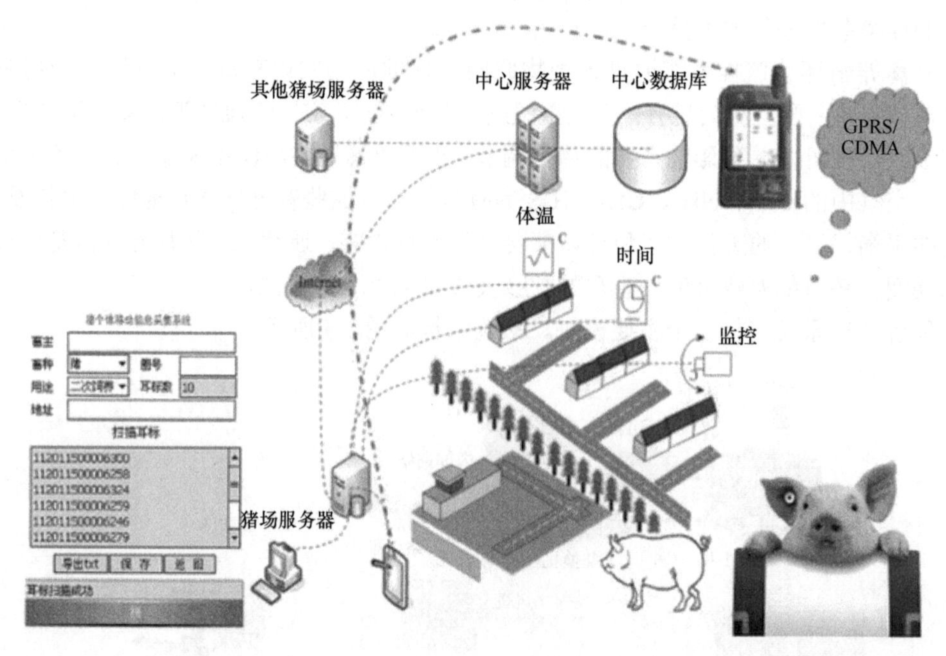


图 5.4　生理信息采集系统

在生理信息采集系统中，多目标定位跟踪系统为识别分析畜禽空间行为及交互提供技术支持。在任何空间背景下，该系统都可以对多个目标实现全方位定位与追踪工作。它使用超宽频追踪数据作为输入，分析结果可以实时或离线处理。另外，该系统所收集的资料以直观可视化的形式呈现在员工面前，使员工可以利用系统所生成的数据创建交互系统。

系统采用的超宽频技术可以保障在任何位置追踪数据的可靠性与精确性。传感器向接收器组发送持续及短时间的超宽频脉冲波，系统通过独特的到达时间差及到达角度技术，计算跟踪目标的位置，保障了在极端富有挑战环境中追踪效果的高精确性及运行的可靠性，如图 5.5 所示。接收器按单元区分组，特殊几何形状的单元区需要添加额外的接收器以便信号覆盖所有区域。每个单元区中的主接收器协调其他接收器的活动，并与它所在区域内的所有传感器进行通信来确定目标的位置。

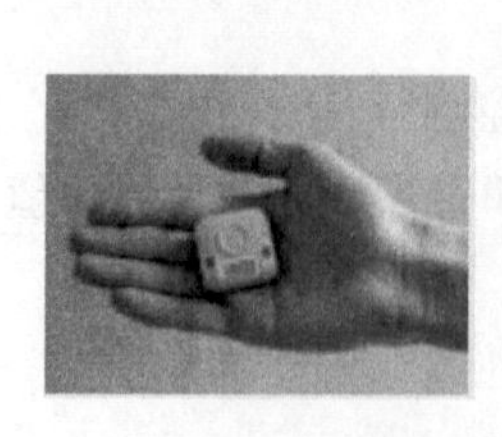

(a) 超高频传感器

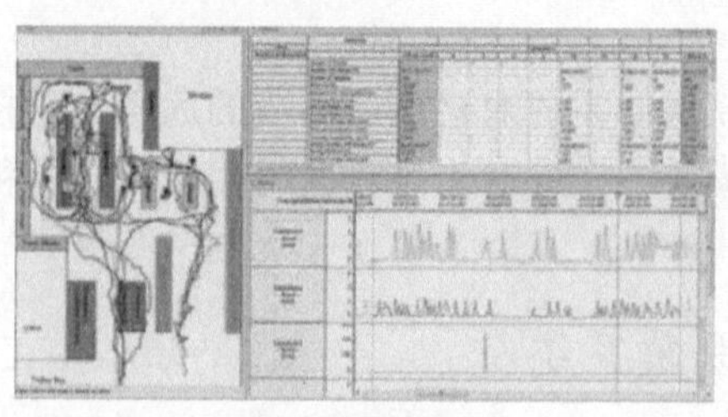

(b) 定位跟踪显示

图 5.5　多目标定位跟踪系统

疾病诊断系统主要包含疾病诊断数据库、远程专家诊断、疫情预警模型三个模块。疾病诊断数据库模块，通过动物医学经验推理结合后台数据库，完成对畜禽疾病的智能诊断；远程专家诊断模块，通过先进信息传输技术，实现畜禽疾病远程会诊和网上专家决策；疫情预警模型模块，通过疫情预警数据库，根据畜禽养殖场地的气候情况与本地疫情灾害等因素，协助完成畜禽疾病预警。

### 3. 繁殖育种系统

主要运用先进传感技术、射频识别（RFID）技术、繁殖预测数据库技术，根据遗传基因最优原则，在畜禽繁育过程中，利用现代监测手段记录母畜发情期、从而进行科学选配、优化育种，提高畜禽生育效率，缩短出栏期，减少生育畜禽饲养投喂量，进而提高生产资料利用率，合理节约饲料，降低畜禽养殖成本。

### 4. 粪便处理系统

该系统包含信息采集模块、粪便收集模块和空气净化模块三个部分。信息采集模块，利用温湿度传感器、氨气传感器、硫化氢传感器等完成对畜禽养殖场所的环境信息采集；粪便收集模块，定时自动或手动完成畜禽养殖过程中的粪便收集；空气净化模块，当信息传感模块检测到畜禽养殖场中甲烷、氨气、硫化氢等有害气体超标时，自动采取通风换气等措施。

### 5. 全生命周期质量追溯系统

根据质量监管部门对畜禽健康养殖和肉品质量的相关要求，构建畜禽健康养殖全生命周期质量追溯系统，从而实现畜禽个体信息的全程可追溯。如图 5.6 所示，畜禽个体将被佩戴上某种智能标签，如电子耳标，耳标中植入一个可以远程读写数据的电子芯片，这个芯片中可存储畜禽父辈，甚至祖父辈的相关信息，还有畜禽个体各生长期的生理信息，包括生长过程中的每餐饮食量、病疫与诊治记录、接种疫苗信息、配种信息、母禽怀孕及生育记录等信息，以及出栏后的屠宰、仓储、运输、销售等环节信息。该质量追溯系统不仅能够实现畜禽从出生到零售全生命周期信息的正向跟踪，同时也可以实现肉品零售终端到养殖信息的逆向溯源。

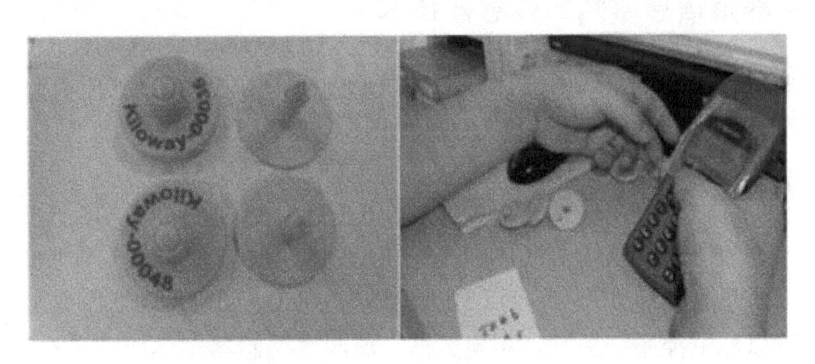


图 5.6　电子耳标及读取器

### 6. 精细饲喂系统

随着生活水平的提高，人们对肉制品的质量要求日益提高，同时畜禽养殖的竞争也愈加激烈。传统的分散养殖模式已经难以满足社会需求，规模化养殖逐渐成为畜禽养殖的必然发展趋势，畜禽的饲喂方式也向着自动化、精细化发展。数字化畜禽精细饲喂系统集成了先进传感技术、计算机技术、数据库管理技术、自动化技术、信息传输技术等，同时根据畜禽个体信息及生长环境建立以品种、活动频度、环境温湿度、生长阶段、养殖场小气候等因素为条件的饲料投喂量自动匹配，同时根据饲喂情况和监测信息预测畜禽的生长状况和生理指标的实时动态，从而达到精细化喂养的目的。系统的主要组成如下。

系统控制柜。完成自动投喂系统与上位机的通信；实现畜禽个体的电子标签读写，以及空气温湿度、个体体温体重、投喂量等信号的采集、传输、处理；实现饲料智能投喂的控制；实现投喂信息记录、系统故障报错和紧急情况手动操作；实现重量计量检测过程的自动校准、纠错、清零等功能。

室内信息感知系统。通过传感器对养殖舍温湿度、二氧化碳含量等环境信息进行实时监测。在自动投喂站中安装红外体温检测器对正在进食畜禽进行实时体温检测。另外，还采集畜禽生产方面的数据，包括开始采食时间、结束采食时间、采食前个体体重、采食后个体体重及每次采食数量等。通过 RFID 耳标，能够将这些数据与畜禽一一对应。

基于畜禽生理特点的自动投料系统。该系统由护栏、传感器、自动投料机构、料槽、饲料称重机构、控制模块几部分组成。传感器感知畜禽进入饲喂站后，控制模块根据畜禽个体生长阶段、体重、活动量及上一阶段采食量确定饲料投放量，饲料称重机构实时记录料槽中的饲料量，当饲料量低于某预设值时，则添加饲料，直到畜禽离开。传感器、自动投料机构、饲料称重机构都由控制模块控制，控制模块与上位计算机进行通信，每次投料阈值、剩料阈值都可自行设定。当系统监测到某一畜禽的采食量不正常时，系统会自动报警。

## 5.2.4 畜禽养殖信息感知的传感器技术

传感器在自动饲喂站中的应用涉及很多方面，如环境温湿度的测量、畜禽生理信号的采集和处理等。

### 1. 环境温湿度传感器

温湿度传感器通过高精度数字传感器探头与智能化数字处理芯片配合而成，采集环境中的温湿度信息并转换成与之匹配的电信号，并通过芯片处理显示为温湿度数据。温湿度传感器可以与中控系统关联，实现数据。温湿度传感器实体如图 5.7 所示，该温湿度传感器集温度测量和湿度测量于一身，具有体积小巧、测量快速精准、监控便捷、易于安装等优点，很适合应用在自动饲喂站中。

## 2. 畜禽生理信息感知技术

畜禽生理信息主要由植入式生理信号芯片来完成，该传感器如图 5.8 所示，采用植入式采集信号方法，通过先进无线技术将畜禽体内植入的生理信号感知芯片采集到的信息传递给智能处理器，并利用现代智能算法对信号进行分析处理，得到反映畜禽健康状态的各项生理指标。该系统可实时监测清醒无束缚的畜禽的温度、血压等生理参数。使用此系统不需要对畜禽个体麻醉或束缚，在保证动物自由活动的同时测量到最能反映正常情况下动物生长状况的各项生理指标，非常适合畜禽生理特征的监测，最大限度地满足养殖人员的需求。猪生理信号采集芯片实体见图 5.8。

图 5.7　温湿度传感器

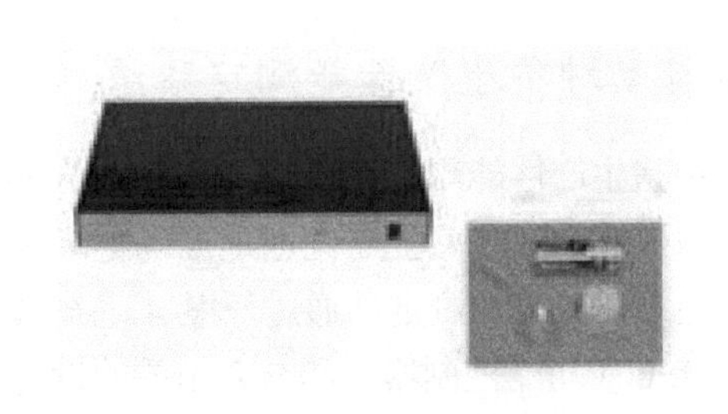

图 5.8　植入式生理信号芯片

植入式生理信号芯片有畜禽单个个体测量和多个个体同时测量两种工作方式，可以根据不同的需要进行选择。其中，多个个体同时测量技术是在单个畜禽测量基础上，通过数据处理芯片升级为多通道模式，从而实现多个个体同时测量的目的，如图 5.9 所示。

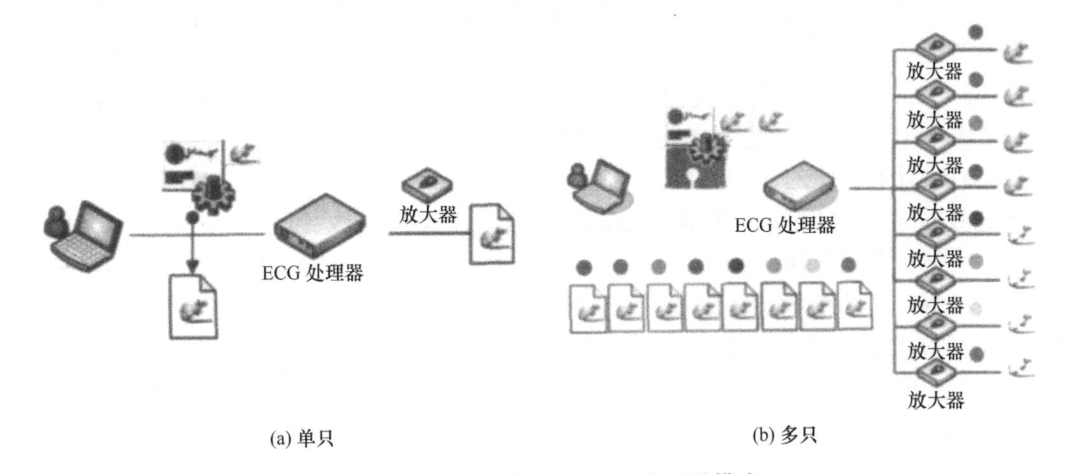


图 5.9　植入式生理信号芯片动物测量模式

### 3. 畜禽体温感知技术

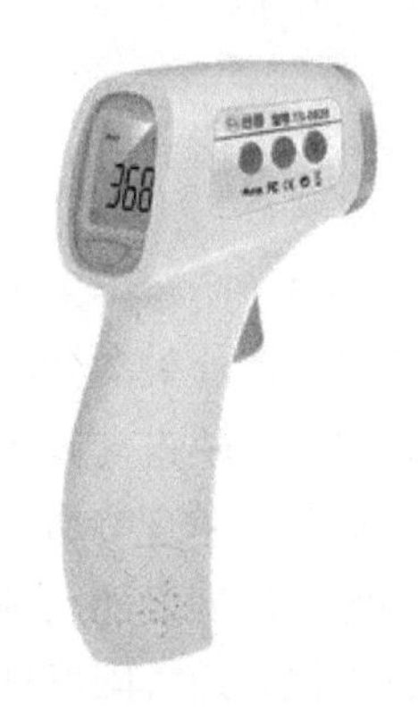


图 5.10 动物体温计

畜禽体温测量是自动化精细饲喂系统中传感器应用的重要环节，因此测量仪器的选择非常关键。动物红外线测温仪采集待测畜禽个体自身发射的红外线中的辐射能，并将其转化为电信号，由于辐射的能量与转化的电信号呈正相关关系，因此，通过一定的转换关系即可得到畜禽的体温。另外，通过测得的动物体表温度，修正得到畜禽的实际体温。该体温计如图 5.10 所示，应用红外感知等先进传感技术，体温测量准度高、速度快，而且具有数字显示、数据记录、报警自动休眠等功能，非常适用于规模化养殖过程中对畜禽体温的测量。

## 5.2.5 应用案例

### 1. 美国全自动种猪生产性能测定系统

全自动种猪生产性能测定系统（feed intake recording equipment，FIRE）是一个自动化、智能化的饲料投喂系统，它能不间断地准确记录规模化养殖条件下每个畜禽的采食量。系统由多个测定站组成，各测定站通过一根 4 芯电缆连接，最后与计算机相连接。每一个测定站有一个 IFC（功能控制器）和与之相关的设备，包括识别种猪电子耳牌的设备，对料槽进行称重和投料的设备。一个可调节宽度的护栏安装在料槽的前方，该护栏限制每次采食时只有一头测定猪进入。个体体重秤也安装在料槽的前方，用以同时测定动物的体重。

FIRE 采用被动的方式进行测定记录，这意味着系统无须输入测定猪的号码就可以进行测定工作，而需要做的就是给测定猪打上电子耳牌，并让它们进入料槽采食。

测定猪采食时，系统通过采食活动而记录测定数据。IFC 记录每次采食时测定猪的电子耳牌、采食开始时间、采食结束时间、饲料消耗量和测定猪体重。如果采食后没有探测到测定猪电子耳牌，那么本次采食数据将记录在零耳牌数据库中，这就是系统说明书和软件所指的“零耳牌”事件。IFC 的内存能将测定记录保持数天（记录保持天数由 FIRE 测定站类型和测定猪采食行为决定）。如果在 IFC 内存写满之前没有将测定数据从 IFC 传送至计算机，那么新的测定记录将覆盖旧记录。

运行在计算机中的 FIRE 软件控制操作。FIRE 软件中有一个对每头测定猪的日记录组成的数据库。一旦测定站将事件数据传送到计算机，该站内的数据库记录也自动得到更新。个体记录或群体记录可以被显示出来，也可通过一系列全面的报告被打印出来。故障诊断程序帮助用户监测 FIER 系统运行状况。

FIRE 的整体配置如图 5.11 所示，各组成部分的情况介绍如下。

料槽：FIRE 的最基本组件。它由记录和储存采食和称重的部件组成。料槽连接护栏只允许一头测定猪进入。

护栏：连接测定站料槽的组件。护栏宽度可调，每次采食时只允许一头测定猪进入。护栏的种类有两种。肩护栏——宽度可调整，长度延伸到可采食猪的肩部后方，允许测定猪之间的适当竞争，肩护栏如图 5.12 所示。肩部护栏连接在 FIRE 测定站上，遮盖正

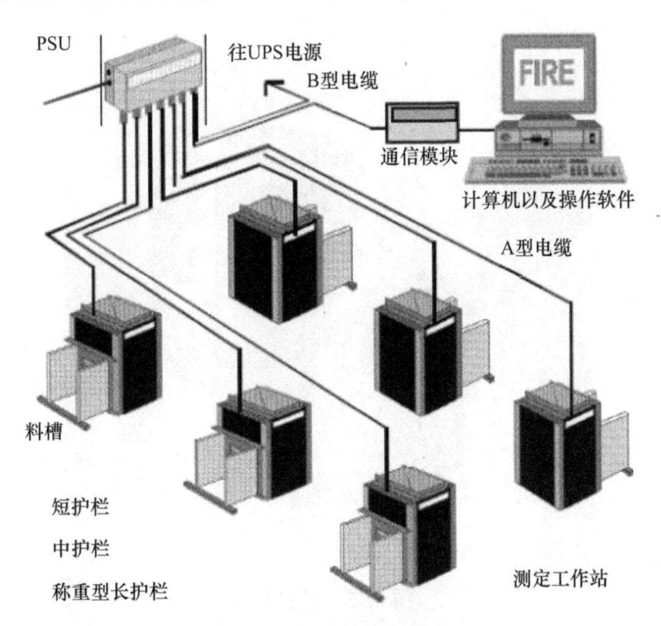


图 5.11　FIRE 配置图

图 5.12　肩护栏

在采食的测定猪头部和肩部，允许温和的竞争和抢食。肩部护栏的长度约为 35 cm。随着测定猪生长，肩部护栏每次可调宽以适应测定猪进入测定站采食。调节宽度为超过测定猪宽度约 4 cm 为宜。长护栏——宽度可调整，长度达测定猪的全身，给正在采食的测定猪提供全面保护，长护栏如图 5.13 所示。长护栏连接在 FIRE 测定站上，遮盖了采食猪的全身从而限制抢食和竞争。全身护栏的长度约为 91 cm，同样，长护栏也可调宽以配合测定猪的体型生长。调节宽度为超过测定猪宽度约 4 cm 为宜。称重护栏——宽度可调，长度达测定猪的全身，并具备称重功能。测定猪采食时站在称重秤上，由此称出测定猪体重，称重护栏如图 5.14 所示。

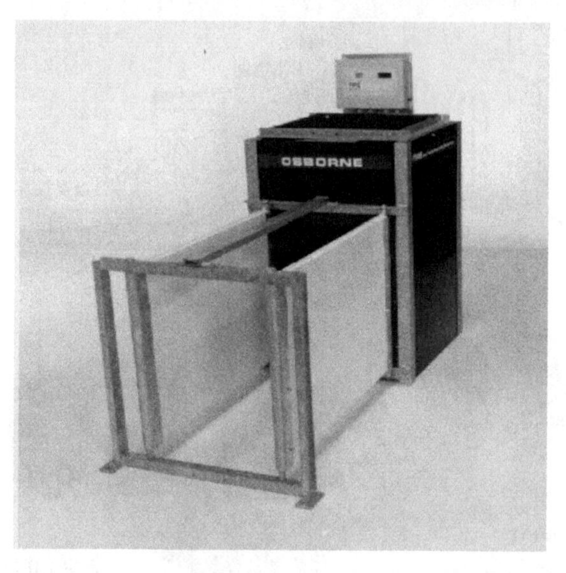


图 5.13　长护栏

图 5.14　称重护栏

长护栏位于 FIRE 测定站前方，为测定猪提供全身遮盖，限制抢食和竞争。护栏除了为测定猪提供采食保护外，还能让测定猪在体重秤上被不间断地称重。这种无干扰的称重方法是确定生长速度的最有效方法。称重护栏的长度约为 91 cm，随着测定猪生长，护栏宽度可调宽以适应测定猪进入采食，调节宽度为超过测定猪宽度约 4 cm 为宜。当测定猪进入采食时，体重秤会周期性地检测该测定猪的体重，并将这些体重数据储存于 FIRE 测定站中。测定站根据这些体重数据进行排列处理，并取中间值作为该测定猪本次采食时的体重，并记录到采食事件数据中。这样，通过每天多次采食，可以得到某头测定猪可靠的日体重记录，由于动物行为的原因，某头猪的体重有可能在某次测定中不准确，但多次称重的结果是非常可靠的。

料槽的重量无论在动物采食时和空置时都受到监测。当测定猪进入测定站时，测定猪的身份号码将被探测到，此时，系统将生成一个事件或采食记录代表测定猪的活动。测定猪在采食同时，其体重也被称量，作为日增重计算的依据。

当测定站发现料槽饲料需要补充时（根据主计算机中设定的料槽最低余料），配料器开始运转并完成一次饲料装填将饲料补充到料槽中。饲料的装填可能会发生在测定猪正在采食的时候，也会在没有测定猪采食的时候。如果饲料装填事件发生在测定猪正在采食时，则系统会使用 DPC 值来校正装填饲料时的料槽起始重量。如果饲料装填在发生时没有测定猪采食，则该装填事件将与最近几次的饲料装填事件一起用来自动校正 DPC 值。

当测定猪离开测定站后（探测不到身份号码），则测定猪离开时的料槽最终重量作为采食后的料槽重量，其料槽的前后重量差即为测定猪本次采食量。如果同一头测定猪在 5 min 内重新进入测定站，则两次采食活动将合并为一次采食活动。采食量数据显示及说明如图 5.15 所示。

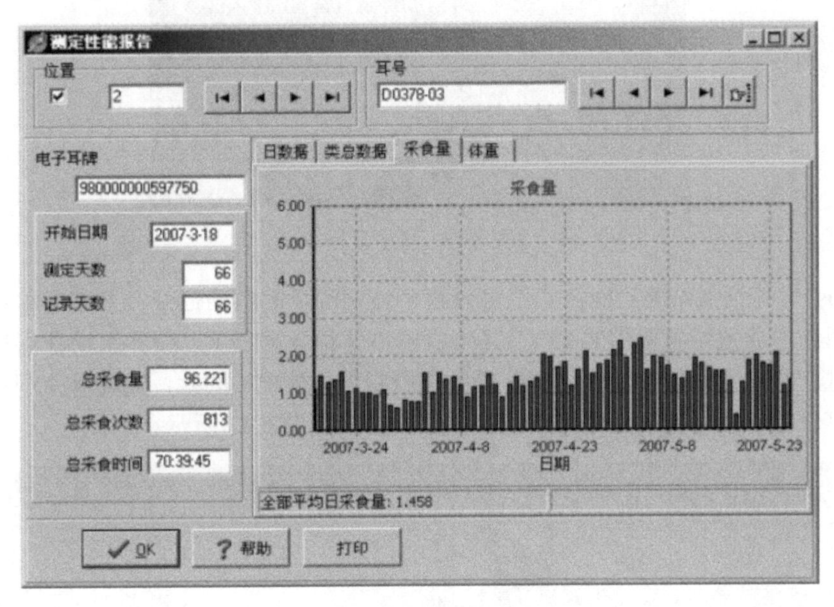


图 5.15　采食量数据显示及说明

当装填饲料事件发生在没有测定猪采食时，且补充给料槽的饲料不超过 50 g，则本次装填事件将被认定为无效装填，系统将再次进行一次饲料装填。如果再次装填也不成功，FIRE 测定站将发出警告表示饲料装填失败。测定站为此在 1 h 内不会进行饲料装填或直到警告解除。通过测定站的按钮或主计算机的操作可以解除警告。

## 2. 荷兰 Velos 智能化母猪管理系统

Velos 智能化母猪管理系统中，每头母猪都佩戴上电子耳牌，耳牌中存有该母猪全生命周期的所有相关数据，可以根据不同母猪的生长状况、活动量、品种信息，甚至根据季节因素来调节其饲喂量。系统通过识别电子耳牌，控制自动饲喂机构按照相应的饲喂曲线进行精确饲喂，避免因为饲喂量不准确而导致母猪生长状况波动和饲料浪费，以及员工根据定时投喂造成母猪应激进食等，从而确保所有母猪都能获得最准确的饲喂量。另外，系统配备了自动分离器，可将生病母猪、需打疫苗母猪、发情母猪、临产母猪等分离到不同区域，并实时标记出来，方便养殖场员工及时处理。同时还可以通过计算机远程控制技术使身在异地的管理人员及时获取猪场信息真正做到猪场管理信息化与现代化。目前，Velos 智能化母猪管理系统已经得到广泛运用，尤其是在荷兰及欧美许多国家。

要在规模化养殖条件下精确实现智能化投喂，必须能够实现对母猪个体身份的准确识别。Velos 为每头母猪佩戴上含有射频识别功能电子耳标，这就是母猪们的电子“身份证”，如图 5.16 所示。

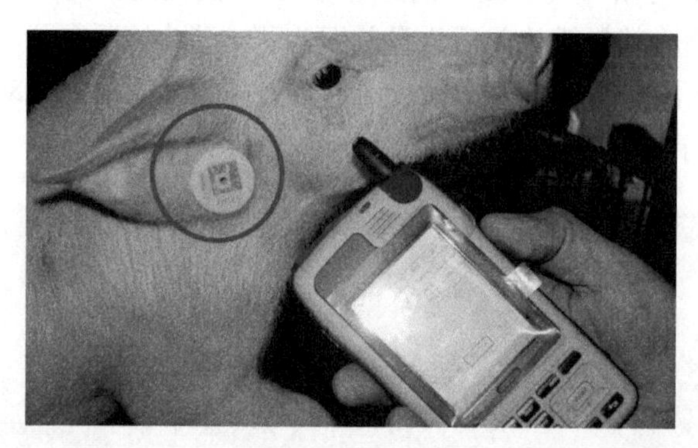

图 5.16　电子耳标

Velos 母猪饲喂站的功能是实现对母猪个体饲喂量的精确把控。畜禽养殖场中，饲料的费用约占养殖场总费用的 35%左右，所以单体精确饲喂可以使养殖场获得更大的利益。同时，养殖场可通过调节饲料投喂量来控制母猪体况。因此，实现母猪饲喂自动化的同时可以给养殖场带来更好的效益。饲喂站结构如图 5.17 所示。

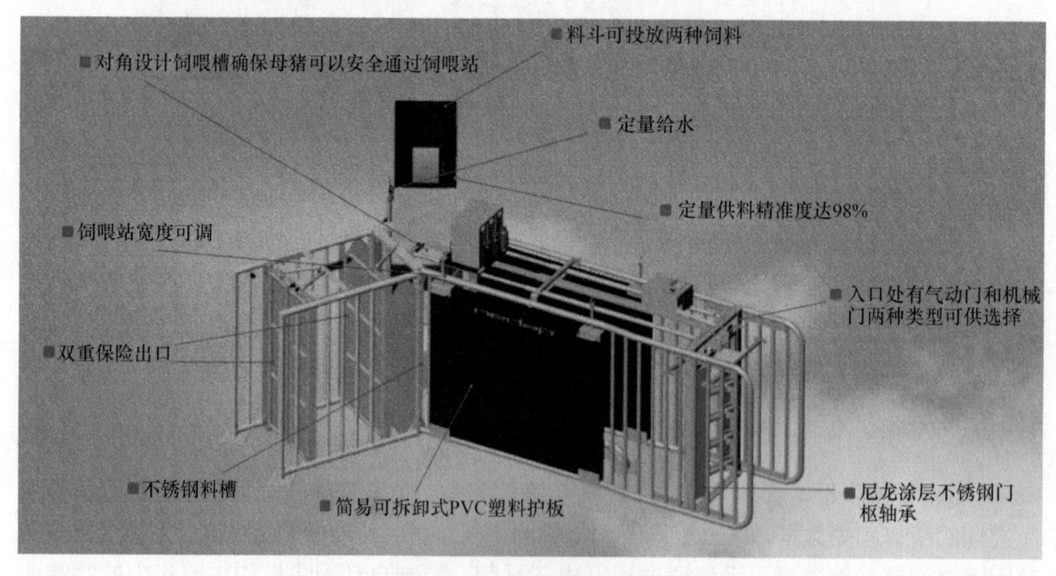


图 5.17　Velos 母猪饲喂站

Velos 发情监测器如图 5.18 所示，它能利用先进传感技术、图像视频处理技术、数据处理技术实现对母猪进行全天候实时监测，记录探访种猪的母猪的身份信息，以及探访的时间和次数，根据探访频率和与公猪交流的时间来准确判断母猪是否发情，帮助养殖场员工获取最佳配种时间，从而提高配种成功率和繁殖效率。

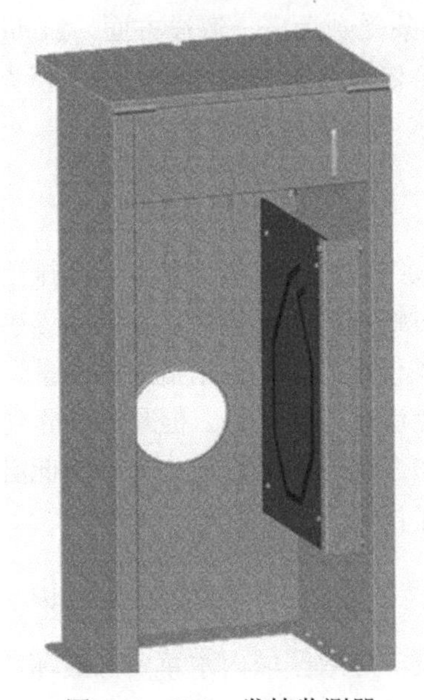

图 5.18　Velos 发情监测器

## 5.3　水产信息感知技术

### 5.3.1　水产养殖背景

水产养殖业是我国农牧经济体中重要组成部分，我国渔业已发展成中国农业农村经济中重要的支柱产业。近 20 年间，相比全球的水产总产量低速增长水平，我国的水产品产量一直保持着高速增长势头，从 1990 年至今中国的水产品总产量一直位居世界第一，水产养殖产量达到了全世界的 73%，出口产品产量占世界的 35%。水产养殖在提高农民收入改善农民生活水平等方面起到不可替代的作用。因此，保持水产养殖环境的生态平衡，是关系到水产养殖快速、可持续发展的重要内容。

在渔业发展中，传统的养殖模式曾对我国水产品产量的快速增长起到重大作用（刘东红等，2012；朱伟兴等，2012；汤安宁等，2009）。但随着人们生活水平和环保意识的不断提高，人们的生活习惯和饮食结构已然发生很大变化，绿色无害水产品逐渐获得群众的青睐。传统养殖模式由于种种不利因素的存在，所生产的水产品难以满足群众的需求。具体表现在如下几方面。

#### 1. 生产设施粗糙，经济基础薄弱

传统的养殖模式缺乏规模化、高标准养殖生产所必需的经营规模和现代化生产技术，导致经济基础薄弱，生产收益低下。养殖场缺乏技术支持，没有改造能力和扩大规

模的资金，因此，只能维持现状，逐渐被现代化养殖技术取代。

#### 2. 养殖水域环境条件不断恶化

我国处于人口集中的地区的水域大多都存在富营养化的问题，如全国有水质监测的1200多条河流中，就有850条受到污染。海洋方面，21世纪开始，我国海域多次发生大规模、危害较大的赤潮，给依靠海水养殖的渔民造成巨大的经济损失。在大中城市的郊区也由于种种原因，养殖水域污染日趋严重。

#### 3. 养殖水域的二次污染十分严重

在海水养殖方面，由于人类的过度发展养殖业，其排污量已经远远超过了海洋自净能力，一个典型的案例就是对虾病的不断增加。在淡水养殖方面，根据统计部门数据显示，每吨淡水鱼养殖产生的粪便超过20头肥猪的排出量。以某水库网箱养殖为例，其年均亩产在20 t左右，表象经济效益比较好。但是这种养殖方式使水库中活性磷酸盐增加了10.3倍，氨氮量增加了7.3倍，水质转肥变差，因此必须停止网箱养鱼。同时，后续水质改善费用，大大超过了网箱养鱼的利润。

#### 4. 水产资源遭到严重的破坏，不少水域生态失衡

水域养殖产业的过度开发，导致区域内水草资源破坏，有害水生物不断增加，原有的优良品种的生长环境受到破坏、养分遭到掠夺，因此导致生物多样性退化，这些问题直接威胁到水产养殖业的生存与发展。基于现代科技手段的农业物联网技术搭建的水产智能养殖环境监测系统，满足水产养殖安全、集约、高产、高效的发展要求，综合利用了智能水体信息传感、无线可靠传感网络、智能信息处理与控制、专家诊断系统等物联网技术，实现了水产养殖过程中水体与养殖物信息采集与智能化控制，达到集约化水产养殖的高标准要求，使水产养殖能够快速持续发展。

### 5.3.2　水产信息感知系统

水产信息感知系统由智能水质传感器、无线传感网、增氧控制器和监控平台组成。系统结构如图5.19所示。

传统的水质传感器多依据电化学原理设计，其测量值受外部因素，如水体流速、温度、压力等因素影响，且其存在标定、校准过于烦琐，使用寿命较短且不能长期实时监测，适用范围过于狭窄等问题。随着技术的不断进步，智能传感器得以实现，其具有自校正、自标定、自识别等功能；智能传感器不需要人工干预，可自动采集数据并对采集到的数据进行预处理，同时还具有标准化数字输出、与上位机双向通信等多种功能。针对集约化养殖对水质的要求，智能水质传感器可实现对温度、浊度、溶解氧、电导率和pH 5个参数同时监测。如图5.20所示为几种常用的水质传感器。所采用的水质传感器，可靠性高、易于维护，适合水产养殖领域推广应用。

“养鱼先养水，好水养好鱼”，水是水生生物终生的生活生存环境，养殖环境不仅要为鱼提供生活场所，还要承担培育鱼类天然饵料的责任，水质变化、鱼的养殖密度和饲

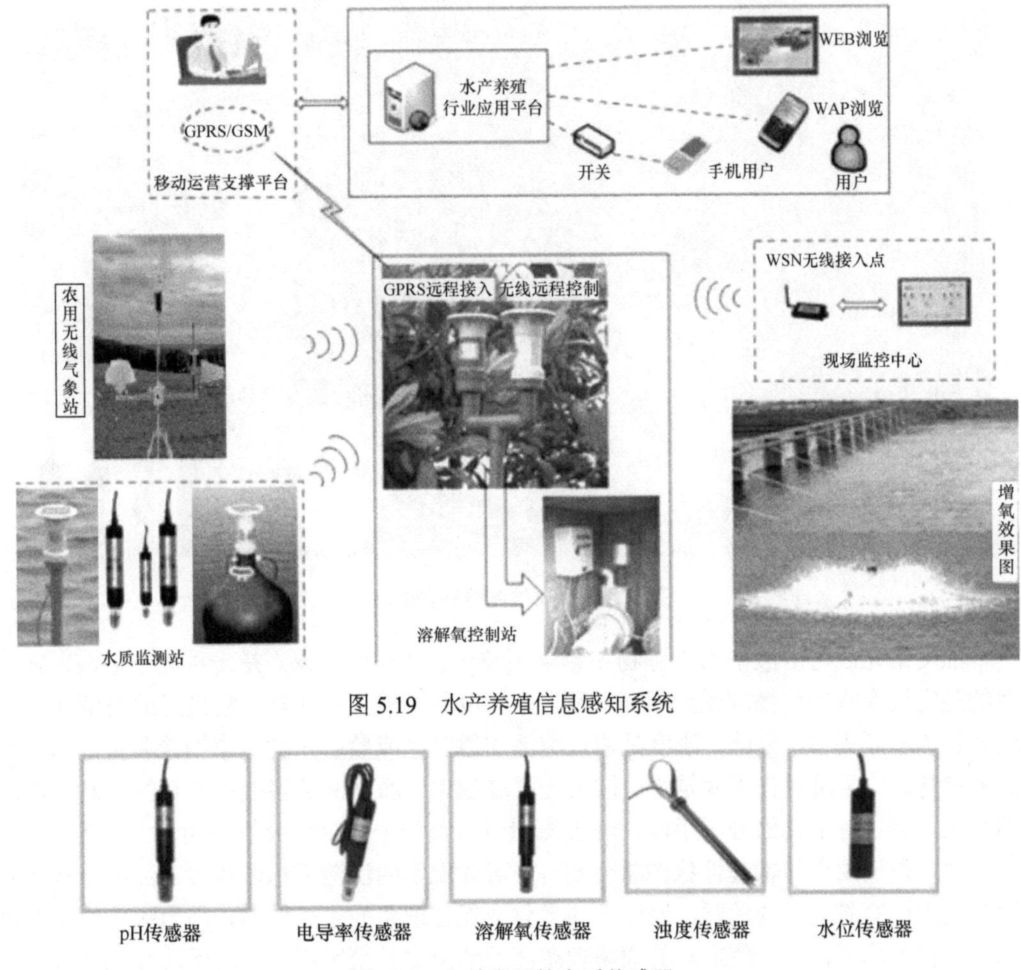


图 5.19　水产养殖信息感知系统

图 5.20　几种常见的水质传感器

料的投喂量三个因素相互制约又相互依赖，这种关系决定了水质控制的复杂性和难度（Lee，2000）。

水质对养殖品种起着重要的作用，影响水质的指标主要有浊度、水温、pH、溶解氧、亚硝酸盐、氨氮、余氯等。根据现代集约化养鱼的发展标准，养殖水体必须定期进行全面的科学检测，从而实时判断水质达到养殖品种的要求，另外一作用是判断水质优劣情况，为科学用药提供正确的依据，降低养殖成本（Tal et al.，2003；刘晃等，2009；李道亮和傅泽田，2000）。图 5.21 为各水质传感器在水产养殖基地的应用。

## 5.3.3　水产养殖水质感知技术

### 1. 浊度

水体浊度与水中含有的悬浮物（如浮游生物、泥土、微细有机物、无机物、等）、胶体物相关，水质检测中定义一个标准浊度单位为 1 L 水中含有 1 mg $SiO_2$ 所构成的浊度，简称 1 度。

图 5.21　水质检测传感器的应用

浊度是光线与溶液中的胶体物和悬浮颗粒相互作用的结果，是一种光学效应，它体现的是光线在水中传播时受到阻碍的程度。浊度并不能直接测量，它描述的是液体里的胶体物和悬浮固体，因此，浊度是通过溶液的透射光或散射光的量来间接测量的。溶液的浊度越大，则透射光强度越小、散射光强度越大。浊度值是溶液中所有物质共同作用的结果，通过标准化的分析手段，浊度测量可以作为一种定量分析应用于水质监测。

浊度是反映水体物理性状的重要指标，可体现水的清澈或浑浊程度。浊度与水体中微生物指标有着明显的关联。浊度高的水体会促进细菌的生长繁殖，因为颗粒的表面可以吸附营养物质，因而使附着的细菌较游离的细菌生长繁殖更快。由于浊度能够降低消毒剂对微生物的影响，削弱对微生物的治理效果，从而增加水体需氯量与需氧量。

浊度计作为水体浊度的测量设备，根据测量原理分为透射光式、散射光式和透射-散射光式等。其原理如下：当光线照射到水体中上，入射光的强度、透射光的强度和散射光的强度相互之间的比值与水体的浊度存在关联关系，通过测定三种光线的强度来实现水体的浊度的测量。光学式浊度计有用于实验室的，也有用于现场进行自动连续测定的。图 5.22 为两种浊度测量设备。

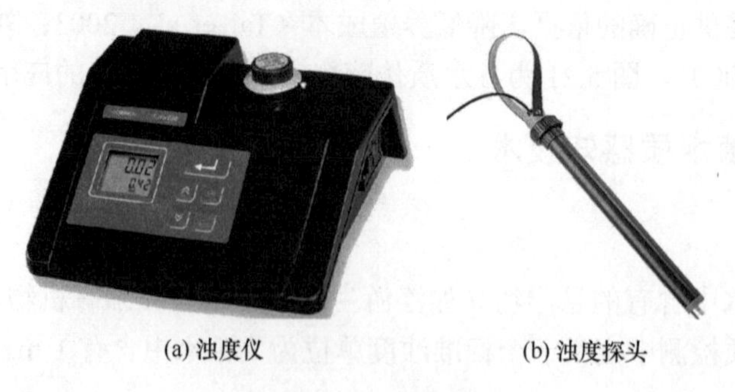

(a) 浊度仪　　(b) 浊度探头

图 5.22　浊度测量仪器

**1）透射光式浊度测量法**

光源发出的光束受水体中胶体物质和悬浮物质阻碍，光强逐渐衰减，透射光被光敏元件接收并转换为电信号，得到的电信号与水体浊度呈正相关关系，通过转化算法得出水体的浊度。其中，光线的衰减强度与水体浊度之间的相互关系可用式(5.1)表示：

$$I = I_0 \mathrm{e}^{-\mathrm{K}dl} \tag{5.1}$$

式中，$I$ 为透射光强度（cd）；$I_0$ 为入射光强度（cd）；K 为比例常数；$d$ 为浊度（NTU）；$l$ 为水样透过深度（mm）。透射光式浊度测量法测量浊度，方法比较简便，其原理如图 5.23 所示。

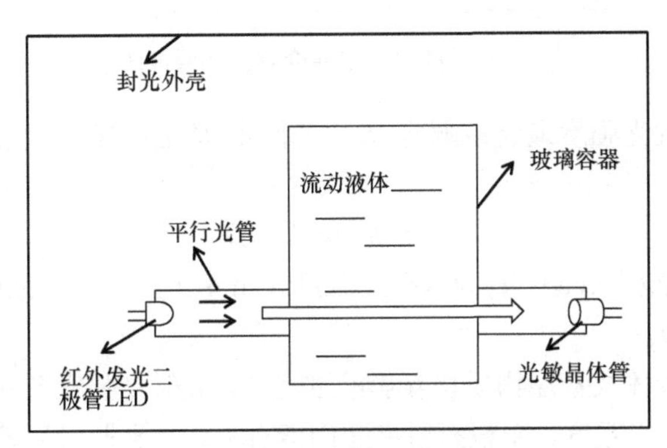


图 5.23 透射光式浊度测量法原理图

**2）散射光式浊度测量法**

光束在水体中的传播受胶体物质和悬浮物质影响产生散射，通过测量与入射光呈 90°方向的散射光强度，即可通过转换关系得出水体浊度，与入射光垂直的散射光强度符合雷莱公式：

$$I = \frac{\mathrm{K}NV^2}{\lambda^4} I_0 \tag{5.2}$$

式中，$I$ 为散射光强度（cd）；K 为系数；$N$ 为单位容积的微粒数（NA）；$V$ 为微粒体积（L/mol）；$\lambda$ 为入射光波长（nm）；$I_0$ 为入射光强度（cd）。

在一定条件下，系数与单位容积微粒的总数成正比，即与浊度成正比：

$$I=\mathrm{K}'T I_0 \tag{5.3}$$

式中，K′为另一个系数；$T$ 为水浊度（NTU）。

在入射光 $I_0$ 保持不变的条件下，散射光强度 $I$ 正比于水体浊度。浊度传感器中发射光源与光电接收元件集成在防水探头中，使得入射光经过浊度物质的散射后，被与它垂直的光电接收元件接收后，即可测出水体浊度，其原理如图 5.24 所示。

**3）透射光–散射光比较测量法**

光源发出强度为 $I_0$ 的光，该光线通过待测水体，由于水体中胶体物质和悬浮物质的

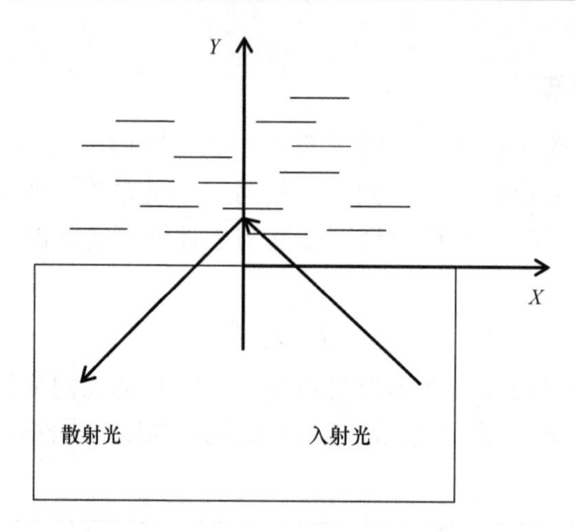


图 5.24　散射光式浊度测量法原理图

散射作用，透射光发光强度最终减弱到 $I_T$，朗伯-比耳定律显示了透射光强度的减弱关系，公式如下：

$$I_T = I_0 \exp(-\tau L) \tag{5.4}$$

式中，$I_T$ 为透射光强度（cd）；$I_0$ 为入射光强度（cd）；$\tau$ 为与发光强度无关的衰减系数；$L$ 为透射光程（mm）。

光线与水体中胶体及悬浮物质相互影响过程中，散射光强度及其空间分布与水体中微粒大小、入射光发光强度、微粒折射率等因素有关。瑞利散射原理和米氏散射原理证明散射光与入射光的关系如下：

$$I_S = \alpha N I_0 \exp(-\tau l) \tag{5.5}$$

式中，$I_S$ 为散射光强度（cd）；$\alpha$ 为与散射函数有关的系数；$N$ 为水样中含有的颗粒个数，与浊度成正比（mol）；$l$ 为散射光程（mm）。

同时测量透射光强度和散射光强度，再通过式（5.6）根据光强比值测得水体浊度大小：

$$I_S I_T = \frac{\alpha N I_0 \exp(-\tau l)}{I_0 \exp(-\tau L)} = \alpha N \exp(l/L) \tag{5.6}$$

由式（5.6）可见，浊度只与 $\alpha$ 和透射散射光程比有关，而 $\alpha$ 和 $l/L$ 都是被精确固定的，消除了由于 LED 光源光线不稳定或设备老化对浊度测量的影响，有效提高了水体浊度测量的准确度。

基于该原理浊度测量设备由光源、光电元件，以及信号放大器和上位机数据分析处理系统、自动控制系统等组成。光源发出入射光线通过待测水体，到达光电元件后被检测并转化为相应的电信号，同时光线由于悬浮物的存在而产生散射，散射光被与入射光线垂直光电元件检测并转化为对应的电信号。两信号经放大电路处理后传送到上位机系统，上位机通过对两信号的计算得到待测水体的浊度值并显示出来。测量原理如图 5.25 所示。

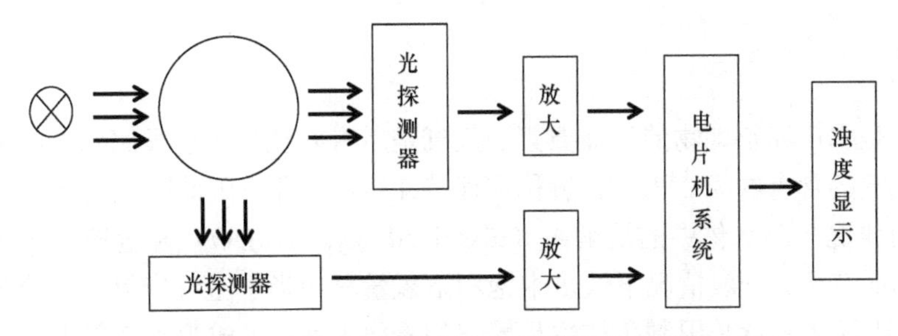


图 5.25　透射光–散射光比较测量法原理图

**4）三种检测方法的适用性**

透射光式浊度测量法原理简单，但是当待测水体浊度较低时，由于入射光受到的阻碍很小因此光线基本都全部透射了，透射光强度降低非常小。这就要求仪器中光电元件和放大电路具有很高的分辨力和极强的稳定性，所以透射光式浊度测量法不适合测量低浊度水体，而当水样中杂质和微粒的浓度较高时能使透射光光强下降比较明显，因而其适用于测量高浊度水体。

在低浊度水体中，微粒对入射光线的散射作用比较明显，并且在低浊度水体中散射光曲线线性要优于透射光曲线，因此，在对低浊度水体进行测量时，散射光式浊度测量法具有较高的准确度和灵敏度。而当待测水体的浊度超过阈值时，光线就会发生多次散射，这使得散射光强度大幅度衰减，这时散射光强度已不能准确反映待测水体的浊度值，因此散射光式浊度测量法主要用于低、中浊度液体。

透射光–散射光比较测量法通过测量得到待测水体中透射光强度和散射光强度，再按两者光强度比值计算得出待测水体浊度值，其理论基于散射定律和朗伯–比耳定律。该测量法既能消除光纤信号不稳定和光源老化对测量精度的不利影响，又继承了以上两种方法各自的优点，提供了比较宽的浊度测量区间，能有效提高测量的准确度和适应性。但是散射光和透射光的比值并非呈现严格的线性比例关系，只是在一定的浊度范围内有近似线性的关系，因而这种浊度测量方法也有一定的局限性。

## 2. 水温

水产养殖过程中，水温是非常重要的水体参数。鱼类作为变温动物，其体温与周围水温的差异在 0.5～1.7℃，幼鱼的体温甚至是水温相同的。鱼类的体温的波动和新陈代谢强度的变化，直接影响着鱼类的进食量和生长状况。不同鱼类有着各自不同的温度适应范围。当温度升高时，鱼类新陈代谢过程加快，进食量增加，生长也随之加快。但另外一方面，水体中的溶氧量随着水温升高而大幅降低，水温上升又加快了鱼类呼吸速率，耗氧量增高。加上池塘中其他耗氧生物的共同作用，水体中就很容易产生缺氧现象，对鱼类产生不利影响。另外，水温对池塘中氨氮等毒素的毒性、好氧性腐生菌的生长繁殖速率、多种疾病的发病率等都有相当大的联系。因此，水温是水产养殖活动中的重要感知参数。水温传感器原理与基于电化学原理的环境温度传感器相似，同样通过热电阻或热电偶等热敏材料构成温度感应器。

### 3. 溶解氧

溶解氧是水产养殖动物的生命要素。氧气是所有好氧生物生长繁殖的必要条件。由于空气中氧气的含量约为21%，含量稳定保持在较高水平，因此陆地上生物基本不存在氧气不足的情况；而水体中的溶解氧（dissolved oxygen，DO）含量较少而容易受各种因素的影响而变化。一般情况下淡水中饱和溶氧量只相当于空气中氧气含量的1/20，海水中更少，因而溶氧量是限制鱼类生长繁殖的重要因素，也成为水产养殖中人们最为关注的水质因子之一。

#### 1）溶解氧在水产养殖中的作用

溶解氧为养殖鱼类生长过程提供必需的氧气：动物进食是为了从食物中获取自身生长发育所必需的能量，而通过呼吸作用摄入的氧气保证了这种能量转化过程能够顺利实现。一旦氧气不足，这些能量转化过程将被终止，鱼类就面临死亡。实践中人们对利用池塘增氧解决养殖鱼类浮头现象和预防泛塘都有普遍的认知，正因为如此，很多鱼类养殖者把池塘增氧看成一种应急措施，而没有意识到在这些现象发生前低氧已经对养殖鱼类和水体环境造成了危害。

溶解氧促进好氧性微生物生长繁殖，从而加快有机物降解：在有氧条件下，好氧性微生物通过胞外酶将水体中的生物尸体、粪便、残饵和其他有机碎屑等逐步降解成为各种可溶性有机物，最后成为简单无机物，使其能够进入新的物质循环，从而降低水体有机污染。

减少有毒、有害物质的作用：氧气依靠其强大的氧化性直接将水体和底质中的硫化氢、亚硝酸盐等有毒、有害物质，氧化为硫酸盐、硝酸盐等毒性很低甚至是无毒物质。

抑制有害的厌氧微生物的活动：厌氧微生物在溶解氧不足的水体中非常活跃，通过对有机物的厌氧发酵，产生许多诸如硫化氢、甲烷等发酵中间物，这些物质不仅散发恶臭气味，还会对养殖鱼类形成极大危害。在溶解氧不足条件下水体和底质会变黑发臭，主要原因就是厌氧微生物产生的硫化氢遇铁产生的黑色沉淀所致。水体中氧气充足时将大大抑制厌氧微生物的活跃度，有助于创造合适的养殖环境。

增强免疫力：较高的溶氧量有助于提高鱼类对氨氮、亚硝酸盐等不利环境因子的耐受能力。处于溶解氧不足水体中的鱼类，其免疫力逐渐下降，对疾病的抗受力减弱。

由此可见，溶解氧是水产养殖中最重要且最容易发生问题的水质因子之一。溶氧量受到环境温度、生物活动，以及其他物理和化学等因素的共同作用而不断波动。当水体中溶解氧不足时，首先会对养殖鱼类直接产生有害影响；其次是通过影响其他生物生命活动和理化指标间接影响养殖鱼类，从而导致鱼类生长发育受到各种威胁，轻则免疫力下降、生长速度减缓，重则浮头、泛塘，甚至导致大量死亡。

#### 2）水体溶解氧检测机制

水体溶解氧含量可以用化学方法或仪器法测定。传统的化学测定水体溶氧量方法是碘量法，该方法测定结果精度高，因此常被用来校验其他检测方法是否准确。碘量法测定步骤非常烦琐，检测需要配制使用多种试剂，并且耗时较长，因此不能在实际养殖中推广使用，多用于实验室测定。市场上常见的溶解氧测定试剂盒是一种水体溶解氧现场快速测定方法，其也是以化学法为基础、通过目视色差来判断水体溶解氧范围，比较实用。但通常灵敏度较低，因此测定数据的可靠性不大。

氧在水体中的溶解度受水体温度、水中的溶解盐、水体的总压与分压的综合影响。水溶解氧的能力与大气压力呈正比关系，亨利（Henry）定律和道尔顿（Dalton）定律给出了该比例关系。

溶氧量测量传感器的电极由金质或铂质阴极、带电流的银质反电极（银）和无电流的银质参比电极组成，其中参比电极主要负责标定传感器的阴极电位，传感器的电极置于 KCl、KOH 等电解质溶液中，通过传感器外包裹的隔膜将被测水体与电极分开，不仅能阻挡电解质的外泄，还能防止水体中的物质进入电极内部而导致电解质污染，起到保护传感器的作用。使用时在反电极和阴极之间施加极化电压，待测水体中的溶解氧会穿过隔膜透射进来，于是氧分子与电极阴极发生化学反应，并被还原成氢氧根离子：$O_2+2H_2O+4e^-\rightarrow 4OH^-$。电介质中的氯化银与反电极也产生化学反应：$4Ag+4Cl^-\rightarrow 4AgCl+4e^-$。氧分子还原过程中阴极将会释放 4 个电子，电子流向发电机，形成电流，电流的大小与被测水体中的氧分子含量呈正相关关系，该电信号被传送给变送器，利用芯片中存储的含氧量和氧分压关系曲线得出水体的溶解氧含量，然后以数字形式显示出来。溶解氧电极结构图如图 5.26 所示。

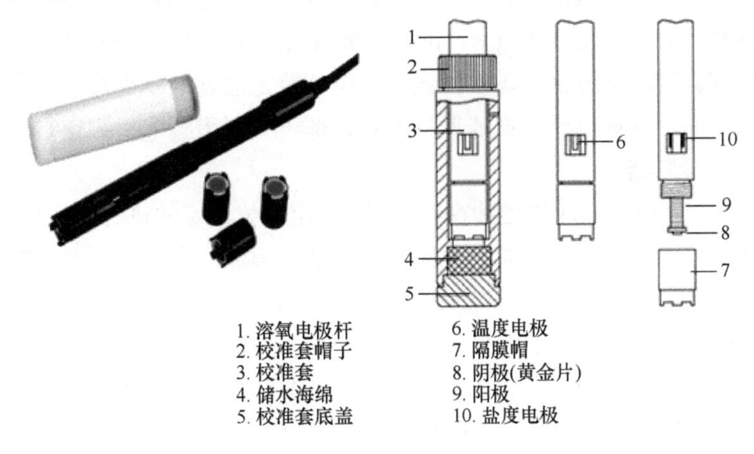


图 5.26　电极结构图

## 4. pH（酸碱度）

### 1）pH 在水产养殖水体中的作用

pH 是水质的重要指标。养殖水体的 pH 是影响养殖鱼类摄食、生长的重要因子之一。鱼类适宜生长在 pH 为 7.0～8.5 的微碱性水体中，水体的 pH 影响着养殖动物的进食量、生长状况。如果水体的 pH 高于 9.0 或低于 6.0，就会威胁到养殖动物的生长繁殖。pH 下降会导致有害物质 $H_2S$ 含量升高，并使鱼类血液中 $H^+$浓度增加，破坏了鱼类体内血红蛋白和各种酶的功能，导致其酸中毒，引起生理缺氧反应，因此产生非缺氧条件下的鱼类浮头现象；pH 上升则会增加氨氮的毒性，损坏鱼类的鳃等组织，影响其呼吸作用的进行，甚至导致其窒息死亡。因此水体 pH 作为水质是否适合鱼类养殖的关键标准，决定着水质的化学状况和水体中的生物繁殖，这将直接影响养殖动物的生长繁殖。为保障能够高速稳产持续的进行，必须是 pH 稳定在一个安全范围内。

水体中微生物的生长繁殖也会受到 pH 变化的影响。pH 过酸或过碱，都会对水体生产产生不利影响。在 pH 较低的水体中，磷酸盐受到影响而溶解，微生物活动受到抑制，整个水体中生物的新陈代谢变慢。水体超过碱性阈值时，将影响微生物的活性及其对有机物的降解，从而减缓了水体中物质的循环吸收和利用。

养殖水体 pH 还影响水体的溶解氧、腐殖质的分解等，因此及时检测发现水体 pH 的异常尤为重要。

**2）pH 检测方法**

试纸法、酸碱滴定法、电位测量法是几种常用的 pH 测量方法。试纸有石蕊试纸和 pH 试纸两种，石蕊试纸只能定性检验养殖水体的酸碱性，不能实现测量水体 pH 的目标，而 pH 试纸也只能给出 pH 的大致范围。试纸法通过试纸颜色对比得出水体的 pH，由于肉眼对颜色的识别存在主观差异，因此测量误差较大、测量准确度低；酸碱滴定法是通过向待测水体中精确滴入酸液或碱液，观察化学计量点附近溶液颜色的突变。通过酸液或碱液的消耗量计算得出溶液的 pH。酸碱滴定法比试纸法测量精度高，但其操作步骤复杂、计算过程耗时，不适合现场实时测量。电位测定法逐渐发展成熟，离子选择电极也获得了商用。离子选择电极根据能斯特方程，是一类利用膜电位测定溶液中离子活度或浓度的电化学传感器。

为了达到水产养殖中 pH 的连续在线检测，采用电位测定法进行 pH 的检测。图 5.27 为 pH 传感器。其离子选择电极的主要部分是一个玻璃泡，泡的下半部为特殊材料组成的玻璃薄膜，敏感膜是在 $SiO_2$（$x$=72%）基质中加入 $Na_2O$（$x$=22%）和 CaO（$x$=6%）烧结而成，玻璃泡内装有内参比溶液（某一确定 pH 溶液），溶液中插入内参比电极（银–氯化银电极）；当该传感器放入养殖水体后，玻璃膜与养殖水体之间产生离子交换从而形成膜电位，玻璃膜内外层产生与 pH 相关联的电位差。其理论依据为能斯特方程，表达形式：

$$E = E^0 - \frac{2.302\,59\mathrm{RT}}{\mathrm{T}}\mathrm{pH} \tag{5.7}$$

式中，$E$ 为单电极电位；$E^0$ 为标准电极电位；R 为气体常数，等于 8.31J/（mol·K）；T 为绝对温度（K）。

## 5. 水体盐度

盐度主要影响养殖动物生长发育、鳃部氯细胞、血浆中电解质和琥珀酸脱氢酶的线粒体等方面。早期，用化学分析法通过测量一定溶液中溶解盐重量来确定溶液盐度的方法已被证明测量数据的不精确性，并且整个测量过程非常消耗时间。近年来，测量盐分主要采用密度和导电率测量法。威尼尔盐度传感器就是采用这种测量方法。在待测水体中，电流随着离子的移动产生流动，威尼尔盐度传感器测量两个电极在插入溶液时两极之间的通电能力。因此，待测水体中的离子浓度升高时导电率数值也会随之升高。由此可见，盐度传感器测量数据信号实际为电导，即为电阻的倒数。国际标准单位制中，电导的单位是西门子（siemens），通常水体测试中以微西门子（micro siemens）或 μS 单位测量。图 5.28 所示为常用的盐度传感器。

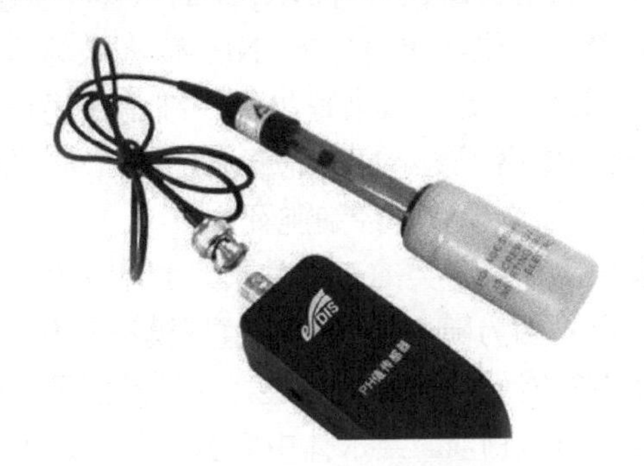

图 5.27　pH 传感器

图 5.28　盐度传感器

盐度传感器电极间采用的是交流电，这样可以防止溶液中离子完全迁移到两个电极中。如图 5.29 所示，交流电的每个周期，电极的极性被扭转，这样离子流动的方向也随之反过来。这种设计防止了电解和极化等可能降低传感器精度的现象在两极发生。因此，盐度传感器不仅没有破坏正在测量的水体试样，也大大地减少电极氧化还原产品的形成。

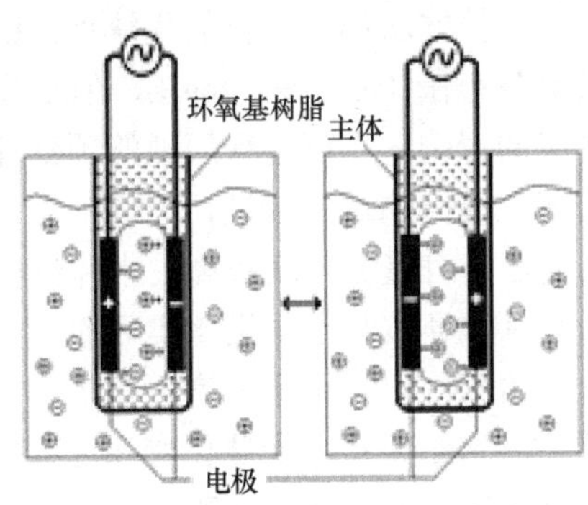


图 5.29　盐度传感器的离子流动方向

## 6. 氨氮含量

氨氮是现代渔业养殖中需要格外重视的水质指标。氨氮对水产养殖的主要影响根源在于非离子状态氨（$NH_3$-N）的毒性。$NH_3$-N 能够影响养殖鱼虾的生长繁殖、新陈代谢活动和渗透压的平衡等，并对水体环境造成破坏。

作为水生生物的“头号隐形杀手”，氨氮主要以两种形式存在于水体中：非离子氨

（$NH_3$-N）和离子氨（$NH_4^+$）。二者在水体中存在一定的平衡：$NH_4^+OH^- \leftrightarrow NH_3 \cdot H_2O \leftrightarrow NH_3 + H_2O$。$NH_3$-N 和 $NH_4^+$的相对浓度与 pH 和温度有密切的关系，在 pH 和温度一定的情况下，二者能够按照一定比例共存。$NH_4^+$对亚硝化单胞菌（nitrosomonas）和硝化细菌（nitrobacter）有一定的毒性，能够抑制硝化反应的进行，从而使养殖水体中 $NH_3$-N 浓度升高，间接加大了氨氮对鱼类的毒害；抗氧化系统，是鱼类抵抗外界危害的第一层保护壳，抗氧化酶类的存在是鱼类抗氧化系统发挥作用的基础，研究表明：鱼类胚胎期及仔鱼期体内就已经能产生抗氧化酶，并形成了抗氧化系统，说明其已经拥有了清除体内过氧化物和氧化自由基的能力。实验数据显示，长期暴露在含有 $NH_3$-N 的水体环境中，能够降低鱼类的抗氧化酶类的活性同时减少鱼类抗氧化物质的含量。$NH_3$-N 在破坏鱼类抗氧化系统的同时，降低了其机体的免疫力，是鱼类更易感染寄生性、细菌性疾病。$NH_3$-N 还具有神经毒性。$NH_3$-N 进入血液中转换成离子氨，$NH_4^+$能够通过替代 $K^+$激活 NMDA 谷氨酸受体，进而导致过多的 $Ca^{2+}$流失，最终导致神经细胞死亡。

由此可见，养殖水体中氨氮浓度过高将会严重危及鱼类的正常生长。水体氨氮污染问题随着规模化水产养殖业的发展变得日益严重。因为随着集约化养殖规模不断发展，养殖水体中水生生物的多样性逐渐减低，水体中的能量流动变得迟缓，导致不能及时分解多余的饵料、鱼类粪便及各种生物腐尸中的蛋白质物质。当水体中氨氮的生产速度高于其消耗速度时，随着时间的发展，水体中氨氮的含量逐渐增加，当其超过一个阈值后，就会对鱼类产生毒害作用。因此，作为水产养殖环境中的一个环境污染的重要指标，氨氮需要被及时检测以便进行控制（陈中祥等，2005）。

随着先进传感技术的发展，氨氮检测原理同传感器技术相结合，使水体氨氮含量的检测逐渐迈向智能化发展方向。目前氨氮检测常用方法有下面几种：氨气敏电极法、蒸馏–滴定自动监测法、自动分光光度法、离子色谱法等。市场上比较普遍的仪器是光度法、蒸馏滴定法和电极法。这几种方法都有各自的优缺点。钠氏试剂比色法：操作比较简单、反应也比较灵敏，其测量范围 0.025～2 mg/L，但是很容易受水中硫化物和钙、镁、铁等金属离子及水体浊度的影响，需要进行烦琐的预处理工作，而且检测过程中使用的试剂毒性较大，需要谨慎处理检测后的废液，导致工作量增加，并且光学的稳定性在检测中也比较差。蒸馏滴定法：对氨氮浓度较高的水体试样有较好的测量效果，但当水中存在胺类（具有挥发性）时将导致测定结果比实际的氨氮含量要偏高，而且劳动强度大、费时、费力。电极法：电极法测定范围较宽，可工作于 0.03～1400 mg/L，并且无须对待测水体进行预处理，测定结果也不受硫化物和浊度等的影响，操作方便快捷，检测成本低，检测精度高。随着技术的不断进步和环保思想的普及，运用电极法实时检测养殖水体中的氨氮含量将成为主要的检测方法。

氨氮传感器使用的是离子选择电极技术来测量污水水样中的铵离子。如图 5.30 所示，离子选择电极具有一种特殊的膜，只有特定类型的离子才可以吸附在该膜上。检测时膜表面上由于离子的吸附形成电势。想要测得吸附电势差，需要在传感器中加入参比电极。测量过程中由于温度和钾离子的影响产生偏差，通过内置的传感器芯片进行误差的纠偏。参比电极采用差分 pH 技术，不会影响检测，也不会受待测水体的影响，因此非常稳定，没有漂移。

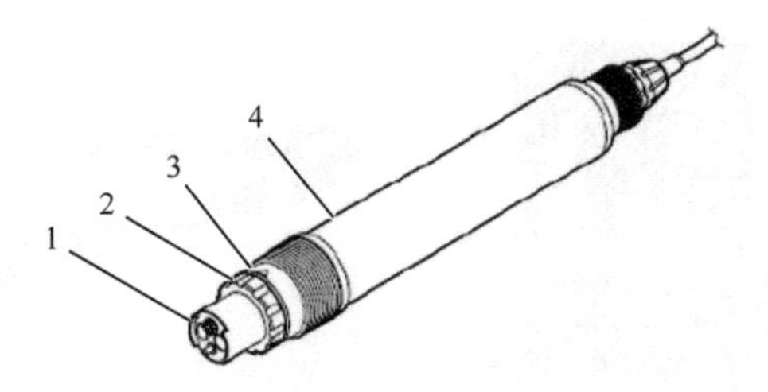

（a）氨氮传感器：1. 传感器柱；2. 锁环；3. 传感器适配器；4. 传感器外壳

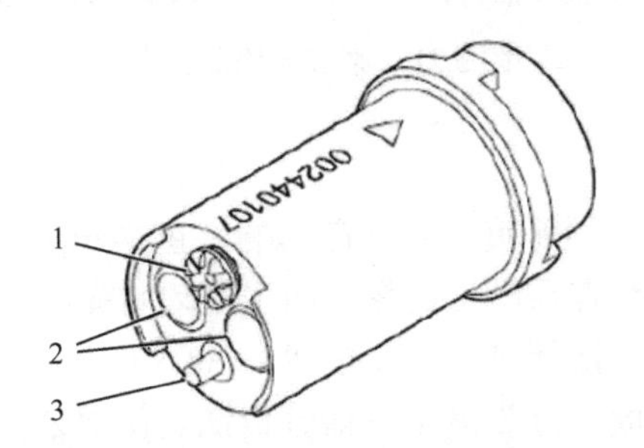

（b）传感器柱：1. 盐桥；2. 氨和钾离子的膜；3. 温度传感器

图 5.30　氨氮传感器结构图

## 7. 亚硝酸盐

亚硝酸盐是影响水产养殖中水质好坏的重要理化指标，亚硝酸盐含量升高，不仅说明养殖水体中溶氧量不足，水体受污染严重，同时也是鱼类疾病的前兆。当养殖水体中亚硝酸盐浓度超过 0.1 mg/L，将对水体中鱼虾等产生危害，其作用机制如下：亚硝酸盐通过鱼虾的鳃吸收或通过体表渗透，进入血液，与血液中的携氧蛋白结合，使其丧失携带氧气的功能，从而导致鱼虾生理缺氧。即使养殖环境中的溶解氧含量足够高，鱼虾也表现出缺氧状态，如游动缓慢，出现“游塘”、“浮头”等现象。除此以外，鱼虾长期生存于亚硝酸盐浓度偏高的水体中，其体力衰减，采食量下降，集体免疫力变差，更易受病毒感染而暴发疫病。实践证明，当鱼虾出现亚硝酸盐中毒症状时，说明养殖水体中的亚硝酸盐的高浓度水平已经保持了较长时间，此时，必须采取高效急救措施，才能避免鱼虾的大量死亡，以防造成更大的经济损失。《渔业水质标准》中规定养殖水质亚硝酸盐的含量应控制在 0.20 mg/L 以下。

亚硝酸盐检测仪多用于实验室中，具有精确检测养殖水体中亚硝酸盐含量的能力（图 5.30a）。它被广泛应用于环境保护、各大食品安全监测系统、卫生防疫、工商管理、面制品生产基地、粮库、产品质量监督检验、商场等部门。由于亚硝酸盐检测仪检测过程耗时较长，且过程繁复，不能满足实时检测养殖水体中的亚硝酸盐含量的要求，因此采用具备实时在线检测能力的亚硝酸盐传感器（图 5.31）。

亚硝酸盐传感器的工作电极（金电极）与养殖水体相接触，参比电极（银–氯化银电极）封装在电解液腔内，参比电极通过离子隔膜与外界溶液完成电荷交换。溶液中的 $NO_2^-$ 直接在工作电极表面被氧化形成电流，溶液中 $NO_2^-$ 含量与形成的电流大小成正比。

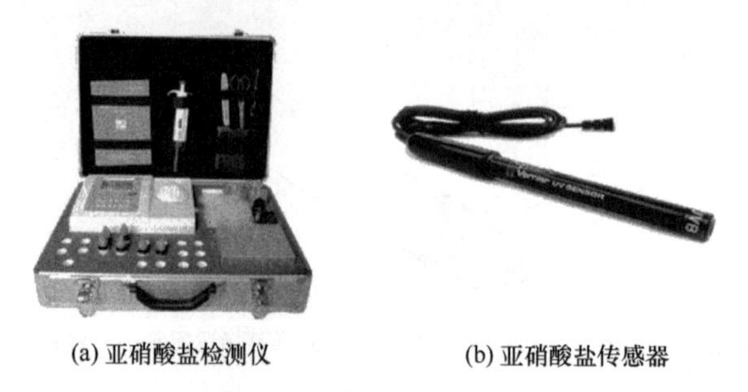

(a) 亚硝酸盐检测仪　　(b) 亚硝酸盐传感器

图 5.31　硝酸盐检测仪器

## 8. 余氯

水体中的余氯能够对鱼类养殖产生不良影响，鱼类长期生活在余氯超标的水体中，鱼鳃将受到损伤，鱼鳃组织容易产生病变，如生成动脉瘤、上皮组织脱离等，从而影响甚至阻碍鱼类通过鱼鳃获取溶解氧（曾江宁等，2005）。

水中余氯测定方法一般可分为离子色谱分析法、化学分析法、分光光度法和在线监测法。余氯在水中很不稳定，当水体中含有还原性无机物或有机物时很容易分解导致含量降低，因此现场实时测定可以得到很好的效果。

在线余氯分析仪主要利用传感器原理。余氯传感器结构如图 5.32 所示。其测量原理是电解液和渗透膜把电解池和水样品隔开，而 $ClO^-$ 可以穿过渗透膜；从而在两个电极间形成特定电位差，通过由此形成的电流强度可以计算得出养殖水体中的余氯浓度。

在阴极上：$ClO^- + 2H^+ + 2e \rightarrow Cl^- + H_2O$；

在阳极上：$Cl^- + Ag \rightarrow AgCl + e$。

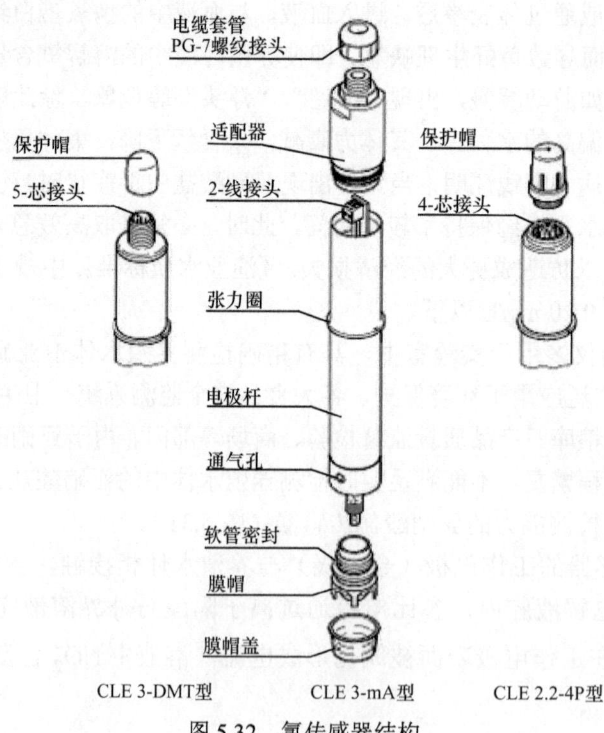


图 5.32　氯传感器结构

### 5.3.4　应用案例

浙江大学数字农业与农村信息化研究中心近年来在水产养殖的信息监测与环境自动调控方面推广了大量水质监测装备，推广工作主要在渔业科技示范户池塘中具体实施，该技术采用先进传感技术、无线传感网络和专家诊断系统进行养殖环境信息采集、数据传输和发布与疾病的预警及诊治。充分利用微机控制原理将水产养殖纳入科学管理系统之中，实时监控、调节水产养殖基地的水质参数（溶氧量、氨氮、亚硝酸盐、余氯、水温等），并把采集到的数据传输到中控室，通过对数据的对比分析，实现对各种病情的预警，综合调控，使养殖水质始终处于鱼虾生长的最佳状态，达到集约、高效、增产、节能，降低劳动强度，减少养殖环境污染的目的。

如图5.33所示，南美白对虾养殖对水体环境信息非常敏感，自动增氧控制与水质在线调控是提高南美白对虾养殖存活率的最重要手段。而池塘水质昼夜变化复杂，尤其是夜间容易缺氧，一般池塘难以调控，而安装本系统的示范户却能及时了解池塘水质信息，及时调优水质。养殖户可以通过手机、iPad、计算机等信息终端，实时掌握养殖水质环境信息，及时获取异常报警信息及水质预警信息，并可以根据水质监测结果，实时调整控制设备，实现水产养殖的科学养殖与管理，最终实现节能降耗、绿色环保、增产增收的目标（马从国等，2007）。

图5.33　兴河蟹养殖环境智能监控系统

畜禽与水产养殖相关技术产品推广应用后，大量降低了畜禽与水产养殖的人工消耗，降低了养殖户风险，促进了现代集约化水产养殖生产过程中各种先进技术的日益完备，减少了水产养殖过程中污染的生成，满足了标准化水产养殖要求，从而保证水产养殖生态系统的可持续发展，提高生态环境质量，有效提高水产养殖的经济效益。

## 参考文献

陈中祥，曹广斌，刘永，等. 2005. 低温工厂化养殖水体氨氮处理微生物的初步研究. 农业工程学报, 21(8): 132-136.

程雪，周修理，李艳军，等. 2009. 基于RFID的动物示踪与识别系统. 农业机械学报, 40(增刊): 263-266.

蒋建明，史国栋，李正明，等. 2013. 基于无线传感器网络的节能型水产养殖自动监控系统. 农业工程学报, 29(13): 166-174.
李道亮, 傅泽田. 2000. 智能化水产养殖信息系统的设计与初步实现. 农业工程学报 16(4): 135-138.
李道亮. 2012. 农业物联网导论. 北京: 科学出版社.
刘东红, 周建伟, 莫凌飞. 2012. 物联网技术在食品及农产品中应用的研究进展. 农业机械学报, 43(1): 146-152.
刘晃, 陈军, 倪琦, 等. 2009. 基于物质平衡的循环水养殖系统设计. 农业工程学报, 25(2): 161-166.
马从国, 赵德安, 秦云, 等. 2007. 基于现场总线技术的水产养殖过程智能监控系统. 农业机械学报, 38(8): 113-115.
史兵, 赵德安, 刘星桥, 等. 2011. 工厂化水产养殖智能监控系统设计. 农业机械学报, 42(9): 191-196.
汤安宁, 吴才聪, 郑立华, 等. 2009. 农业移动终端无线数据传输技术. 农业机械学报, 40(增刊): 244-247.
颜波, 石平. 2014. 基于物联网的水产养殖智能化监控系统. 农业机械学报, 45(1): 259-265.
曾江宁, 陈全震, 郑平, 等. 2005. 余氯对水生生物的影响. 生态学报, 10(25): 2717-2724.
朱伟兴, 戴陈云, 黄鹏. 2012. 基于物联网的保育猪舍环境监控系统. 农业工程学报, 28(11): 177-182.
Lee P G. 2000. Process control and artificial intelligence software for aquaculture. Aquacultural Engineering, 23(1): 13-36.
Tai H J, Liu S Y, Li D L, et al. 2012. A multi-environmental factor monitoring system for aquiculture based on wireless sensor networks. Sensor Letters, 10(12): 265. 270.
Tal Y, Watts J E, Schreier S B, et al. 2003. Characterization of the microbial community and nitrogen transformation processes associated with moving bed bioreactors in a closed recirculatedmariculturesystem. Aquaculture, 2015(1/2/3/4): 187-202.
Tamuli K K, Sarma J, Kalita B, et al. 2010. Integrated pig-fish-horticultural crop farming system. Environment and Ecology, 28(2): 836-842.
Timmons M B. 2001. A mathematical model of low-head oxygenators. Aquacultural Engineering, 24: 257-277.
Wilson R P, Corraze G, Kaushik S. 2007. Nutrition and feeding of fish. Aquaculture, 67(14): 1-2.
Yamamoto H, Furnhashi T. 2000. Newfuzzy inference method for symbolic stability analysis of fuzzy control system. Nagoya: Advanced Motion Control, Proceedings. 6th International Workshop on IEEE: 443-447.
Zhao D S, Hu X M. 2009. Intelligent controlling system of aquiculture environment. Computer and Computing Technologies in Agriculture Ⅲ: 225-231.

# 第 6 章　个体识别技术

## 6.1　射频识别技术原理与应用

### 6.1.1　射频识别技术原理

射频识别（RFID）是一种无线通信技术，可以通过无线电信号自动识别目标对象并读写数据。作为非接触式自动识别技术，识别过程无须人工干预，并能工作于有严重冲击、振动、电磁、温度和化学腐蚀等各种恶劣环境之中。另外，RFID 技术具有对高速运动物体标识和对多个标签批量读取的优点，操作快捷方便（蒋皓石等，2005）。

RFID 系统通常由标签、阅读器和天线三部分组成。

标签（tag）：也称为应答器，由标签芯片和标签线圈组成，每个标签中存储有唯一的电子编码，附着在物体上从而实现单品级的目标对象编码。

阅读器（reader）：是对标签信息进行读取或写入操作的设备，由射频模块和信号处理模块组成，通常有手持式或固定式设计。

天线（antenna）：在标签和读取器间建立无线通信连接，实现射频信号空间传播的设备。

RFID 技术基本工作原理是：当标签进入阅读器磁场范围后，凭借感应电流获得的能量激活微芯片电路，芯片转换电磁波，然后发送出存储其中的产品信息（passive tag，无源标签或被动标签），或者通过标签中已装电池提供能量主动发送存储于芯片中的产品信息（active tag，有源标签或主动标签）；解读器将接收到的产品信息解码后，送至中央信息处理系统，进行数据处理从而实现管理控制，如图 6.1 所示。

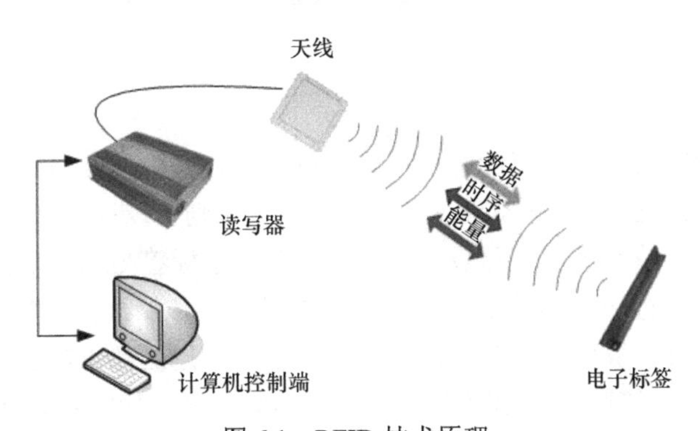


图 6.1　RFID 技术原理

有些系统还通过阅读器的 RS232 或 RS485 接口与外部计算机（上位机主系统）连接，进行数据交换。

系统的具体工作流程如下：阅读器通过发射天线发送一定频率的射频信号，形成一个电磁场区域，即为其工作范围；当电子标签进入发射天线的磁场区域后，受空间耦合作用影响将产生感应电流，电子标签微芯片电路获得能量被激活；电子标签激活后，将自身编码等数据信息调制到载波上然后通过卡内置发射天线发送出去；阅读器接收天线接收到电子标签发送来的载波信号，并传送到阅读器，数据处理电路对接收的含有数据信息的信号进行解调和解码，然后送到后台系统进行进一步处理；主系统通过逻辑运算确认该卡合法后，根据不同的先期设定做出相应的判断和控制，然后发送指令信号控制执行机构进行相应操作。

不同的非接触传输方法在耦合方式、通信流程、频率范围，以及从射频卡到阅读器的数据传输方法等方面有根本的区别，但所有的射频识别系统在基本功能原理上及其设计构造上是相似的，所有阅读器均可视为由高频接口和控制单元两个主要模块组成。

高频接口功能是产生高频发射功率，以提供用以启动电子标签的能量；调制发射信号，并将相关数据发送给电子标签；接收电子标签发送的高频信号并完成解调。电感耦合系统的高频接口原理图如图 6.2 所示。

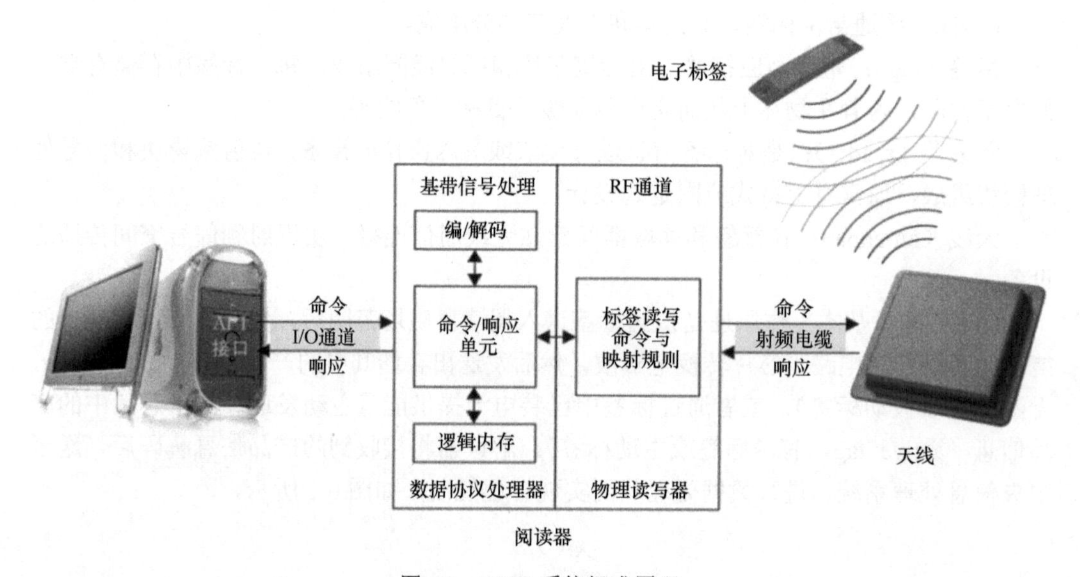


图 6.2　RFID 系统组成原理

控制单元的功能是：实现与应用系统软件的通信，接收并执行其发送的命令；信号的编解码；与电子标签通信过程的相关控制（主–从原则）；对由于阅读器重叠工作区域产生的冲突和干扰等特殊情况执行反碰撞算法，对电子标签与阅读器间传送的相关数据信息通过特定手段进行加密、解密，以及进行电子标签和阅读器间的身份判别等。

读写距离是 RFID 系统中一个关键的参数。目前，远距离 RFID 系统的价格并不便宜，因此，对 RFID 系统远距离读写方法的研究非常重要。影响系统读写距离的因素有：阅读器的输出功率、电子标签的功耗、阅读器的接收灵敏度、天线工作频率、天线和谐振电路的 $Q$ 值、阅读器和电子标签的耦合度、天线方向，以及电子标签转化获得的能量和发送产品信息消耗的能量等。大多数射频识别系统的写入距离较读取距离低，为 40%～80%。

### 6.1.2　RFID 电子标签应用

#### 1. 畜牧生产对象的识别

最近几年，动物疫情在全球范围内不断暴发，造成巨大经济损失的同时，严重危害着人们的身体健康和生命安全。为此，各国政府开始重视对疾病的预防、监督和控制，将射频识别技术应用于畜牧业，实现动物的跟踪识别，以期增强动物溯源机制。国际标准 ISO11784 和 ISO11785 在畜牧生产管理领域也规定了用 RFID 系统进行动物识别的相关代码结构和技术准则。当佩戴有电子标签的动物进入固定式阅读器的工作区域或手持式阅读器靠近佩戴有电子标签的动物时，即可自动识别电子标签中存储的动物个体相关信息。

常见的应答器安装方式有项圈式、耳牌式、注射式和药丸式 4 种（赵秋艳等，2012；汪庭满等，2011；耿丽微等，2009）。

项圈式应答器主要用于饲料自动配给系统和牛奶产量自动统计系统中，可以方便实现不同动物之间的循环利用。

耳牌式应答器如图 6.3 所示，最大可以在 1 m 的距离接收相关数据读写，相较于条形码耳牌更适用于自动化饲养过程，而且随着技术的发展，其成本也不断下降，因而其大有替代条码型耳牌的趋势。

图 6.3　RFID 的动物个体识别

注射式应答器相对于以上两种方式发展较晚，在近十年才开始应用。其原理是利用特殊工具在需要标识的动物皮下放置应答器。但是这种安装方式可能会因为应答器的位置不稳定而导致阅读器不能正常读取数据。

药丸式应答器安装在耐酸的圆柱陶瓷外壳里面，是一种很有效的安装方式。一旦药丸式应答器放置到反刍动物的前胃叶内，应答器将伴随动物终生，实现其个体信息的标识。

#### 2. RFID 在智能交通与物流领域的应用

近年来，城市交通和物流行业发展迅速，增加了车辆的调度与管理难度。而目前大多数运输车辆的管理还都是依靠人工记录和传递，随着车辆的增多和业务的增加，人工操作将不可避免地出现更多的遗漏和错误，同时时间成本和内部信息的流通成本也不断提升，而且运输车辆的进出和运输内容不能够进行追溯跟踪记录，增加了运营风险和不可控因素，后续发展及管理成本都遇到难以突破的瓶颈，因而城市交通和物流行业的运营方式改革成为必然（闫素红和马飞，2013）。RFID 技术作为物联网中的关键技术，被广泛应用于智能交通和仓储物流管理中。

在仓储的货物周转和物流配送过程中，通过给需要的每一件货物和每辆车配备贴上RFID标签，将货物的各种基础信息与货物周转或物流过程的实时信息写入RFID标签，并关联后台数据库（张天祖，2012）。在需要信息登记的关闸或车库门口设立射频识别阅读器，当车辆通过时，射频识别阅读器自动识别、收集和管理车辆和货物的标签信息，无须人工干预，提高信息传输效率，实现自动化管理。数据通过网络传输到后台管理平台，验证电子标签信息的合法性，然后处理相关数据信息并发出相应的指令。同时也要在每辆车上安装GPRS模块，在运输过程中，通过每辆车上安装的GPRS模块将信息实时传输到后台管理平台，工作人员可掌握车辆的动态位置及状态信息，从而更好地控制运输过程并实现车辆的合理调度，如图6.4所示。

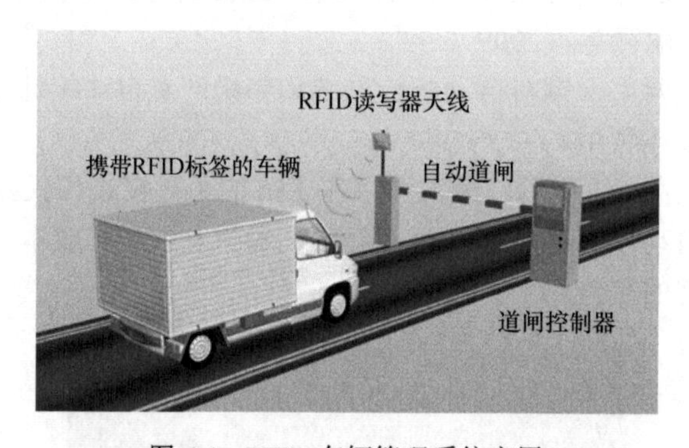


图6.4　RFID车辆管理系统应用

RFID电子标签应用技术流程与原理。

**1）车辆智能进出管理**

贴有射频识别电子标签的车辆，通过关闸门禁时，固定式阅读器与电子标签自动通信，省去了人工操作，从而更快捷有效地实现车辆进出操作。车辆的出入记录等相关信息由电子标签通过网络发送到后台管理平台，后台管理平台和车辆关闸门禁相结合，能够判断进出车辆的合法性，并具备独立、高效、不间断的仓储物流数据信息采集、监控功能。

**2）信息处理**

在仓储物流信息管理领域，射频识别电子标签的功能是存储货物和物流运输车辆信息，RFID标签以其不可复制、不可更改的特性及高度的安全性，被视为车辆的电子身份证，每个RFID标签都具有世界上独一无二的ID号。在整个流程中，通过把新采集到的数据和数据库中的原始数据进行比对，进行信息化管理，并进行决策处理，给出相应的指令，帮助工作人员快速准确地作出决策，找到合适的车辆。

**3）实时追踪管理**

通过GPRS技术，可以检测到路途上的车辆是否中途停车、为何停车及车辆的行驶轨迹等信息，即实现管理平台对车辆的状态、位置的跟踪记录。调度人员通过管理平台及时获取送货车辆在外的情况，从而以最快的速度进行紧急情况的处理。

**4）车辆档案维护**

通过射频识别电子标签与数据库的通信，可录入车辆的关键信息，包括出入过程、运货信息、维修、运输过程、时间、检验等信息。实现车辆数据信息录入功能和快速查找工作，确保使用者可以通过精确或模糊查找快速地搜索到可派车辆、派出车辆等信息。对仓储物流车辆的整个生命周期进行档案管理。

## 3. RFID 在智慧图书馆中的应用

图书馆作为重要的基础文化设施，收藏有大量书籍、文献等，是市民获取知识、提升素养的重要基地。目前，在图书馆管理系统中大多采用安全磁条与条形码结合使用的技术手段，来解决图书识别和分类的问题，但同时自动化程度低、防盗效果差、劳动强度高等众多问题亟待解决。采取 RFID 智能图书馆管理系统可有效解决这些问题，满足图书管理的发展要求。每本书上的编码可以应用 RFID 技术转换为 RFID 电子标签，电子标签的 ID 码存储在后台系统数据库中，供读者查询图书的借出情况，读者可以通过感应方式快速借阅和归还图书（张厚生和王启云，2004）。极大程度为读者提供便利服务，为图书馆管理提供高效、快捷的管理（图 6.5）。

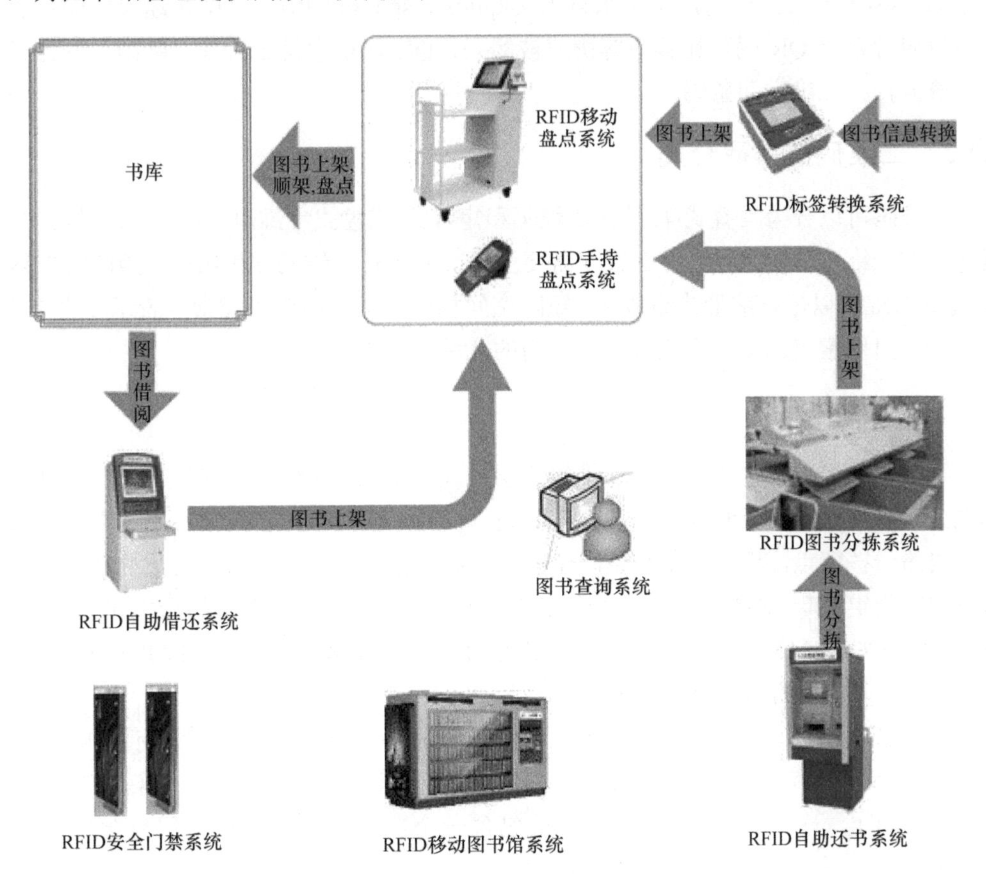


图 6.5　RFID 在数字图书馆中的应用系统构成

## 6.2　二维码个体识别技术

### 6.2.1　二维码识别技术原理

二维条码/二维码（dimensional barcode）是用某种特定的几何图形按一定规律在平面（二维方向上）分布的黑白相间的图形上记录数据符号信息的；在代码编制上巧妙地利用构成计算机内部逻辑基础的“0”“1”比特流的概念，使用若干个与二进制相对应的几何形体来表示文字数值信息，通过图像输入设备或光电扫描设备自动识读以实现信息自动处理：在同样的单位面积上，二维条码所储存的信息量是一维条码的近百倍，可以存放文字、图片、声音等可以转化为数字化的数据信息。它具有条码技术的一些共性：每种码制有其特定的字符集；每个字符占有一定的宽度；具有一定的校验功能等。同时还具有对不同行的信息自动识别功能及处理图形旋转变化等特点（中国标准出版社，2004）。在许多种类的二维条码中，常用的码制有：Data Matrix、Maxi Code、Aztec、QR Code、Vericode、PDF417、Ultracode、CODE49、CODE16K 等，QR 码是 1994 年由日本 Denso-Wave 公司发明。QR 来自英文 quick response 的缩写，即快速反应的意思，源自发明者希望 QR 码可让其内容快速被解码。QR 码最常见于日本、韩国；并为目前日本最流行的二维空间条码。

### 6.2.2　二维码的编码分类

二维码可以分为堆叠式/行排式二维码和矩阵式/棋盘式二维码，堆叠式/行排式二维码建立在一维码基础上，形态上根据需要由两行或多行一维码堆积组成，矩阵式二维码/棋盘式二维码以矩阵的形式组成，在矩阵空间相应位置上用黑白像素点表示二进制“1”和“0”，由像素点的排列组成代码，常用的几种编码方式如下。

#### 1. 行排式二维码

行排式二维码又称为堆积式二维码或层排式二维码，其编码原理是建立在一维码基础之上，按需要堆积成两行或多行。它在编码设计、校验原理、识读方式等方面继承了一维码的一些特点，识读设备和条码印刷与一维码技术兼容。但由于行数的增加，需要对行进行判定，其译码算法和软件也不完全相同于一维码。有代表性的行排式二维码有：CODE49、CODE16K、PDF417 等。其中的 CODE49 是 1987 年由 David Allair 博士研制，Intermec 公司推出的第一个二维码。

CODE49 是一种多层、连续型、可变长度的条码符号，它可以表示全部的 128 个 ASCII 字符。每个 CODE49 条码符号由 2～8 层组成，每层有 18 个条和 17 个空。层与层之间由一个层分隔条分开。每层包含一个层标识符，最后一层包含表示符号层数的信息。

CODE16K 条码是一种多层、连续型、可变长度的条码符号，可以表示全 ASCII 字符集的 128 个字符及扩展 ASCII 字符。它采用 UPC 及 Code 128 字符。一个 16 层的 CODE16K 符号，可以表示 77 个 ASCII 字符或 154 个数字字符。CODE16K 通过唯一的起始符/终止符标识层号，通过字符自校验及两个模 107 的校验字符进行错误校验。

## 2. 矩阵式二维码

矩阵式二维码（又称为棋盘式二维码）是在一个矩形空间通过黑、白像素在矩阵中的不同分布进行编码的。在矩阵相应元素位置上，用点（方点、圆点或其他形状）的出现表示二进制“1”，点的不出现表示二进制的“0”，点的排列组合确定了矩阵式二维码所代表的意义。矩阵式二维码是建立在计算机图像处理技术、组合编码原理等基础上的一种新型图形符号自动识读处理码制。具有代表性的矩阵式二维码有：Code One、Maxi Code、QR Code、Data Matrix 等。在目前几十种二维要码中，常用的码制有：PDF417 二维码、Datamatrix 二维码、Maxicode 二维码、QR Code、CODE49、CODE16K、Code One 等，除了这些常见的二维码之外，还有 Vericode 条码、CP 条码、Codablock F 条码、田字码、Ultracode 条码，Aztec 条码。图 6.6 列举了国内外二维码制及符号。

二维码一共有 40 个尺寸。公式：（$V$–1）×4+21（V 是版本号）最高是 40，如图 6.6 所示。

图 6.6　二维码组成与识别原理

定位图案，用于标记二维码的矩形大小。

剩下的地方存放数据码（data code）和纠错码（error correction code）。

QR 码支持如下的编码。

数字编码（numeric mode），从 0～9。如果需要编码的数字的个数不是 3 的倍数，那么，最后剩下的 1 或 2 位数会被转成 4 或 7 bit，则其他的每 3 位数字会被编成 10 bit、12 bit、14 bit，编成多长还要看二维码的尺寸。

字符编码（alphanumeric mode），包括 0～9，大写的 A～Z（没有小写），以及符号 $ % * + – . / :，包括空格。这些字符会映射成一个字符索引表。如下所示（其中，SP 是空格，Char 是字符，Value 是其索引值）：编码的过程是把字符两两分组，然后转成表 6.1 的

45 进制，然后转成 11 bit 的二进制，如果最后有一个落单的，那就转成 6 bit 的二进制。而编码模式和字符的个数需要根据不同的 version 尺寸编成 9、11 或 13 个二进制（表 6.1）。

表 6.1　不同编码对应信息

| 字符 | 索引值 | 字符 | 索引值 | 字符 | 索引值 | 字符 | 索引值 | 字符 | 索引值 | 字符 | 索引值 | 字符 | 索引值 | 字符 | 索引值 |
|---|---|---|---|---|---|---|---|---|---|---|---|---|---|---|---|
| 0 | 0 | 6 | 6 | C | 12 | I | 18 | O | 24 | U | 30 | SP | 36 | . | 42 |
| 1 | 1 | 7 | 7 | D | 13 | J | 19 | P | 25 | V | 31 | $ | 37 | / | 43 |
| 2 | 2 | 8 | 8 | E | 14 | K | 20 | Q | 26 | W | 32 | % | 38 | : | 44 |
| 3 | 3 | 9 | 9 | F | 15 | L | 21 | R | 27 | X | 33 | * | 39 | | |
| 4 | 4 | A | 10 | G | 16 | M | 22 | S | 28 | Y | 34 | + | 40 | | |
| 5 | 5 | B | 11 | H | 17 | N | 23 | T | 29 | Z | 35 | - | 41 | | |

字节编码（byte mode），可以是 0～255 的 ISO—8859—1 字符。有些二维码的扫描器可以自动检测是否是 UTF-8 的编码。kanji mode 既是日文编码，又是双字节编码。同样，也可以用于中文编码。国内、国外不同二维码标识对应关系如图 6.7 所示。

| 国外 | 符号 | 国内 | 符号 |
|---|---|---|---|
| QR Code | | LP Code | |
| PDF417 码 | | GM Code | |
| Data Matrix | | CM Code | |
| Maxi Code | | CM-U Code | |
| 其他 | Code One、Calula Code、BPO4、State Code、Postner Code 等 | 其他 | 汉信码等 |

图 6.7　国内外二维码对照图

### 6.2.3　二维码的应用及发展前景

二维码由于其信息储存量大、成本便宜、抗损性强等独特优势，被广泛应用于各个行业，如物流、农产品加工与运输、安防、交通管理等行业，同时由于各行业特性不同，二维码被应用于不同工作流程中。

目前，二维码常应用于以下几个行业。

### 1. 物流应用

物流作为联系生产和消费的中间环节，如何以最小的投入实现最大的收益是商家共同关注的问题。二维码的出现提高了数据传输的稳定性和效率，实现了货物在运输交换过程中数据信息的同步传输。二维码在物流行业的应用主要包括 4 个环节。第一，入库管理：商品的单品信息储存于二维码标签中，入库时通过扫描商品上的二维码，将商品中存放的数据读出并存放于后台数据库中，进而判断是否有重复录入或商品信息错误等问题。第二，出库管理：产品出库时，通过扫描出库商品上的二维码，对商品的信息与数据库进行核对，确认后更改数据库中商品库存状态。第三，仓库内部管理：二维码可用于存货盘点和出库备货，提高仓库内部管理的规范化与智能化。第四，货物配送：配送前，在移动终端中下载配送商品资料和客户订单资料，到达配送客户后，在移动终端上调取客户的需求订单，然后根据订单配置商品并验证其条码标签，完成客户货物配送后，移动终端会自动校验配送情况，通过后台处理中心作出相应的提示。

### 2. 农产品加工与运输应用

二维码在农产品加工与运输中的应用流程如下。第一，原材料信息录入与核实：农产品供应商将原材料生产数据（原产地、生产日期、保质期等）录入到二维条码中，并将带有二维码标签的商品提供给购买者。第二，生产配方信息录入与核实：将生产配方信息（原材料名称、重量、配比等）录入到二维条码中，打印出二维码标签粘贴在原材料上。第三，成品信息录入与查询：在原材料投入后的各个检验工序，使用数据采集器录入检验数据；将数据采集器中记录的数据上传到计算机中，生成数据库，使用该数据库，在互联网上向消费者公布产品的原材料信息（周超等，2012；方薇等，2012）。

### 3. 安防应用

二维码只能读取而不能写入的特点，使其被广泛应用于各种票务与证件等的管理。首先，将证件所有人的姓名、证件号码、照片、指纹等重要信息通过相关算法进行编码，然后通过特殊的加密手段对数据加密，从而有效实现证件信息的录入和防伪。同时，二维码的使用也提高了证件的机器识别速度和信息安全保护性。

### 4. 交通管理应用

二维码以其高可靠性和数据录入速度，在交通管理中获得普遍应用，其主要应用环节有：行车证驾驶证管理、车辆的年审文件、车辆的随车信息、车辆违章处罚、车辆监控网络。

行车证驾驶证管理：将车辆的车型、车牌号、发动机号等基本信息保存到二维码中，并印制到相应的行车证上，实现行车证驾驶证信息的数字化和网络化，从而便于管理部门的实时监控与管理。

车辆的年审文件：年审文件的检测过程中采用二维码自动记录并关联后台数据库进行确认的方式，保证每个审核程序的信息快速无误地录入。

车辆的随车信息：将通过年检时的车辆有关信息（如技术性能参数、年检审核人员、年检时间等）转化保存在二维码中，并印制在年检标识上，方便随时查验核实。

车辆违章处罚：交警通过手持式二维码识别设备读取违章驾驶员的证件上二维码的相关资料，设备根据读取到的信息将违章情况输入数据库中，再通过设备的联网，实现违章信息与中心数据库信息的关联，从而实现全网的自动化监控与管理。

车辆监控网络：以二维码为基本信息载体，建立局部或全国性的车辆监控网络。

当前，二维码产业在我国还处于发展阶段，条码标准体系尚不完善，对自主知识产权的二维码核心技术研究不足，二维码及其技术标准的应用和推广同样存在问题。但是，近年来各方面技术的不断进步，推动了二维码产业的快速稳健发展。目前，推动我国二维码产业前进的重要因素如下：首先，二维码所具备的独特优势和较低的成本有利于其在全球范围内推广应用；其次，随着物联网产业的发展，二维码作为其中的重要技术将优先受益市场，在背景行业大力发展的推动下，二维码市场将日渐繁荣，呈现出持续的高速成长态势。另外，移动终端的发展，也将给二维码产业带来更广阔的应用空间。

## 6.3 条 形 码

条形码是由宽度不等的“条”和“空”按照一定的规则排列组成的，条形码信息靠反射率相差很大的条和空通过不同宽度和位置来传递，条码的宽度和印刷的精度决定信息量的大小，条码越宽，排列的条和空越多，条形码中储存的信息量就越大；条码印刷的精度越高，相同宽度中可容纳的条和空也越多，条码中储存的信息量也就越大。这种条码技术只能在一个方向上通过“条”与“空”的排列组合来存储信息，所以称它为“一维条码”（中国物品编码中心，2004）。

### 6.3.1 一维条码技术的基础术语

条（bar）：是指对光线反射率较低的部分。

空（space）：是指对光线反射率较高的部分。

空白区（clear area）：也称为静区，分为左空白区和右空白区，该区反射率与空的反射率相同。

起始符（start character）：条码的第一个字符，位于条码起始位置，由若干条与空组成特殊结构。

终止符（stop character）：条码的最后一个字符，位于条码终止位置，由若干条与空组成特殊结构。

中间分隔符（central seperating character）：位于条码中间位置，由若干条与空组成。

条码数据符（bar code datd character）：条码的主要部分，包含特定信息的条码符号。

校验符（check character）：由若干条与空组成，用以校验读取数据的正确性。

供人识别字符（human readable character）：位于条码符下方，对应条码内容以方便人识别的数字字符。

### 6.3.2　一维条码的结构

一维条码通常由两侧的空白区、起始符、数据字符、校验符（可选）、终止符和供人识别字符组成。

一维条码符号中的编码信息储存于条码数据符和校验符中，扫描识读后将获取的编码信息进行传输处理，条码符号中的空白区、起始符、终止符等均为辅助符号，供扫描识读时使用，未存储编码信息，因此也不进行信息代码传输处理。

### 6.3.3　一维条码的编码方法

条码的编码方法是指条码中条空的编码规则及二进制的逻辑表示的设置。众所周知，计算机中只有“0”和“1”两种逻辑表示，即计算机智能识别二进制数，条码符号提供光电扫描信号图形给计算机并通过计算机进行信息处理，因此也需要满足二进制的要求。条码的编码方法就是将条码中的条与空按不同的设计排列组合，表达出不同的二进制信息。通常，条码编码方法有模块组合法和宽度调节法两种。

模块组合法是指条码符号中，条与空是由标准宽度的模块组合而成。一个标准宽度的条表示二进制的“1”，而一个标准宽度的空模块表示二进制的“0”。商品条码模块的标准宽度是 0.33 mm，它的一个字符由两个条和两个空构成，每一个条或空由 1～4 个标准宽度模块组成。

宽度调节法是指条码中，条与空的宽窄设置不同，用宽单元表示二进制的“1”，而用窄单元表示二进制的“0”，宽窄单元之比一般控制在 2～3。

### 6.3.4　一维条码个体标识

条码是由反射率不同的线条与空白按照一定的码制（编码规则）编制起来的符号，用以代表一组对应的字母、数字等符号信息资料。在进行辨识的时候，用条码阅读机扫描一维条码，得到一组反射光信号，识别得到的信号经过传输处理，解码得到存储于条码中的数据信息，然后传入计算机。

世界上有 200 多种一维条码，不同的一维条码有着自己的一套独特的编码规则，规定每个字母（文字、数字等）是由几个不同折射率的线条（bar）及空白（space）组成。常见的一维条码有 39 码、EAN 码、UPC 码、128 码，以及专门用于书刊管理的 ISBN、ISSN 等。

表 6.2　一维条码标准制定年代表

| 时间 | 条码 | 纳入标准 |
| --- | --- | --- |
| 1982 年 | Code 39 | Military Standard 1189 |
| 1983 年 | Code 39，Interleaved 2 of 5，Codabar | ANSI MH10.8M |
| 1984 年 | UPC | ANSI MH10.8M |
| 1984 年 | Code 39 | AIAG 标准 |
| 1984 年 | Code 39 | HIBC 标准 |

从 UPC 以后，陆续出现各种针对不同应用需求的条码标准和规格（表 6.2），时至今日，条码已发展成为商业自动化流程中至关重要的基本条件。条码符号有一维条码和二维码两种，目前二维条码多用于网络商品和互联网信息，一维条码仍为实际商品应用中的主要条码形式，故又被称为商品条码。

## 1. 一维码编码与识别原理

### 1）一维条码规格的内容

在一维条码符号的起始位置，都会放入起始码及终止码，用以辨识条码的起始位置及终止位置，但不同规格和标准的条码其起始码与终止码并不相同。具体而言，每一种规格和标准的条码都明确规定了以下 7 个要项。

字元组合（character set）：每一种不同规格和标准的条码分别有不同的字元表示范围及数目。例如，UPC 码、EAN 码等规格和标准的条码只能表示数字；而 39 码、128 码等不仅能表示英文字母和数字，甚至能表示出全部 128 个 ASCII 字元。

符号种类（symbology type）：依据条码被解读时的特性可将条码规格分成两大类。分散式：每个字元可以单独解码，字元都是以线条结束，字元与字元之间通过字间距分开。而且，字元之间的间距宽度可以存在一定程度的误差，只要差距在可容许的范围内就不需要间距一定相同。因此，条码印表机的机械规格要求比较宽松，如 39 码与 128 码。连续式：字元与字元间没有间距，每个字元都是线条开始，空白结束。且在一个字的结尾后，紧跟就是下一个字元的起头。由于这样的结构形式，导致其在同样的空间中，可以实现更多字元数的印制，但相对地，因为连续式条码的字元密度相对较高，其对条码印表机的印制精密度也提出了更高的要求，如 UPC 和 EAN 码。

粗细线条的数目：一维条码是由许多空及粗细不一的线以一定编码方式，相互组合来表示不同的字元码。大多数的一维条码都只有粗和细两种线条规格，但也存在个别规格和标准的条码使用到两种以上不同粗细的线条。

固定或可变长度：是指在条码中包含的资料长度是固定或可变的，有些规格和标准的条码由于本身结构的原因，只能使用固定长度的资料，如 EAN 码、UPC 码。

细线条的宽度：一维条码中细线条的宽度，通常是条码中所有细线条及空白宽度的平均值，它使用的单位通常是 mil（千分之一英寸，即 0.001 in①）。

密度：是指固定长度内可表示字元数目，如某一规格和标准的条码 A 的密度高于条码 B，则表示当两种条码的长度相同时，条码 A 容纳的字元数高于条码 B 容纳的字元数。

自我检查：是指某个规格和标准的条码是否会因其上的一个小缺陷，而导致将一个字元误判为其他字元，即是否有自我检测错误的能力。有自我检查能力的一维条码规格，就无须硬性规定检查码的使用，如 39 码。没有自我检查能力的一维条码规格，在使用上大多有检查码的设定，如 EAN 码、UPC 码等。

---

① 1 in=2.54 cm。

**2）一维条码符号结构**

通常一个完整的条码是由两侧静空区、起始码、数据码、校验码、终止码组成，以一维条码而言，通常其排列方式如下所示：空白区+起始码+数据码+校验码+终止码+空白区。

空白区：位于一维条码两侧，没有符号和存储内容的白色区域，主要用来提示扫描器开始扫描。

起始码：条码符号用来标识一个条码符号开始的第一位字码，扫描器通过扫描确认起始码存在才开始处理扫描整个脉冲。

数据码：紧邻起始码后的字码，用来存放一维条码符号的二进制数值，可以进行双向扫描。

校验码：用来判定扫描器获取的字码是否有效，通常是一种简单的算术运算结果，扫描器将读取的数据进行解码时，先按照检验算法对读入的字码进行算术运算，若运算结果与检验码不同，则判定此次阅读信息无效。

## 2. 一维码的类别

常用一维码有以下几种类型。

**1）ISBN 码**

ISBN 与 ISSNEAN 的用途很广，除了我国的商品条码 CAN 及日本商品条码 JAN 外，目前国际认可的书籍代号与期刊号的条码，也都是由 EAN 变身而来的。简单来说，ISBN 与 EAN 的对应关系为 978+ISBN 前 9 码+EAN 检查码，如图 6.8 所示。

图 6.8　ISBN 几种编码方式

**2）ISSN 码**

国际标准期刊号（international standard serial number，ISSN），ISSN 与 EAN 的对应关系为 977+ISSN 前 7 码+00+EAN 检查码，如图 6.9 所示。

图 6.9　ISSN 的几种编码方式

### 6.3.5　条形码的种类

目前，世界上已知正在使用的一维条形码超过250种。按照不同的分类方法，这些条形码可以分成许多种，下面简要介绍世界上使用比较广泛的几种条形码。

1. EAN条形码

EAN码是国际物品编码协会在全球推广应用的商品条码，是一种长度恒定的，由数字0～9组成字符集的纯数字型一维代码。EAN码在实际应用中有标准版和缩短版两种版本。标准版是由13位数字组成，称为EAN-13码或长码；缩短版EAN码是由8位数字组成，称为EAN-8码或者短码。

EAN-13码

EAN-13码是按照“模块组合法”进行编码的。它的符号结构由10部分组成：符号结构、左侧空白区、起始符、左侧数据符、中间分隔符、右侧数据符、校验符、终止符、右侧空白区、模块数。

EAN-13码共由13位数字组成的前缀码、厂商识别码、商品项目代码和校验码实现。根据EAN规范，这13位数字各自的含义如下。

前缀码是国际EAN组织标识EAN所属各会员组织的代码，EAN编码组织为保证条码的全球唯一性，由其统一管理和分配前缀码，如我国前缀码为690～695；7～9位数字为厂商识别代码，用于对厂商识别的唯一标识。商品项目代码由3～5位数字组成，由厂商自行编码，用以标识商品的代码。在编制商品项目代码时，厂商必须遵守商品编码的基本原则：对同一商品项目的商品必须编制相同的商品项目代码；对不同的商品项目必须编制不同的商品项目代码；保证商品项目与其标识代码一一对应，即一个商品项目只有一个代码，一个代码只标识一个商品项目。校验码由一位数字组成，用以校验代码的正误。校验码是根据条码字符的数值按一定的数学算法计算得出的，计算的步骤如下。

（1）从序号2开始，将所有偶数位的数字代码求和，得出S1；

（2）S1×3=S2；

（3）从序号3开始，将所有奇数位的数字求和，得出S3；

（4）S3+S2=S4；

（5）C=10–S4，得到校验码C的值。并且当S4的个位数为0时，C=0。

中国（不包括台湾、香港、澳门）于1991年加入了国际物品编码协会，EAN分配给中国大陆地区的前缀码是690～692。

以690、691为前缀码的EAN-13码分别只能对10 000个制造厂商进行编码（因为制造厂商代码只有4位，制造厂商代码只能从0000～9999这10 000组数字中进行分配）。每一个制造厂商可以对自己生产的10万种商品进行编码（因为产品代码为5位，可以从00 000～99 999这10万组数字中进行分配）。

在这种结构的代码中，厂商识别代码由7位调整为8位，相应地制造厂商识别代码的容量就由1万家扩大到10万家；商品项目的识别代码由5位调整为4位，每个厂商就只能对自己生产的1万种商品进行编码。

EAN-8码

EAN-8码是EAN-13码的压缩版，由8位数字组成，用于包装面积较小的商品。与EAN-13码相比，EAN-8码没有制造厂商代码，仅有前缀码、商品项目代码和校验码。

在中国，凡需使用EAN-8码的商品生产厂家，需将本企业欲使用EAN-8码的商品目录极其外包装（或设计稿）报至中国物品编码中心或其分支机构，由中国物品编码中心统一赋码。

### 2. UPC条码

UPC码是美国统一代码委员会UCC制定的商品条码，它是世界上最早出现并投入应用的商品条码，在北美地区得以广泛应用。UPC码在技术上与EAN码完全一致，它的编码方法也是模块组合法，也是定长、纯数字型条码。UPC码有5种版本，常用的商品条码版本为UPC-A码和UPC-E码。UPC-A码是标准的UPC通用商品条码版本，UPC-E码为UPC-A的压缩版。

UPC-A码

UPC-A码供人识读的数字代码只有12位，它的代码结构由厂商识别代码(6位)(包括系统字符1位)、商品项目代码（5位）和校验码（1位）共三部分组成。

UPC-A码的代码结构中没有前缀码，它的系统字符为一位数字，用以标识商品类别。带有规则包装的商品，其系统字符一般为“0、6或7”。

UPC-E码

UPC-E码是UPC-A码的缩短版，是UPC-A码系统字符为0时，通过一定规则销0压缩而得到的。

### 3. 二五条码

二五条码是根据宽度调节法进行编码，且只有条表示信息的非连续型条码。每一个条码字符由规则的5个条组成，其中有两个宽单元，三个窄单元，故称为二五条码。它的字符集为数字字符0～9。

### 4. 交叉二五条码

二五条码是最简单的条码，但二五条码没有有效的利用空间，人们在二五条码的启迪下，将条表示信息，扩展到用空也表示信息，就产生了交叉二五条码。

## 6.3.6 条形码扫描阅读原理

条形码的扫描阅读与识别涉及光学、电子学、数据处理等多学科技术，阅读条码信息通常经过以下几个环节：第一点，要求建立一个光学系统，该光学系统能够产生一个直径与待扫描条码中最窄条符的宽度基本相同的光点，该光点能够通过自动或手工控制条件下在条形码信息上沿某一轨迹做直线运动。第二点，要求建立一个接收系统，使其能够采集到光点在条形码上运动时打在条码条符上反射回来的光线，光点打在反射率弱的条上时，反射光较弱，而光点打在反射率强的空上时，反射光较强，通过对接收系统探测到的反射光强弱及延续时间的测定，就可以快速准确地分辨出扫描到的区域是条还是空及检测出条的宽窄。第三点，要求建立一个电子电路，该电路将接收到的光信号不失真地转换成电脉冲。第四点，要求建立某种算法，并利用这一算法对已经获取的电脉冲信号进行译解，从而得到所需信息。

### 6.3.7 常用条形码扫描器工作方式及性能分析

#### 1. 光笔条形码扫描器

光笔条形码扫描器是一种轻便的条形码读入装置。其内部由扫描光束发生器及反射光接收器组成。目前，市场上有很多种这类扫描器出售，它们主要在发光的波长、光学系统结构、电子电路结构、分辨率、操作方式等方面存在不同。光笔条形码扫描器不论采用何种工作方式，在使用上都存在一个共同点，即阅读条形码信息时，要求扫描器与待识读的条形码接触或相隔一个极短的距离（一般仅 0.2～1 mm）。

#### 2. 手持式枪型条形码扫描器

手持式枪型条形码扫描器内一般都装有控制扫描光束的自动扫描装置。阅读条形码时无须与条形码符号接触，因此，对条形码标签没有损伤。扫描头与条形码标签可以相隔 0～20 mm 的短距离，或相隔最高达 500 mm 左右的长距离。枪型条形码扫描器具有能够匀速扫描光电的优点，因此，阅读效果比光笔扫描器要好，扫描速度也更快，每秒可对同一标签的内容扫描几十次至上百次。

#### 3. 台式条形码自动扫描器

台式条形码自动扫描器适用于不便使用手持式扫描方式阅读条形码信息的场合。如果工作环境不允许操作者一只手处理标附有条形码信息的物体，而另一只手操纵手持条形码扫描器进行操作，就可以选用台式条形码扫描器自动扫描。这种扫描器也可固定安装在生产流水线传送带侧面，等待标附有条形码标签的待测物体以平稳、缓慢的速度进入扫描范围，从而实现对自动化生产流水线的控制。

#### 4. 激光自动扫描器

激光自动扫描器可以实现远距离扫描，并且激光自动扫描器扫描景深长，其拥有的最大优点是扫描光照强。且激光扫描器的扫描速度甚至高达 1200 次/s，可以在 1/100 s 时间内实现对某一条形码标签多次扫描阅读，而且可以做到每一次扫描的轨迹不相互重复。扫描器内部的光学系统不仅可以提供单束光，还可以生成十字光或米字光，从而保证正确快速地扫描阅读从各个不同角度进入扫描区域的被测条形码。

#### 5. 卡式条形码阅读器

卡式条形码阅读器常用于生产管理、身份验证、医院病案管理和考勤等领域。卡式条形码阅读器内部的机械结构能够实现印制有条形代码的卡式证件或文件在插入相应的卡槽后自动沿轨道做直线运动，扫描光点在卡片前进过程中将条形码信息读入。卡式条形码阅读器通常与计算机数据库相关联，同时可以通过声光提示证明被读取的卡片证件是否与后台数据库存储信息相符。

6. 便携式条形码阅读器

便携式条形码阅读器通常配接光笔式条形码阅读器或小巧的枪型条形码扫描器，有的也配接激光扫描器。便携式条形码阅读器自身即为一台专用小型计算机，或者有的就是一台通用微型计算机。这种阅读器不仅可以实现对条形码信息的读取，其本身也具有对获取信号的译解能力。条形码信息译解后，可方便地存入阅读器自带内存或机内磁带存储器的磁带中。该阅读器还具有与计算机主机进行数据通信的能力。通常，它本身带有显示屏、键盘、识别结果声响指示及简易的用户编程功能。使用时，这种阅读器可以与计算机主机通过线路连成网络并分别安装在两个地点，也可以脱机使用，利用电池供电。这种设备特别适用于流动性数据采集环境，收集到的数据可以定时送到主机内存储。有些场合，标有条形码信息或代号的载体体积大，比较笨重，不适合搬运到同一数据采集中心处理，这种情况下，使用便携式条形码阅读器十分方便。

### 6.3.8　条形码阅读设备选择

选择条形码阅读设备前，要了解扫描设备的几个主要技术参数，然后根据应用的要求，对照这些参数选取适用的设备。

1. 分辨率

对于条形码扫描系统而言，分辨率为正确检测读入的最窄条符的宽度，英文是 minimal bar width（MBW）。选择条形码阅读设备时，并不是设备的分辨率越高扫描的效果就越好，而是应根据具体使用过程中待检条形码的条符密度来选取具有合适分辨率的条形码阅读设备。如果所选设备的分辨率相较于条形码条符的密度过高，则条符上的干扰信息（如污点、脱墨等）将对系统产生更为严重的影响。

2. 扫描景深

扫描景深指的是在确保条形码阅读器能够可靠采集条形码信息的前提下，扫描头与条形码表面相距的最远距离和扫描器与条形码表面相距的最近距离之差，也就是条形码扫描器的有效工作范围。有的条形码扫描设备在技术指标中未给出扫描景深指标，而是给出扫描距离，即扫描头允许离开条形码表面的最短距离。

3. 扫描宽度（scan width）

扫描宽度指标指的是在给定扫描距离上扫描光束可以阅读的条形码信息物理长度值。

4. 扫描速度（scan speed）

扫描速度是指单位时间内扫描光束在扫描轨迹上的扫描频率。

### 5. 一次识别率

一次识别率是指一次扫描正确读入的标签数与扫描标签总数的比值。举例来说，如果对 100 个条形码标签的信息各进行一次扫描，正确读取出标签信息的有 75 个，则一次识别率为 75%。从使用者的角度考虑，当然希望每次扫描都能通过，但从实际应用角度看，由于受多种因素的影响，一次识别率达到 100%是不能够实现的。

应该说明的是：一次识别率这一测试指标只适用于手持式光笔扫描识别方式。如果采用激光扫描方式，光束对条形码标签的扫描频率高达每秒钟数百次，通过扫描获取的信号是重复的。

### 6. 误码率

误码率是反映一个机器可识别标签系统错误识别情况的极其重要的测试指标。误码率等于错误识别次数与识别总次数的比值。对于一个条形码系统来说，误码率是比一次识别率低更为严重的问题。

## 6.4　二维码、RFID 比较与应用

近年来，二维码和 RFID 技术成为全球应用最为广泛的标签技术，可以预见，未来几乎所有的物品都将会拥有一个独一无二的二维码或者 RFID 标签。可以说，标签是物网络中最基本的信息存储和传递工具，基于标签技术的电信类应用将是物网络中的主流应用。因此，电信运营商必须积极推动标签类应用向电信网络的移植。

### 6.4.1　二维码应用特点

手机二维码业务自 2004 年出现以来，以其数据存储量大、传播快捷方便、抗损坏性强而备受各国运营商的青睐，并在世界范围内实现了普遍应用，已经成为一项典型的“移动+标签”的成功案例，扮演了先锋角色。

在亚洲，日本和韩国两国分别经过 5 年、4 年的市场发展期而成就了手机二维码的成熟市场。日本的手机二维码终端普及率已经达到了 100%，手机二维码的产品认知度也高达 96.5%，实际使用率更是维持在 73.3%的高水平。韩国通过在手机中预置二维码识读软件等手段，使其普及率也从 2003 年的 8%飞速发展到 2006 年的 82%。

手机二维码具有存储信息和读取信息两方面都极为便捷的特性。一方面，二维码的信息容量是一维码的几十到几百倍，因此可以把物品的全部信息存储在一个二维码中，查看相关信息只需用识读设备扫描即可，不需要事先建立数据库。另一方面，用户只要免费安装识读软件，通过简单的扫码操作，就可以尽享丰富应用。

二维码主要通过包装、报纸、图书、杂志、产品、广告及个人名片等载体传播，其传播过程中主要成本是极其低廉的印刷费。因此，二维码和一维码一样，具有成本超低的最大优势。

### 6.4.2　RFID 与二维码之间的比较

作为二维码的无线版本，无线射频识别（RFID）则是标签技术的发展方向，并被认为是 21 世纪最有发展前途的信息技术之一。RFID 是一种非接触式数据读取录入技术，通过射频信号识别目标对象并获取相关数据信息，拥有二维码所不具备的诸多优势。

第一，RFID 具有防水、防磁、耐高温、使用寿命长、读取距离大的特点，因此可以工作于诸如此类的恶劣环境之中，打破了束缚传统信息标识技术发展的特定地理限制，这些特点是二维码和条形码所不具备的。

第二，RFID 为信息标识添加了更多智能，具有多次读写信息、对标签中存储的单品信息加密、扩展更大的信息存储容量等优点。其中，RFID 标签可以存储从 512 字节到 4M 字节不等的数据，因而能够像 IPv6 一般，让世界上所有的物品都获得唯一的“身份”，同时它可以记录产品生产、运输、存储等信息，也可以辨别机器、动物及个体的身份等。

第三，RFID 的识别工作无须人工干预，从而降低了人工成本；操作也变得方便快捷，具有对高速运动物体识别和对多个标签批量读取的特点。基于上述优点，RFID 能够广泛应用于资产管理、医疗、跟踪、物流、生产、交通、运输、防伪和设备等任何需要采集和处理信息的领域，可以提供产品生产、运输、存储情况，也可以辨别机器、动物和个体的身份等。因此，RFID 将真正扮演未来 U 网络中最基本信息工具的角色。

### 6.4.3　二维码、RFID 相结合在农业生产、加工、物流全过程应用

在农产品生产、加工、仓储与物流全过程中，首先，利用 RFID 电子标签来标识初级加工产品的相关信息，此时产品的个体生产信息均保存在以 RIFD 为标识号的数据库中；在加工过程中，仍以二维码为主，标识加工好的产品。以猪肉生产、加工、流通、销售全过程为例，猪在生产过程中利用 RFID 电子标签进行个体识别与标记，猪的生产过程中食量信息、健康状况、饲养环境信息均被记录在以 RFID 标识的 ID 号中并存储；加工过程中，一头猪将会被加工成若干包包装类的猪肉产品。此时，将含有猪肉相关信息的二维码标识打印在猪肉包装盒上，即将每一包产品又为二维码的方式做标识与跟踪，其中二维码的跟踪信息与 RFID 进行多对一的关联，完成肉制品的生产、加工信息的关联；运输过程中，二维码标签将对每个产品进行信息存储与跟踪，直到猪肉卖给消费者后，消费者可以通过手机、智能终端扫描二维码，从网络读取该二维码对应的猪肉产品的全过程信息，其过程如图 6.10 所示。

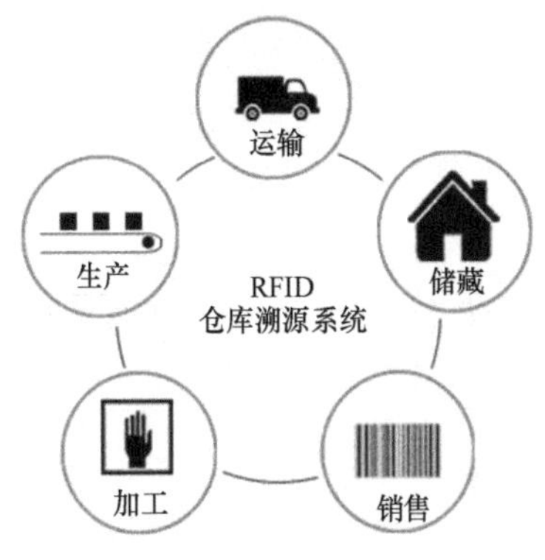


图 6.10　RFID、二维码结合在农业生产、加工、流通中的应用

## 参考文献

方薇，崔超远，宋良图. 2012. 混合编码模式的农资溯源服务系统. 农业工程学报, 28(14): 164-169.
耿丽微，钱东平，赵春辉. 2009. 基于射频技术的奶牛身份识别系统. 农业工程学报, 25(5): 137-141.

蒋皓石, 张成, 林嘉宇, 等. 2005. 无线射频识别技术及其应用和发展趋势. 电子技术应用, 31(5): 1-4.
闫素红, 马飞. 2013. 基于RFID的智能仓储物流系统的研究. 河南农业大学学报, 47(2): 162-166.
汪庭满, 张小栓, 陈炜, 等. 2011. 基于无线射频识别技术的罗非鱼冷链物流温度监控系统. 农业工程学报, 27(9): 141-146.
张厚生, 王启云. 2004. 图书馆服务的无线技术——RFID的应用. 大学图书馆学报, 22(1): 56-59.
张天祖. 2012. 基于RFID技术的物联网智能交通系统开发研究. 兰州交通大学学报, 31(4): 112-116.
赵秋艳, 汪洋, 乔明武, 等. 2012. 有机RFID标签在动物食品溯源中的应用前景. 农业工程学报, 28(8): 154-158.
中国标准出版社. 2004. 条码国家标准汇编. 北京: 中国标准出版社.
中国物品编码中心. 2004. 全球统一标识系统EAN·UCC通用规范. 北京: 中国物品编码中心.
周超, 孙传恒, 赵丽, 等. 2012. 农产品原产地防伪标识包装系统设计与应用. 农业机械学报, 43(9): 125-130.

# 第 7 章　定位与导航技术

## 7.1　概　　述

我国农业生产正面临着环境恶化、资源短缺、劳动力不足等现状。人均耕地水平不能满足人民日常生活需要（罗锡文等，2001），所以，如何在现代农业生产中增加粮食的产量和提高农机作业效率成为当前农业生产的首要目标，因此，农业要实现现代化就一定要走大农业和机械化、智能化道路（汪懋华，1999）。随着先进科技的不断涌现，现代化农业也获得了稳步发展，“精准农业”作为我国农业现代化发展进程中的关键环节，其重要性也日益突出（周俊等，2010）。实施现代农业也就是将高科技手段应用到传统农业生产中，目前我国现代化农业的大致趋向是在实现农业机械化的基础之上，把各种高科技技术应用到农业生产中，将自动驾驶技术应用于拖拉机，可以显著提高农业生产过程中的作业精度，降低农业生产中重复作业、漏作业等现象的发生，从而提高农耕效率，节约劳动成本，最终实现农业生产现代化，达到低投入高产出的效果，并且有利于保护作物生态环境进而实现农业可持续发展的最终目标（张伟，1997）。

精确定位农机地理位置是实现农机自动驾驶的前提条件。目前常用的农机精确定位方法有机械触觉定位、推算定位、机器视觉定位、激光定位、多传感器信息融合定位及全球卫星导航系统。

机械触觉定位：通过安装在农机上的位置传感器获取目标机械的实际运行轨迹和预定运行轨迹，计算并分析二者间的位置关系。其基本工作原理如下。在目标农机上安装位置传感器，当目标农机在田间作业时，该传感器将农机的实际位置及其与预定轨迹的偏差以信号的方式发送给中控单元，中控单元根据垄的形状调整控制液压阀，校正驾驶偏差引起的农机具偏移，使农机能够保持与垄平行的位置关系行走作业，避免其碰撞到农作物，进而实现农机的自动驾驶。在欧洲，采用机械触觉定位方法指导自动驾驶的农机具已经广泛使用，达到了商业化规模。这种定位方法基于其基本工作原理只适合用于垄间作物，具有较大的应用局限性，不利于大规模推广普及，这种方法的驾驶校正误差在±10 cm 之内（Dong and Zhang，2002）。

推算定位：相较机械触觉定位，推算定位是一种独立的定位技术。在运用推算定位方法时，首先要获取目标农机的行驶位移趋向及位移量。在实际应用中，目标农机的位移量可以由安装在上面的里程计得到，车辆的方位信息可以由陀螺仪采集获取，使用推算定位算法分析各传感器采集到的数据并通过农机控制液压阀实现农业机械定位，指导其自动驾驶。由于推算导航算法的工作原理是对采集到的数据进行积累计算，导致其计算过程中受原始位置误差、工作过程中不确定干扰因素及模型的不稳定性等造成的误差会不断累积，这就造成其长时间定位中误差波动加大，结果的精度和稳定性都比较差，这种定位方法的关键是能否使用传感器来精确地获得车辆的位置信息（Torisu et al.，2002）。

机器视觉定位：机器视觉定位是一种被动式传感器定位方法，被广泛地应用在车辆自主导航中，其核心技术是人工智能技术。这种定位方法是应用农田的基本环境来实现的，在目前的农田基本环境中，一般以农作物的垄或者行作为导航路标，机器视觉定位系统中通过安装于目标农机上的相关传感器获取上述路标信息，再进行最优路径规划，实现对目标农机的控制，达到农业机械的自主导航目的（Torisu et al.，2002）。

激光定位：激光定位就是通过计算发射器发出激光信号与该激光信号从物体反射回起始点的时间差获取相应距离，通过发射激光和发射器的角度，计算得出物体与发射器的相对位置。基于此，将激光传感器安装在目标农机上，通过该激光传感器发射激光信号，激光信号照射在安装于目标作业区域周边的反射器后返回起始点并被激光传感器接收，然后通过测量激光传感器到反射器之间的水平的角度及垂直方向的角度，通过获得的水平角度及垂直角度，得到6个自由度的定位参数，但是这种定位方法也有缺陷，它的定位精度一般都取决于田地周围放置的反射器与农业机械车辆之间的距离还有就是机车的行驶速度（Zhang，2003；Eenson et al.，2003）。

多传感器信息融合定位：多传感器信息融合技术是将多个传感器采集的数据信息进行综合的分析和处理，从而达到定位导航决策更准确的目的。实现组合的主要方法一般有模糊逻辑推理、卡尔曼滤波积极人工神经网络（Hu and Zhang，2002）。

全球卫星导航系统（global navigation satellite system GNSS）：目前，GNSS主要是指涵盖了美国的GPS定位系统、俄罗斯的GLONASS系统、中国的北斗（Compass）系统、欧盟的Galileo系统等在内的定位系统，该系统由超过100颗的定位卫星构成。GNSS中定位卫星的分布使得在全球任意位置、任何时间都至少能够探测到4颗定位卫星，为精确的定位物体奠定了良好基础，提供了任何时段连续的全球导航能力。

在农业基础上，要实现农机自动导航，必须结合农机实际情况，将定位信息、路径规划信息等综合信息全部通过智能处理器处理后生成控制指令，然后通过电动比例液压调节阀实现车辆转向、制动、行走等智能导航控制。其控制系统基本框架如图7.1所示。

在图7.1中，农业作业机具的电控机构全部通过CAN总线进行串联通信，共构成三大模块，即导航终端模块、转向控制器模块、电液控制模块。其中全球卫星导航系统集成于转向控制器模块，通过该系统实现对目标车辆的定位与导航。在作业机具上，通过控制目标农机液压调节阀，使其循迹规划作业路径，以保证目标车辆与设定路径的横向位置偏差足够小，满足农业生产的需要。农机自动导航系统一般由检测单元、控制单元、执行单元及监控单元4部分组成（图7.2）。

农业机具的智能导航不仅依靠精准定位技术，也依托于最优导航路径计算技术。本章重点介绍全球定位系统原理与导航路径规划相关原理和应用。

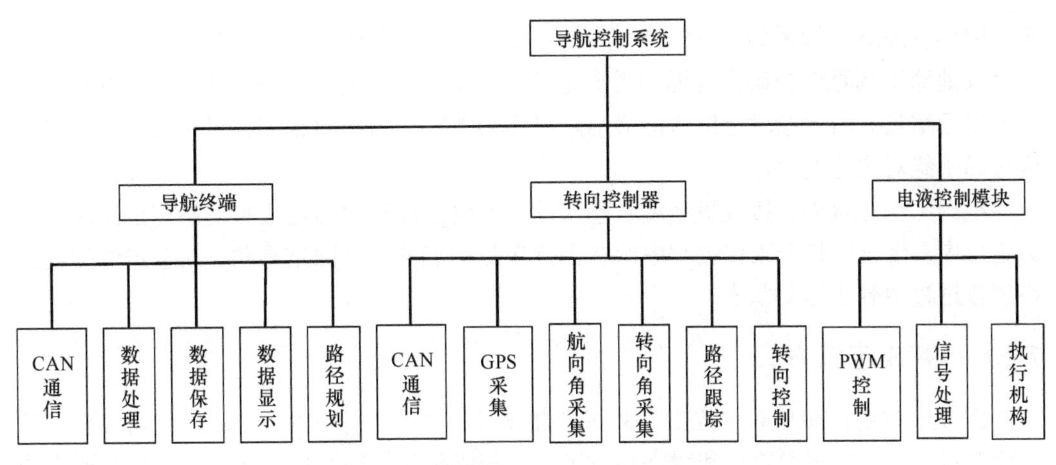


图 7.1　农机智能导航控制系统框架

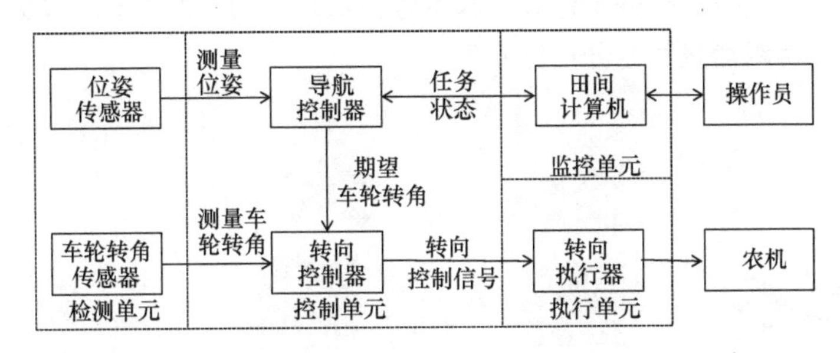


图 7.2　农机自动导航系统

## 7.2　全球卫星定位系统

具有全球导航定位能力的卫星定位导航系统称为全球卫星导航系统（GNSS）。目前已有的卫星导航系统包括美国的全球卫星定位系统（GPS）、俄罗斯的全球卫星导航系统 GLONASS，正在发展研究的有欧盟的 GALILEO 系统、中国北斗卫星导航广域增强系统。

全球定位系统（global positioning system，GPS）又称为全球卫星定位系统，是现有的众多导航系统中的一员。它是一个中距离圆形轨道卫星定位系统，通过位于太空中的 24 颗定位卫星实时检测时间和距离，从而组成全球定位系统。全球定位系统全球覆盖率达到 98%，工作过程不受复杂天气的影响、测量速度快、监测精度高，并且具有较高的抗干扰能力和优良的保密性，因此应用非常广泛。

GPS 的工作原理如下：通过测量多颗导航定位卫星与地面接收机的距离信息，综合分析所采集到的数据信息，利用三维坐标距离公式推算出被观测点的位置。

GPS 定位过程中，由于考虑到大气层、水雾电离层等对定位精度的干扰，通常在定位过程中有多种定位方式，如绝对定位、相对定位等方式。

绝对定位即通过导航定位卫星测定接收机在协议地球坐标系中相对于协议地球质心的位置，也称为单点定位。这里将协议地球质心和参考点看做相互重合。GPS 定位所采用的协议地球坐标系为 WGS-84 坐标系。相对定位即利用多于两台接收机检测被测点在协议地球坐标系中至确定地面参考点之间的方位距离信息，即测定已知参考点到被测点的坐标增量。由于相对定位法能够消除星历误差和大气折射误差，因此相对定位的精度远高于绝对定位的精度。

根据工作过程中，接收机运动状态不同，定位方法有静态定位和动态定位两种：静态定位中，接收机整个工作过程中始终保持在测站点位置并固定不动。动态定位接收机在工作过程中处于运动状态。

## 7.2.1　GPS 定位方式

GPS 绝对定位和相对定位中，又都包含静态和动态两种方式。即动态绝对定位、静态绝对定位、动态相对定位和静态相对定位。若依照测距的原理不同，又可分为测码伪距定位、测相伪距定位、差分定位等。基本定位原理如图 7.3 所示。本文着重介绍静态相对定位、测码伪距测量和差分定位原理。

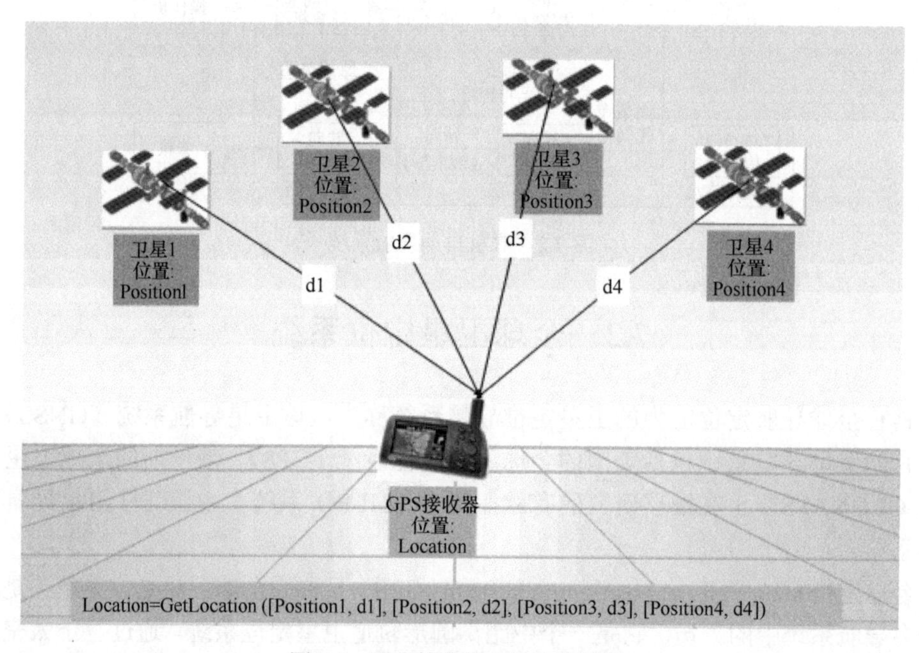


图 7.3　用户接收机多星定位原理

### 1. GPS 相对定位原理

#### 1）相对定位原理概述

在绝对定位测量方法中，由于各种误差的影响，导致定位精度较低。即使对产生的误差作出一些修正，但是实际结果显示绝对定位仍不能达到人们对定位精度的需求。为了提高定位精度，进一步消除或减弱各种误差的影响，一般采用相对定位法。

相对定位采用安置在基线两端的两台地面接收机，同步观测相同的卫星，利用两测站各自采集到的 GPS 数据分析计算得出两接收机的基线向量或相对位置（图 7.4）。相对定位中，需要以某个地面接收机的位置作为基准坐标，然后利用分析得到的基线向量，求解出其他地面接收机的坐标值。

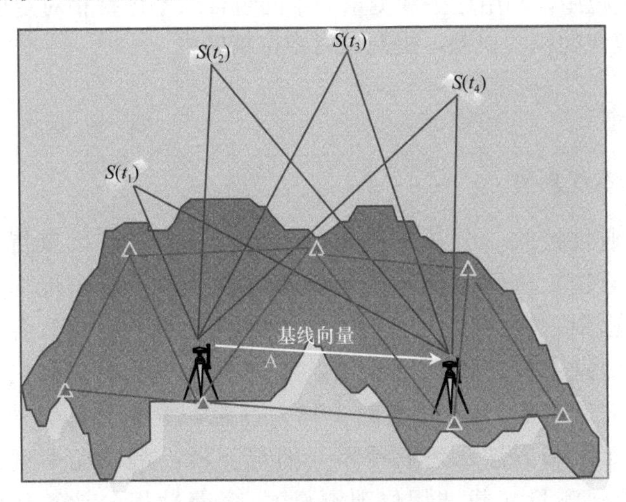


图 7.4　GPS 相对定位原理

在相对定位法计算过程中，多个观测站信号处理中的卫星轨道误差、大气层延迟误差、接收机钟差导致的误差具有一致性。通过这些测量值的综合分析计算，可以降低甚至消除相关误差的产生，从而提高相对定位精度。

根据定位过程中接收机的状态不同，相对定位可分为静态相对定位和动态相对定位（或称为差分 GPS 定位）。

**2）静态相对定位原理**

地面接收机的位置相对于地球静止不动，通过其连续观测得到足够的数据信号，处理得到基线向量，称为静态相对定位。

静态相对定位，一般均采用测相伪距观测值作为基本观测量。其工作原理如下。

假设安置在基线端点的地面接收机 $T_i$ （$i=1,2$），相对于卫星 $S^j$ 和 $S^k$，于历元 $t_i$（$i=1,2$）进行同步观测（图 7.5），则可获得以下独立的载波相位观测量：$\varphi_1^j(t_1)$，$\varphi_1^j(t_2)$，

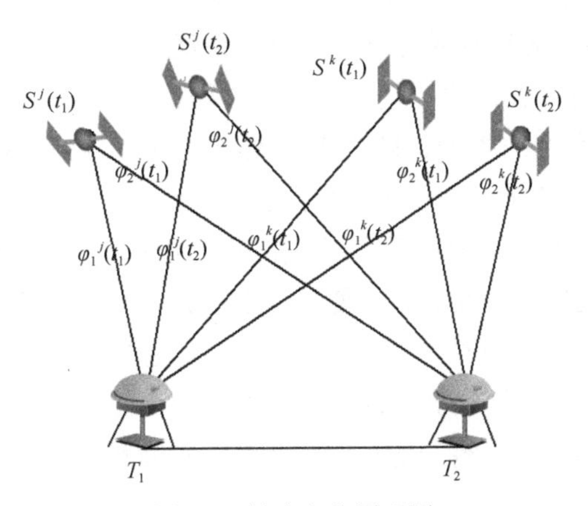


图 7.5　静态定位原理图

$\varphi_1^k(t_1)$，$\varphi_1^k(t_2)$，$\varphi_2^j(t_1)$，$\varphi_2^j(t_2)$，$\varphi_2^k(t_1)$，$\varphi_2^k(t_2)$。

在静态相对定位中，利用这些观测量的不同组合求差进行相对定位，可以有效地消除这些观测量中包含的相关误差，提高相对定位精度。

## 2. 伪距测量原理

### 1）GPS 测量的基本观测量

地面接收机通过接收、分析导航定位卫星发射的信号，获得两者之间的距离关系，利用多颗导航定位卫星测得的数据综合分析，计算出地面接收机的准确位置。在该计算过程中，由于大气层、电离层等因素的影响导致各种误差的产生，因此得出的位置信息不能精确地反映导航定位卫星与地面接收机的几何距离，这种包含有误差数据信息的 GPS 观测距离称为伪距。由于卫星信号含有多种定位信息，根据不同的要求和方法，可获得不同的观测量：测码伪距观测量（码相位观测量）、测相伪距观测量（载波相位观测量）、多普勒积分计数伪距差、干涉法测量时间延迟。

多普勒积分计数伪距差方法应用于被测点静态定位时，往往需要长达数小时时间进行计算，同时，计算过程对接收器的稳定性要求较高；干涉法测量技术数据处理过程过于复杂，而且所需设备价格昂贵，不利于普及使用。目前，通常采用测码伪距观测量和测相伪距观测量两种方法进行观测点定位导航。

### 2）测码伪距测量

测码伪距测量是通过计算定位导航卫星发出信号与到达地面接收机收到信号的时间差，从而得出接收机至卫星的距离，即

$$\rho = \Delta t \times c \tag{7.1}$$

式中，$\Delta t$ 为传播时间；$c$ 为光速。

在上述测量过程中，定位导航卫星时刻 $t_j$ 发射出特定测距码信号，用户接收机同一时刻产生一个与发射码完全相同的码（称为复制码）。地面接收机在时刻 $t_i$ 接收到卫星发出的信号（接收码），接收机通过时间延迟器将复制码向后平移若干码元，使复制码信号与接收码信号达到最大相关（复制码与接收码完全对齐），并记录平移的码元数。平移的码元数与码元宽度的乘积，就是卫星发射的码信号到达接收机天线的传播时间 $\Delta t$，又称为时间延迟。测量过程如图 7.6 所示。

这种测量方法基于单程测距原理实现，由其上述计算过程可知，要实现准确测定定位导航卫星与接收机之间的距离，必须使基于卫星钟时间发射的发射码能够与基于地面接收机时钟发射的复制码保持精确的同步，同时不能忽略大气层对发射码传播过程的影响。但是，实际中卫星钟与接收机时钟存在着不可避免的误差及发射码信号经过大气层时的延迟误差，这就导致理论测的伪距 $\rho'$ 与两者的实际距离 $\rho$ 有一定偏差。二者之间存在的关系可用式（7.2）表示：

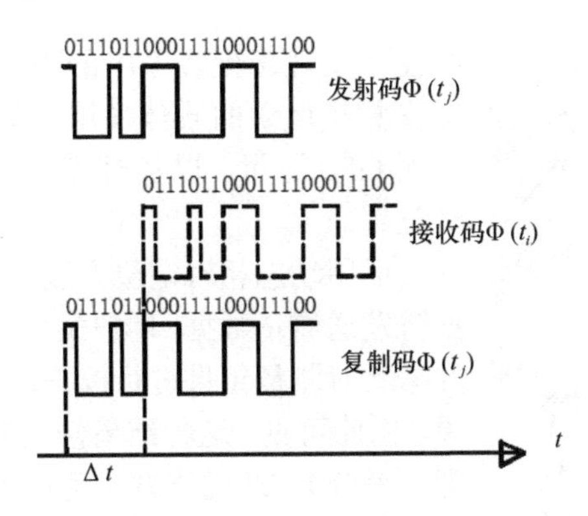


图 7.6 测码距离法原理图

$$\rho_i'^j(t)=\rho_i^j(t)+c\delta t_i(t)-c\delta t^j(t)+\Delta_{i,Ig}^j(t)+\Delta_{i,T}^j(t) \tag{7.2}$$

式中，$\rho_i'^j(t)$ 为观测历元 $t$ 的测码伪距；$\rho_i^j(t)$ 为观测历元 $t$ 的站星几何距离，$\rho=\Delta t\times c=c\left[t_i(GPS)-t^j(GPS)\right]$；$\delta t_i(t)$ 为观测历元 $t$ 的接收机（$T_i$）钟时间相对于 GPS 标准时的钟差，$t_i=t_i(GPS)+\delta t_i$；$\delta t^j(t)$ 为观测历元 $t$ 的卫星（$S^j$）钟时间相对于 GPS 标准时的钟差，$t^j=t^j(GPS)+\delta t^j$；$\Delta_{i,I_g}^j(t)$ 为观测历元 $t$ 的电离层延迟；$\Delta_{i,T}^j(t)$ 为观测历元 $t$ 的对流层延迟。式（7.2）即为测码伪距观测方程。

定位导航卫星上安装有高精度的原子钟，因此，与理想的 GPS 时钟的时间差，通常可以根据卫星发射的数据信号解析得到，经过修正后各卫星钟的时间差可以缩短到 20ns 以内，那么由时间差引起的测距误差就可以不计，由此测码伪距方程可简化为

$$\rho_i'^j(t)=\rho_i^j(t)+c\delta t_i(t)+\Delta_{i,Ig}^j(t)+\Delta_{i,T}^j(t) \tag{7.3}$$

利用测距码进行伪距测量是全球定位系统的基本测距方法。GPS 信号中测距码的码元宽度较大，根据经验，码相位相关精度约为码元宽度的 1%。则对于 P 码而言，其码元宽度约为 29.3 m，所以量测精度为 0.29 m。而对于 C/A 码而言，其码元宽度约为 293 m，所以量测精度为 2.9 m。因此，有时也将 C/A 码称为粗码，P 码称为精码。可见，采用测距码进行站星距离测量的测距精度不高。

在式（7.3）中，GPS 观测站 $T_i$ 的位置坐标值隐含在站星几何距离 $\rho_i^j(t)$ 中：

$$\rho_i^j(t)=\left|\bar{\rho}^j(t)-\bar{\rho}_i(t)\right|=\left\{\left[x^j(t)-x_i(t)\right]^2+\left[y^j(t)-y_i(t)\right]^2+\left[z^j(t)-z_i(t)\right]^2\right\}^{\frac{1}{2}} \tag{7.4}$$

式中，$\bar{\rho}_i(t)=\left[x_i,y_i,z_i\right]^T$ 为测站 $T_i$ 在协议地球坐标系中的坐标向量；$\bar{\rho}^j(t)=\left[x^j,y^j,z^j\right]^T$ 为卫星 $S^j$ 在协议地球坐标系中的坐标向量。

$\bar{\rho}_i^j(t)$、$\bar{\rho}^j(t)$、$\bar{\rho}_i(t)$ 的几何关系如图 7.7 所示。

### 3. 差分定位原理

动态相对定位，是指其中某台地面接收机固定安装于观测站（基准站 $T_0$），该观测

站在协议地球坐标系中的坐标是已知的，另一台接收机安装在运动的载体（用户站）上。两台接收机同步观测 GPS 卫星，以实时确定载体在每个观测历元的瞬时位置。

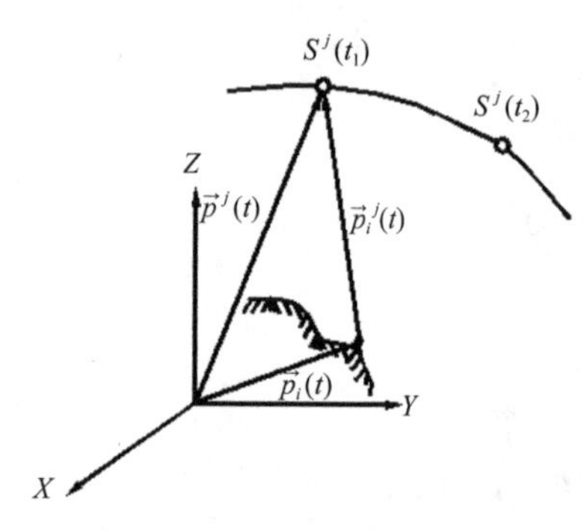

图 7.7 GPS 定位的几何关系图

运用动态相对定位方法时，由基准站接收机通过数据链发送修正数据，用户站接收基准站发出的修正数据并据此对测量结果进行校正，从而得到更精确的定位结果。由此可见，这种结果修正方法的基本原理是求差处理（差分），通过该方法可达到降低相关误差、提高定位精度的目的。

按照提供修正数据的基准站的数量不同，又可以分为单基准站差分、多基准站差分。而多基准站差分又包括局部区域差分、广域差分和多基准站 RTK 技术。

**1）单基准站 GPS 差分**

根据基准站所发送的修正数据的类型不同，又可分为位置差分、伪距差分、载波相位差分。

a. 位置差分

位置差分就是通过基准站 $T_0$ 发出位置修正值去修正用户站 $T_i$ 的定位距离值，以求得精度更高的用户站位置坐标。

相对定位中基准站 $T_0$ 的坐标值是通过天文测量、大地测量等精密方法预先测定的，可视为已知，设基准站坐标值为（$X_0$，$Y_0$，$Z_0$）。而基准站利用测码伪距绝对定位法测得的基准站坐标为（$X$，$Y$，$Z$），该坐标测定值含有大气延迟误差、卫星轨道误差、多路径效应误差、卫星钟和接收机钟误差及其他误差。则可按照式（7.5）计算基准站的位置修正数：

$$\left.\begin{aligned}\Delta X &= X_0 - X\\ \Delta Y &= Y_0 - Y\\ \Delta Z &= Z_0 - Z\end{aligned}\right\} \tag{7.5}$$

基准站将得到的修正数发送给流动站，使其在进行定位计算过程中加入该修正值。设流动站 $T_i$ 通过测码伪距绝对定位法分析得到的位置坐标为（$X_i'$，$Y_i'$，$Z_i'$），则其精确坐标（$X_j$，$Y_j$，$Z_j$）可根据下列方程式计算得到：

$$\left.\begin{aligned}X_i &= X_i' + \Delta X\\ Y_i &= Y_i' + \Delta Y\\ Z_i &= Z_i' + \Delta Z\end{aligned}\right\} \tag{7.6}$$

由于动态用户 $T_i$ 和 GPS 卫星相对于协议地球坐标系存在相对运动，若进一步考虑运动站在协议地球坐标系中的相对运动产生的瞬时变化，则可得出如下修正结果：

$$\left.\begin{aligned}X_i &= X_i' + \Delta X + \frac{\mathrm{d}(\Delta X)}{\mathrm{d}t}(t - t_0)\\ Y_i &= Y_i' + \Delta Y + \frac{\mathrm{d}(\Delta Y)}{\mathrm{d}t}(t - t_0)\\ Z_i &= Z_i' + \Delta Z + \frac{\mathrm{d}(\Delta Z)}{\mathrm{d}t}(t - t_0)\end{aligned}\right\} \tag{7.7}$$

式中，$t_0$ 为校正的有效时刻。

位置差分定位原理简单，只需要求得修正值并加入到计算过程中即可，但是位置差分计算方法要求两个站点的接收机必须能够同步观测同一组卫星，这就导致其只能在近距离前提下适用，因此位置差分只适用于 100km 以内。

b. 伪距差分

伪距差分的计算方法即通过基准站 $T_0$ 发送给流动站 $T_i$ 的伪距修正数，去校正流动站接收机测得的伪距，从而消除或降低相关误差的影响，从而得到更加准确的流动站位置坐标。

已知基准站 $T_0$ 的精确坐标为（$X_0$，$Y_0$，$Z_0$）。伪距差分计算时，基准站根据定位导航卫星发出的导航电文中的数据信息，计算出相应定位导航卫星在协议地球坐标系中的坐标值（$X_j$，$Y_j$，$Z_j$），从而由 GPS 卫星、基准站的坐标值反求出基准站与 GPS 卫星之间的真距离 $\rho_0^j$：

$$\rho_0^j = \left[\left(X^j - X_0\right)^2 + \left(Y^j - Y_0\right)^2 + \left(Z^j - Z_0\right)^2\right]^{\frac{1}{2}} \tag{7.8}$$

另外，基准站接收机通过测码伪距法计算出星站之间包含了相关误差的伪距 $\rho_0'^j$。由观测伪距和计算的真距离可以计算出伪距改正数：

$$\Delta\rho_0^j = \rho_0^j - \rho_0'^j \tag{7.9}$$

同时可以求出伪距改正数的变化率：

$$d\rho_0^j = \frac{\Delta\rho_0^j}{\Delta t} \tag{7.10}$$

流动站应用测码伪距法分析计算出其与卫星的伪距 $\rho_i'^j$，然后加上基准站发送的修正数据，求得改正后的伪距：

$$\rho_i^j(t) = \rho_i'^j(t) + \Delta\rho_0^j(t) + d\rho_0^j(t - t_0) \tag{7.11}$$

并按照式（7.12）计算流动站坐标$\left[X_i(t), Y_i(t), Z_i(t)\right]$：

$$\rho_i^j(t) = \left\{\left[X^j(t) - X_i(t)\right]^2 + \left[Y^j(t) - Y_i(t)\right]^2 + \left[Z^j(t) - Z_i(t)\right]^2\right\}^{\frac{1}{2}} + c\delta t(t) + V_i \tag{7.12}$$

式中，$\delta t(t)$ 为流动站用户接收机钟相对于基准站接收机钟的钟差；$V_i$ 为流动站用户接收机噪声；$c$ 为光速。

通过其工作原理可知，伪距差分能根据两观测站的相干误差降低或消除误差，使定位的精度提升，但是与位置差分相似，随着用户站与基准站的距离增加，系统误差又将增大，因此伪距差分的基线长度也不宜过长。

c. 载波相位差分

位置差分和伪距差的定位精度已经可以达到米级，因此已被广泛应用于导航、水下测量等领域。载波相位差分，又称为 RTK 技术，通过对两个观测站的载波相位观测值进行分析计算，可以实时提供厘米级精度的三维坐标。

载波相位差分测量法的工作过程如下：基准站将其接收器检测到的载波相位观测量同基准站坐标信息共同以数据信号方式发送给用户站，用户站对从基准站接收到的数据信号与自身接收器得到的载波相位观测量进行差分处理，实时地给出用户站的精确坐标。

载波相位差分定位的方法又可分为两类：一种为测相伪距修正法，一种为载波相位求差法。

测相伪距修正法的基本思想：由基准站分析计算接收机 $T_0$ 与卫星 $S^j$ 之间的测相伪距改正数 $\Delta\rho_0^j$，并发送给用户站 $T_i$，用户站将此伪距改正数 $\Delta\rho_0^j$ 融入到用户站 $T_i$ 到观测卫星 $S^j$ 之间的测相伪距 $\rho_i'^j$，以此得到更加精确的站星伪距，再通过该精确值得到用户站的位置。

根据定位导航卫星坐标和基准站精确坐标反算出基准站至该卫星的真距离：

$$\rho_0^j = \sqrt{\left(X^j - X_0\right)^2 + \left(Y^j - Y_0\right)^2 + \left(Z^j - Z_0\right)^2} \tag{7.13}$$

式中，（$X^j,Y^j,Z^j$）为卫星 $S^j$ 的坐标，可利用导航电文中的卫星星历精确地计算出；（$X_0,Y_0,Z_0$）为基准站 $T_0$ 的精确坐标值，是已知参数。

基准站与卫星之间的测相伪距观测值：

$$\rho_0'^j = \rho_0^j + c\left(\delta t_0 - \delta t^j\right) + \delta\rho_0^j + \Delta_{0,I_p}^j + \Delta_{0,T}^j + \delta m_0 + v_0 \tag{7.14}$$

式中，$\delta t_0$ 和 $\delta t^j$ 分别为基准站站钟钟差和卫星 $S^j$ 的星钟差；$\delta\rho_0^j$ 为卫星历误差；$\Delta_{0,I_p}^j$ 和 $\Delta_{0,T}^j$ 分别为电离层和对流层延迟影响；$\delta m_0$ 和 $v_0$ 分别为多路径效应和基准站接收机噪声。

由上述计算得到的真距离和基准站接收机测得的测相伪距观测值，即可计算出基准站与定位卫星之间的伪距改正数：

$$\Delta\rho_0^j = \rho_0^j - \rho_0'^j = -c\left(\delta t_0 - \delta t^j\right) - \delta\rho_0^j - \Delta_{0,Ip}^j - \Delta_{0,T}^j - \delta m_0 - v_0 \tag{7.15}$$

在该计算过程中，当用户站与基准站之间距离较近（＜100 km）时，通常认为两观测站相对同一颗定位卫星的各种误差的大小几乎相等。同时用户机与基准站的接收机为同型号机时，测量噪声基本相近。

d. 多基准站差分

局部区域差分：在局部区域中安装差分 GPS 网，该网中包含一个或数个监控站和多个差分 GPS 基准站。接收机通过采用加权平均法或最小方差法对从多个基准站接收到的修正信息进行平差计算，以期得到更准确的修正数，从而更好地修正观测结果，获得更高精度的定位信息。这种差分GPS定位系统称为局域差分GPS系统，简称LADGPS。

LADGPS 系统含有多个基准站，基准站与用户站之间、基准站相互之间都通过无线电数据进行通信。通常用户站距离基准站不超过 500 km 才能得到更高的定位精度。

广域差分：广域差分 GPS 定位通过对观测量的误差源分别进行模型化，然后分析得出的每种误差源的数值，并将这些数值信息发送给用户，对用户 GPS 定位中产生的各种误差分别进行修正，从而达到降低误差源，提高用户定位精度的目的。GPS 误差源主要有三点：星历误差、大气延迟误差、卫星钟差。

广域差分（WADGPS）组成结构包括：一个中心站、若干监测站及用于向用户发送信号数据通信网络、区域内若干用户。其工作原理是：各监测站接收机同步观测相应的 GPS 卫星，并计算出行站之间的伪距、相位等数据，监测站通过数据通信网络将得到的数据信息发送给中心站；中心站通过区域精密定轨计算，建立三项误差各自的改正模型，并将这些误差改正模型发送给用户站；用户站利用接收到的数据修正自己观测到的伪距、相位、星历等，从而计算出高精度的 GPS 定位结果。

WADGPS 检测法在定位精度几乎不变的前提下，使中心站、基准站与用户站三者相互之间的距离从 100 km 增加到 2000 km；对于大区域内的 WADGPS 网，只需要建立很少的监测站，基建成本大幅度下降，具有较大的经济效益；系统的定位精度高且精度分布均匀；WADGPS 能够覆盖远洋、沙漠等 LADGPS 不易作用的区域；但 WADGPS 需要使用极为昂贵的硬件设备和价格不菲的通信工具，其软件技术较 LADGPS 复杂，运行和维持的费用也比较高，且其可靠性和安全性不如单个的 LADGPS。

目前，我国已经初步建立了北京、拉萨、乌鲁木齐、上海 4 个永久性的 GPS 监测站，并拟定在北京或武汉建立数据处理中心和数据通信中心。

**2）多基准站 RTK**

多基准站 RTK 技术又称为网络 RTK 技术，目前应用于网络 RTK 数据处理的方法有：虚拟参考站法、偏导数法、线性内插法、条件平差法，其中虚拟参考站法技术（virtual reference station，VRS）最为成熟。

VRS RTK 的工作原理如图 7.8 所示：有效区域内含有多个 GPS 基准站，利用这些基准站接收机接收到的观测值，建立该区域内的 GPS 主要误差模型。工作过程中，在基准站的观测值中减去建立的主要误差模型，形成准确的观测值，然后通过有效组合上述无误差观测值和用户站的观测值，在移动站附近建立一个虚拟参考站，虚拟参考站与移动站进行载波相位差分校正，实现实时 RTK。

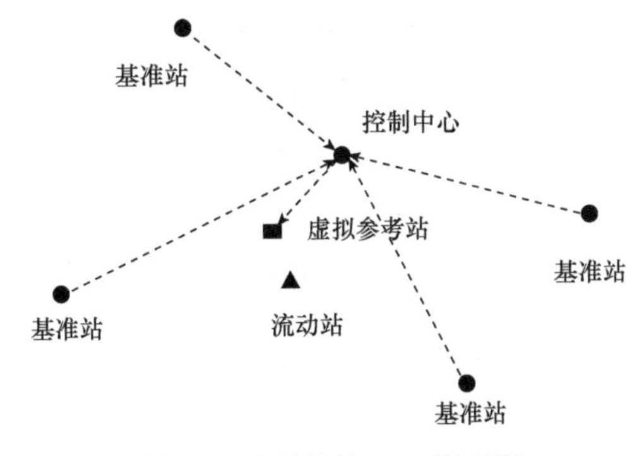


图 7.8　多基准站 RTK 原理图

由于上述差分改正是有效组合多个基准站观测数据分析计算得到的，因此可以有效地削弱各种误差，即使用户站距离基准站较远，也能快速定位自己的整周模糊度，实现厘米级的实时快速定位。

## 4. GPS 定位位置解算方法

### 1）观测测距方程

根据伪距基本方程式，考虑所有的各种误差和观测随机误差 $v_k^j$，可组成观测方程：

$$\rho_k^j = [(X^j - X_K)^2 + (Y^j - Y_k)^2 + (Z^j - Z_k)^2]^{1/2} + b_k - c\delta t^j + \delta\rho_{kn}^j + \delta\rho_{kp}^j + v_k^j \tag{7.16}$$

在计算过程中，将待定位点的初步位置 $(X_k^0, Y_k^0, Z_k^0)$，用 $X_k = X_k^0 + \delta X_k$，$Y_k = Y_k^0 + \delta Y_k$，$Z_k = Z_k^0 + \delta Z_k$ 代入式（7.16）中，利用泰勒级数将其展开，即可得到线性化的观测方程：

$$v_k^j = l_k^j \delta X_k + m_k^j \delta Y_k + n_k^j \delta Z_k - b_k + \rho_k^j - \tilde{R}_k^j + c\delta t^j - \delta\rho_{kn}^j - \delta\rho_{kp}^j \tag{7.17}$$

式中，$(l_k^j, m_k^j, n_k^j)$ 为待定点 $K$ 至卫星 $S_j$ 的观测矢量 $\rho_k^j$ 的方向余弦：

$$l_k^j = \frac{(X^j - X_k^0)}{\tilde{R}_k^j}, m_k^j = \frac{(Y^j - Y_k^0)}{\tilde{R}_k^j}, n_k^j = \frac{(Z^j - Z_k^0)}{\tilde{R}_k^j} \tag{7.18}$$

式中，$\tilde{R}_k^j$ 为 $K$ 至卫星 $S_j$ 的距离 $R_k^j$ 的近似值：

$$\tilde{R}_k^j = [(X^j - X_k^0)^2 + (Y^j - Y_k^0)^2 + (Z^j - Z_k^0)^2]^{1/2} \tag{7.19}$$

### 2）用户接收机初始位置计算

科学合理设置定位导航系统中接收机的原始坐标 $u_0 = (u_{x0}, u_{y0}, u_{z0})$，能够加快接收机定位的速度，并且能够利用接收机观测到的相应定位导航卫星数据信息，估算出接收机的原始坐标，主要有如下两种方法。

a. 重心法

可以确定可视卫星 $i$ 的单位矢量：

$$r_i = \left(s_{ix}, s_{iy}, s_{iz}\right) / \sqrt{s_{ix}^2 + s_{iy}^2 + s_{iz}^2}_{\,i} \tag{7.20}$$

设可视卫星数为 $N$，则 GPS 接收机的初始值：

$$u_0 = \frac{\mathrm{R}\sum_{i=1}^{N} r_i}{r} \tag{7.21}$$

$$r = \left|\sum_{i=1}^{N} r_i\right| \tag{7.22}$$

式中，R 为地球半径，$u_0$ 包含在可视卫星构成的、顶点为地球中心的锥体内部，并且在地球的表面上。

实质上就是可视卫星与地球中心构成的锥体的重心在地球表面的投影。利用式（7.22）来估算出 GPS 接收机原始坐标与其实际原始坐标之间有较大误差，但是该方法能够减少迭代次数，从而提高 GPS 接收机的初始定位速度。

b. 粗略定位解算法

假设经过分析计算得到 4 颗卫星在 WGS-84 坐标系中的坐标为（$X_1$，$Y_1$，$Z_1$），（$X_2$，$Y_2$，$Z_2$），（$X_3$，$Y_3$，$Z_3$），（$X_4$，$Y_4$，$Z_4$）；接收机在 WGS-84 坐标系中的粗略位置为（$X$，$Y$，$Z$），时钟差为$\Delta t_r$；伪矩观测值为 $\rho^j\,(j=1,2,3,4)$，已知接收机时钟与定位卫星基准时钟之间误差不超过±175 ns，由于卫星轨道距地面高度为 20 200 km，所以计算接收机粗略位置时可以忽略钟差引起的伪距误差，因此，接收机的概略坐标满足下列观测方程：

$$\rho^j=\sqrt{(x-x^j)^2+(y-y^j)^2+(z-z^j)^2)}\qquad (j=1,2,3,4) \tag{7.23}$$

该方程组的个数多于未知数的个数，得到关于概略坐标的线性方程组：

$$\begin{cases}(x_2-x_1)x+(y_2-y_1)y+(z_2-z_1)z=\dfrac{1}{2}(\rho_1^2-\rho_2^2+x_2^2+y_2^2+z_2^2-x_1^2-y_1^2-z_1^2)\\(x_3-x_1)x+(y_3-y_1)y+(z_3-z_1)z=\dfrac{1}{2}(\rho_1^2-\rho_3^2+x_3^2+y_3^2+z_3^2-x_1^2-y_1^2-z_1^2)\\(x_4-x_1)x+(y_4-y_1)y+(z_4-z_1)z=\dfrac{1}{2}(\rho_1^2-\rho_4^2+x_4^2+y_4^2+z_4^2-x_1^2-y_1^2-z_1^2)\end{cases} \tag{7.24}$$

写成矩阵形式：

$$\boldsymbol{AX}=\boldsymbol{L} \tag{7.25}$$

式中，

$$\boldsymbol{A}=\begin{bmatrix}x_2-x_1 & y_2-y_1 & z_2-z_1\\x_3-x_1 & y_3-y_1 & z_3-z_1\\x_4-x_1 & y_4-y_1 & z_4-z_1\end{bmatrix} \tag{7.26}$$

$$\boldsymbol{X}=(x,y,z)^T \tag{7.27}$$

$$\boldsymbol{L}=\begin{bmatrix}\dfrac{1}{2}(\rho_1^2-\rho_2^2+x_2^2+y_2^2+z_2^2-x_1^2-y_1^2-z_1^2)\\\dfrac{1}{2}(\rho_1^2-\rho_3^2+x_3^2+y_3^2+z_3^2-x_1^2-y_1^2-z_1^2)\\\dfrac{1}{2}(\rho_1^2-\rho_4^2+x_4^2+y_4^2+z_4^2-x_1^2-y_1^2-z_1^2)\end{bmatrix} \tag{7.28}$$

由以上计算得概略坐标解为

$$\boldsymbol{X}=\boldsymbol{A}^{-1}\boldsymbol{L} \tag{7.29}$$

**3）定位解算**

将观测方程中的已知项用 $L_k^j$ 表示，即得

$$v_k^j=l_k^j\delta X_k+m_k^j\delta Y_k+n_k^j\delta Z_k-b_k-L_k^j \tag{7.30}$$

式中，$L_k^j$ 为观测误差方程的常数项：

$$L_k^j=\tilde{R}_k^j-\rho_k^j-c\delta t^j+\delta\rho_{kn}^j+\delta\rho_{kp}^j \tag{7.31}$$

将式（7.30）写成矩阵形式：

$$V=AX-L \tag{7.32}$$

式中，$X$ 为待定参数矢量：

$$X = \left[\delta X_k \ \delta Y_k \ \delta Z_k \ b_k\right]^T \tag{7.33}$$

**A** 为未知参数的系数矩阵：

$$\boldsymbol{A} = \begin{bmatrix} l_k^1 & m_k^1 & n_k^1 & -1 \\ l_k^2 & m_k^2 & n_k^2 & -1 \\ \cdots & \cdots & \cdots & \cdots \\ \cdots & \cdots & \cdots & \cdots \\ l_k^n & m_k^n & n_k^n & -1 \end{bmatrix} \tag{7.34}$$

**L** 为常数项矢量：

$$L = \left[L_k^1 \ L_k^1 \ \cdots \ L_k^n\right] \tag{7.35}$$

$V$ 为改正数（残差）矢量：

$$V = \left[v_k^1 \ v_k^2 \ \cdots \ v_k^n\right] \tag{7.36}$$

目前市场上的接收机一般可以接收到 4～12 颗卫星，因此根据用户接收机观测卫星个数，定位解算有两种情况。

a. 当只观测到 4 颗卫星时，即 $n=4$

此时只能忽略观测随机误差，求得代数解，即

$$\boldsymbol{AX} - L = 0 \tag{7.37}$$

所以其代数解：

$$X = \boldsymbol{A}^{-1}L \tag{7.38}$$

b. 当观测到的卫星数目在 4 颗以上时，即 $n>4$

此时需要考虑随机误差，用最小二乘法求解，即组成法方程：

$$\boldsymbol{A}^T \boldsymbol{A}X = \boldsymbol{A}^T L \tag{7.39}$$

解法方程，求得未知参数矢量 $X$：

$$X = (\boldsymbol{A}^T \boldsymbol{A})^{-1} \boldsymbol{A}^T L \tag{7.40}$$

通过以上的求解，就可以获得了 $X = \left[\delta X_k \ \delta Y_k \ \delta Z_k \ b_k\right]^T$。接下来按式（7.41）计算出接收机的位置坐标值。

$$\begin{bmatrix} X_k \\ Y_k \\ Z_k \end{bmatrix} = \begin{bmatrix} X_k^0 + \delta X_k \\ Y_k^0 + \delta Y_k \\ Z_k^0 + \delta Z_k \end{bmatrix} \tag{7.41}$$

采用该方法进行计算时，原始坐标的确定很不精确，因此第一次计算得到的位置坐标偏差比较大，因此要采用多次迭代的方法进行解算，直到第（$n$+1）次解算结果 $X$（$t$）$n$+1 与第 $n$ 次解算结果 $X$（$t$）$n$ 相等，或者相邻两次结算结果的差值[$X$（$t$）$_{n+1}$–$X$（$t$）$_n$]小于用户根据定位精度设定的某个阈值，此时所解算的 $X$（$t$）$_{n+1}$ 便作为解算结果。

用户接收机在 WGS-84 坐标系中的三维坐标可计算出，但这样的坐标系并不直观，因此要转换成大地坐标系（$L_k$，$B_k$，$H_k$），即大地经度、纬度、高度。

当由空间直角坐标转换为大地坐标时，常采用式（7.42）进行计算：

$$B_{k+1} = \text{arctg}\left[\frac{Z}{\sqrt{X^2+Y^2}}\left(1+\frac{ae^2 \sin B_k}{Z\sqrt{1-e^2 \sin^2 B_k}}\right)\right] \tag{7.42}$$

$$L = \operatorname{arctg}\left[\frac{Y}{X}\right] \tag{7.43}$$

$$H = \frac{\sqrt{X^2 + Y^2}}{\cos B} - N \tag{7.44}$$

式中，$N$ 为可以描述为 $\frac{a}{\sqrt{1 - e^2 \sin^2 B}}$；$a$ 为地球椭球长半径；$e$ 为地球椭球偏心率，$B$ 为大地坐标系中（$L$，$B$，$H$）。

在进行大地纬度计算的时候，需要采用迭代法，但由于 $e$ 远小于 1，因此收敛很快，在实际 GPS 定位解算中被普遍应用。

### 7.2.2　GLONASS 卫星导航系统

#### 1. 概述

从前苏联发射第一颗 GLONASS 卫星到由俄罗斯接替部署，GLONASS 卫星从未终止过发射。随着 1995 年进行的三次成功发射，GLONASS 系统已经完成了 24 颗工作卫星加 1 颗备用卫星的布局。经过数据加载、调整和检验，已于 1996 年 1 月 18 日完成整个系统正常运行部署。

GLONASS 卫星轨道由三个相互之间间隔相同（夹角 120°）、倾角 64.8°的椭圆轨道组成。其中，每个轨道上等间隔地分布 8 颗卫星。卫星离地面高度 19 100 km，绕地运行周期约 11 h 15 min，轨迹重复周期 8 天，轨道同步周期 17 天。

由于 GLONASS 卫星与 GPS 卫星相比有更大的轨道倾角，所以其在 50°以上的高纬度地区的可视性较好。

每颗 GLONASS 卫星都安装有高精度的原子钟以期为卫星提供准确时标，同时为相关星载设备提供同步信号。星载计算机分析处理从地面控制站发送来的数据信号，并生成导航电文发送回用户。导航电文包括：星历参数、星钟相对于 GLONASS 时的偏移值、时间标记、GLONASS 历书。

GLONASS 卫星向空间发射两种载波信号。L1 频率为 1.602～1.616 MHz，L2 频率为 1.246～1.256MHz 为民用，L2 供军用。

#### 2. 地面控制系统

地面控制站组由系统控制中心和指令跟踪站构成，广泛分布于俄罗斯境内。地面观测站跟踪 GLONAS5 可视卫星，并进行测距数据的采集和处理，同时向可视卫星发送控制指令和导航信息。

#### 3. 用户设备

根据 GLONASS 卫星接收到的信号计算得出导航卫星速度和星站伪距，同时接收并处理导航卫星发送的导航电文。接收机对接收到的数据进行计算分析并得到位置坐标、速度矢量和时间。

### 4. GLONASS 系统的使用政策

GLONASS 系统不仅可为国防提供高精度的定位导航信息，同时也支持民间用户免费使用，并且没有任何附加限制。该系统在彻底搭建完成后可以根据现有性能连续运行超过 15 年。其中民用通道（csA）可提供水平方向 50～70 m、垂直方向 75 m、测速 15 cm/s 的精度数据。

GLONASS 星座图如图 7.9 所示。

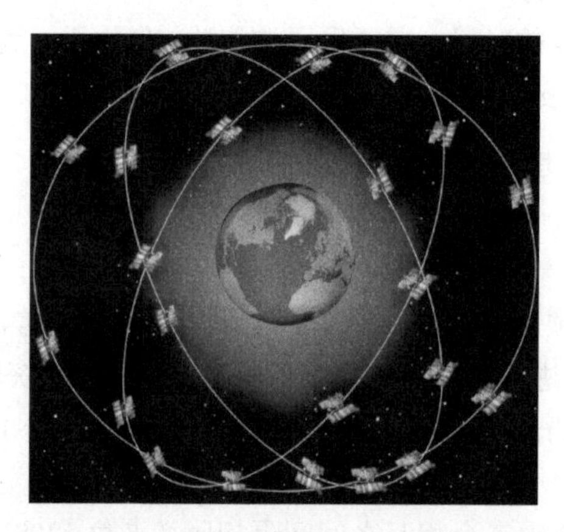

图 7.9　GLONASS 星座图

## 7.2.3　伽利略定位系统

继美国的“全球定位系统”（GPS）及俄罗斯的 GLONASS 系统后，由欧盟建造的伽利略定位系统（galileo positioning system，GPS）成为第三个可供民用的定位系统。作为“欧洲版 GPS”，伽利略系统可以提供导航、定位、授时等基本服务、搜索与救援等特殊服务，以及应用于海上运输系统、飞机导航和着陆系统中、陆地车队运输调度、铁路安全运行调度、精准农业的扩展应用服务系统。伽利略卫星导航系统由 30 颗卫星（其中候补卫星 3 颗）和两个地面控制中心组成，卫星距地球 24 126 km，该系统为中高度圆形轨道卫星定位方案。

伽利略卫星导航定位系统能够为欧盟成员国和中国的公路、铁路、空中和海洋运输等提供稳定精度达到 1 m 的定位导航服务，从而打破美国独霸全球卫星导航系统的格局。伽利略卫星导航定位系统作为全球第一个基于民用建设的导航定位系统，正式投入运行以来，使用户可以通过多制式的地面接收机，观测并接收到更多的导航定位卫星发送的数据，从而显著提高用户定位精度。同时全球范围内多套定位系统并存，可以起到相互制约和互补的作用，这也是各国大力发展导航定位产业的根本保证。

伽利略系统能够为民用用户提供高精度的定位信息，这是其他系统所不具备的，同时伽利略系统能够在一些特殊情况下为用户提供信息，即使定位导航失败也能在较短时间内告诉用户。与美国的 GPS 相比，伽利略系统相较于美国的 GPS 来讲更先进，也更可靠。美国 GPS 向其他国家用户提供的定位导航信号，定位精度不高，只能发现地面上超过 10 m 长的物体，而伽利略定位导航系统可以观测到仅有 1 m 长的目标。即 GPS

系统，只能帮用户找到某条街道，而伽利略系统则可找到家门。

### 7.2.4　北斗卫星导航系统

北斗卫星导航系统由我国自主建立，以“先区域，后全球”的建设思想分为北斗一代（Beidou I）和北斗二代（COMPASS 或 Beidou II）两个阶段。北斗导航系统为有源双星系统，能够为中国和东南亚地区提供定位导航、实时通信、授时等服务（赵琳，2011）。

#### 1. Beidou 系统构成

Beidou 卫星导航系统由空间段、地面段和用户段三部分组成，如图 7.10 所示，与全球卫星导航系统不同的是，Beidou I 只有两颗工作卫星，属于区域卫星导航系统。

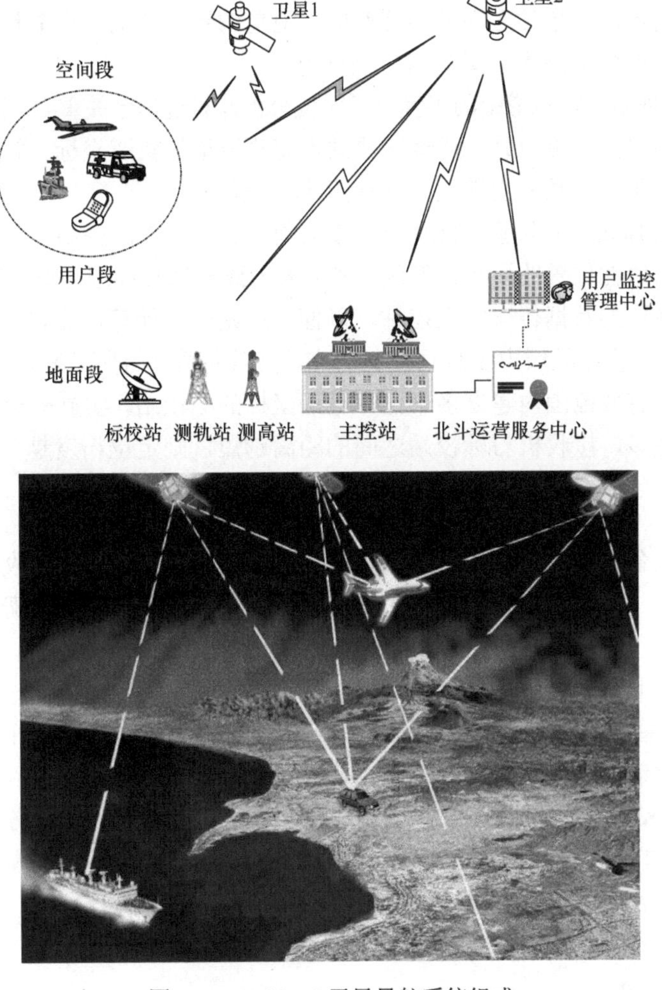


图 7.10　Beidou I 卫星导航系统组成

**1）空间段**

Beidou 卫星导航系统采用双星定位技术，两颗工作卫星分别位于距离地面 36 000 km

的 80°E 和 140°E 的地球同步轨道上，该系统能够覆盖 70°～140°E、5°～55°N 的有效范围。Beidou I 系统建成后分别于 110.5°E 和 86°E 发射了两颗备用卫星。

**2）地面段**

Beidou I 地面段由主控站、测轨站、测高站和标校站等组成，是导航系统的控制、计算、处理和管理中心。测轨站、测高站、标校站均为无人值守的自动数据测量与收集中心，在主控站的监测与控制下工作。

主控站：主控站一方面负责整个系统的监控任务；另一方面负责监控地面子系统工作、用户的注册和运营、对 Beidou I 接收机发送的业务请求进行应答处理、监控卫星工作、将处理结果通过卫星发送给接收机及实现与卫星之间的通信。Beidou I 定位计算过程由主控站执行，这与其他采用被动定位方式实现定位导航的卫星导航系统有所不同：主控站综合分析电波在星站之间的传播时间、卫星的星历数据及误差校正数据，结合预先存放于主控站的数字高程地图对用户进行定位。

测轨站：导航卫星在轨道中的坐标对于定位分析计算过程至关重要，因此，在 Beidou I 中设定若干坐标已知的测轨站，通过这些站点观测卫星的轨道坐标，并将结果传输给主控站，主控站利用这些数据实现精确计算卫星在轨位置。

测高站：在 Beidou I 卫星导航系统有效范围内建立多个测高站，各站点通过安装的气压高度计获取所在位置的海拔，该高度被用来大致概括其周围 100～200 km 地区的海拔。测高站将获取的数据传输给主控站，以便主控站分析计算接收机实时位置时调用。

标校站：由于覆盖区域内各种误差的存在，测量的精度有所下降，为提高定位精度，在导航定位系统有效范围内建立多个已知精确坐标的标校站，实施差分测量。有效范围内标校站个数越多，接收机与标校站之间的距离越短，则定位精度越高。

**3）用户段**

用户段由具备定位导航、实时通信和精确授时功能的 Beidou I 接收机组成。北斗系统运营商根据用户的需求授权用户一个 ID 识别号，用户按照 ID 号注册登记后，北斗运营服务中心为用户开通服务，用户机正式投入使用。

a. Beidou I 卫星信号

Beidou I 卫星导航系统通过卫星向用户转发同向（I）和正交（Q）两个通道的信号，两个通道分别对信息进行卷积编码和扩频，然后采用 QPSK 方式调制到高频载波上，其中，I 通道采用 Kasimi 码进行扩频，调制定位、通信、授时或其他服务信息；Q 通道采用 Gold 码进行扩频，调制定位和通信信息。Beidou I 信号编码、扩频、调制过程如图 7.11 所示，图中 $f_c$ 表示载波频率。

Beidou I 的导航信息在时间上采用帧结构方式，每秒传送 32 帧，每一帧包含 250 bit，传送时间为 31.25 ms。

如图 7.12 所示，Beidou I 系统运行过程中，卫星 1 和卫星 2 同步接收主控站发出的询问信号，并通过转发器向覆盖区域内的用户转发，用户接收其中一颗卫星的数据传输，同时向另一颗卫星发送响应信号，再通过卫星转发器发送给主控站，主控站通过用户发

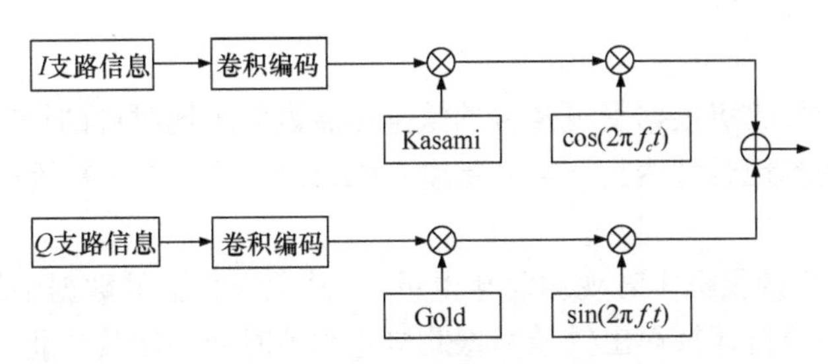


图 7.11　Beidou I 导航系统主控站信号调制方式

$f_c$表示载波频率；$t$表示信号传输时间

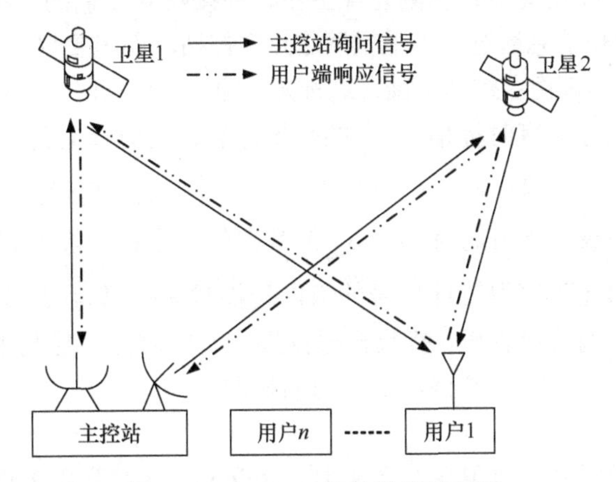


图 7.12　Beidou I 信号转发示意图

送的信号，计算出用户的坐标信息，并根据信号内容作出精确的数据处理。

在用户端，Beidou I 接收机不仅可以观测信号接收数据，还能够根据用户需求（定位导航、实时通信等）通过卫星向主控站发送用户请求信号。主控站对接收到的信号进行解码，然后分析运算，再利用卫星将请求的信息传输给接收机，满足用户所需的各项服务。该系统中接收机坐标是根据接收机向卫星发送的信号经过的传播时间获得的，所以，Beidou I 卫星导航系统是一种有源定位系统。

由于采用主动式定位，在某一时刻，主控站需要响应所有用户的定位请求，因而系统容量有一定的限制，Beidou I 的平均用户容量约为 30 万个。

b. 通信原理

在 Beidou I 导航系统中，接收机与主控站、不同接收机之间均可实现双工通信。不同接收机加密方式设置不同，主控站总管全部通信内容的转发工作。主控站通过时分多址方式与系统中任一接收机进行通信，单次通信可传输 210 个字节，相当于 105 个汉字量。

接收机向主控站发送经加密码锁定的数据信息，主控站对该信息进行解调，获得原始信息，经过分析计算出的处理结果，并将结果发送至卫星，通过卫星转发给接收用户。当接收机观测到主控站发来的第 $I$ 帧信号，即以此时刻为基准，延迟预定时间 $T_0$ 并截取一段足够长的信号，以避免丢失数据造成无法解调，接收机通过对接收到的信号进行解调处理得到主控站的相关处理结果。整个过程结束后接收机发送应答信号给卫星，作为接收机对主控站的响应。

c. 授时原理

授时是指用户接收机根据卫星传输的数据信息调整本地时钟的钟差，使其与北斗标准时间同步从而使本地时钟达到非常高精度。Beidou I 授时方式有两种：单向授时和双向授时。

单向授时：用户接收机实时观测北斗卫星，并从卫星传输的数据中解析出时间信息，然后经过单方面的分析计算得出钟差并据此修正本地时间，使其与北斗标准时间同步，这种授时方式精度能够达到 30 ns。

双向授时：用户接收机实时观测北斗卫星，并接收其传输的数据信息，并将接收到的含有时标信号的数据信息通过北斗卫星发送给主控站，期间接收机不对数据信息进行解算，全部信息处理过程都由主控站实施，这种方式即为双向授时，其精度可以达到 10 ns。例如，主控站首先发送含有时标信号 $S_{T_0}$ 的数据信息，此时计时为 $T_0$ 时刻，该数据信号通过卫星转发给接收机，用户接收机对其进行简单处理后，再通过北斗卫星将该数据信息传输回主控站，即表示含有时标信号 $S_{T_0}$ 的数据信息经过一段时间间隔，在 $T_1$ 时刻返回主控站。主控站由此可算得时标信号的双向传播时间间隔为 $T_1-T_0$，进而可以得到单向传播时延并将其传输给接收机，接收机根据接收到的时标信号及单向传播时延修正本地时间，使其与北斗标准时间同步，实现双向授时。

d. 定位原理

基本原理：由于定位导航卫星个数限制，Beidou I 必须利用大地高程信息来完成用户的三维定位，即主控站根据定位导航卫星的三维坐标、星站伪距及接收机的大地高程三者构成的观测方程分析获得接收机的精确三维坐标。

系统定位原理如图 7.13 所示，分别以两颗定位导航卫星为球心，以星站伪距 $\rho_1$ 和 $\rho_2$ 为半径得到两个球面，显然两颗卫星间隔距离小于两个星站伪距之和，因此两球面一定能够相交，且接收机一定在该圆弧上，此时还需要一个附加信息来确定接收机在此圆弧上的具体位置。由于 Beidou I 的主控站配有电子高程地图，以其测得的接收机平面距地心高度为半径、以地心为球心得到另一个球面，上述交线圆弧与该球面必定存在交点，因此接收机的位置可唯一确定。

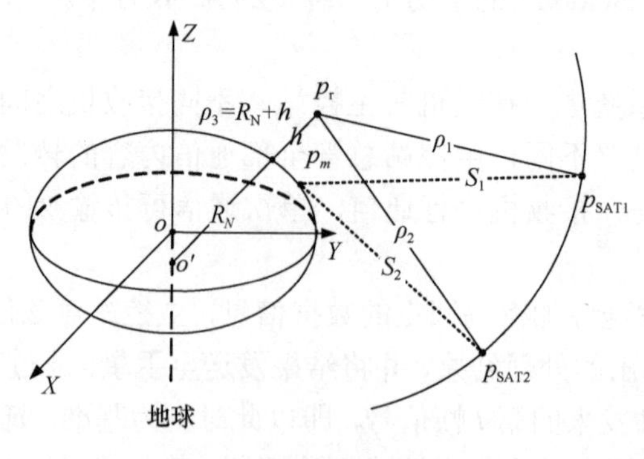


图 7.13　系统定位原理图

设 $p_{SATi}(x_{SATi}, y_{SATi}, z_{SATi}), i=1,2$ 为卫星坐标，$p_m(x_m, y_m, z_m)$ 为主控站坐标，

$p_r(x,y,z)$ 为接收机坐标，$p_{o'}(x_{o'}=0, y_{o'}=0, z_{o'}=-R_{\mathrm{N}}e^2\sin\varphi)$ 为接收机处椭球法线与短轴的交点坐标，$R_{\mathrm{N}}$ 为接收机处曲率半径，$e$ 为参考椭球偏心率，$\varphi$ 为测站点纬度。接收机与两定位导航卫星的距离分别为 $\rho_1$ 和 $\rho_2$，接收机 $\rho_0$ 与主控站的距离为 $\rho_3$，两定位导航卫星与主控站的距离分别为 $S_1$ 和 $S_2$。接收机坐标（$x$，$y$，$z$）未知，若要解出三个未知数，必须建立三个方程。通过卫星位置信息可以得到方程组（7.45）中的前两个方程，利用主控站的数字化地形图、接收机携带的测高仪可得到接收机大地高，从而得到第三个方程。联立式（7.45）所示的三个方程即可解算出接收机的坐标：

$$\begin{cases}\rho_1 = f(p_{\mathrm{SAT1}}, p_r)\\ \rho_2 = f(p_{\mathrm{SAT2}}, p_r)\\ \rho_3 = f(h, p_r)\end{cases} \tag{7.45}$$

下面就以三点交会法为例说明接收机坐标解算过程。

卫星与主控站和接收机的距离可分别表示为

$$\begin{cases}\rho_1 = f(p_{\mathrm{SAT1}}, p_r) = \sqrt{(x_{\mathrm{SAT2}}-x)^2+(y_{\mathrm{SAT2}}-y)^2+(z_{\mathrm{SAT2}}-z)^2}\\ \rho_2 = f(p_{\mathrm{SAT2}}, p_r) = \sqrt{(x_{\mathrm{SAT2}}-x)^2+(y_{\mathrm{SAT2}}-y)^2+(z_{\mathrm{SAT2}}-z)^2}\\ \rho_3 = f(p_{o'}, p_r) = \left[x^2+y^2+(z+R_{\mathrm{N}}e^2\sin\varphi)^2\right]^{1/2} = R_{\mathrm{N}}+h\\ S_1 = f(p_{\mathrm{SAT1}}, p_m) = \sqrt{(x_{\mathrm{SAT1}}-x_m)^2+(y_{\mathrm{SAT1}}-y_m)^2+(z_{\mathrm{SAT1}}-z_m)^2}\\ S_2 = f(p_{\mathrm{SAT2}}, p_m) = \sqrt{(x_{\mathrm{SAT2}}-x_m)^2+(y_{\mathrm{SAT2}}-y_m)^2+(z_{\mathrm{SAT2}}-z_m)^2}\end{cases} \tag{7.46}$$

式中，$h$ 为接收机大地高。

主控站能够实现定位需要的观测量是数据信息往返传播的时间，其中信号传播距离为 $D_1$（主控站与接收机之间信号传输的距离）和 $D_2$（两颗卫星之间的距离），相应的方程为

$$\begin{cases}D_1 = 2(S_1+\rho_1) = 2\left[f(p_{\mathrm{SAT1}}, p_m)+f(p_{\mathrm{SAT1}}, p_{x,y,z})\right]\\ D_2 = S_1+\rho_1+S_2+\rho_2 = f(p_{\mathrm{SAT1}}, p_m)+f(p_{\mathrm{SAT1}}, p_{x,y,z})+f(p_{\mathrm{SAT1}}, p_m)+f(p_{\mathrm{SAT1}}, p_{x,y,z})\\ D_3 = \rho_3 = f(p_{o'}, p_{x,y,z}) = R_{\mathrm{N}}+h\end{cases} \tag{7.47}$$

式中，除接收机三个位置参数（$X$，$Y$，$Z$）外，其他均为已知量，故方程可解。

由于 $\sin\varphi$ 和 $R_{\mathrm{N}}$ 均为近似值，解算出一次接收机坐标（$x$，$y$，$z$）后，可根据式（7.48）进行多次迭代找到最优解。

$$\begin{aligned}\varphi_{(k+1)} &= \mathrm{arctg}\left[z/(x^2+y^2)^{1/2}\left[1-\frac{e^2R_{\mathrm{N}(k)}}{R_{\mathrm{N}(k)}+h}\right]^{-1}\right]\\ R_{\mathrm{N}(k+1)} &= a\left[1-e^2\sin\varphi_{(k)}\right]^{-1/2}\end{aligned} \tag{7.48}$$

式中，$a$ 为椭球长半轴。当式（7.48）中的 $\varphi_{(k+1)}$ 和 $\varphi_{(k)}$ 的差值小于设定门限时迭代结束。

### 7.2.5　COMPASS 卫星导航系统

由于 Beidou I 卫星数量较少，因此其在信号覆盖范围、定位精度、隐蔽性、系统容量等方面存在很多不足，已不能满足用户的高精度导航需求，其他卫星导航系

统的发展也对 Beidou I 提出更高的挑战。为了弥补 Beidou I 卫星导航系统的不足，同时保留其能够完成报文通信的优点，我国于 2004 年开始筹建性能更高、覆盖面更广、技术更先进的 COMPASS 全球卫星导航系统。随着 2007 年和 2009 年先后成功向预定轨道发射 COMPASS 卫星并投入运行，标志着 COMPASS 卫星导航系统建设任务正式启动。作为北斗第二代卫星导航系统，COMPASS 既能够兼容 Beidou I，又与其在工作原理和性能上存在明显的区别：COMPASS 系统中接收机无须再发送应答信号，直接有其自身进行位置坐标解算，系统不再受到用户容量的限制，定位精确度也大幅度提高；采用多颗卫星代替上一代的双星进行定位，不再需要借助数字高程地图提供的数据进行定位；同时保留了 Beidou I 的报文和指令通信功能；定位与授时的精度都获得提高。

COMPASS 卫星导航系统能够提供开放和授权两种服务，其中开放服务主要提供非授权用户使用，其定位精度为 10 m，授时精度为 20 ns，测速精度为 0.2 m/s。授权服务主要提供授权用户使用，授权服务所获得的定位、授时、测速服务拥有较开放服务更高的精度。

## 1. 系统构成

### 1）空间段

COMPASS 的空间段包含 5 颗相对地球静止的定位导航卫星（GEO）和 30 颗相对地球运动的非静止定位导航卫星，其中 5 颗地球静止轨道卫星高度为 36 000 km，在赤道上空分布于 58.75°E、80°E、110.5°E、140°E 和 160°E；30 颗非静止定位导航卫星又可分为 27 颗中地球轨道（MEO）卫星和 3 颗倾斜同步轨道（IGSO）卫星两部分；27 颗 MEO 卫星分布在 3 个轨道平面上，轨道倾角为 55°，高度为 21 500 km。图 7.14 所示为 COMPASS 卫星轨道示意图。图 7.15 所示为 COMPASS 倾斜同步轨道卫星和中地球轨道卫星，由于二者运行方式不同，其在外形、结构、配置上均有所不同。

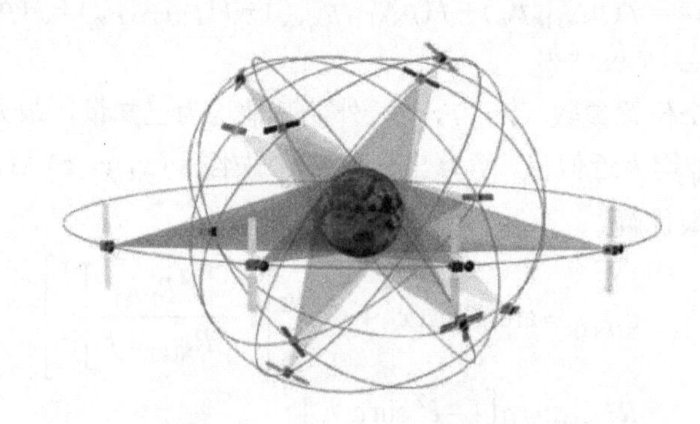

图 7.14　COMPASS 卫星轨道示意图

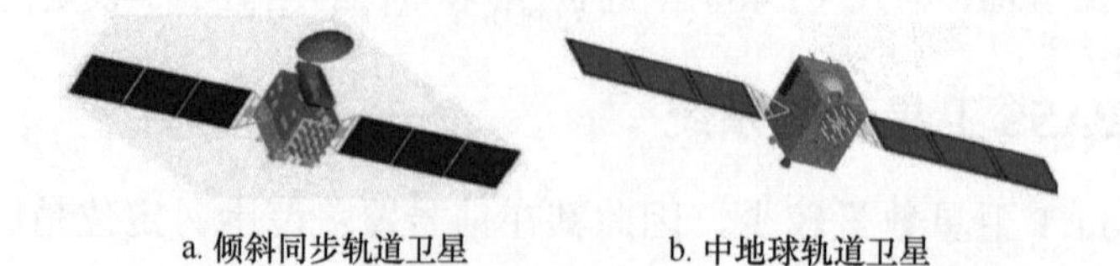

a. 倾斜同步轨道卫星　　b. 中地球轨道卫星

图 7.15　COMPASS 卫星

**2）地面段**

COMPASS 的地面段由主控站、注入站（2 个）和监测站（30 个）构成。监测站实时观测卫星运行动态及自身周边的地理环境变化，并将检测到的数据传输给主控站。主控站将监测站传输的数据信息连同导航电文、时间基准等数据一同传输给注入站，并根据相关信号调整卫星工作状态，保证 COMPASS 系统正常运转。注入站将卫星星历、导航电文、钟差和其他控制指令注入卫星。

## 2. 卫星信号

COMPASS 与 GPS、伽利略等系统在定位原理、载波频率等方面存在着诸多共同点。COMPASS 卫星将发射 4 种频率的信号，为了防止与其他卫星导航系统相同频段内的信号相互干扰，同时出于安全保密考虑，COMPASS 信号通常采用复用二元偏置载波（MBOC）、交替二元偏置载波（AltBOC）等调制方式。

首先将截取接收信号的一部分定义为

$$\hat{s}_b(t)=\begin{cases}s_b(t), & 0<t\leqslant t_0\\ 0, & t>t_0\end{cases} \tag{7.49}$$

式中，$t_0$ 为截取部分信号持续的时间，$t_0$ 的长度要适中，太长则有可能包含信号的下一个周期，太短则可能导致没有相关峰出现。信号的自相关可以表示为

$$\begin{aligned}R_{ss}&=\int_{-\infty}^{+\infty}s_b(t+\tau)\hat{s}_b^*(\tau)\mathrm{d}\tau\\&=\int_{-\infty}^{+\infty}s_b(\tau)\hat{s}_b^*(\tau-t)\mathrm{d}\tau\\&=\int_{t}^{t+t_0}s_b(\tau)s_b^*(\tau-t)\mathrm{d}\tau\end{aligned} \tag{7.50}$$

式中，$\tau$ 为信号步长。

假设噪声 $n_b(t)$是均值为 0 的高斯白噪声，将式（7.49）代入式（7.50）可得

$$\begin{aligned}R_{ss}=&\int_{t}^{t+t_0}\left[D(\tau-\tau_d)\exp\left(j2\pi f_D t+\theta\right)\right]\times\\&\left[D(\tau-\tau_d-t)C(\tau-\tau_d-t)\exp\left(j2\pi f_D(\tau-t)+\theta\right)\right]\mathrm{d}\tau\\=&\exp\left(j2\pi f_D t\right)\int_{t}^{t+t_0}D(\tau-\tau_d)C(\tau-\tau_d)D(\tau-\tau_d-t)C(\tau-\tau_d-t)\mathrm{d}\tau\end{aligned} \tag{7.51}$$

载频 B1 和 B2 上调制的 PRN 码都是码长 2046 bit 的 Gold 码，由 11 级移位寄存器产生，B1 的 I 通道 Gold 码生成多项式如表 7.1 所示，是由两个 11 级移位寄存器模 2 生成。B1 的 I 通道 Gold 码发生器原理图如图 7.16 所示。

**表 7.1　B1 的 I 通道码生成多项式及初始状态**

| 项目 | 对应的式子 |
|---|---|
| 多项式 1 | $x^{11}+x^{10}+x^9+x^8+x^7+x+1$ |
| 初始状态 1 | [0 1 0 1 0 1 0 1 0 1 0] |
| 多项式 2 | $x^{11}+x^9+x^8+x^5+x^4+x^3+x^2+x+1$ |
| 初始状态 2 | [0 0 0 0 0 0 0 1 1 1 1] |

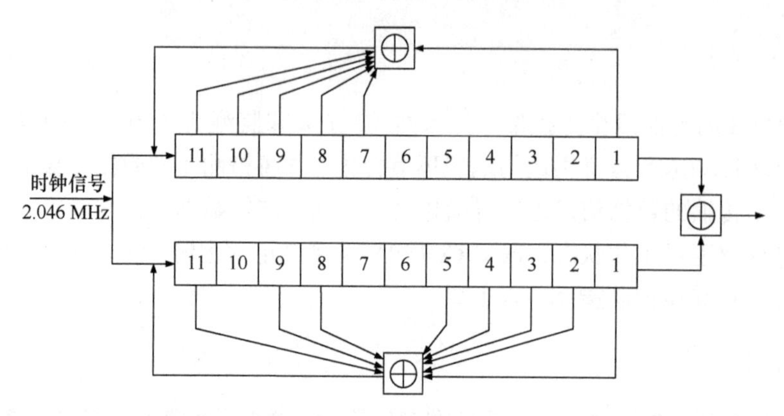


图 7.16　COMPASS B1 的 I 通道码生成器结构

B3 扩频码的前、后两段由 26 级移位寄存器生成，前段和后段的扩频码序列均由两个 13 级的移位寄存器模 2 生成，如图 7.17 所示。实际上，B3 扩频码的前、后两段使用的是相同的 13 级移位寄存器，只是初始状态的最后一位有所不同，表 7.2 和表 7.3 分别给出 B3 扩频码前段信号和后段信号的生成多项式和初始状态，利用生成多项式和初始状态分别得到 B3 扩频码前段和后段。

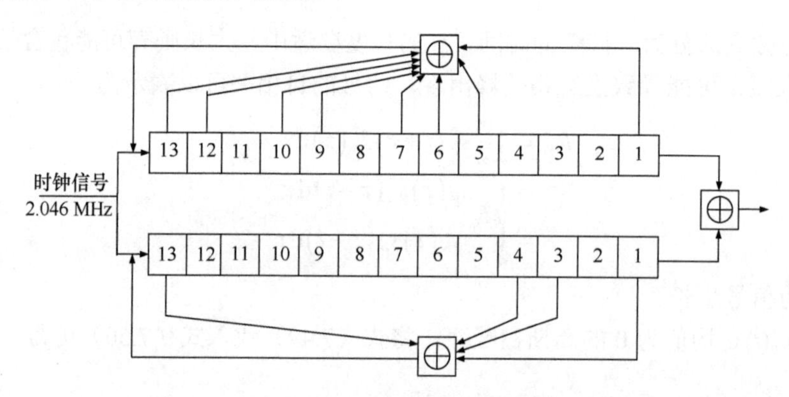


图 7.17　COMPASS B3 的 I 通道前段码发生器结构

**表 7.2　B3 的 I 通道前段信号生成多项式及初始状态**

| 项目 | 对应的式子 |
|---|---|
| 多项式 1 | $x^{13}+x^{12}+x^{10}+x^9+x^7+x^6+x^5+x+1$ |
| 初始状态 1 | [1 1 1 1 1 1 1 1 1 1 1 1 0] |
| 多项式 2 | $x^{13}+x^4+x^3+x+1$ |
| 初始状态 2 | [1 1 1 1 1 1 1 1 1 1 1 1 1] |

**表 7.3　B3 的 I 通道后段信号生成多项式及初始状态**

| 项目 | 对应的式子 |
|---|---|
| 多项式 1 | $x^{13}+x^{12}+x^{10}+x^9+x^7+x^6+x^5+x+1$ |
| 初始状态 1 | [1 1 1 1 1 1 1 1 1 1 1 1 1] |
| 多项式 2 | $x^{13}+x^4+x^3+x+1$ |
| 初始状态 2 | [1 1 1 1 1 1 1 1 1 1 1 1 1] |

### 7.2.6　卫星导航系统的兼容性与互操作性

随着 GNSS 的全面发展，欧洲的 Galileo 和中国的 COMPASS 都将会像美国的 GPS、俄罗斯的 GLONASS 一样，成为全球性的导航定位系统。目前，GPS 应用最为广泛，随着先进科学技术的发展，其各项性能也会日益提高；GLONASS 受其频分多址（FDMA）接入方式的影响，想要普及推广还需要进一步发展；Galileo 是全球第一个基于民用建设的定位系统，它开放地为用户推出商业服务、搜索救援、生命安全服务等多项内容；中国的 COMPASS 系统自 2012 年开始提供服务，展现出极其优良的性能，因此其应用也日益广泛。各卫星导航系统既有很多共同点，又各具特点，卫星导航系统正进入多系统并存、多技术融合的新发展阶段。

目前，上述 4 种定位导航系统都已投入运行，全球定位导航卫星数目超过 100 颗，因此，能够兼容多系统、多频段的接收机的研制成为不可避免的发展方向。相较单一定位导航系统，GNSS 组合定位有着显著的优势：多个载波频率的组合使用，有利于减弱电离层效应的影响和载波相位整周模糊度的实时快速解算；定位导航卫星数量加多，必然能够使用户定位精度提高，同时对改善系统的完好性、连续性和可用性有着十分重要的意义。

实现多系统组合定位的前提是各卫星定位导航系统之间存在兼容性（compatibility）和互操作性（interoperability）。美国 2004 年对 GPS 的兼容性和互操作性作出如下定义：兼容性是指单独或联合使用美国空基定位、导航，以及授时系统和其他相应系统提供的服务时互相不干扰；互操作性是指联合使用美国民用空基定位、导航和授时系统及国外相应系统提供的服务，从而在用户层面提供较好的性能服务，理想的互操作性意味着应用不同系统的信号进行导航定位时，不产生额外的消耗。

不同的卫星定位导航系统在坐标系统、体系结构、调制方式、时间系统等方面有所不同，这为系统兼容和互操作加大了难度。GNSS 中不同系统之间的兼容性和互操作性主要体现在时空基准和空间信号两方面。

GNSS 体系中各系统都有各自的时间基准和坐标系，因此要实现不同系统间的兼容性和互操作性就必须设定一个共同的框架，在空间上指明用户和卫星的位置，在时间上指明用户和卫星的时钟偏差的时间标度。为实现上述要求通常采用共用中心频率及频谱重叠方法。另外通过上述方法虽然能够实现系统间的协同工作，但为了将两个信号从频谱上分离开来以确保信号间的干扰最低，通常还需要应用不同的信号调制方法或参数。

#### 1. 兼容性与互操作性的具体体现

**1）载波频率**

为了能使多系统中用户接收机的结构更加简单，必须先保证载波频率的兼容性。图 7.18 所示为 GNSS 系统已经采用和计划采用的主要频率占用情况，GPS 载波采用了 3 个频段，Galileo 和 COMPASS 都采用了 4 个频段，由于 GLONASS 系统是基于频分多址原则建立的，每颗卫星获得的频率都不相同，因此其应用的载波频率较多。由图可见，COMPASS 和 Galileo 系统所占用的几个频段多数重叠，兼容性较好，Galileo 的 E5 与 GPS 的 L5、COMPASS 的 B2 频段重叠，Galileo 的 E6 与 GLONASS 的 L2、COMPASS 的 B3 频段重叠，Galileo 的 E2-L1-E1 与 COMPASS 的 B1 和 B1-2、GLONASS 的 L1、GPS 的 L1 频段重叠。各卫星定位导航系统之间存在频段的重叠现象，这也使信号的兼容成为可能，同时这也使接收机的设计得以简化。当然，各系统之间由于载波频段重叠也会引起信号干扰的问题，由于各系统采用不同的信号调制方式，这种干扰并不会太强。

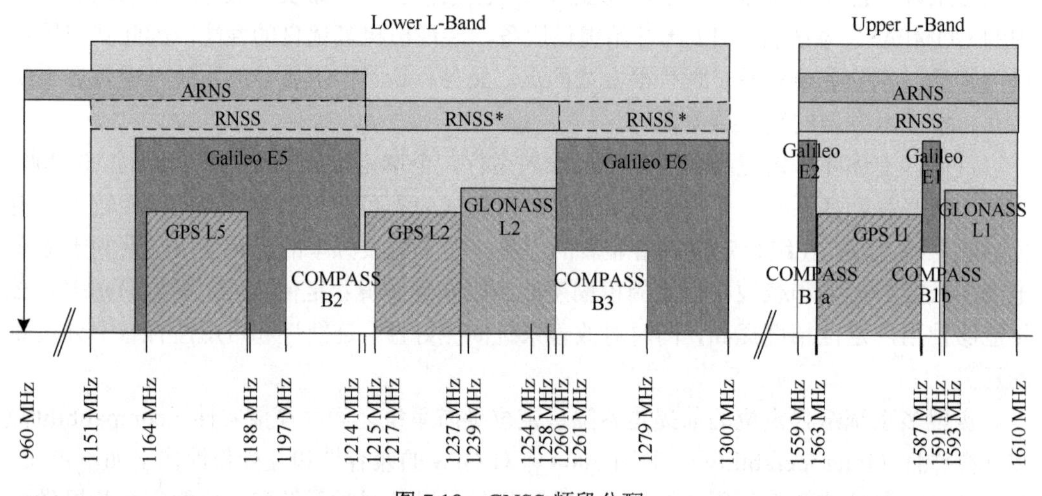


图 7.18　GNSS 频段分配

**2）坐标系**

不同卫星定位导航系统分别有着各自的坐标系统。GPS 采用 WGS-84 坐标系，GLONASS 采用 PZ-90 坐标系，Galileo 采用了全球参考框架 GTRF 坐标系，而 COMPASS 采用了中国 2000 国家大地坐标系。4 个不同的坐标系之间存在一定差异，因此为了实现各系统的兼容，在进行数据融合时必须进行坐标系的统一。

**3）时间基准**

时间基准作为卫星定位系统中另外一个关键因素，其精度与定位精度密切相关。GPS 采用的是不含跳秒改正的 GPST 时间系统；Galileo 采用的是国际原子时 GST；GLONASS 时间系统采用的是苏联的含有跳秒改正莫斯科协调世界时 UTC（SU）；而 COMPASS 采用的是 BDT 时间系统。虽然四者分别采用不同的时间系统，但它们都与协调世界时存在转换关系，可以转换为统一、兼容的时间基准。

**4）星座配置**

星座配置的兼容性是指单个全球定位系统完成星座最优配置的基础上，尽量完成与其他星座的互补性。这种兼容性要求不同系统星座性能、轨道参数与星座构型在某种判定准则下能达到最优的配置方案。

## 2. GPS 与北斗导航的主要区别

**1）覆盖范围**

北斗导航系统作为一个区域导航系统，其工作区域为 70°～140°E，5°～55°N 的中国本土。GPS 是覆盖全球的全天候导航系统。能够确保地球上任何地点、任何时间能同时观测到 6～9 颗卫星（实际上最多能观测到 11 颗）。

**2）卫星数量和轨道特性**

北斗导航系统是在地球赤道平面上设置 2 颗地球同步卫星颗卫星的赤道角距约 60°。GPS 是在 6 个轨道平面上设置 24 颗卫星，轨道赤道倾角 55°，轨道面赤道角距 60°。航天卫星为准同步轨道，绕地球一周 11 h 58 min。

**3）定位原理**

北斗导航系统是主动式双向测距二维导航。地面中心控制系统解算，供用户三维定位数据。GPS 是被动式伪码单向测距三维导航。由用户设备独立解算自己三维定位数据。

**4）定位精度**

北斗导航系统三维定位精度约几十米，授时精度约 100 ns。GPS 三维定位精度 P 码目前已由 16 m 提高到 6 m，C/A 码目前已由 25～100 m 提高到 12 m，授时精度目前约 20ns。

**5）用户容量**

由于北斗导航系统采用主动式双向测距机制，用户设备不仅要接收系统发送的询问信号，还需要对卫星回馈应答信号，据此北斗导航系统的用户容量受用户的响应频率、信道阻塞率、询问信号速率等的影响。因此，北斗导航系统所能支持的设备容量是有限的。GPS 是单向测距系统，用户设备可以通过接收的导航电文分析定位，因此 GPS 的用户设备容量是无限的。

**6）生存能力**

“Beidou I”是基于控制站和卫星进行工作的，但是由于其定位解算都在控制站完成，使得“Beidou I”对控制站的依赖性过强。而 GPS 最新研究的星际横向数据链技术，使 GPS 卫星可以在主控站不能正常工作的情况下能够独立运行。而“Beidou I”系统从原理上无法应用类似技术，因此一旦控制站受损，系统就不能继续工作了。

**7）实时性**

“Beidou I”用户的定位申请首先需发送给控制站，控制站将分析计算得到的用户三维坐标数据通过卫星发回用户，整个过程要经过控制站的处理和卫星转发，这就导致较大时间延迟的产生，因此对于高速运动体，定位的误差也会增大。

# 7.3　农 机 导 航

## 7.3.1　农机导航的关键技术

在农机自动导航中，最常见的农机运动学模型是二轮车模型。在该模型中，将农机简单当做二轮车，用4组参量来描述农机当前姿态：一是在大地直角坐标系中农机后轮中心的坐标C（$x$，$y$）；二是农机当前的航向角 $\varphi$；三是转向轮当前的转角 $\delta$；四是农机当前的速度矢量 $v$。另外还有一个常量，即农机前后轮的轴距 $L$。农机运动模型即是根据运动学原理，描述上述这些参量的相互关系的模型，如式（7.52）所示：

$$\begin{cases} \dot{x} = v\cos\varphi \\ \dot{y} = v\sin\varphi \\ \dot{\varphi} = \dfrac{v\tan\delta}{L} \end{cases} \tag{7.52}$$

式中，$x$、$y$ 为农机后轮中心在大地直角坐标系统中的坐标；$\varphi$ 为农机当前的航向角；$\delta$ 为转向轮当前的转角；$v$ 为农机当前的速度矢量；$L$ 为农机前后轮的轴距。

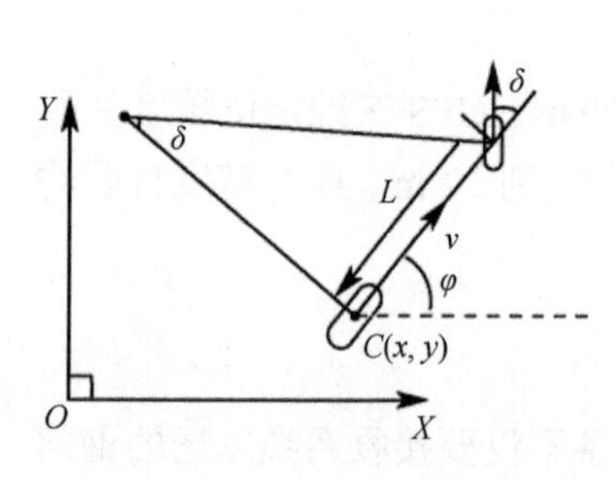


图 7.19　农机运动学模型的导航路径跟踪

基于农机运动学模型的导航路径跟踪（图 7.19），就是根据农机当前位置、航向参数，确定农机转弯方向、转动角度，以实现农机沿着规划路线行驶的目的。在二轮车模型的基础上，建立以农机航向误差及其变化率、转向轮偏角及其变化率和位置误差为状态变量的农机运动学模型，并且对该运动学模型进行线性化逼近，然后基于线性化后的模型设计出最优导航控制器，并将其应用到约翰迪尔的7800型拖拉机上进行拖拉机导航控制试验，能够取得很好的路径跟踪控制效果（O'Connor et al.，1996；O'Connor，1997）。

## 7.3.2　基于农机动力学模型的导航路径跟踪控制方法

由于农田环境的多变性、农机负载的不确定性及农机本身的复杂性，农机导航控制系统具有不确定性，即基于运动学模型的不具有鲁棒性，其路径跟踪控制方法也不能达到理想效果。为此，人们开始考虑基于农机动力学模型的导航控制方法。根据牛顿第二定律（假设 $\delta$、$\beta$ 很小），可以得到农机的横向力和力矩平衡方程如式（7.53）所示：

$$\begin{cases} m(v\dot{\beta} + v\gamma) = F_f + F_r \\ I_z\dot{\gamma} = L_f F_f - L_r F_r \end{cases} \tag{7.53}$$

式中，$F_f$、$F_r$ 分别为作用在农机前后轮上的横向力；$L_f$、$L_r$ 分别为农机前轮和后轮到农机质量中心的距离；$m$ 为农机的质量；$I_z$ 为农机的转动惯量；$\gamma$ 为农机的横摆角速度；$\beta$ 为农机的车体侧偏角。

### 7.3.3 模型无关的导航路径跟踪控制方法

为了避免建模不准确或者模型参数剧烈变化对农机路径跟踪控制性能所产生的负面影响，采用与模型无关的控制方法进行农机路径跟踪控制器的设计。由于其设计过程中不依赖于数学模型，对线性或者非线性控制对象都适用，所以在农机导航控制领域 PID 方法也得到大量的应用。纯追踪方法是一种几何方法，如图 7.20 所示。不涉及复杂的控制理论知识，具有控制参数少、算法设计具有预见性等特点，在农机导航控制领域也得到应用。

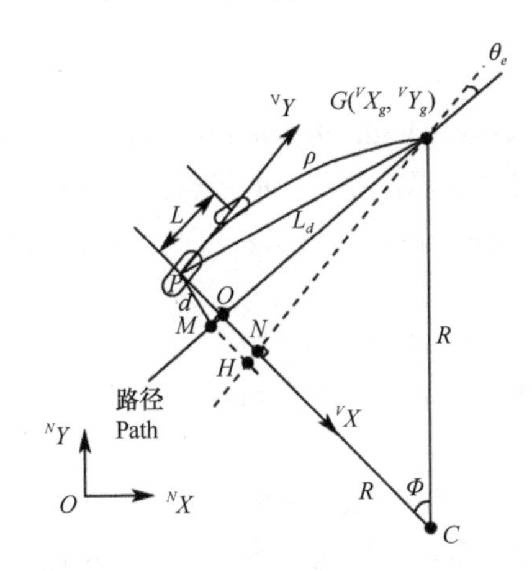


图 7.20　纯追踪方法的几何表达

图 7.20 中，$G$（$^VX_g$，$^VY_g$）为目标点在农机本体坐标系中的坐标；$\rho$ 为农机瞬时转弯曲率；$R$ 为农机的瞬时转弯半径；$d$ 为农机相对于路径的横向位置误差；$L_d$ 为前视距离；$\theta_e$ 为农机当前航向和目标点处期望航向之间的误差；$\Phi$ 为农机沿着转向弧线到达目标点时的航向变化角度；$^VX$，$^VY$ 为农机瞬时速度的横向、纵向分量。

#### 1. 自动驾驶车辆路径规划分类

根据对环境信息了解情况和障碍物状态的不同，移动机器人的路径规划可总结为以下 4 类：已知环境下的对静态障碍物的路径规划、未知环境下的对静态障碍物的路径规划、已知环境下对动态障碍物的路径规划、未知环境下的对动态障碍物的路径规划。

#### 2. 路径规划步骤

无论自动驾驶车辆采用哪种方式的路径规划都要遵循建立环境模型和路径搜索方法的步骤。

#### 3. 路径规划方法

**1）传统路径规划方法**

a. 自由空间法（free space approach，FSA）

基于简化思维，将机器人看作一点，然后根据其尺寸将障碍物及边界进行扩大，使代表机器人的这一点在障碍物空间可以在边界不发生碰撞的前提下任意活动。

b. 图搜索法

以连通图的形式描述根据预设的几何结构构造的自由空间，然后通过搜索连通图进行路径规划。这种方法应用过程中改变起始坐标和终点坐标都需要重构连通图，因此比较灵活，但是当障碍物增加时，算法也随之变得更加复杂，且不一定能找到最短路径。

c. 人工势场法（artificial potential field，APF）

人工势场法是把机器人工作环境模拟成一种力场。目标点对机器人产生引力，障碍物对机器人产生斥力，通过求合力来控制机器人的运动。

**2）智能路径规划方法**

a. 基于模糊逻辑算法（fuzzy logic algorithm，FLA）的机器人路径规划

此方法基于传感器的实时信息，参考人的经验，通过查表获得规划信息，实现局部路径规划。通过把约束和目标模糊化，利用隶属度函数寻找使各种条件达到满意的程度，在模糊意义下求解最优解。

b. 基于神经网络（NN）的机器人路径规划

主要是基于神经网络结构构造出来能量函数，根据路径点与障碍物位置的关系，选取动态运动方程，规划出最短路径。

c. 基于遗传算法（GA）的机器人路径规划

遗传算法运算进化代数众多，占据较大的存储空间和运算时间，本身所存在的一些缺陷（如解的早熟现象、局部寻优能力差等），保证不了对路径规划的计算效率和可靠性的要求。为提高路径规划问题的求解质量和求解效率，研究者在其基础上进行改进（Baio，2012；刘晓光等，2014；刁智华等，2015；王晓燕，2009）。

### 7.3.4 农机自动导航应用

随着我国大型农场的不断发展及农业土地资源的日益匮乏，精准农业技术的快速发展将变得日益重要。随着精准农业技术相关研究的不断深入和应用的不断成熟，可以预测相关技术和产品的销售产值将在数百亿元以上。我国也自主研发了一套适合中国国情的精准农业的解决方案，将农场信息化、GIS 采集、测量、农机自动化、农田变量信息有效地结合，提供一整套系统用于农场的现代化管理（吴刚等，2010）。

#### 1. 导航与机械自动驾驶系统功能

BDS/GPS 导航与自动驾驶技术在农业机械上的应用，可以保证实施农田作业时行距间的精度，减少农作物生产成本，提高农艺作业质量，避免作业过程的重漏，增加经济效益。

#### 2. BDS/GPS 导航与机械自动驾驶系统组成

系统由 BDS/GPS 高精度差分基准站、BDS/GPS 车载导航终端、系统控制软件和液压控制自动驾驶模块 4 部分组成，如图 7.21 所示。

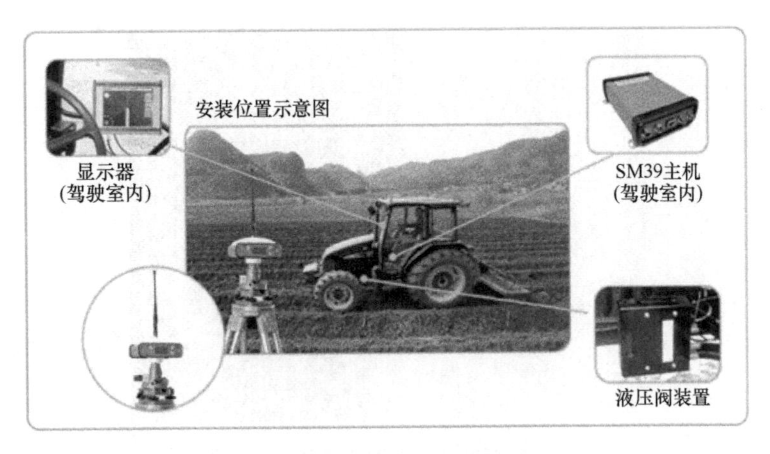


图 7.21　BDS/GPS 系统构成

### 3. BDS/GPS 车载导航终端

根据用户不同精度的作业，可选择不同耕种模式，设置相关的参数。用户界面如图 7.22 所示。

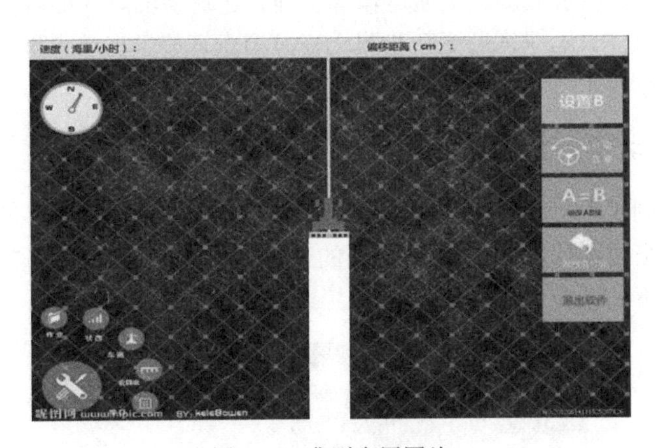


图 7.22　典型应用图片

在 $A$=$B$ 自动驾驶行走模式下，选择起始点 $A$ 和终点 $B$，系统将生成以 $A$、$B$ 两点连线组成的导航线，选择自动驾驶后，系统将控制拖拉机根据导航线的指引方向行驶（陈娇，2009；孙元义等，2007）。图 7.22 中，白色区域表示已参加了耕作过程的地域，拖拉机掉头后，将根据实际需要重新虚拟显示出新的导航线，农机在导航线上自动行驶（马红霞等，2013）。系统可保存作业数据，可降低成本、提高效率和便于管理。

### 4. BDS/GPS 高精度差分基准站

BDS/GPS 差分基准站可建立永久性 CORS 系统广播差分数据，也可采用便携式一体化 BDS/GPS 基准站，通过数据链广播差分信号给作业的农机，实现实时动态精确定位，如图 7.23 所示。

连续运行卫星定位服务系统（continuous operational reference system，CORS）是农场位置综合服务系统的基础数据提供者，它是永久性参考站，通过网络互联，构成新一

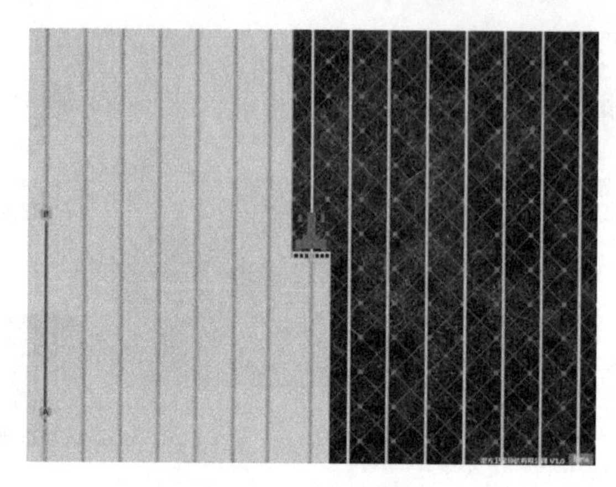

图 7.23　典型应用图片

代的网络化的卫星定位综合服务系统，不仅可以提供高精度、连续的时间和空间基准，并能向各相关部门提供数据服务（司永胜等，2010；王新忠等，2012）。CORS 可为社会各行业——诸如工程设计、气象、抢险救灾、交通等提供迅速、可靠、有效的信息服务，满足基础测绘、滑坡监测、交通运输部管理、建筑物沉降变形监测、气象预报、移动目标的导航与监控、地理信息更新和国土资源调查等信息需求（李茗萱等，2013；李益农等，2005；李建平，2006）。

## 5. 液压控制自动驾驶模块

通过液压控制实现自动转向控制的自动驾驶功能，可减轻操作手的工作强度，实现 24 h 连续作业（张智刚等，2006）。其主要的工作过程如图 7.24 和图 7.25 所示，图 7.26 展示了该种方式下的农业作业效果。

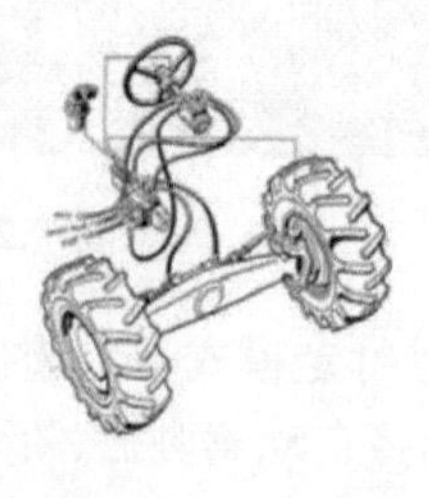

图 7.24　自动导航的液压机构控制关联

图 7.25　系统安装图片

图 7.26　农机自动导航作业效果

应用 BDS/GPS 高精度导航与机械自动驾驶，最大限度地提高土地利用率，减少化肥、农药重复浪费，提高工作效率，广泛应用于起垄、收割、施肥、喷药、覆膜、插秧、采棉、平地等（罗锡文等，2009；Marchant et al.，1997；伟利国等，2011）。该系统已成为现代农业智能化、信息化发展的一个重要技术支撑。

## 参 考 文 献


陈娇, 姜国权, 杜尚丰, 等. 2009. 基于垄线平行特征的视觉导航多垄线识别. 农业工程学报, 25(12): 107-113.

刁智华, 王会丹, 宋寅卯. 2015. 基于机器视觉的农田机械导航线提取算法研究. 农机化研究, 37(2): 35-39, 45.

李建平, 林妙玲. 2006. 自动导航技术在农业工程中的应用研究进展. 农业工程学报, 22(9): 232-236.

李茗萱, 张漫, 孟庆宽, 等. 2013. 基于扫描滤波的农机具视觉导航基准线快速检测方法. 农业工程学报, 29(1): 41-47.

李益农, 许迪, 李福祥, 等. 2005. GPS 在农田土地平整地形测量中应用的初步研究. 农业工程学报, 21(1): 66-70.

刘晓光, 胡静涛, 王鹤. 2014. 基于自适应鲁棒滤波的组合导航方法研究. 仪器仪表学报, 35(5): 1013-1021.

罗锡文, 区颖刚. 2005. 农用智能移动作业平台模型的研制.农业工程学报, 2: 83-85.

罗锡文, 张泰岭, 洪添胜. 2001. "精细农业"技术体系及应用. 农业机械学报, 32(2): 103-106.

罗锡文, 张智刚, 赵祚喜, 等. 2009. 东方红 X-804 拖拉机的 DGPS 自动导航控制系统. 农业工程学报, 25(11): 139-145.

马红霞, 马明建, 马娜, 等. 2013. 基于 Hough 变换的农业机械视觉导航基准线识别. 农机化研究, 35(4): 37-43.

司永胜, 姜国权, 刘刚, 等. 2010. 基于最小二乘法的早期作物行中心线检测方法. 农业机械学报, 41(7): 163-185.

孙元义, 张绍磊, 李伟. 2007. 棉田喷药农业机器人的导航路径识别. 清华大学学报: 自然科学版, 47(2): 206-209.

汪懋华. 1999. 精细农业发展与工程技术创新. 农业工程学报, 15(1): 1-8.

王晓燕, 陈媛, 陈兵旗, 等. 2009. 免耕覆盖地秸秆行茬导航路径的图像检测. 农业机械学报, 40(6): 158-163.

王新忠, 韩旭, 毛罕平, 等. 2012. 基于最小二乘法的温室番茄垄间视觉导航路径检测.农业机械学报, 43(6): 161-166.

伟利国, 张权, 颜华, 等. 2011. XDNZ630 型水稻插秧机 GPS 自动导航系统. 农业机械学报, 42(7): 186-190.

吴刚, 谭彧, 郑永军, 等. 2010. 基于改进 Hough 变换的收获机器人行走目标直线检测. 农业机械学报,

41(2): 176-179.

张伟. 1997. 农业发展的新课题——精确农业.农业工程学报, 13: 249-256.

张智刚, 罗锡文, 周志艳, 等. 2006. 久保田插秧机的 GPS 导航控制系统设计. 农业机械学报, 37(7): 95-96, 82.

赵琳, 丁继成, 马雪飞. 2011. 卫星导航原理及应用. 杭州: 浙江大学出版社.

周俊, 张鹏, 宋百华. 2010. 农业机械导航中的 GPS 定位误差分析与建模. 农业机械学报, 41(4): 189-192, 198.

Baio F H R. 2012. Evaluation of auto-guidance system operating on a sugar cane harvester. Precision Agriculture, 13: 141-147.

Dong Z L, Zhang Q. 2002.The evaluation electrohydraulic steering control algorithm.Chicago: Proceedings of the ASAE Annual International Meeting: 1.

Eenson E R, Reid J F, Zhang Q. 2003. Machine vision-based guidance system for an agricultural small-grain harvester. Transactions of the ASAE, 46(4): 1255-1264.

Hu H, Zhang Q. 2002. Realization of programmable control using a set of individually controlled electro hydraulic valves. International Journal of Fluid Power, 2: 29-34.

Marchant J A, Hague T, Tillett N D. 1997. Row-following accuracy of an autonomous vision-guided agricultural vehicle. Computers and Electronics in Agriculture, 16(2): 165-175.

O'Connor M L. 1997. Carrier-phase differential GPS for automatic control of land vehicles. Stanford: Stanford University.

O'Connor M L, Bell T, Elkaim G, et al. 1996. Automatic steeringof farm vehicles using GPS. Precision Agriculture, 3: 767-777.

Torisu R, Hai S, Takeda J, et al. 2002. Automatic tractor guidance on sloped terrain. Journal of the Japanese Society of Agricultural Machinery, 64(6): 88-95.

Zhang Q. 2003. A generic fuzzy electrohydraulic steering controller for off-road vehicles. Proceedings of the Instrument Mechanical Engineering, 217: 791-799.

# 第 8 章　农业遥感技术

## 8.1　概　　述

遥感（remote sensing，RS）是信息科学的重要组成部分，是获取人类生存空间信息的主要技术手段，在军事、国防、农业、测绘、气象等领域得到广泛的应用。目前，遥感技术在理论研究、技术支持和现实应用中发生了日新月异的变化。一方面，遥感数据源向着更高的光谱和空间分辨率发展，信息处理技术更加稳定；另一方面，遥感结合地理信息系统（geographic information system，GIS）和全球定位系统（global position system，GPS），向着更系统化、定量化的方向发展。这使得遥感技术能够全面快速高效率地探明地球资源的分布情况（Pandey et al.，2007；白淑英和徐永明，2013）。

遥感在农业、林业、地质勘探等行业都有着广泛应用。早在 20 世纪 20 年代，人们就开始使用航空遥感调查农田面积；60 年代后，将多光谱成像技术引入遥感测量，在测量并获取了大量的植被、土壤的光谱特性后，结合遥感的大数据，建立了巨大的地物波谱数据库，扩展了农业遥感的应用范围，常见的如农民关注的灾害预警、产量估计及资源调查等。

农业遥感技术作为空间科学、地球科学、信息科学和农学等多种学科的交叉与综合技术，为人类提供了从多方位和宏观角度去认识农业的新方法和新手段。因此，在农业发展的新阶段，人们运用遥感技术开展作物生理和长势信息、农业灾害检测与评估等工作，将农业决策的科学化提升到一个新的水平（何勇和赵春江，2010；Youlu，2004；余凡和赵英时，2011）。

### 8.1.1　农业遥感的定义

狭义的遥感技术特指空中对地面物体的遥感，即在一定的高度（如低空飞机、高塔、卫星等），收集对地面目标的电磁波信息，对地球的资源与环境进行探测和监测的综合性技术。广义的遥感也就是说遥远感知，通常是指应用传感器，在不直接接触被测物的情况下，获取并收集目标物体的电磁波、电场、磁场和地震波等信息，处理解析后完成物体属性及其分布等特征定性、定量分析的技术。

农业遥感技术（agricultural remote sensing technology，ARST），简称农业遥感，它是将遥感技术与农业类各学科及其技术相结合，作为服务农业发展的一门综合性技术。农业遥感作为遥感中的一种，是指利用遥感技术进行农业病虫害监测、资源调查、农业农作物产量估算、土地利用现状分析等农业应用的综合技术。它将多尺度、多时相、多技术手段的遥感图像应用于耕地资源调查、农作物估产、森林的木材储蓄量检测、农林灾情（水、火、旱、病虫等）监测、作物长势监测、精确农业中的作物营养亏缺信息获取和农林区划等农业生产过程的各个方面（严泰来和王鹏新，2008；韩秀梅和张建民，2006）。

### 8.1.2　遥感技术的分类

遥感技术内容广泛，因而分类依据各异。可按其成像机制、空间分辨率、载荷平台高度和传感器探测波段对其应用领域进行划分。

从遥感的成像机制来划分，可将其分为主动遥感和被动遥感。主动遥感是用人工发射的光源，如波长处于微波范围的雷达电磁波；被动遥感一般借助的是自然光源，从而获取被测物信息。

从遥感的空间分辨率来划分，可将其分为低、中、高三种空间分辨率遥感，如表 8.1 所示。

**表 8.1　遥感按空间分辨率分类**

| 分类 | 空间分辨率 | 特点 |
| --- | --- | --- |
| 低空间分辨率遥感 | ＜10 m | 数据覆盖面积大、宏观，适用于反映较大占地面积的地物，图像粗糙模糊 |
| 中空间分辨率遥感 | 10～30 m | 数据覆盖面积适中，图像相对清晰 |
| 高空间分辨率遥感 | ＞30 m | 数据覆盖面积小，单位面积的数据价格高，图像清晰 |

在实际工作中，空间分辨率的选择取决于应用目标。空间分辨率只是其中一项评价遥感图像质量的指标。

按照遥感测量的高度可分为卫星遥感、航空遥感和地面遥感。卫星遥感传感器置于航天飞行器上，其图像数据价格相对低廉，供应有保障，时效性强而获得用户的青睐。航空遥感传感器置于航空器上，其图像清晰度高，机动性强。地面遥感的传感器设置在地面平台上，如用地面专用汽车装载雷达遥感天线，实施对地下探测，绘制地下管道分布图等。

按照传感器探测的电磁波波段可分为多光谱遥感、微波遥感、红外遥感、可见光遥感和紫外遥感等。

按照实际应用的特点和功能，可以分成如图 8.1 所示的几类。

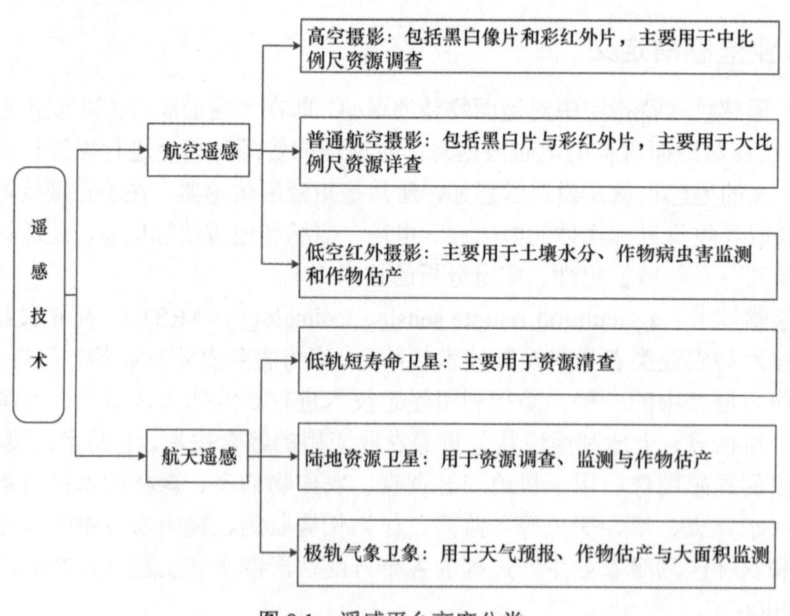


图 8.1　遥感平台高度分类

### 8.1.3　农业遥感系统的组成

根据定义，农业遥感系统主要包含以下 5 个部分：信息来源、信息的获取过程、信息的传输与记录、信息的处理和信息的应用。具体参见表 8.2。

**表 8.2　农业遥感系统的主要组成部分**

| 主要部分 | 含义 |
| --- | --- |
| 信息来源 | 也就是遥感监测的目标物，一切事物（除了绝对黑体）都会产生反射、吸收、透射及辐射等现象，具有其自身特性的电磁波，通过对信息源辐射电磁波的监测与分析，反演出作物的生长相关信息是农业遥感探测的依据所在 |
| 信息的获取过程 | 借助特定设备收集、记录目标物所反射或者辐射的电磁波特性的过程。信息获取的装备主要包括传感器和遥感平台。传感器是一种器件，它通过某种媒介，“感受”信息源的反射或辐射信息，并将这种信息以一定方式表达出来。传感器的样式多种多样，最常见的是摄像机，它用胶片或磁带记录信息，最后呈现出目标物的图像。另外，常用的传感器有航空摄像机、全景摄影机、多光谱摄影机、多光谱扫描仪、专题制图仪、反束光导摄像管等。遥感平台是用来搭载传感器的运载工具，常用的有地面遥感车、气球、无人机、飞机和人造卫星 |
| 信息的传输与记录 | 将收集的数据记录在储存设备（通常是数字磁介质或胶片）中。遥感常用的胶片，或是由人或回收舱送至地面回收，或是使用硬盘等数字磁介质，并通过卫星上的微波天线传送到地面的卫星接收站，经过一定的处理后，再提供给用户 |
| 信息的处理 | 对遥感数据进行校正、分析和解译处理的技术过程。它需要从海量的、复杂的数据，包括含有大量噪声的数据中提取出人们感兴趣的部分，通常包括遥感信息的恢复、辐射及卫星姿态的校正、变换分析和解译处理等几个步骤 |
| 信息的应用 | 它是农业遥感信息获取的主要目的，具体就是为了达到不同的目标运用这些遥感信息的过程。最常见的应用，如在地理信息系统中结合使用遥感数据，基于遥感数据得到某区域的一些地物属性细节。在应用的过程中，通常需要大量的信息处理和分析，如不同遥感信息的融合，以及遥感与非遥感信息的复合等（Chen et al.，2008） |

## 8.2　农业遥感的基本原理

大多数农业遥感测量的基本原理是通过测量单一实体的不同能量水平从而定性定量地分析物体，其基本单元是电磁（electromagnetism，EM）力场中的光子。下面主要从辐射、大气窗口、地物波谱特征三个方面来具体介绍。

### 8.2.1　辐射

通常来说，任何温度只要高于绝对零度的物体都在连续地向外辐射电磁波，所以任何一个物体（太阳、地球、动物、植物等）都可以被认为是辐射源。辐射的电磁波在传播的过程中遇到任一物体时，会发生吸收和反射等现象。反射又可以分为镜面反射和漫反射，大多数地物表面的反射介于镜面反射和漫反射之间，然而一些物体（如湖泊、江河等）又能发生透射。遥感就是利用物体的这些特性记录所需要的信息。

#### 1. 电磁波

电磁波（electromagnetic wave，EMW）以波动的形式向外传播电磁场，是由同相且互相垂直的电场与磁场在空间中衍生发射的振荡粒子波。一般来说，对于能产生向外辐射电磁波的物体，随着温度的升高，电磁波波长变短。

通过测量目标物的不同能量水平可以定性定量分析目标物，而光子的能量变化取决于它的波长或频率。当物体受内部或外部电磁辐射的相互作用处于激发态时，它将根据波长发射或反射不同数量的光子。探测器可以探测这些光子，探测器接收到的光子能量通常用功率单位表示。物质能量在特定波长或范围内随被感知的物质或物质特性的变化而变化。

由于光子可以量子化，任何给定的光子都具有一定的能量。一些光子可以有不同的能值，因此光子量子化后呈现较广泛的离散能量带。光子的能量可以用普朗克公式来描述：

$$E = \mathrm{h}\nu \tag{8.1}$$

式中，h 为普朗克常数，为 $6.6260\times10^{-34}$ J/s； $\nu$ 为频率（有时用字母“$f$”代替“$\nu$”）。

因此，光子的频率越高其能量也越高。如果处于激发态物质从较高的能量水平 $E_2$ 变化为较低的能量水平 $E_1$ 时，则式（8.1）为

$$\Delta E = E_2 - E_1 = \mathrm{h}\nu \tag{8.2}$$

式中，$\nu$ 为一些离散值（由 $\nu_2 - \nu_1$ 确定）。

## 2. 基本概念

关于辐射和反射的一些基本概念如表 8.3 所示。

**表 8.3　关于辐射和反射的一些基本概念**

| 反射类型 | 含义解释 |
|---|---|
| 镜面反射 | 反射的电磁波能量集中于一个方向的反射，这个方向遵从入射角等于反射角的规律 |
| 散射 | 反射的电磁波能量不集中于一个方向，向空间各个方向反射，典型的散射是在各个方向反射的电磁波能量分布均匀，称为朗伯散射 |
| 辐射能 | 物体辐射的电磁波具有能量，它可以使被辐射的物体温度升高，改变组成物体的微粒子的运动状态 |
| 辐射通量 | 单位时间内通过某一截面的辐射能 |
| 辐射强度 | 点辐射源在单位立体角内发出的辐射通量 |
| 辐射亮度 | 辐射源在某一个方向的单位投影面面积上单位立体角内的辐射通量 |
| 反射率 | 物质表面的反射能量与入射波能量强度之比，即由反射引起的发射与入射到表面的辐照度之比。反射率数值与物体表面状况、周围介质及入射角有关。遥感图像分析的根据之一就是不同地物在不同波段具有不同的反射率 |
| 吸收率 | 物质吸收的辐射通量与总入射辐射通量之比 |
| 透射率 | 透过物体的电磁波强度与入射波强度之比 |

大多数地物表面的反射介于镜面反射和漫反射之间，也就是说反射的电磁波能量基本集中在一个方向，在其他各个方向都有不同大小的分布；辐射强度和辐射亮度具有方向性；而反射率、吸收率、透射率反映的都是比值，根据能量守恒定律，满足关系式：反射率+吸收率+透射率=1。

## 3. 太阳辐射和大地辐射

太阳是遥感的主要电磁波能源，其辐射光谱为连续光谱。表 8.4 列出了不同波段太阳辐射能量比例。

**表 8.4　各波段下太阳辐射能量比例**

| 波长/μm | 射线波段 | 比例/% |
|---|---|---|
| <0.001 | X 射线、γ 射线 | 0.02 |
| 0～0.2 | 远紫外 | 0.02 |
| 0.2～0.31 | 中紫外 | 1.95 |
| 0.3～0.38 | 近紫外 | 5.32 |
| 0.3～0.76 | 可见光 | 43.50 |
| 0.76～1.5 | 近红外 | 36.80 |
| 1.5～5.6 | 中红外 | 12.00 |
| 5.6～1000 | 远红外 | 0.41 |
| >1000 | 微波 | 0.41 |

由表 8.4 可得，位于可见光（visible）、近红外（NIR）、中红外（MIR）波段的太阳辐射能量所占比例比较大，相对其他波段比较稳定，故主要应用在遥感中。

大地作为辐射源，可以分为长波部分和短波部分。大地的长波辐射主要是大地自身的热辐射；而短波辐射是地球表面对太阳辐射的反射。

### 8.2.2　大气窗口

大气窗口（atmospheric window）是指天体辐射中能穿透大气的一些波段。因为太阳辐射通过大气层时，受到大气的吸收、散射和反射作用，使部分波段的能量到达地面时已经变得微弱，只有某些波段的透过率较高。表 8.5 列举了大气窗口的分类。

**表 8.5　大气窗口的主要类型**

| 波段范围 | 窗口类型 | 含义解释 |
|---|---|---|
| 0.15～0.20 μm | 远紫外窗口 | 该窗口在地面上几乎观测不到，0.1～0.2 μm 的远紫外辐射被大气中的氧分子吸收，只能穿越到距地面约 100 km 的高度（波长短于 0.10 μm 的辐射被大气中的氧原子、氧分子、氮原子和氮分子吸收，0.2～0.3 μm 的紫外辐射被大气中的臭氧层吸收，只能穿透到约 50 km 高度处） |
| 0.30～1.30 μm | 可见光窗口 | 其包括部分紫外波段和近红外波段的窗口，绝大部分的遥感测量都是工作在此窗口。可以用于胶片感光摄影、卫星遥感扫描、光谱测定仪和射线测定仪等进行测量与记录 |
| 1.5～2.5 μm | 近红外窗口 | 其位于近红外波段的中段，透过率在 60%，不能用于胶片感光，只能用于光谱仪及射线测定仪的记录。而且由于水在 1.8 μm 处有一个吸收带，该窗口又分为两个小窗口：1.5～1.75 μm 和 2.1～2.4 μm |
| 3.40～5.50 μm | 中红外窗口 | 透射率 60%左右，由于 $CO_2$ 在 4.3 μm 处有一个强吸收带，该窗口分为两个小窗口：3.4～4.2 μm 和 4.6～4.9 μm |
| 8～14 μm | 远红外窗口 | 透射率 80%，这是一个最宽的红外吸收带，接收到的电磁波信息属地面目标的发射（热辐射）光谱，在实际应用中很广泛 |
| 17～22 μm | 半透明窗口 | 22 μm 以后直到 1 mm 波长，由于水汽的严重吸收，对地面的观测者来说完全不透明，因此应用范围较小。但在高海拔、空气干燥的地方，24.5～42 μm 的辐射透过率达 30%～60% |
| >1.50 cm | 微波窗口 | 由于该波段的电磁波已完全不受大气干扰，即所谓“全透明”窗口，对气象条件要求最低 |
| 15～200 m | 射电窗口 | 透明度视电离层的密度、观测点的地理位置和太阳活动的情况而定 |

在用遥感技术研究地球表面的状况及通信工作时，电磁波的工作波段必须选择在大气窗口之内。在一些特殊的应用中选择非透明波段，测量它们的含量及温度的分布。

### 8.2.3 地物波谱特性

#### 1. 地物波谱特性的概念

地物波谱特性是指地面物体具有的辐射、反射、发射和透射一定波长范围电磁波的特性。因此，地物波谱特性一般可分为地物的反射光谱、透射光谱和特性发射光谱。

自然界中任何地物都有其自身的波谱特性，由于各种物质组成结构的差异，它们的波谱特性自然就不相同。物质在光、热等作用下都将会产生与其固有特性有关的特定波长的电磁波辐射。物体对电磁波的辐射和反射能力随波长变化而变化，构成了各种物体在不同情况下具有不同的波谱特性。根据波谱特性的差异性，可以揭示不同地物代表的归属。因此，地物的波谱特性是农业遥感技术的重要理论依据，也是遥感波谱段选择和遥感仪器设计的重要参考因素，也是对遥感数据进行研究的理论基础（何勇和赵春江，2010；王纪华等，2008）。

#### 2. 地物反射波谱特性

当太阳辐射到达地物表面后，通常会出现三种现象：一部分辐射被物质透射，一部分辐射被物质吸收，还有一部分辐射被物体所反射。也就是说：

$$到达地物的太阳辐射能量=反射能量+吸收能量+透射能量 \tag{8.3}$$

若式（8.3）两边都除以到达地物的辐射能量，则

$$1=反射率+吸收率+透射率 \tag{8.4}$$

**1）地物反射**

地物反射是指太阳光通过大气层照射到地球表面，地面物体发生反射后，短波辐射一部分为传感器所接收。通常可以用反射率 $\rho$ 表征地物的反射能量与入射总能量的比，即 $\rho=\left(P_{\rho}/P_{0}\right)\times 100\%$ 。地物的表面颜色、粗糙度和湿度都能够影响反射率的值，而且不同对象在不同波段的反射率是不同的，可以利用地物反射率的差别推测计算地物的相关信息。

按照地物表面性质的差异，可将物体的反射形式分为镜面反射、朗伯反射和介于这两种反射之间的实际物体反射。镜面反射和朗伯反射都是反射的理想状态形式。在自然界中，大多数地物的反射表现出各向异性，即反射辐射亮度与入射源和反射方向的方位角和天顶角有关，这种反射形式被称为二向反射。

**2）地物反射波谱实例**

地物反射波谱用来研究电磁波谱范围内地物反射或透射率随波长变化的规律。地物反射或透射率与波长之间的关系曲线被称为地物反射波谱曲线。曲线中，纵坐标为反射率值，横坐标为波长值。不同地物的反射光谱曲线有明显的差异，如图 8.2 所示为湿地、沙漠、小麦、雪的反射波谱曲线。

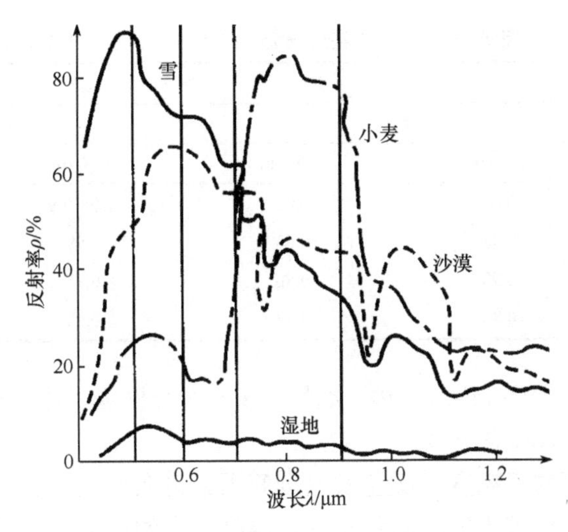


图 8.2　湿地、沙漠、小麦、雪反射波谱曲线

湿地：在整个波长范围内的反射率均较低。并且随着含水量的增加，反射率下降。

沙漠：在 0.6 μm 附近有一个强反射峰值。在波长大于 0.8 μm 的长波范围内，其反射率较强。

小麦：小麦叶片的反射率，在 0.45 μm 和 0.65 μm 附近有两个叶绿素的吸收带，使得这两处的反射率很低。在两个吸收带之间的 0.55 μm 附近形成一个反射峰，该峰的位置位于可见光的绿光波段，所以其色调呈绿色。大约在 0.7 μm 附近，反射率迅速增加，至近红外波段（0.7～1.1 μm）范围反射率达峰值，这主要受叶片内部构造的影响，也是含有叶绿素植物的一个特征。

雪：反射光谱在 0.4～0.6 μm 波段存在近 100%的强反射峰值，随着波长的增加，反射率逐渐降低，在近红外波段吸收较强，雪的这种特殊反射特性使得其容易识别。

根据以上分析，不同的地物类型会产生不同反射光谱曲线，而且同种地物在不同内部结构和外部条件下其反射光谱曲线也有差异。地物反射率随波长变化的这种规律性变化，是遥感影像分析的前提。

**3）地物发射波谱特性**

用来展示地物的发射率随波长变化的变化规律称为地物的发射波谱特性。任何地物，当温度高于 0 K 时，就会发生分子运动，具有向四周空间辐射红外线和微波的能力。通常，地物发射电磁波的能力以发射率作为测量标准。相同条件下，一些地物在微波波段与红外波段发射率的比较，如表 8.6 所示。

按照发射波谱特性可将地物分为三种类型。

（1）黑体或绝对黑体，其发射率为 1，即黑体发射率对所有波长都是 1；

（2）灰体，其发射率小于 1（因吸收率 $\alpha<1$）且为常数，即灰体的发射率是一个小于 1 且不随波长变化的常数；

（3）选择性辐射体，其发射率随波长而变化，且发射率小于 1（因吸收率也随波长的变化而变化，且吸收率小于 1）。

表 8.6　常温下不同地物在微波波段与红外波段发射率的比较

| 地物 | 波段 | | | |
|---|---|---|---|---|
| | 微波 | | 红外 | |
| | λ=3 cm | λ=3 mm | λ=10 μm | λ=4 μm |
| 钢 | 0.00 | 0.00 | 0.6～0.9 | 0.6～0.9 |
| 水 | 0.38 | 0.63 | 0.99 | 0.96 |
| 干沙 | 0.90 | 0.86 | 0.95 | 0.83 |
| 混凝土 | 0.86 | 0.92 | 0.90 | 0.91 |

自然界中的地物是没有绝对黑体，地物大多是选择性辐射体。一般金属材料和一些红外辐射体都可以近似看成灰体。

此外，地物表面的粗糙度、颜色及温度等因素也在一定程度上决定了地物的发射率。一般来说，表面比较粗糙、颜色较深、温度较高的地物，其反映了较高发射率；反之亦然。

**4）地物透射波谱特性**

一般情况下，地物透射电磁波的能力较弱，但有些地物（如水体和冰），具有透射一定波长电磁波的能力，通常把这些地物称为透明地物。一般情况，透射率是表述地物透射能力的主要指标，可以用入射到地物的能量除以入射光总能量来计算，用 $\tau$ 表示。地物的透射率随着电磁波波长和地物特性的变化而变化。例如，水体对 0.45～0.56 μm 的蓝绿光波段具有一定的透射能力，一般水体的透射深度可达 10～20 m，较混浊水体的透射深度为 1～2 m。

通常，可见光是不会穿透绝大多数地物，红外线可以透射部分具有半导体特征的地物。微波对于绝大部分地物都是可穿透的，透射效果与波长有关。因此，在遥感技术中，可以根据它们的特性，选择适当的传感器来探测水下、冰下某些地物的信息。

**5）影响地物波谱特性的因素**

地物波谱特性是复杂的，它受多种因素的影响，包括环境因素和自身变化。

地物的物理性状、光源的辐射强度、季节、探测时间和气象条件 5 个方面组成了主要的环境因素。对于地物的物理性状（如地物表面的颜色、粗糙度、风化状况及含水分情况等）来说，主要影响电磁波在某一地物处的反射强度，如岩石表面粗糙度和颜色的不同（表面风化作用引起的），会导致它们在可见光和近红外波段的光谱反射率不同。对于光源的辐射强度来说，它会影响地物的反射光谱强度，如同一地物的纬度和海拔不同，它的反射光谱强度也不同。对于季节来说，同一地物，所处的季节和探测时间不同，太阳光到达地物的能量不同，因此在同一地点的反射光谱强度也不相同。对于探测时间和气象条件来说，一般情况下，中午测得的反射率大于上午或下午测得的反射率；而晴天测得的反射率一般大于阴天的。因此农业遥感作业适合在较好的天气上午时间进行。另外一方面，地物自身也随着时间的推移一直在发生变化。生长阶段不同，自身内部结构也不尽相同，这也会导致地物的波谱变化。

总之，地物的波谱特性受到一系列环境因素和自身因素的影响，在进行地物波谱特性分析时，应根据实际情况进行，以便于后续的分析研究和实际应用。

## 8.3　遥感数据处理

遥感的数据信息主要来自于所获取的遥感图像，因此遥感数据的处理实质是遥感图像的处理。本节内容主要介绍数字图像处理的基本方法、影像判读、影像的目视解译、数据解译和典型的遥感软件。

### 8.3.1　遥感数字图像处理

一幅遥感数字图像通常含有多个波段，每一个波段数据组成一幅图像。图像又由含有一定位置信息和像素信息的像元组成。每一个像元由一个灰度值表示，而灰度值的取值范围由遥感传感器的辐射分辨率确定。一般遥感图像处理的内容主要包括预处理、增强处理、逐像元变换三个方面，如表 8.7 所示。

**表 8.7　遥感图像处理的主要步骤及特点**

| 遥感图像处理步骤 | 特点 |
|---|---|
| 预处理 | 受时间、空间等影响，需要对原始图像进行校正，常采用辐射校正、几何校正等方法 |
| 增强处理 | 目的是增大地物之间的灰度值差异使图像便于人眼识别和分析，增强处理可分为空间域和频率域，但实施图像增强处理后，图像像元灰度与对应地面单元的反照度之间的对应关系会有所改变 |
| 逐像元变换 | 针对遥感图像进行数据压缩和信息提取的方法，主要有主成分分析和缨帽变换 |

在数字图像处理中，图像处理采用的技术方法决定了图像处理的效果和性能，是多种技术综合应用的结果。另外，应用多种方法的组织也很重要，因为同样的处理方法、不同的处理顺序，效果往往不同，因此图像处理前需明确处理目的、掌握图像特点、选取合适方法，有针对性地进行组合处理，以达到较为满意的处理效果（黄立明，2009）。

### 8.3.2　影像判读

影像判读是利用提取图像特征，借助模型和算法，对图像信息进行识别、分类、解译和评价。影像判读是最终目的，遥感所获得的影像大多是可见光彩色影像，可通过目视判读，也可以用 GIS 进行分析。现在的航空遥感利用数码相机获得影像，在 GPS 和 GIS 系统的支持下，可进行影像的校正和拼接，图像配准并拼接完成后，即可进行影像的判读（白由路等，2004）。

### 8.3.3　影像的目视解译

目视解译是遥感影像解译的重要方法，在目前计算机图像处理技术快速发展的时代，其还是不可被完全替代，它是计算机解译的重要补充。在实际工作中，先进行计算机图像处理、计算机分类，然后目视解译，对计算机结果进行核对和校正。表 8.8 列举了主要的目视解译的判读标志。

### 1. 目视解译的判读标志

表 8.8 目视解译的判读标志

| 特征 | 释义 |
| --- | --- |
| 形状特征 | 是指地物外部轮廓在相片上所表现出的影像形状，不能忽略遥感误差 |
| 大小特征 | 是指地物在相片上的影像尺寸，与相片比例尺、地物形状和地物背景有关 |
| 色调特征 | 也称为灰度，是指物体辐射亮度在黑白相片上表现的不同深浅灰色 |
| 色彩特征 | 根据色调、明度、饱和度对彩色相片的地物影像进行区分 |
| 阴影特征 | 是指高出地面的目标遮挡光线直接照射的地段，在相片上形成的深色调影像 |
| 纹形图案特征 | 是指细小地物在相片上有规律的重复出现所组成花纹图案影像。在小比例尺相片判读中更有意义 |
| 位置布局特征 | 也称为相关位置特征，是指地物的环境位置及地物间空间位置配置关系在相片上的反映，是最重要的间接判读特征 |
| 活动特征 | 是指目标的活动所形成的征候在相片上的反映，对环境动态变化监测有意义 |

### 2. 一般原则和步骤

航空遥感目视解译的主要原则有：从整体到局部的总体观察、尊重影像客观实际、综合多种数据源全面分析、联合多种遥感图像对比分析、重点区域结合实测分析、细致全面地解译图像。

主要步骤：从已知到未知，先易后难，先山区后平原，先地表后深部，先整体后局部，先宏观后微观。

### 3. 一般程序

目视解译一般程序的流程如图 8.3 所示。

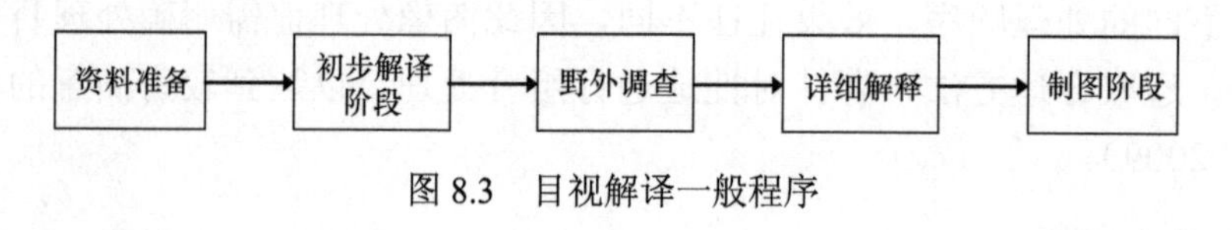


图 8.3 目视解译一般程序

## 8.3.4 数据解译

遥感数据解译的目的是获取解译对象，即遥感实体所含的相关信息，以正确认识遥感实体。遥感数据解译是通过反演系统实现的，解译的过程就是遥感的反演过程。航天遥感数据获取系统可以分为成像和非成像两类，航天遥感数据也相应地分为图像数据和非图像数据两类。对于对地观测而言，一般来说，具有较小地面采样距离，即获取的是空间分辨率较高遥感图像数据；反之，具有很大地面采样距离，获取的往往是非图像数据（陈世平，2011）。遥感图像数据解译的过程如表 8.9 所示。

遥感数据解译的质量要素主要包括解译的完整性、解译的及时性、解译的可靠性和解译结果的明显性，如表 8.10 所示。

表 8.9　遥感图像数据解译的过程及特点

| 数据解译过程 | 特征 |
| --- | --- |
| 图像识别 | 是根据遥感图像的光谱特征、空间特征和时相特征等，发现、识别和确认目标的过程 |
| 图像量测 | 是指在图像上量测出目标物的几何量和辐射量 |
| 图像分析与专题特征提取 | 是指在图像量测、图像识别的基础上通过综合、分析和归纳，从目标物的互相联系中解译图像或提取专题特征信息，包括特定地物及状态的提取、指标提取和物理量提取等 |

表 8.10　遥感数据解译的质量因素及定义

| 影响因素 | 定义 |
| --- | --- |
| 解译的完整性 | 解译结果与给定任务的符合程度 |
| 解译的及时性 | 规定期限内解译任务完成情况 |
| 解译的可靠性 | 解译结果与实际的符合程度 |
| 解译结果的明显性 | 解译结果便于理解和应用的程度 |

因此，遥感数据解译质量受到解译方法及遥感数据质量的双重因素的制约。

### 8.3.5　相关软件

目前市场上比较常见的商业遥感图像处理软件主要有：ENVI（the environment for visualizing images）、Erdas Imagine、PCI Geomatica、ER Mapper 等。这些系统均采用 UNIX 工作站或微机作为通用平台，都有自己特定的开发环境和应用特点，如表 8.11 所示。

表 8.11　遥感图像处理软件分类及特点

| 处理软件分类 | 特点 |
| --- | --- |
| ENVI | 美国 ITT Visual Information Solutions 公司的产品，由遥感领域的科学家采用 IDL 开发的一套功能强大的遥感图像处理软件，是处理、分析并显示多光谱数据、高光谱数据和雷达数据的高级工具，有以下 4 个特点：影像显示、处理和分析系统，多光谱影像处理功能，集成栅格和矢量数据，集成了雷达分析工具 |
| Erdas Imagine | 美国 Leica 公司开发的遥感图像处理系统。根据不同需求的用户，对于系统的扩展功能采用开放的体系结构，以 IMAGINE Essentials、IMAGINE Advantage、IMAGINE Professional 的形式为用户提供低、中、高三档产品架构，并有丰富的功能扩展模块供用户选择 |
| PCI Geomatica | 加拿大 PCI 公司将其旗下的 4 个主要产品系列，即 PCI EASI / PACE、（PCI SPANS，PAMAPS）、ACE、ORTHOENGINE，集成到一个具有同一界面、同一使用规则、同一代码库、同一开发环境的新产品系列，该产品系列被称为 PCI Geomatica。该系列产品在每一级深度层次上，尽可能多地满足该层次用户对遥感影像处理、摄影测量、GIS 空间分析、专业制网功能的需要，而且使用户可以方便地在同一个应用界面下，完成他们的工作 |

## 8.4　农业遥感平台分类

遥感技术的内容广泛，其广泛的应用领域主要有农业、林业、气象、资源和军事等。而农业遥感所采用的遥感技术范围广，其中包括农作物产量估算、耕地资源调查等农业场合，使用多平台高度、多尺度、多技术手段的遥感图像。按照遥感器使用平台，农业遥感技术可以分为地面遥感技术、航空遥感技术和航天遥感技术三大类。

一个成功的农业遥感系统可以给农民提供丰富的信息、较快的信息传输速度、较低的成本花费。然而，目前大多数的农业遥感系统都存在着如波段范围受限、空间分辨率粗糙、时间分辨率低等各种弊端。而农业生产过程是一个随时都在变化的过程，所以提高遥感系统空间和时间分辨率是非常重要的。遥感传感器一般搭载于三种不同的平台上：车载、无人操作飞机和卫星。下面将分别介绍基于上述平台的地面、航空、航天遥感技术（赵语，2012）。

### 8.4.1 地面遥感

地面遥感主要是指以高塔、车、船为平台的遥感技术系统，地物波谱仪或传感器安装在这些地面平台上，可进行各种地物波谱的测量。地面遥感监测系统与 GPS 卫星定位系统，GIS 对接车载系统，经数字化、矢量化处理，地面遥感图像通过计算机直接判断，小区域图、表等成果，可以及时输出大区域数据，传回信息处理终端，在同一时间进行实时工作（董敏，2004）。

在以遥感塔为基础的地面遥感平台研究方面，赵语（2012）建立了能源作物生物量产量的平台搭建和产量监测模型，提出了传感器采集图像的几何及辐射校正方法，开发了遥感图像拼接的算法。遥感塔平台凭借高空间分辨率、高光谱分辨率、低时间周转的特性，实现了系统的模拟。由于部件、天气、遥感平台位置、运动状态和地形起伏等原因存在几何位置上的误差，大气对电磁波辐射的散射和吸收、太阳高度与传感器观察角的变化等原因存在在地面遥感平台获取的图像中辐射能量上的误差。

在以车载平台为基础的地面遥感平台，董敏等（2007）根据不同土地利用类型和地面遥感图像，实现了对 TM 遥感影像图片确定解译标志，从而确定土地各类小区域的侵蚀强度。

在农业车辆自动导航系统研究方面，申川等（2006）结合机器视觉和 GPS 技术获取作物或犁沟的信息，表明采用相对坐标的机器视觉相对灵活，可获得田间杂草等信息，有利于精确作业的实现；而采用绝对坐标 GPS 要预先精确地了解导航路线图；最后比较机器视觉和 GPS 两种导航方式对农作物信息获取的应用前景。武传宇等（2002）对农业自动行走车引导系统的特点和实现方法进行介绍，将机器视觉技术、图像处理技术和 GPS 三维空间定位技术相结合，应用在复杂、恶劣、易变的开放式农业工作环境中，实现了多传感器融合下的导航。

如何将单一农田特性的地面遥感技术延伸至大面积卫星遥感是今后重要的工作，这样有助于指导大规模作物种植和研究（许勇和游张华，2008；余玲飞等，2011；李万里和张建杰，2010）。

### 8.4.2 航空遥感

航空遥感有着机动性强、成像质量高、人为可控性强的优势。由于航空遥感具有摄像飞行高度适宜、成像立体角大、分辨率高等优点，航空遥感在目前仍是重要的遥感手段。近年来，无人机在农业领域中的应用，加快了对航空遥感的研究进程。

1. 运载工具

目前轻型飞机、航模、飞艇和气球等是航空遥感应用的主要运载工具。由于轻型飞机受航空飞行管制、起降条件、飞行安全等因素的影响，而且作业费用一般较高（白由路等，2004），其发展的速度相对较慢。表 8.12 列出了具体的飞行高度。

**表 8.12　航摄高度的划分**

| 航高划分 | 飞行高度/m |
| --- | --- |
| 高空 | 15 000～20 000 |
| 中高空 | 7 000～12 000 |
| 中空 | 3 000～5 000 |
| 低空 | 1 000 上下 |

中空、中高空、高空的航空遥感，适用于比较大范围的普查，而目前在低空遥感中经常使用的是航模，或称为微型无人飞机。

### 2. 传感器

随着电荷耦合器件（charge coupled device，CCD）和互补金属氧化物半导体（complementary metal oxide semiconductor，CMOS）图像传感器的日渐成熟，遥感系统的主流传感器件——数码相机的性能和分辨率也在不断提高。

在技术上，传感器逐渐向大面阵、多光谱、数字化方向发展，并取得较多进展，同时也提高了航拍精度。例如，2005 年由我国三大科研机构（北京大学、中国贵州航空工业有限责任公司及中国科学院遥感应用研究所）联合研制的无人机航空遥感系统，采用高分辨率数码相机系统，实现了高端多用途遥感技术的应用（谢涛等，2013）。

### 3. 低空遥感应用——无人机技术

近年来，随着地理信息系统 GIS、全球定位系统 GPS、图像处理技术和数码摄影摄像技术的发展，给低空遥感技术带来前所未有的发展机遇（白由路等，2004）。体积大的有美国研制的太阳能高空长航时无人机；体积小的有可以置于掌心的卫星探测飞行器。其共同特点是机动灵活、作业选择性强、安全性好（陈贻国等，2012；黄克明等，2012；李继宇等，2010；谢涛等，2013）。

目前，美国、日本、俄罗斯、加拿大和澳大利亚的农业航空技术应用比较发达。其中，美国农业飞机年处理耕地面积 3200 万 $hm^2$，占总耕地面积的 50%；全美化学农药喷洒有 65%是采用飞机作业完成；农业航空作业服务公司有 1625 家，农业飞机和航空材料生产厂商有 500 多家（罗锡文，2014）。在发达国家，由于农业航空技术作业精准、高效、对环境的污染低的优点，使得其经营规模日益壮大，精准农业技术手段（如 GPS 自动导航，施药自动控制系统、各种作业模型等）已步入实用阶段（林蔚红等，2014）。

对我国来说，作为农业用途的微小型无人机目前处于初级发展阶段。在高稳定性微小型农用无人机作业平台、农业航空喷施主要机型的筛选与评价、航空喷施作业技术参数的选择与优化、无人机自主飞行控制系统的选择与优化、航空喷施装备关键部件的设计与优化等方面还有很多的技术难点需要攻克和解决（罗锡文，2014）。

我国现代农业对农业航空的需求日益旺盛，发展前景巨大。尤其是微小型农用无人机的发展任重道远。

### 8.4.3 航天遥感

1957年，苏联第一颗人造地球卫星的成功发射开辟了航天遥感的新起点。近60年来，各国发射了以气象卫星、地球资源卫星、海洋卫星、环境和灾害监测卫星、测绘卫星，以及军事成像侦察和预警卫星等的大量航天遥感平台。另外，还有一些用于天文观测的天文卫星、用于研究空间物理现象和过程探测的空间物理探测卫星、用于深空探测的月球探测器等空间探测器。

对地观测、天文观测和深空探测三部分是航天遥感的主要任务。其中，对地观测部分对农业领域有较大影响。

#### 1. 航天遥感卫星的姿态与轨道参数

**1）姿态**

航天遥感卫星，也称为地球观测卫星。在太空中飞行受到各种因素的影响，其飞行姿态必须测量并且记录。三轴倾斜和振动是航天遥感卫星的两种姿态。

三轴倾斜是指遥感卫星在太空飞行时发生的滚动（横向摇摆）、俯仰（纵向摇摆）与偏航（偏移运行轨道）现象（图8.4）。振动是指遥感卫星除流动、俯仰与偏航以外的运行过程中非系统的不稳定运动，它影响数据质量，使用数据前需进行几何纠正。

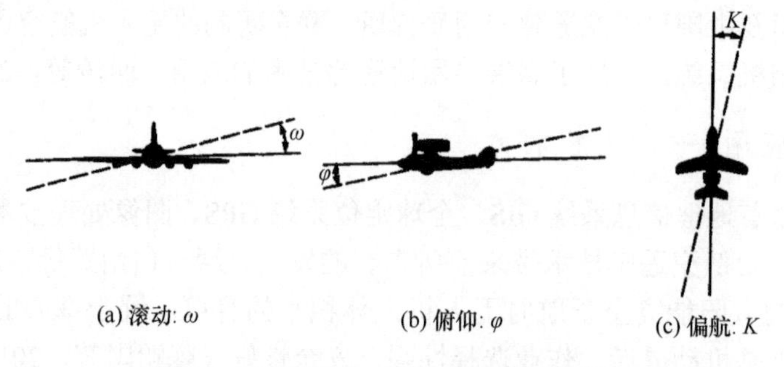


图8.4　三轴倾斜——滚动、俯仰和偏航

**2）轨道参数**

轨道参数是遥感卫星轨道特征的数值组。遥感卫星在太空中的运行，是一种受到地球、月球和太阳引力的规律性运动，它所在的包含地球在内的平面称为轨道面。卫星轨道通常可由6个轨道参数确定，如表8.13所示。

**表8.13　卫星轨道6个参数**

| 符号 | 名称 | 意义 |
| --- | --- | --- |
| $a$ | 轨道长半轴 | 卫星轨道远地点到椭圆轨道中心的距离 |
| $e$ | 轨道偏心率 | 椭圆轨道焦距与长半轴之比，又称为扁率，$e=c/a$ |
| $i$ | 轨道倾角 | 从升交点一侧的轨道量至赤道面的交角 |
| $\Omega$ | 升交点赤经 | 轨道上由南向北自春分点到升交点的弧长 |
| $\omega$ | 近地点角距 | 轨道面内近地点与升交点之间的地心角 |
| $T$ | 多地点时刻 | 以近地点为基准表示轨道面内卫星位置的量 |

根据表 8.13，以上 6 个参数可以根据地面观测来确定。在 6 个轨道参数中，$i$，$\Omega$，$\omega$，$T$ 决定了卫星轨道面与赤道面的相对位置，$a$ 和 $e$ 决定了卫星轨道的形状。

## 2. 航天遥感系统

航天遥感数据获取系统和反演系统组成了航天遥感系统，分别涉及遥感的正演和反演过程。用于遥感数据接收和处理的地面系统和载有遥感器的航天系统组成了航天遥感数据获取系统；而航天遥感系统的输入是包含地物信息的电磁波，输出是包含地物的有关信息。将这些输入和输出信息再送入遥感应用系统，并结合各学科传统的方法和其他现代信息技术，可以实现对遥感信息的综合分析、挖掘以获取满足航天遥感最终用户的任务需求。

表 8.14 以植被遥感为例，对正演和反演做简单的说明（陈世平，2009）。遥感数据获取系统由遥感器、平台、数据传输和处理、遥感数据生成等部分组成。

**表 8.14　植被遥感模型**

| 符号 | 名称 | 意义 |
|---|---|---|
| {a} | 植被 | 包括植被组分（叶、茎等）的光学参数（反射、透射等）、结构参数（几何形状、植株密度等）及环境参数（温度、湿度等）等 |
| {b} | 地面 | 包括反射、吸收、粗糙度、含水量等 |
| {c} | 照明源 | 包括阳光照射的谱密度、高度角等 |
| {d} | 大气 | 包括大气组分及光学厚度等 |
| {e} | 遥感数据获取系统 | 包括与景物的几何关系、响应、噪声、数据处理效果等 |
| {R} | 遥感数据获取系统获得的数据 | {}表示特征及参数集合 |

正演模型：R=f（a，b，c，d，e）；反演模型：{a}=g（R，b，c，d，e）。正演即由{a}、{b}、{c}、{d}和{e}获得{R}的过程；反演即由{R}、{b}、{c}、{d}和{e}获得{a}的过程。

## 3. 陆地卫星 Landsat 系列

美国国家航空航天局（National Aeronautics and Space Administration，NASA）在 1967 年制定了地球资源技术卫星计划（ERTS 计划），从 1972 年发射第一颗陆地资源卫星开始，已连续 40 多年为人类提供陆地卫星图像，星上搭载的传感器主要有 RBV、MSS、TM 及 ETM+等，属于中高度、长寿命的卫星。关于 Landsat 系列卫星简况参见表 8.15。

系列卫星的数据产品可分为以下 4 类：相片产品、胶片产品、数字盘和数字磁带。相片产品分为 MSS、TM、ETM+的相片资料；胶片产品则有透明胶片和像纸片，按波段不同可分为黑白片和几个波段合成的彩色合成片（有真、假彩色片之分）；数字盘为 1.44 M 软盘；数字磁带则有 HDDT、CCT、8 mm 磁带、CD-ROM 等不同记录介质。

## 4. 法国 SPOT 卫星

1978 年起，以法国为主的欧共体国家，设计并研制了一颗名为“地球观测实验系统”

表 8.15 Landsat 系列卫星简况

| 卫星编号 | 1 | 2 | 3 | 4，5 | 7 |
| --- | --- | --- | --- | --- | --- |
| 传感器 | RBV<br>MSS | RBV<br>MSS | RBV<br>MSS | MSS<br>TM | ETM+ |
| 分辨率/m | 80 | 80 | 80 | 30，120<br>LW IR | 30，60<br>LW IR<br>15 PAN |
| 卫星高度/km | 905.5/918 | 905.5/918 | 906/918 | 705.3 | 705 |
| 轨道面倾角/度 | 99.906 | 99.210 | 99.117 | 98.220 | 98.2 |
| 旋转周期/min | 103.143 | 103.155 | 103.150 | 98.9 | 98.9 |
| 日绕圈数 | 14 | 14 | 14 | 14.5 | 14.5 |
| 回归周期/天 | 18 | 18 | 18 | 16 | 16 |
| 覆盖全球圈数 | 251 | 251 | 251 | 233 | 233 |
| 降交点时刻 | 8：50 | 9：08 | 9：31 | 9：45 | |
| 扫描带宽度/km | 185 | 185 | 185 | 185 | 185 |
| 降交点西退/km | 2857 | 2857 | 2857 | 2752 | |
| 相邻降交点距离/km | 159.38 | 159.38 | 159.38 | 172 | |

（system probatorre d'observation de la terre，SPOT）的卫星，又称为“地球观测实验卫星”。于 1986 年 2 月开始，陆续发射 SPOT 1、2、3、4、5 号卫星。星上搭载的主要成像系统是高分辨率可见光扫描仪（HRV，HRG）、VEGETATION、HRS 等。

## 5. CBERS 卫星

CBERS 系列卫星是中巴合作研制发射的遥感卫星。采用太阳同步极轨道，轨道高度 778 km，倾角 98.5°。于 1997 年 10 月发射 CBERS-1，1999 年 10 月发射 CBERS-2，其设计寿命为 2 年。星上搭载成像传感器分别为广角成像仪（WFI）、高分辨率 CCD 像机、红外多谱段扫描仪（IR-MSS）。WFI 的分辨率可达 256 m，IR-MSS 可达 78 m 和 156 m，CCD 为 19.5 m，不同的地面分辨率覆盖观测区域。

## 6. 航天遥感面临的主要问题

航天遥感已在各应用领域取得显著成就，但也面临一些问题。例如，在农业遥感中，对作物生长和生理过程监控需要的关键信息主要有叶绿素含量、叶面积指数、植物覆盖度、植物根系层的土壤水分、植物冠层水分等参数。而目前遥感仅能够提供的作物信息有植被指数、植物缺水指数等较粗糙的参数，难以满足需求。

提高遥感数据应用有效性的关键在于提高定量遥感的水平，要努力提高从遥感数据中提取有用信息的能力。建立定量遥感反演模型目前面临的主要问题有方向性问题、尺度效应与尺度转换问题、地物波谱特征复杂性问题、反演策略与方法问题等。为解决反演模型的适定求解问题，要使遥感数据内含更多的有效信息，减少虚假信息；需要获取尽量多的对所需遥感信息敏感的且自身又是非相关或弱相关的遥感数据，尽量增加数据维数（多种空间分辨率、多角度、多谱段、多谱段和高谱段分辨率、多极化、多时相等），要提高信噪比、减少混叠和其他干扰影响。这不仅需要提高现有遥感数据获取系统的性能，包括遥感器和数据处理的性能，还需要开发新的遥感器和新的数据处理方法（陈世平，2011）。

航天遥感是认识客观世界的重要手段，几十年来在对地观测、天文观测和深空探测等领域得到广泛应用，获得了长足发展；与此同时，航天遥感也面临着前进中的许多问题，关键是进一步实用化、提高遥感数据应用的有效性。航天遥感的发展任重道远（Riddering and Queen，2006；Hadria et al.，2006；Singh et al.，2002）。

## 8.5　农业遥感的应用

### 8.5.1　基于遥感的作物信息感知

不同植物及同一植物在不同生长阶段，反射光谱曲线形态和特征不同。可以利用植被光谱遥感的特征和遥感数据，结合地面调查，借助 GIS 和 GPS 的支持，进行生态环境的监测（Pandey et al.，2007）。

#### 1. 植被信息的提取

根据植被的反射光谱特征，通常采用红光、近红外波段的反射率和其他因子及其组合得到各种植被指数（vegetation index，VI），在区域和全球尺度上从高空监测，提取植被指数来表征植被信息。其中与植被分布密度呈线性相关的归一化植被指数（normalized differential vegetation index，NDVI）是一种被应用得最广的植被指数，主要用于植被、植物物候研究等，是植物生长状态及植被空间分布密度的最佳指示因子。另外，应用较广的还有土壤调节植被指数（soil adjusted vegetation index，SAVI）、垂直植被指数 PVI 等（Fensholt et al.，2004）。

Purevdorj 等（1998）用地面实测的反射光谱数据结合气象卫星（advanced very high resolution radiometer，AVHRR）数据，通过计算植被指数、修正的土壤调节植被指数（modified soil adjusted vegetation index，MSAVI）、土壤调节植被指数（soil adjusted vegetation index，SAVI）、变形的土壤调节植被指数（transformed soil adjusted vegetation index，TSAVI）来估算植被覆盖度，比较分析结果表明：面积大、植被密度高的区域用 TSAVI 和 NDVI 估计植被覆盖度效果更佳。NDVI 可以用于估算植被的低覆盖度和叶面积指数。NDVI 中的土壤信号可以利用高光谱遥感数据消除。另外，也有研究结合双向反射模型提高植被信息的估计精度。Steven 等（1990）和 Purevdorj 等（1998）用地面测量光谱数据与 SPOT 结合，对英国的甜菜用 SAIL-SOIL-SPECT-PROSPECT-KUUSK 模型检测（optimization of soil adjusted vegetation index，OSAVI）来观测各种环境因子的敏感性。他们认为由于甜菜叶大且接近地面，从而易于产生的热点效应是可以忽略的，但叶角分布对于甜菜的产量和覆盖度的估算是很重要的一个因子。

#### 2. 作物长势的监测

遥感图像宏观、综合、快速和动态的特点使其得以方便地对作物长势进行动态监测。

例如，对小麦、水稻、草地、森林及植被环境等，一般通过计算 NDVI 值来实现，由于 national oceanic and atmospheric administration（NOAA）气象卫星具有周期短、覆盖面积大、对绿色植被和水分温度反映比较灵敏等特点，已被广泛应用于植被监测、植被物候特征分析及植被估产。例如，还有用归一化植被指数估算水稻的叶面积指数来监测作物长势（Barnett and Thompson，1983；Pinter et al.，2003）。

刘良云等（2005）在 2003 年借助 Landsat TM 卫星对拔节期的小麦进行 NDVI 数据估算，提出了基于 NDVI 和播种日期的冬小麦遥感估产的优化模型，并利用出粉率与播种日期的相关特性，以及上述数据，成功预测了小麦的出粉率。

在作物长势监测方面，也有提出基于双向反射函数与作物生长模拟模型相结合的技术手段，这些研究通过模型反演技术等方法进行作物长势的监测和农作物产量估计。另有一些研究则提出减少双向角度对 NOAA/AVHRR 图像影响的方法和手段，如研究基于计算机模拟模型的植被冠层结构对植被指数和 LAI 与 FPAR 等参数的影响（Goel and Qin，1994）。这些研究表明可充分利用遥感数据反映作物实际生长状况，进行大面积作物长势监测和估算。

同时，也有研究地面实测的光谱数据中作物不同生长发育阶段的反射波谱特征与作物长势的响应关系，也为利用卫星遥感资料进行作物宏观长势的监测提供了理论依据（申广荣和王人潮，2001）。

### 3. 植被叶片生理特征参数的估算

各种植被指数也可用于植被叶片生理特征参数的估算。研究表明：不同氮素水平的水稻单张叶片的光谱特征明显不同，比值植被指数（ratio vegetation index，RVI）、归一化植被指数 NDVI 与稻叶含氮量之间均呈相关性，相关系数呈现极显著水平，所以在一定条件下用光谱特征分析水稻氮素水平是可能的。根据植被指数与氮素水平及叶绿素含量的关系，可以间接推算出稻叶含氮量和叶绿素含量（Chen and McNairn，2006）。Asner 等（1998）研究发现：冠层木质素浓度与有效氮有很强的相关性，并提出冠层木质素可以作为氮状态的一个指标，同时采用机载高分辨率光谱仪获得的图像来估算 Wisconsin 州整个森林冠层的木质素浓度，从而估计森林地区的氮状态循环速率并制图。

王巧男等（2015）在建立柑橘叶片含氮量预测模型基础上，又以高光谱成像技术进行柑橘冠层含氮量预测，如图 8.5 所示。通过双波段植被指数（TBVI）对叶片的含氮量进行简单相关分析；确定最优波段；以最优波段计算冠层高光谱图像上每个像素点的 TBVI 值并进行可视化。结果表明，最优波长 811 nm 和 856 nm 下的双波段植被指数能够建立最佳的柑橘叶片含氮量预测模型（$R^2$=0.6071）。

### 4. 作物产量的估算

利用遥感进行作物产量估算主要有两种途径：一种是直接进行总产量估算；另一种是通过卫星图像估算种植面积，再建立单产模型来计算总产量。这两种途径都是在作物生长发育关键期内，建立某种植被指数与产量的实测或统计数据的相关方程。但也有研究利用地面实测光谱数据，从作物冠层对光谱的反射特征出发，通过叶面积系数 LAI 来进行遥感估产。

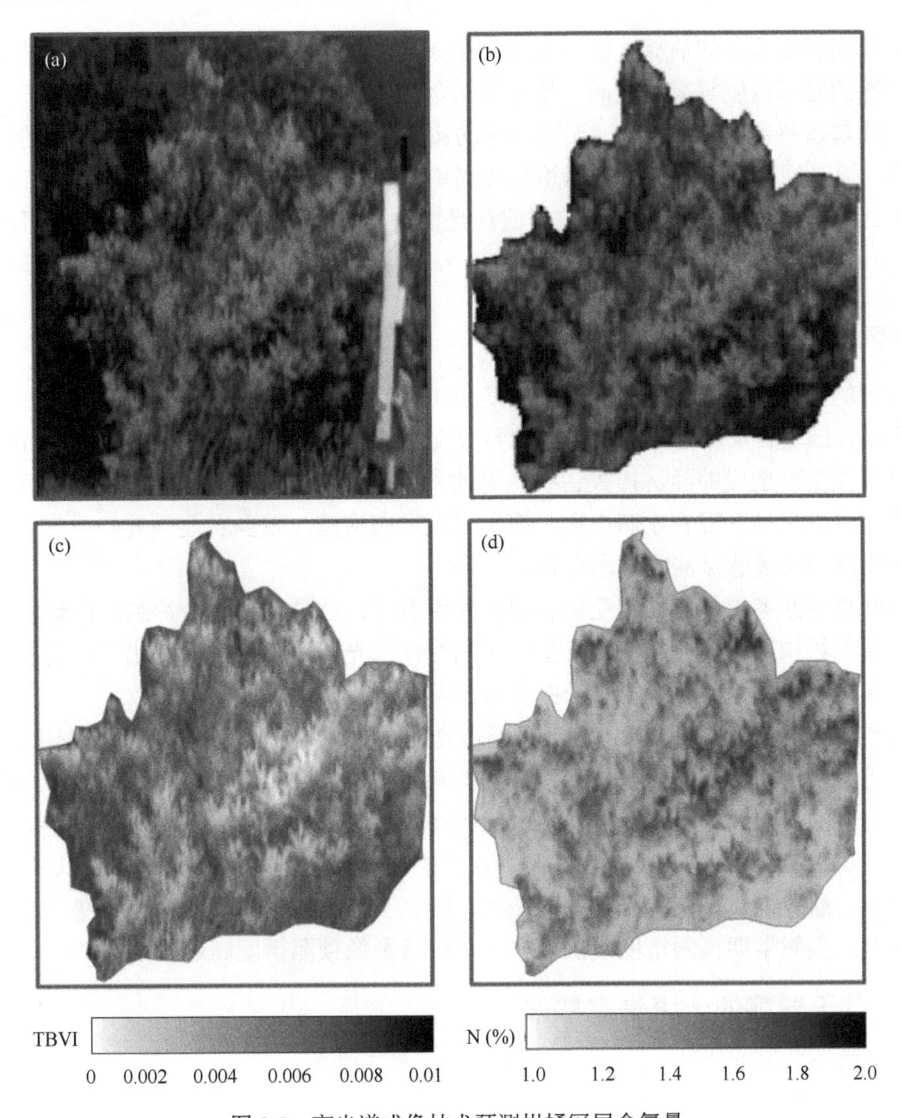


图 8.5　高光谱成像技术预测柑橘冠层含氮量

（a）RGB 波段原始图像；（b）柑橘冠层去背景后 RGB 图像；（c）双波段指数 TBVI 图像；（d）基于双波段指数 TBVI 预测柑橘冠层含氮量图像

李卫国等（2006）与申广荣和王人潮（2001）用 302 型野外光谱仪进行了江汉平原监利县红城乡的 3 块试验田水稻光谱测试，利用水稻样点观测数据对所建立的遥感估产模式进行了验证，取得了较好的效果。程勇祥等（2012）基于重心拟合模型对水稻生产的时空动态进行分析，分析得到：我国广西、辽宁、湖北、黑龙江等省水稻产量对播种面积敏感性极高，而且水稻单产播种面积成为影响水稻总产的主要因素，努力提高水稻单产是确保现阶段我国水稻总产量的关键。

在区域和全球尺度上，植被光谱遥感信息以其独特的优势已经在从高空对植被指数、植物长势、农业估产和生态环境的监测，以及地质找矿、植被覆盖空间结构的分析等领域得到广泛应用。在高光谱和多角度遥感技术的发展推动下，植被指数、叶面积指数、光合有效辐射等因子的估算、植被生物化学参数分析、植被生物量和作物单产估算、作物病虫害的监测精度等得到提高，使得遥感定量化发展步伐向前迈进一步。为了充分利用植被光谱遥感数据，可以通过加强遥感的实验研究以快速获取更广泛更准确的植被光谱数据；通过深化理论研究来揭示植被光谱中内在的隐含特征，从而提高各种参数的估算精度；通过拓宽拓广应用研究，挖掘植被光谱数据的巨大潜力（黄敬峰和刘绍明，1999；Pinter et al.，2003；申广荣和王人潮，2001）。

5. 作物病虫害监测

作物的健康生长过程往往受到作物病虫害的严重影响，进而对农业生产产生巨大影响。据联合国粮食及农业组织估计，世界粮食产量常年因虫害损失10%以上，而病虫害对我国农业生产造成的经济损失占损失总比例的 10%～15%（张竞成等，2012）。利用遥感技术可以尽早发现农业病虫害，提早采取对应措施，减少农业损失。

作物病虫害遥感监测的基本原理如下。

从叶片层面考虑，当叶片受病害或虫害侵袭时，会导致相应叶片细胞色素、水分、氮素含量、结构细胞及外部形状发生一定的变化，光谱反射对这些变化有一定的响应。因此，光谱技术成为监测作物生长的有效工具。

从作物冠层层面考虑，病虫害会引起作物叶面积指数、生物量覆盖度的变化，因此，遥感技术也就成为用于大面积病虫害监测的有力方法。例如，Mirik 等（2007）根据俄罗斯麦蚜虫的虫量和冬小麦反射光谱之间的相关性，提出了预测虫量的光谱指数；Jonas 和 Menz（2007）利用决策树方法，以冬小麦白粉病和叶锈病为研究对象，以 3 个不同发病时期的航空 HyMap 和 Quickbird 影像，研究了这两种病的不同发病程度，该研究的结果表明：虽然早期预测精度较低，但 2 个月后影像预测精度高达 88.6%。

### 8.5.2 基于遥感的土壤信息感知

1. 土地覆盖

由于各种人类活动、自然因素等原因，土地覆盖会在多时空尺度上产生形态和状态上变化，衍生了其特有的时间和空间属性。其中，人类对土地资源的利用引起土地利用、土地覆盖的变化也是全球环境变化的重要因素之一。

将遥感技术与 GIS 技术相结合，将多光谱、多时相的遥感数据、多种辅助数据输入 GIS 中，将不同土地覆盖类型的光谱特征、空间分布与土地覆盖类型的生物学特征有机结合起来，建立“土地覆盖数据库”，是一种重要的趋势（Idso et al.，1975；Metternicht and Zinck，2003）。

2. 土地利用

以海涂围垦区土地利用遥感调查应用为实例来说明（黄明祥，2004）。海涂围垦区为样区，选用多时相的 ERS-2PRI 产品为数据源，经过几何纠正、影像配准、雷达噪声压制、假彩色合成、实验区分区后，针对不同子区农业土地利用类型的复杂程度，分别采用 ISODATA 非监督分类和 BP 神经网络分类器进行农业土地利用类型分类、分类后处理及精度评价。

研究区位于杭州湾的南岸，浙江上虞市北端，面积 26 061 $hm^2$。该区土壤质地以轻壤土或砂壤土为主，主要由近代河海相沉积物堆积发育而成，反映土壤盐分含量的指标，土壤电导率从老围垦区低于 2 dS/m 增加到新围垦区的 7.3 dS/m。气候属亚热带季风区，年均温 16.5℃，年降雨量 1300 mm。研究共选取 5 个时段的 ERS-2PRISAR 数据。首先对多时相雷达图像数据进行预处理，再对处理后的雷达数据进行假彩色合成及信息提取，然后根据围垦年代进行空间分区，对不同子区采用不同的分类方法。技术路线见图 8.6 所示。

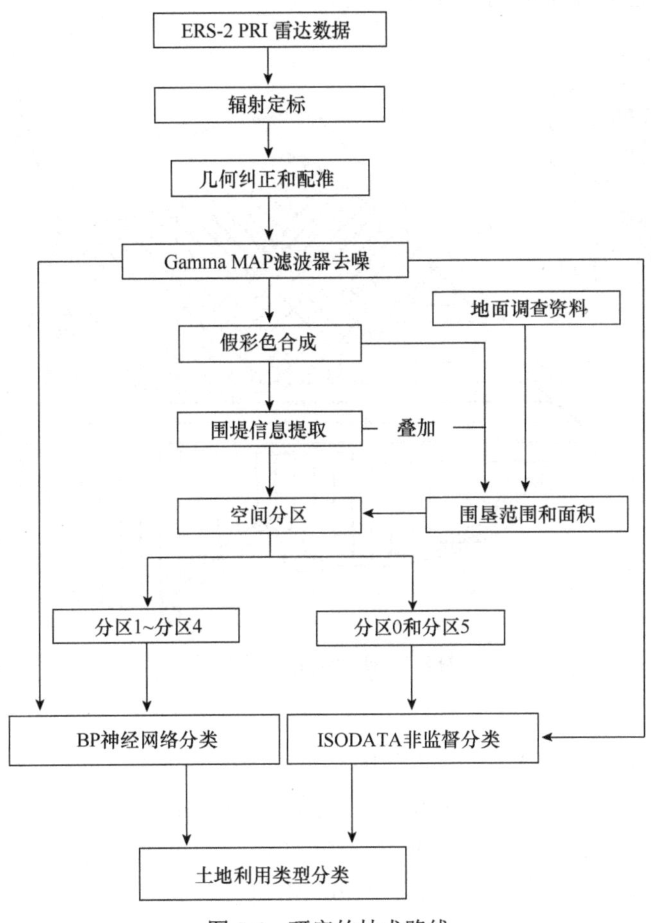


图 8.6　研究的技术路线

多时相雷达卫星图像数据预处理分为研究样区原始图像提取；从地形图上选取地面控制点，进行几何校正及配准，重采样后的像元大小与 ERS-2PRI 产品的 12.5 m×12.5 m 保持一致；应用 5×5 几何滤波器 Gamma MAP 消除雷达噪声。将滤波后的多时相雷达数据进行假彩色合成，该研究采用 2000 年 5 月、2002 年 3 月和 2002 年 9 月的数据进行假彩色合成。接着对该假彩色图像进行目视解译，提取研究区围垦堤的现状信息。将围堤叠合已经几何纠正后的假彩色图像，并参考研究区实地调查资料确定围垦堤位置、修筑年份和围垦范围的变化。

样区内的农业土地利用类型具有多样性和复杂性，这主要是由于不同围垦历史和治理措施引起的。所以为了便于农业土地利用类型分类，研究中先将样区划分为 6 个子区，将海涂围垦区外部主要以河流和滩涂为土地利用类型的区域划分为第 0 子区。另外第 1～第 5 子区根据围垦的年份划分：围垦于 1969 年前的为第 1 子区；1969～1981 年的为第 2 子区，1981～1991 年的为第 3 子区，1991～1996 年的为第 4 子区，1996 年以后围垦的划分为第 5 子区（图 8.7）。这样，在分区的基础上再细分类，针对各区地类复杂程度，选用不同的分类算法，一方面可以提高整个研究区分类精度，另一方面可以节省图像处理时间来处理农业土地利用类型。

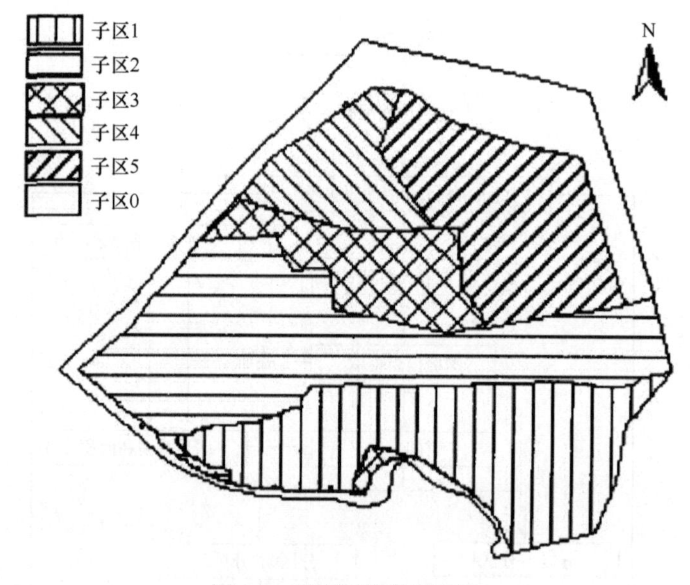


图 8.7　研究区分类示意图

根据遥感提取的围垦堤还可以进行围垦面积计算。1960 年以来，当地进行了大规模的围涂造田。样区中土地面积从 1969 年以前的 5637 $hm^2$，逐渐变为 1976 年和 1996 年的 3698 $hm^2$ 和 4087 $hm^2$。然而从 1969～1996 年，总围垦面积是最初土地面积的 4 倍，达 15 668 $hm^2$，这为当地的工、农业生产和城镇建设提供了大量的土地资源，缓解了人多地少的矛盾。

最后，由于 3 层的 BP 神经网络可以任意逼近各种函数，所以该研究采用 3 层网络（输入层、输出层和一个隐层）的 BP 神经网络进行分类结果及精度检验。输入层的单元个数为多时相雷达影像个数 5，输出层的单元个数为待分类农业土地利用的种类数 12，隐层单元数目根据多次选择比较确定为 7。BP 神经网络结构确定后，进行网络参数初始化，其中，学习因子为 0.1，动量因子为 0.9，最大的迭代次数为 1000，神经单元阈值为 0.001，最大归一化总体误差为 0.01。

在假彩色合成（RGB 通道分别为 3 月、5 月和 9 月影像）图像上选取训练样本。对 4 个子区利用训练好的神经网络进行农业土地利用分类。而对子区域 0 和 5，采用的 ISODATA 非监督分类，初始化参数中的最大迭代次数为 150、空间类别数定为 10。最后，将分区分类后的专题图类别合并。鉴于雷达数据的斑点影响，利用专题图对整个研究区农业土地进行 Sieve 和 Clump 处理，最后得到农业土地利用分类图和室内判读进行分类后的精度评价。

由分类的误差矩阵可以看出，总体分类精度为 77.34%，总体 Kappa 系数为 0.7358。海涂区的主要农作物（棉花和水稻）生产者精度和用户精度均较高，沟渠或池塘与养殖场之间存在混分。对于果园来说，其生产者精度远远大于用户精度（100%＞36%），说明有大部分果园被错分，主要是将果园错分到混合用地中。对于居民点来说，其生产者精度较低，说明有部分居民点漏分，其原因是沿道路两旁的居民点不够集中，分布零散，而且其中夹种着一些零星的农作物区。对于研究区最外围的子区来说，由于土地类数少，子区 0（曹娥江）和子区 5，可以直接采用非监分类就可以得到较好的分类结果（几乎不存在漏分和错分现象）。在总的研究区内，有部分荒滩涂和盐碱地分布在新近围垦的区域（紧靠杭州湾），所以两类都有一定的错分，而漏分较少。

遥感宏观调查和动态监测中，有必要定期（每 2～3 年）进行核查以保障区域经济的稳定持续发展。

#### 3. 土地退化的遥感动态监测

土地退化是指土地受到人为或自然因素或二者综合因素的干扰、破坏，改变了土地原有的内部结构、理化性状，土地环境日趋恶劣，逐步减少或失去该土地原先所具有的综合生产潜力，致使土地贫瘠化、盐碱化、沙漠化及水土流失等。在进行土地退化检测和动态分析时，通常是将遥感与 GIS 结合，不仅可以对土地退化现状及时定量分析，还能对土地退化状况从不同时空不同尺度动态监测和快速评价（常月明，2004）。

通过遥感和地面调查对沙漠化指标的多种定量分析方法。

指数提取法：通过不同波段亮度值的算术运算，提取对土壤或植被信息有特征意义的指数（康文平，2014），如归一化植被指数、沙化指数，或通过谱系图聚类法，建立判别函数等来区分不同的类别，为分区监测、控制、治理提供依据。

K-T 变换法：运用 K-T 变换能有效分离土壤与植被信息的特点，对变换后的第一主成分反映土壤亮度的图像和第二主成分反映植被分量的图像分别进行再分类或阈值分割，而得到具体划分指标。

混合像元分析法：采用线性光谱混合模型，获得像元基本组分、土壤与植被等在各像元所占比例的分量图和数据（康文平，2014）。

### 8.5.3 基于遥感的水体信息感知

#### 1. 水体的光谱特征

一般来说，水本身的物质组成和其各种不同状态决定了水体的光谱特征。在波长 0.6 μm

前的可见光波段，水体的光谱特征表现为吸收少、反射低、透射高。其中，水体反射率约 5%，当太阳高度角变化时，水体反射率在 3%～10%变化。水体表面反射、底部物质反射及悬浮物质（浮游生物、叶绿素、泥沙、其他物质等）反射是水体的可见光反射的三种方式。

清水在蓝绿波段的反射率为 4%～5%。而在红外部分（波长在 0.6 μm 以下）清水的反射率降到 2%～3%。在近红外、短波红外部分，清水几乎吸收了全部的入射能量，也就是说水体在这两个波段的反射能量几乎为零。根据以上所述，在红外波段识别水体相对较容易，主要是因为水体的光谱特征与植被和土壤光谱特征形成十分明显的差异（马保东，2008）。

在太阳直射光和天空散射光的电磁波能量中，到达水面的约 3.5%的电磁波能量被水面直接反射回大气，形成水面散射光。这种水面反射带有少许水体本身信息，水面性质大大影响着其强度（马保东，2008）。其余的光经折射与透射后进入水中，水分子通过吸收和散射现象减弱了大部分光强，或被水中悬浮物、浮游生物等散射、反射、衍射形成水中散射光。水的浑浊度大大影响着光的强度。水体有较强浑浊度，水下散射光越强。当衰减后的散射光部分到达水体底部时，会被底部物质反射，形成反射光。此时，强度与水深呈负相关，且随着水体浑浊度的增大而减小。

在实际测量中，水面反射光、悬浮物反射光、水底反射光和天空反射光是遥感器所接收到的主要辐射。由于水体的水面性质、悬浮物的性质和含量、水深和水底特征等差异，传感器上接收到的不同介质的反射光谱特征也存在差异，这为遥感探测水体提供了基础（Engman，1991）。

## 2. 水体界线的确定

在可见光范围内，水体的反射率总体上比较低，不超过 10%，一般为 4%～5%，并随着波长的增加逐渐降低，到 0.6 μm 处为 2%～3%，过了 0.75 μm，水体几乎成为全吸收体（王艳红和邓正栋，2005）。因此，在近红外的遥感影像上，清澈的水体呈黑色。为区分水体界线，确定地面上有无水体覆盖，应该选择近红外波段。

## 3. 水体悬浮物质的确定

水中悬浮泥沙物质主要来源于水土流失、河流侵蚀等引起的大量泥沙被水流带到湖中、河中、海中。水体反射率主要是由水体浑浊程度来决定的，水体中的泥沙会引起水体光谱特性的变化。随着水中悬浮泥沙浓度增大，水的浑浊度变大，水体在整个光谱段的反射亮度也随之增加；水体由暗变亮，反射峰本身形态变宽，且反射峰值波长增大，即从蓝向绿，向更长波段移动。

测量的清水和浊水的反射光谱响应曲线在自然环境下差异是很明显的：清水的反射率比浊水低；且与清水相比，浊水反射峰值向长波方向移动。可见光下，随着浑浊度的增加，水色由蓝色转绿色，再向黄色转变；当水中泥沙含量接近饱和时，水色也接近泥沙本身的颜色。

一般来说，对于可见光遥感而言，水中叶绿素含量测量的最佳波长范围在 0.43～0.65 μm；

监测水体浑浊度的最佳波长范围在 0.58～0.68 μm，主要是由于这个波长范围对于泥沙浓度出现不同的辐射峰值；该范围波长也被 NOAA、风云气象卫星及海洋卫星选用。因此，多选用 0.45～0.65 μm 波段来调查水色或水质。水中悬浮泥沙含量信息的提取，主要是借助泥沙含量引起的多波段响应的特性。除了用可见光波段数据外，也可以用近红外波段数据，利用两波段的明显差异及选用不同波段组合可以更好地表现出海水中悬浮泥沙分布的相对等级。

从理论上讲，水中向上的散射光是由透射光与水中悬浮物质相互作用产生的。因此，可以利用水体的反射辐射与水中悬浮物质含量之间的密切关系来获取水体光谱数据，以及提取出悬浮泥沙的信息。从而通过定量描述悬浮泥沙含量与遥感数据间的关系，反演悬浮泥沙含量。所以，以统计相关分析为基础的半经验模型和以灰色系统理论为基础的模型是建立此类模型的基础。其平均水平是由统计分析方法反映的，而序列间的分布误差水平及平均水平是由灰色数学方法反映的，这样的模型规律性更明显，结果更稳定（Jensen et al.，1995）。

#### 4. 水深的探测

水深指的是水的穿深能力，或水体的透光性能，可由衰减长度来衡量。衰减长度用于表示水中能见度。一个衰减长度是指向下辐照度等于表面辐照度的 37%的长度。水体本身的光谱特性与水深是相关的。由于水体对红外波段光的有效吸收，近红外波段的能量在水深 20 m 处已几乎不存在，仅保留了蓝绿波段能量，所以可用蓝绿波段研究水深和水底特征。

波长和水体浑浊度是影响光对水的穿深能力的主要因素。随着浑浊度的增加，透射率明显下降，反射率明显增强，衰减系数增大，光对水的穿深能力减弱，最大透射波长向长波方向移动。

对于清水，光的最大透射波长为 0.45～0.55 μm，其峰值波长约 0.48 μm，位于蓝绿波长区。水体在此波段散射最弱、衰减系数最小、穿深能力最强，记录水体底部特征的可能性最大。在红光区，由于水的吸收作用较大，透射相应减小，只能探测水体浅部特征。近红外区，由于水的强吸收作用，只能反映水陆差异。正因为不同波长的光对水体的透射作用和穿深能力不同，所以水体不同波段的光谱信息中，实际上反映了不同厚度水体的信息特征，包含了“水深”的概念（张志锋，2004）。水体的光谱特性主要是通过体散射，而不是表面反射测定的，这也是与陆地截然不同的地方。

实际上，影响遥感水深度的因素除了波长和水体浑浊度外，还有很多。例如，水面太阳辐照度（太阳天顶角、方位角的函数），水体的衰减系数、水体地质的反射海况、大气效应等（张志锋，2004）。

另外，水体的光谱特性还与水面粗糙度有关；平静光滑的水面仅能检测到体反射辐射部分的能量，而粗糙波浪水面能够有表面反射和体反射能量进入遥感器（蔡丽娜等，2008）。

#### 5. 水温的探测

依据热红外辐射强度而得到的水体温度是水体的亮度温度（辐射温度），应该考虑水的比辐射率［物体在温度 $T$，波长 $\lambda$ 处的辐射出射度 $M_1$（$T$，$\lambda$）与同温度，同波长下的黑体辐射出射度 $M_2$（$T$，$\lambda$）的比值］，才能得到水体的真实温度。实际观测中由于水的比辐射率接近 1，特别是在波长 6～14 μm 段，因此往往用所测的温度表示水体温度。

由于水体热容量大、热惯量大、昼夜温差小，且水体内部以热对流方式传输热量，所以水体表面温度较为均匀，空间变化小，但是大气效应对水温测算精度影响较大，因此遥感估算水温时，必须要进行大气纠正。

水体整体反射率低，光谱差异小，与陆地上地物光谱特征间差异相比要小得多，因而所得海洋图像反差很低，可以获得的信息十分有限。另外，海洋信息的获取还受到多变的海洋环境的干扰，如太阳入射角、观察高度、海气条件、底质条件、水深及水体本身的影响等。因此，对水体遥感尤其是海洋遥感来说，光学遥感显然是不够的，除了采用可见光、红外波段以外，必须开辟新的电磁波谱段（Price，1985；Berni et al.，2009）。

### 8.5.4 基于遥感的环境信息感知

环境卫星遥感监测是环境管理的重要手段之一。为了能准确地反映环境质量状况，通常将连续监测与定时监测相结合，从而有针对性地加强监督管理。基于遥感的环境信息感知主要包含两个部分：大气遥感监测和水污染遥感监测。

#### 1. 大气遥感监测

我国重点开展了以下 4 个大气遥感监测方面的工作。

（1）利用遥感技术对大气污染与污染源进行监测。例如，应用遥感技术监测露天煤矿、对城市市区的烟囱高度和分布进行了航空遥感分析及各类以大气污染为目标的遥感监测等。这些都为污染防治和环境污染预报提供了科学依据。

（2）通过遥感图像上植物的反应差异（季相节律、遭受污染等）及植物对污染的指示性反演大气污染。例如，根据遥感图像上呈现的树冠影像的色调和大小差异，圈定了二氧化硫和酸气、氟化氢等典型污染场等，确定大气污染的范围、程度和扩散变化。

（3）以地面采样的分析结果作为参照量，与遥感图像进行相关分析。例如，采集树木叶片测定其含硫、含氯量及树皮的 pH，分析二氧化硫、氯气及酸雾的污染。

（4）在污染地区上空利用飞机携带大气监测仪器分层采样并进行数据处理分析。监测大气气溶胶、飘尘及二氧化硫的时空分布特征和运移规律等。

#### 2. 水污染遥感监测

在水污染遥感监测方面，我国监测大型水体中的有机污染、油污染及富营养化等，主要涉及的水体有海河、渤海湾、蓟运河、大连湾、长春南湖、于桥水库、珠江、苏南大运河、滇池等；同时也研究了水体叶绿素与富营养化间的关系从而反映了滇池水体污染与富营养化状况；借助卫星遥感资料估算了渤海湾表层水体叶绿素的含量，建立了叶绿素含量与海水光谱反射率之间的相关模型，定量地对有机污染区域进行了划分；利用水体热污染原理和红外遥感监测技术先后监测湘江、大连湾、海河、闽江、黄浦江等的污染状况（郭理桥等，2012）。

# 参考文献


白淑英, 徐永明. 2013. 农业遥感. 北京: 科学出版社.

白由路, 金继运, 杨俐苹, 等. 2004. 低空遥感技术及其在精准农业中的应用. 土壤肥料, 1: 3-6.

蔡丽娜, 刘平波, 智长贵. 2008. 水质遥感监测方法的探讨. 测绘与空间地理信息, 31(4): 68-73.

常月明. 2004. 半干旱区季节性河流流域的土地荒漠化成因及其治理研究. 安徽师范大学硕士学位论文.

陈世平. 2009. 航天遥感科学技术的发展. 航天器工程, 18(2): 1-7.

陈世平. 2011. 关于航天遥感的若干问题. 航天返回与遥感, 32(3): 1-8.

陈贻国, 潘日敏, 申桑. 2012. 基于无人机的图像和 GPS 数据采集系统的研究与实现. 微型机与应用, 1: 015.

程勇祥, 王秀珍, 郭建平, 等. 2012. 中国水稻生产的时空动态分析. 中国农业科学, 45(17): 3473-3485.

董敏, 李海宽, 于亚文. 2007. 地面遥感监测系统在水土保持监测中的应用初探. 水土保持通报, 27(4): 18-20.

郭理桥, 林剑远, 王文英. 2012. 基于高分遥感数据的城市精细化管理应用. 城市发展研究, (1): 57-63

韩秀梅, 张建民. 2006. 农业遥感技术应用现状. 农业与技术, 26(6): 32-35.

何勇, 赵春江. 2010. 精细农业. 杭州: 浙江大学出版社.

黄超超, 吴晓迪, 杨华, 等. 2013. 基于各向异性Gaussian改进模型的卫星材料BRDF计算. 激光与红外, 43(6): 668-670.

黄敬峰, 刘绍民. 1999. 冬小麦遥感估产多种模型研究. 浙江大学学报: 农业与生命科学版, 25(5): 512-523.

黄克明, 张明义, 赵温波, 等. 2012. 无人机遥感数据记录系统设计与实现. 舰船电子工程, 32(10): 105-106.

黄立明. 2009. 地类遥感影像特征检索库管理系统的设计与建立. 昆明理工大学硕士学位论文.

黄明祥. 2004. 海涂围垦区土壤高光谱特性与土地利用遥感调查研究. 浙江大学硕士学位论文.

康文平. 2014. 沙漠化遥感监测与定量评价研究综述. 中国沙漠, 34(5): 1222-1229.

李继宇, 张铁民, 彭孝东, 等. 2010. 小型无人机在农田信息监测系统中的应用. 农机化研究, 32(5): 189-192.

李万里, 张建杰. 2010. 生产线技术在农业遥感系统中的应用. 现代农业科技. 16: 25-27.

李卫国, 李秉柏, 王志明, 等. 2006. 作物长势遥感监测应用研究现状和展望. 江苏农业科学, 3: 12-15.

林蔚红, 孙雪钢, 刘飞, 等. 2014. 我国农用航空植保发展现状和趋势. 农业装备技术, 1: 6-11.

刘良云, 赵春江, 王纪华, 等. 2005. 冬小麦播期的卫星遥感及应用. 遥感信息, 1: 28-31.

罗锡文. 2014. 对加快发展我国农业航空技术的思考. 农业技术与装备, 5: 7-15.

马保东. 2008. 兖州矿区地表水体和煤堆固废占地变化的遥感检测. 东北大学硕士学位论文.

申川, 蒋焕煜, 包应时. 2006. 机器视觉技术和 GPS 在农业车辆自动导航中的应用. 农机化研究, 7: 185-188.

申广荣, 王人潮. 2001. 植被光谱遥感数据的研究现状及其展望. 浙江大学学报: 农业与生命科学版, 27(6): 682-690.

王纪华, 赵春江, 黄文江. 2008. 农业定量遥感基础与应用. 北京: 科学出版社.

王巧男, 叶旭君, 李金梦, 等. 2015. 基于双波段植被指数(TBVI)的柑橘冠层含氮量预测及可视化研究. 光谱学与光谱分析, 2(35): 1-4.

王人潮, 黄敬峰. 2002. 水稻遥感估产. 北京: 中国农业出版社.

王人潮, 史舟, 王珂, 等. 2003. 农业信息科学与农业信息技术. 北京: 中国农业出版社.

王艳红, 邓正栋. 2005. 遥感技术在水源侦察和水质监测中的应用. 污染防治技术, 1: 19-24.

武传宇, 赵匀, 蒋焕煜. 2002. 农业自动行走引导系统研究现状和发展趋势. 农机化研究, 3: 1-3.

谢涛, 刘锐, 胡秋红, 等. 2013. 基于无人机遥感技术的环境监测研究进展. 环境科技, 26(4): 55-60.

许勇, 游张华. 2008. 基于 CAN 总线和 GPRS 的车载传感器网络平台的实现. 传感器与微系统, 27(3): 83-85.

严泰来, 王鹏新. 2008. 遥感技术与农业应用. 北京: 中国农业大学出版社.

余凡, 赵英时. 2011. 基于主被动遥感数据融合的土壤水分信息提取. 农业工程学报, 27(6), 187-192.

余玲飞, 宋超, 王晓敏, 等. 2011. 车载传感器网络的研究进展. 计算机科学, 38(B10): 319-322.

张竞成, 袁琳, 王纪华, 等. 2012. 作物病虫害遥感监测研究进展. 农业工程学报, 28(20): 1-11.

张志锋. 2004. 基于 3S 技术的湿地生态环境质量评价——以野鸭湖湿地为例. 首都师范大学硕士学位论文.

赵语. 2012. 地面农业遥感平台在能源作物生物量监测中的研究与应用. 东北农业大学博士学位论文.

Asner G P, Braswell B H, Schimel D S, et al. 1998. Ecological research needs from multiangle remote sensing data. Remote Sensing of Environment, 63(2): 155-165.

Barnett T L, Thompson D R. 1983. Large-area relation of landsat MSS and NOAA-6 AVHRR spectral data to wheat yields. Remote Sensing of Environment, 13(4): 277-290.

Berni J, Zarco-Tejada P J, Suárez L, et al. 2009. Thermal and narrowband multispectral remote sensing for vegetation monitoring from an unmanned aerial vehicle. IEEE Transactions on Geoscience and Remote Sensing, 47(3): 722-738.

Chen C, McNairn H. 2006. A neural network integrated approach for rice crop monitoring. International Journal of Remote Sensing, 27(7): 1367-1393.

Chen Z, Li S, Ren J, et al. 2008. Monitoring and management of agriculture with remote sensing. *In*: Liang S. Advances in land remote sensing. Netherlands: Springer: 397-421.

Engman E T. 1991. Applications of microwave remote sensing of soil moisture for water resources and agriculture. Remote Sensing of Environment, 35(2): 213-226.

Fensholt R, Sandholt I, Rasmussen M S. 2004. Evaluation of MODIS LAI, fAPAR and the relation between fAPAR and NDVI in a semi-arid environment using *in situ* measurements. Remote Sensing of Environment, 91(3): 490-507.

Goel N S, Qin W. 1994. Influence of canopy architecture on relationships between various vegetation indices and LAI and FPAR: a computer simulation. Remote Sensing Review, 10(4): 309-347.

Hadria R, Duchemin B, Lahrouni A, et al. 2006. Monitoring of irrigated wheat in a semi-arid climate using crop modelling and remote sensing data: Impact of satellite revisit time frequency. International Journal of Remote Sensing, 27(6): 1093-1117.

Huang Q, Tang H J, Zhou Q B, et al. 2010. Remote sensing based monitoring of planting structure and growth condition of major crops in Northeast China. Transactions of the Chinese Society of Agricultural Engineering, 26(9): 218-223.

Idso S, Schmugge T, Jackson R, et al. 1975. The utility of surface temperature measurements for the remote sensing of surface soil water status. Journal of Geophysical Research, 80(21): 3044-3049.

Jensen J R, Rutchey K, Koch M S, et al. 1995. Inland wetland change detection in the everglades water conservation area 2a using a time series of normalized remotely sensed data. Photogrammetric Engineering and Remote Sensing, 61(2): 199-209.

Jonas F, Menz G. 2007. Multi-temporal wheat disease detection by multi-spectral remote sensing. Precision Agriculture, 8(3): 161-172.

Justice C O, Vermote E, Townshend J R, et al. 1998. The moderate resolution imaging spectroradiometer (MODIS): Land remote sensing for global change research. IEEE Transactions on Geoscience and Remote Sensing, 36(4): 1228-1249.

Labus M, Nielsen G, Lawrence R, et al. 2002. Wheat yield estimates using multi-temporal NDVI satellite imagery. International Journal of Remote Sensing, 23(20): 4169-4180.

Metternicht G, Zinck J. 2003. Remote sensing of soil salinity: potentials and constraints. Remote sensing of

Environment, 85(1): 1-20.

Mirik M, Michels G J, Kassymzhanova-Mirik S, et al. 2007. Reflectance characteristics of Russian wheat aphid(Hemiptera: Aphididae)stress and abundance in winter wheat. Computers and Electronics in Agriculture, 57(2): 123-134.

Pandey A, Chowdary V, Mal B. 2007. Identification of critical erosion prone areas in the small agricultural watershed using USLE, GIS and remote sensing. Water Resources Management, 21(4): 729-746.

Pinter P, Hatfield J L, Schepers J S, et al. 2003. Remote sensing for crop management. Photogrammetric Engineering & Remote Sensing, 69(6): 647-664.

Price J C. 1985. On the analysis of thermal infrared imagery: The limited utility of apparent thermal inertia. Remote sensing of Environment, 18(1): 59-73.

Purevdorj T, Tateishi R, Ishiyama T, et al. 1998. Relationships between percent vegetation cover and vegetation indices. International Journal of Remote Sensing, 19(18): 3519-3535.

Riddering J P, Queen L P. 2006. Estimating near-surface air temperature with NOAA AVHRR. Canadian Journal of Remote Sensing, 32(1): 33-43.

Serrano L, Filella I, Penuelas J. 2000. Remote sensing of biomass and yield of winter wheat under different nitrogen supplies. Crop Science, 40(3): 723-731.

Singh R, Semwal D, Rai A, et al. 2002. Small area estimation of crop yield using remote sensing satellite data. International Journal of Remote Sensing, 23(1): 49-56.

Steven M D, Demetriades-Shah T H, Clark J A. 1990. High resolution derivative spectra in remote sensing. Remote Sensing of Environment, 33(1): 55-64.

Vancutsem C, Ceccato P, Dinku T, et al. 2010. Evaluation of MODIS land surface temperature data to estimate air temperature in different ecosystems over Africa. Remote Sensing of Environment, 114(2): 449-465.

Wan Z, Wang P, Li X. 2004. Using MODIS land surface temperature and normalized difference vegetation index products for monitoring drought in the southern Great Plains, USA. International Journal of Remote Sensing, 25(1): 61-72.

Yang P, Shibasaki R, Wu W, et al. 2007. Evaluation of MODIS land cover and LAI products in cropland of North China Plain using in situ measurements and Landsat TM images. IEEE Transactions on Geoscience and Remote Sensing, 45(10): 3087-3097.

Youlu B. 2004. Technology of low altitude remote sensing and its applications in precision agriculture. Soil and Fertilizer Institute, 1: 3-6.

# 第9章　通信技术

## 9.1　概　　述

物联网是指通过各种信息传感设备，实时采集任何需要监控、连接、交互的物体或事物，采集其声、光、热、电、力学、化学、生物、位置等各种需要的信息，与互联网结合形成一个巨大的信息通信网络，构成物与物的实时交互。其中特别关键的是“物”与“物”的信息交互，交互的手段是利用通信技术实现。在物联网技术中，数据通信技术基本上贯穿物联网应用的整个过程，如数据获取过程中传感器与感知设备间的数字通信，如单总线传感器、I2C 总线传感器、485 总线传感器、CAN BUS 传感器等，在数据前交互过程中，往往也会用到射频通信技术、有线通信技术、总线通信技术等实现不同模态下的数据交互。因此，数据通信技术在物联网产业发展中起到至关重要的作用。

数据通信技术涵盖的内容非常广泛，通信的媒介也多种多样。不同的通信媒介、通信方式都有各自不同的特点和优势。目前，国际上常见的数据通信媒介主要有有线电缆传输、光纤传输、无线电磁波传输、光波传输等不同媒介。在有线通信中，除自由通信协议的总线通信模式外，还有国际通信的标准总线协议，如 CAN BUS（遵循国际通用的多种标准协议或自由协议）、USB 通信标准协议、485 总线（遵循国际通用的多种标准协议或自由协议）等。在无线数据通信领域，有蓝牙通信技术、射频通信技术、WIFI 通信等模式。每一种通信媒介或通信模式既可以根据国际通用协议来标定，也可以通过自由编写协议进行数据通信。自由数据通信协议与标准通信协议往往可以以同样的方式实现数据交互等作用，但标准协议具有数据兼容性强，容易二次开发或集成应用。而自由协议在兼容性方面受到很大限制，但操作灵活，信息安全性更强。但随着物联网技术的快速发展与应用普及，越来越多的不同属性事物空间进行交互通信时，数据通信的标准化将会成为物联网通信协议与技术的发展趋势。

不同的通信方式不仅有通信带宽、速度的差别，也有通信距离的差别，甚至有抗干扰能力等差别。根据实际应用需求的不同，选择最佳通信方式是降低通信开销、提高连接质量的重要途径。

## 9.2　有线通信技术

### 9.2.1　电力载波组网传输技术

1. 电力载波通信原理

**1）电力载波通信概述**

电力载波（power line communication，PLC），是电力系统特有的通信方式。电力载波通信是指可以利用现有电力线，通过载波方式将模拟或数字信号进行传输的技术。电力波载的最大特点是信息传输稳定可靠、路由合理和可同时复用远动信号等，是一种不需要线路投资、随着电力线的存在而存在的有线通信方式（尹亚军，1971）。

利用电力载波进行信息传输历史悠久，国外早在20世纪20年代就已经出现电力线载波通信技术。由于高压电力线具有相对良好的信道特性，其在电力系统中应用非常广泛，并且通过高压电网进行传输数据的理论和实践也已日趋成熟。在多种通信手段竞相发展的今天，如以数字微波通信、卫星通信为主干线的覆盖全国的通信网络已初步形成，高压电力线载波通信仍然是电力行业地区网、省网乃至局网中的主要通信手段之一，仍是电力系统应用领域最广泛的通信方式，是电力通信网的重要的基本通信手段。低压电力线的信道特性相对高压电力线较为复杂，很难得出具体的信道模型，并且低压电力线的高衰减、高噪声、高变形也影响电力线成为一个理想的通信媒介。因此低压电力线传输数据的理论和技术还不成熟。然而，低压电力载波通信更直接接近用户，有着不可估量的市场前景（李志学，2002）。

**2）正交频分复用技术**

正交频分复用（orthogonal frequency division multiplexing，OFDM），也称为离散多音（discrite multitone，DMT）调制。其主要思想是将信道分成若干正交子信道，并将高速数据信号转换成并行的低速率数据流，再调制到每个子信道上进行传输。虽然每个子载波的信号传输速率不高，但所有子信道合并在一起可以获得很高的传输速率。作为一种可以有效对抗码间干扰（intersymbol interference，ISI）和信道间干扰（inter-channel interference，ICI）的成熟技术，OFDM具有独特的优点：可以最大限度地利用频谱资源，因为传统的频分多路传输在各个子信道之间保留了保护频带，而OFDM系统各个子载波之间存在正交性，允许子频谱相互重叠；上行和下行链路中不同的传输速率可以通过使用不同数量的子信道来实现；很容易与其他多种接入方法结合使用，构成OFDMA系统；OFDM系统可以有效对抗窄带干扰很强，因为这种干扰仅影响OFDM系统的一小部分子载波，基于同样的原理，OFDM也可有效对抗频率选择性衰落与多径效应。

同时，由于OFDM系统存在多个正交的子载波且输出信号是多个子信道的叠加，该系统也凸现出一些缺点：对频率偏差的敏感性是OFDM系统的主要缺点，因为一旦发射机和接收机本地振荡频率间存在频率偏，会使OFDM系统子信道间的正交性遭到破坏，导致子信道间干扰；当多个信号相位一致时，叠加信号的瞬时功率会远高于信号平均功率，因此导致较高的峰值平均功率比；若发射机内放大器线性度不能满足要求，可能导致信号的畸变，进而导致信号频谱变化及子信道间正交性被破坏，最后使系统性能恶化（佘洁琦，2013）。

OFDM的原理框图如图9.1所示。图中输入数据为二进制数字信号，码元宽度为Th。

首先，发送端输入串行数据，串并变换器将其变为N路并行信号，此时码元宽度变为NTh；随后对各路信号进行基带调制，通过快速傅里叶逆变换将基带信号调制到各个子载波上；其次，通过数模转换将数字信号转为模拟信号发送；最后，在接收端将接收到的各个子信号相加，得到OFDM信号，通过一系列反变换得到原始数据。

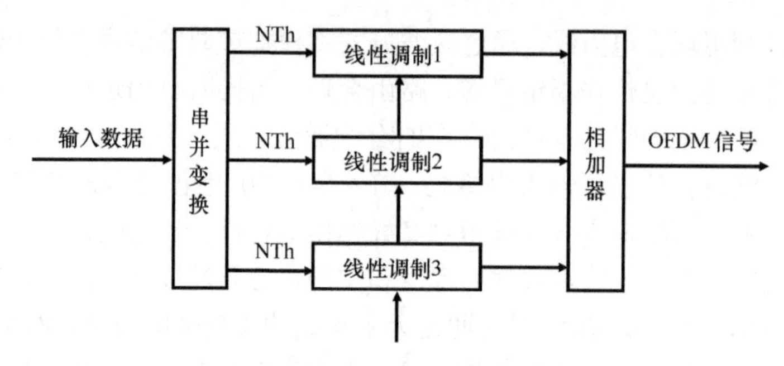


图 9.1　OFDM 系统原理图

其实在我们实际的生活应用中，会在 OFDM 信号中加入保护间隔以达到消除码间干扰的目的。具体实现方法为将 OFDM 符号尾部长度为 $L$ 的样品复制到本符号的前面，作为循环前缀用以间隔各符号，接收端自动会丢弃符号开始的前缀部分，将剩余部分进行傅里叶变换后进行解调。

**3）扩频通信技术（code division multiple access，CDMA）**

扩频通信技术全称为扩展频谱通信，是一种利用比原始信号本身频带宽得多的射频信号的通信。在扩频通信系统中，发射端用一种特定的调制方法将原始信号的带宽加以扩展，得到扩展信号，收信端再对接收到的扩频信号加以处理，将接收到的信号恢复为原来带宽的所需信号。其理论依据为香农公式：

$$C = W\log_2(1 + S/N) \tag{9.1}$$

式中，$C$ 为信道容量；$W$ 为信号带宽；$S$ 为信号功率；$N$ 为噪声功率。

当信号的传输速率 $C$ 一定时，通过增大信号带宽 $W$ 可以降低信噪比 $S/N$。当带宽增到一定程度时，信号功率可以接近噪声功率，甚至在信号被噪声淹没的情况下，仍然能保持可靠的通信（余洁琦，2013）。

扩频技术的主要优点如下：能有效地减弱各种窄带信号的干扰；信号的功率谱密度很低；便于隐蔽和保密，截获概率低；可以实现具有随意选址能力的码分多址通信。扩频通信技术包括直接序列扩频、Chirp 扩频、载波频率跳变扩频、跳时和脉冲调频等方式。直接序列扩频技术与 Chirp 扩频技术是 PLC 技术中主要用到的两种扩频技术（余洁琦，2013）。

## 2. 电力载波通信的组网方式

**1）电力载波通信组网内容的概述**

电力载波通信的组网是目前的一个研究热点。国内外针对在电力载波通信网络结构和各个通信节点位置均具有未知性的特点下如何快速、准确地对电力载波通信网络进行组网已做了大量研究。低压电力线载波通信目前主要用于载波抄表和路灯控制等领域，而这些应用领域通常由于环境恶劣、网络复杂而导致低压电力线载波通信发展受限（刘柱等，2009）。电力载波通信有高压电力线载波通信、中压电力线载波通信和低压电力线载波通信三种。本节主要通过介绍低压电力载波的组网算法来阐述电力载波通信的组网方式。

**2）低压电力线载波通信组网算法**

低压电力线载波通信组网就是通过一定的算法，找出“逻辑拓扑结构”的过程。在这一过程中，要注意载波通信中的“孤点”问题，所谓“孤点”是指无论通过何种中继手段都无法与主载波节点建立通信关系的子载波节点，这一类节点应该被排除在整个“逻辑拓扑结构”之外。

假设一个低压载波网络由 1 个主载波节点与 $m$ 个从载波节点组成，各载波节点地址已知，则按如下步骤建立网络的“逻辑拓扑结构”。

步骤一，主载波节点依次发测试包轮询所有从载波节点，从载波节点收到后回复应答包给主载波节点，这样可以找出 $n$ 个可直接与主载波节点通信的从载波节点，这 $n$ 个节点归为第一层从载波节点。讨论以下两种情况：若 $n=m$，表明所有子载波节点都可直接与主载波节点通信，无需中继，可停止轮询过程；若 $n<m$，则进入步骤二。

步骤二，由第一层从载波节点 1 至节点 $n$ 依次发起轮询，询问剩下的（$m-n$）个从载波节点，假设节点 1 询问到 $P_1$ 个从载波节点响应，则这 $P_1$ 个从载波节点为节点 1 的子节点，属于第二层从载波节点。经过这一轮询问，第二层从载波节点的个数为 $\sum_{i=1}^{n} P_i$，且 $0 \leqslant \sum_{i=1}^{n} P_i \leqslant (m-n)$。讨论两种特殊情况：若 $\sum_{i=1}^{n} P_i=0$，表明第一层从载波节点无法与剩下的（$m-n$）个节点建立通信，剩下节点全为“孤点”，逻辑拓扑结构图已可建立，可停止轮询过程；若 $\sum_{i=1}^{n} P_i = (m-n)$，表明剩下的节点都属于第二层从载波节点，所有节点已找齐，逻辑拓扑结构图已可建立，可停止轮询过程。

步骤三，再依次启动第二层从载波节点，对剩下的（$m-n-\sum_{i=1}^{n} P_i$）个从载波节点进行轮询，轮询到的节点归入第三层从载波节点。

如图 9.2 所示（刘柱等，2009），轮询的最后结果有两种情况：所有从载波节点都能找到自己的父节点，这样所有的 $n$ 个节点建立了一张树形逻辑拓扑结构图，图中每一层的父节点作为自己子节点的中继点，所有的数据都可通过各级中继上送到主载波节点；最后剩下若干从载波节点不属于任何一个节点的子节点，这些点就形成了“孤点”，但其他的节点已组成了一张树形逻辑拓扑图，图中每一层的父节点作为自己子节点的中继节点，所有的数据都可通过各级中继上送到主载波节点，“孤点”被排除在整个拓扑结构之外。

**3）多目标优化蚁群组网算法**

目前研究较多的电力载波通信组网方法有遗传算法（genetic algorithm，GA）（徐晶等，2007）、模拟退火法（simulated annealing，SA）（Liao and Tsao，2006）、禁忌搜索算法（tabu search，TS）（El Rhazi and Pierre，2009）、蚁群算法（ant colony algorithm，ACO）（Dorigo et al.，2006）、粒子群算法（particle swarm optimization，PSO）（卢志刚和董玉香，2007）等。虽然这些仿生算法的研究已经在理论和应用中不断发展，但同时

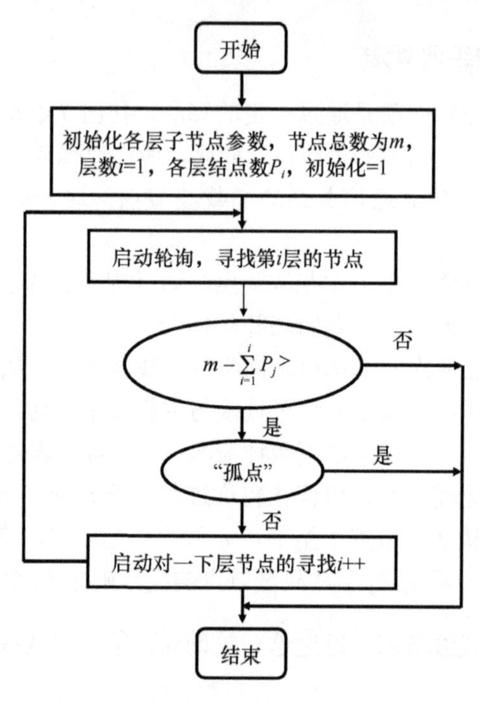


图 9.2 “逻辑拓扑结构”的建立流程

也存在一些自身的缺陷，如其相关数学分析还比较薄弱，算法中涉及的各种参数设置通常都是按照经验型方法确定，没有确切的理论依据，对具体问题和应用环境的依赖性比较大，需要不断改进和研究（谢志远等，2012）。本节主要讨论蚁群算法在电力载波通信组网方法中的应用。

蚁群算法中的人工蚂蚁是一些特定的探测包，它们在所经路径上会留下人工信息素，通过统计路径上的信息素及启发因子可以计算人工蚂蚁在每个节点上的转移概率，在经过多次迭代以后，信息素最高的路径就是所求之解。在多目标路径优化中，人工蚂蚁将针对服务类型分为两类，分别构造各类蚂蚁对应的信息素更新公式与启发因子（戚佳金，2009）。

在时间 $t$ 第 $s$ 类服务的蚂蚁 $k$ 从节点 $v_i$ 转移到节点 $v_j$ 的转移概率函数如式（9.2）、式（9.3）所示：

$$s=\begin{cases}\arg\max\left\{\left[\tau_{ij}^{s}\right]^{a}\times\left[\eta_{ij}^{s}(t)\right]^{\beta}\right\} & q\leqslant q_0\\ p_{ij}^{s}(t)_k & q>q_0\end{cases}\tag{9.2}$$

$$\left[P_{ij}^{s}(t)\right]_k=\begin{cases}\dfrac{\left[\tau_{ij}^{s}(t)\right]^{\alpha}\times\left[\eta_{ij}^{s}(t)\right]^{\beta}}{\sum\limits_{v_{k\notin tab\mu_k}}\left[\tau_{ij}^{s}(t)\right]^{\alpha}\times\left[\eta_{ij}^{s}(t)\right]^{\beta}} & v_{j\notin tab\mu_k}\\ 0 & v_{j\in tab\mu_k}\end{cases}\tag{9.3}$$

式中，$s\in S$；$tab\mu_k$（$k$=1，2，…，$m$）用以记录蚂蚁 $k_s$ 已经走过的节点集合，称为禁

忌表；$\tau_{ij}^{s}(t)$ 为时刻 $t$ 在路径$(v_i,v_j)$上第 $s$ 类服务的信息素；$\eta_{ij}^{s}(t)$ 为第 $s$ 类服务的启发因子；参数 $\alpha$ 、$\beta$ 可反映路由选择中路径上残留信息素和启发因子的重要程度。

蚂蚁从源节点 $v_1$ 在经过 $\Delta t$ 时间后，转移到达目标节点 $v_d$，所经过的路径采用全局状态信息素更新策略。其迭代最优更新表达式如式（9.4）所示：

$$\tau_{ij}^{s}(t+\Delta t)=(1-\rho)\times\tau_{ij}^{s}(t)+\rho\times\Delta\tau_{ij}^{s}(t+\Delta t) \tag{9.4}$$

式中，$\rho$ 为迭代最优更新信息素挥发系数，$\rho$ 的选择可以调整迭代最优路径信息素的增长速度。假设每一轮迭代中一共只有 $k$ 只蚂蚁找到了较优路径（这里不提最优，在实际中可以采用 $k$=2 或 3，以避免过早收敛于次优路径），那么在 $\Delta t$ 时间内，路径 $\rho$ 上通过全局信息素更新策略的信息素增量为如式（9.5）、式（9.6）所示：

$$\tau_{ij}^{s}(t,t+\Delta t)=\sum_{k\in A_s}\Delta\gamma_k^s\left(\tau_{ij}^{s}\right)_k(t,t+\Delta t) \tag{9.5}$$

$$\Delta\left(\tau_{ij}^{s}\right)(t,t+\Delta t)=\begin{cases}K/\left(L_{gb}^{s}\right)_k & i,j\in\text{任意数}\\ 0 & \text{其他}\end{cases} \tag{9.6}$$

$$\left(L_{gb}^{s}\right)_k=\gamma_s^d\times\omega_k^d\left(P_s\right)+\gamma_s^l\times\omega_k^l\left(P_s\right) \tag{9.7}$$

式中，$\gamma_k^s$ 为 $k$ 条较优路径在信息素增加时候的权值。另外，在实际的试验中可以使用每次迭代最优路径 $L_{ib}^{s}$ 来替代全局最优路径 $L_{gb}^{s}$。

而对于局部信息更新规则可以定义为

$$\tau_{ij}^{s}(t,t+\Delta t)=(1-\xi)\times\tau_{ij}^{s}(t)+\xi\times\tau_0 \tag{9.8}$$

构造反映局部信息的启发因子定义为式（9.9）：

$$\eta_{ij}^{s}(t)_k=M\times\left\{\gamma_s^d\times\omega_{ij}^d\left[P_s(t)\right]_k+\gamma_s^l\times\omega_{ij}^l\left[P_s(t)\right]_k\right\} \tag{9.9}$$

式中，$M$ 为一个可调量。路径 $P(v_i,v_j)$ 上优化目标函数的当前值越大，启发因子则相对越大。

在路径寻优过程中的整体优化约束条件可以根据式（9.10）表达为

$$\begin{aligned}f_{op}&=\max\sum_{k=1}^{k_m}f\left[P_s\left(v_1,v_d\right)\right]\\&=\max\sum_{k=1}^{k_m}\gamma_s^d\times\left\{d_{\max}-w^d\left[P_s\left(v_1,v_d\right)\right]\right\}+\gamma_l^s\times\left\{1-\omega^l\left[P_s\left(v_1,v_d\right)\right]\right\}\end{aligned} \tag{9.10}$$

式中，$k$ 为每次迭代寻优中找到目标节点的蚂蚁数；$S$ 为服务数据包类型。约束为使 $f_{op}$ 的值达到稳态最大（戚佳金，2009）。

### 3. 电力载波通信的适应范围

前面两节对电力载波通信的原理和电力载波通信的组网方式进行了介绍，本部分重点介绍电力载波通信的适应范围、应用领域及未来的研究方向。

近年来随着电力载波通信技术的发展，电力载波通信已大量应用于工业生产及日常生活，如基于电力载波的远程抄表系统、电源监控系统、路灯控制系统、家电网络和患者体温测量系统等。其在农业方面也有广泛应用，主要集中于电网监控、办公 MIS\GIS、供电所话音通信、INTERNET 接入、电源管理和电力设备防盗等方面（高云等，2009）。

**1）电力载波通信应用**

本系统主要由装在灶具上的上位机和装在油烟机的下位机两部分组成。上位机主要完成人机交互、进气阀控制、电子点火、灶头火力大小控制及灶头熄火、锅底温度、灶具进气压力和燃气泄漏等检测；而下位机主要完成气敏检测和风机调速。上、下位机之间通过电力载波通信，以实现灶具与油烟机的联动。系统整体框图如图 9.3 所示。

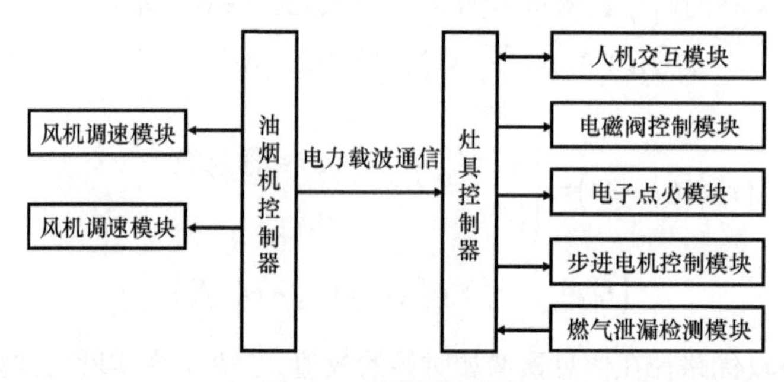

图 9.3　系统整体框图

下位机是油烟机控制器。当油烟机控制器收到来自上位机的命令后，则进入工作状态，打开油烟机进行排气。风机调速模块可根据气敏检测模块的检测结果，以及上位机传送过来的灶具烧煮情况、火力大小自动调节油烟机风速，从而达到最佳节能效果（徐洪峰等，2009）。

图 9.4 为上/下位机硬件框图，设计的重点和难点为电力载波通信部分。电力载波通信芯片采用的是北京福星晓程公司的 PL3106 芯片。PL3106 内部集成了 PL2102 电力载波通信模块，该模块是专为电力线通信网络设计的半双工异步调制解调器。将该模块内嵌后，大大提高了载波通信的抗干扰能力，而且操作更加方便。PL3106 芯片是基于 PSK 调制方式的（相比于 ASK 和 FSK 具有较低的误码率），并使用直序扩频通信方式，因此有着很强的抗干扰能力（王慧艳，1996）。载波发射中心频率 120 kHz，带宽 15 kHz。信号通过 220 V 电力线载波传输，速率为 500 bit/s。

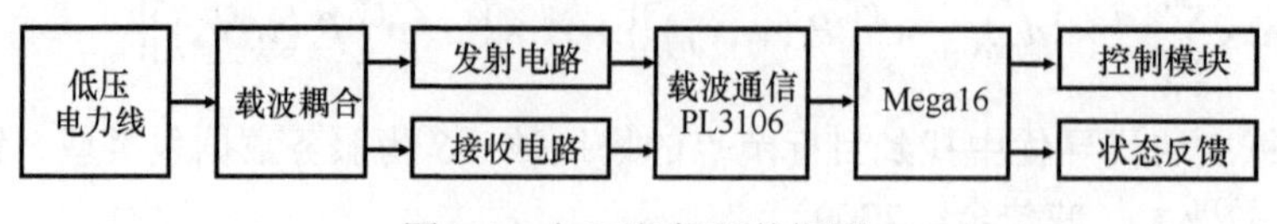

图 9.4　上/下位机硬件框图

上/下位机的主芯片采用 Atmel 公司的 Mega16 与 PL3106 通过串口来实现通信，综合考虑 PL3106 及载波通信所采用的 9.6 MHz 晶振，通信速率选为 38 400 bit/s。当 PL3106 完整接受一次命令后，将命令传送给 Mega16 做进一步的处理；当 Mega16 发送控制命令/状态信息时，先将命令/状态传输给 PL3106，然后由 PL3106 按照规定的通信协议将命令/状态封装成一个数据帧，再控制相应的载波发射电路将数据帧发送出去(徐洪峰等，2009)。

**2）电力载波通信未来应用方向研究**

电力载波通信技术具有广阔的应用前景，如其已经在铁路、地铁、海轮、航标灯、税控、油井、医疗系统、路灯、交通灯、防盗报警、高速公路、地下停车场管理、高压通信、仓库测控、游乐设备和热水器控制器等领域占有一席之地。而且电力载波通信在对边远地区的信息工程“村村通”，以及煤矿井下工作空间的设备控制、语音通信和视频监控等都具有很大的使用前景。

总体而言，电力载波通信技术在 5 个方面有很好的发展前景：从个别用户到低压段区段使用（PLC），其后段部分采用电话线、光缆、无线等构筑网络；仅用于低压部分（AC110/220V）；室内系统正在出笼；室外系统成为研究课题；向家居自动化发展（需要 1 Mbp 以上速率）。

通信按照速率和载波频率分为三个部分：低速率通信（1 kb/s 以下），主要应用于长距离（1 km 以上）利用 25 kV 高压电线对配电设施进行控制；中速率通信（1～50 kb/s），主要应用于固定小区间、楼宇间的数字通信，包括自动照明控制、消防报警、自动抄表及数据监控等系统，载波频率一般在 50～350 kHz；高速率通信（100 kb/s 以上），主要应用于小区域的高流量数据通信，如计算机网络中的打印、文件共享等，采用高载波频率 1.7～30 MHz（李志学，2002）。

然而，载波设备的升级或淘汰在 35 kV 及以上的高压电力线路中将不可避免，但是载波技术仍会在偏远地区的变电站，通信光缆难以铺设的地区继续发挥作用。而且随着载波技术的不断升级，除了提供电话、保护等功能外，计量“生产管理”、营销管理等功能也将被应用到载波技术上。载波通信方式在光缆无法到达的地区将仍然是主流通信通道。由于电力通信规程规定站点的通信必须有两条不同物理路径的路由，这就表示，在升级单一光缆通信的同时，载波通道仍会作为一种备用的通信通道保留下来(许宝玉，2013)。

智能电网的兴起，使得配电网负荷实时统计控制和智能化调度切换显得尤为重要，而配电网通信末端的载波设备由于其明显的成本优势和地理优势，如果作为“最后一千米（林建华，2011）”的接入网来考虑，其在智能电网的建设中会发挥更加重要的作用。另外，微型电网技术在近年来得到迅速发展，因为其规模灵活、移动性强和地域限制小等优点，带来了与主网通信上的不便，这使得以往由调度中心统一判断、调度的集中式控制方法难以有效运行（王成山和余旭阳，2004），而通过电力线通信的载波技术无疑是这种新型电网通信的最佳解决方案之一（许宝玉，2013）。

智能家居是指利用综合布线技术、网络通信技术、安防和自动控制技术等将家居生活有关的设备集中控制的一套系统。由于现有家居很多不具备联网通信功能，因此需要一种具备载波通信功能的智能插座，利用家用 220V 电力线作为家用设备的载波通信通道，通过嵌入式系统感应，实现自动控制家用设备的电源，既可以达到人走电断的节电效果，又可以检测配电网负荷情况，并利用户外配电线路与配电调度主端进行通信，智能收集负荷及方便调度（许宝玉，2013）。

同时，使用扩频通信技术将配网电力线作为上网通信路由已经得到实现。德国已经研制出“电网在线”技术，通过公共电网的电力线来代替传统的电话网络实现数据传输，只需要一台专用的调制解调器插入电源插座，即可实现上网。

可以看出，虽然载波通信技术在中高压电力网中的应用在逐渐减少，但是由于其便利的架设条件，这一技术在低压配电网中的应用开发才刚刚兴起，随着信息技术的发展和智能电网的建设普及，多样化的通信技术得到长足发展，而载波技术作为一种成本低廉而又具有开发潜力巨大的通信方式，必有广阔的应用前景。

### 9.2.2 现场总线技术

现场总线能够用于过程自动化和制造自动化最底层的现场设备或现场仪表互联的通信工作，是现场通信网络与控制系统的集成。现场总线是连接智能现场设备和自动化系统的数字式、多分支结构和双向传输的通信网络。现场总线是在生产现场的测量控制设备之间实现双向串行多节数字通信、完成测量控制任务的系统。

由于应用领域不同，世界上存在很多种现场总线，有些适用于高级汽车，有些适用于工厂生产线，有些适用于智能楼宇，甚至还有专门为室内灯光控制而设计的总线。表9.1 列出了一些主流的现场总线。

**表 9.1 主流的现场总线**

| 名称 | 推广组织/厂商 | 说明 |
|---|---|---|
| CAN | BOSCH | 常用的现场总线，由 CiA、ODVA、SAE 等协会管理与推广 |
| ControlNet | CI | AB、Rockwell 指定的现场总线，适用于工业控制 |
| Profibus | PNO | 德国 Siemens 公司制定，欧洲现场总线是标准三大总线之一 |
| WorldFIP | WorldFIP | 法国规定，欧洲现场总线是标准三大总线之一 |
| Interbus | InterbusClub | 德国 Phoenix 公司制定，适用于工业控制 |
| H1、H2 | FF | 基金会现场总线控制系统，适用于石油化工领域 |
| IEC61375 | ISO | 国际标准列车通信网 TCN，包括 MVB 与 WTB 两类 |
| LonWorks | Echelon | 美国 Echelon 公司规定与维护，适用于建筑自动化、列车通信 |
| HART | HART | 早期的一种现场总线标准，适用于智能测控仪表 |
| CC-Link | MITSUBSHI | 适用于工业 PLC 与运动控制 |

现场总线综合了数字通信、网络、电子、计算机、自动控制、传感器和智能仪表等多种技术，突破了传统的点对点模拟信号或数字/模拟信号控制的局限性，构成一种全分散、全数字化、智能、双向、多变量、多接点的通信与控制系统（周立功等，2012）。

#### 1. CAN BUS 通信技术

**1）CAN BUS 简介**

CAN BUS（CAN 总线）作为 ISO11898CAN 标准的 CAN BUS（controller area

net-work bus），是制作厂中连接现场设备（传感器、执行器、控制器等）、面向广播的串行总线系统，最初由美国通用汽车公司（GM）开发用于汽车工业，之后日渐增多地出现在制造自动化行业中。1990 年，奔驰公司发布了第一辆使用 CAN BUS 的轿车，现在几乎每一辆新生产的汽车均装有 CAN BUS 网络；1993 年，CAN BUS 被制定成为国际标准 ISO11898（高速应用）和 ISO11519（低速应用）；1994 年，欧洲成立了 CiA 厂商协会，美洲成立了 ODVA 厂商协会，专门支持 CAN BUS 的两大应用层协议——CAN open 协议与 DeviceNet 协议；1999 年，接近 6000 万个 CAN 控制器投入应用；2000 年，市场销售超过 1 亿个 CAN BUS 器件。

虽然 CAN BUS 最开始是为处理汽车的通信问题而问世的，但是凭借其可靠、灵活和经济的特点，CAN BUS 通信技术很快在其他领域得到广泛的应用，尤其是在工业控制领域更是如鱼得水。现在 CAN BUS 已经成为全球范围内最重要的现场总线之一，甚至引领现场总线的发展（周立功等，2012）。

CAN BUS 的规范定义了 ISO 规范中的物理层和数据链路层；一些国际组织定义了应用层，如 CiA 组织的 CANopen，ODVA 组织的 DeviceNet 等；也有一些用户根据需求自行设计应用层。ISO/OSI 模型与 CAN BUS 的对应关系如图 9.5 所示。

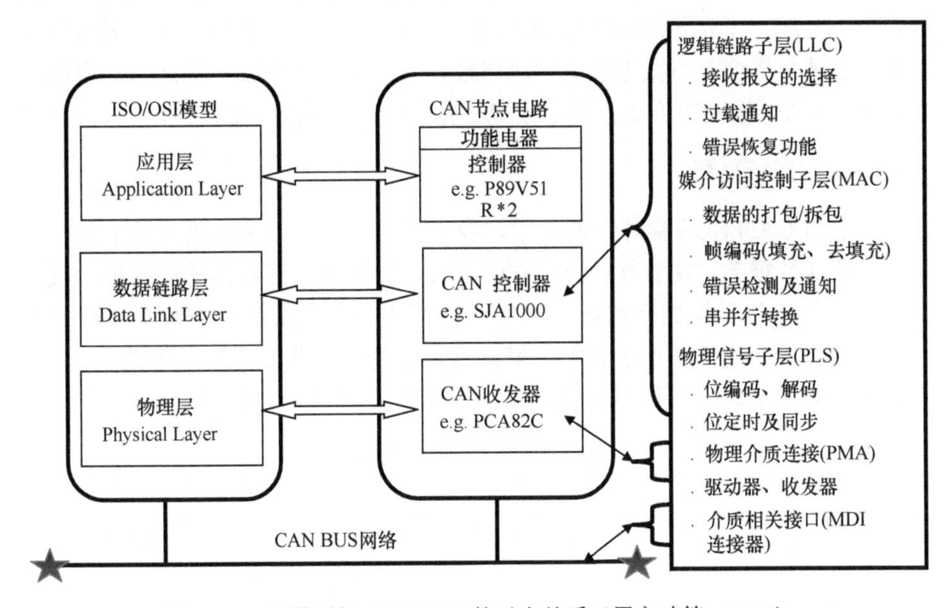


图 9.5　OSI 模型与 CAN BUS 的对应关系（周立功等，2012）

**2）CAN BUS 的物理层**

物理层主要完成设备间的信号传送，把各种复杂的信息转换成可以传输的物理信号（通常为电信号或光信号）并将这些信号传送到其他设备。CAN BUS 由 ISO 标准化后发布了两个标准，分别是 ISO11898（125 kbp～1 Mbp 的高速通信标准）和 ISO11519（小于 125 kbp 的低速通信标准）。在物理层中这两个标准是不同的，但在数据链路层中是相同的（周立功等，2012）。

位于 CAN BUS 物理层的器件要完成逻辑信号与电缆上物理信号的转换，这个器件被称为收发器，CAN BUS 收发器的引脚图与实物图如图 9.6 所示（周立功等，2012）。

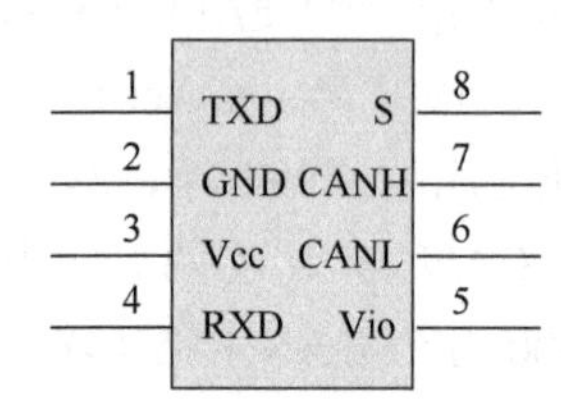

图 9.6　CAN BUS 收发器的引脚图与实物图

CAN BUS 使用两根电缆线进行信号传输，这两根电缆的名称分别为 CAN_High 和 CAN_Low（简称 CAN_H 和 CAN_L）。

CAN 收发器根据两根电缆之间的电压差来判断总线电平，这种传输方式称为差分传输。电缆上传输的电平信号只有两种可能，分别是显性电平和隐性电平，其中，显性电平代表逻辑 0，隐性电平代表逻辑 1。

CAN BUS 采用双绞线连接，并配合差分传输方式，可以有效地抑制共模干扰。共模干扰是指信号线上干扰信号的幅度和相位都相同。双绞线是将两根电缆紧密地绞合在一起，所以这种干扰会在两根电缆上同时出现，所以出现在两根电缆之间的电压差不会被影响，因此 CAN 收发器仍能正确地读取数据值（周立功等，2012）。

**3）CAN BUS 数据链路层**

通过以上对 CAN BUS 物理层的介绍，我们了解了物理层能实现信号的传输，但是信号是如何传送数据的。多个节点同时发送怎么办？如何保证数据的可靠性？发生错误怎么办？发送与接收目标如何选择？这些问题都要在数据链路层中解决（周立功等，2012）。CAN BUS 是通过使用 5 种类型帧进行通信的，这些帧分别是数据帧、远程帧、错误帧、过载帧和帧间隔，其用途如表 9.2 所列（周立功等，2012）。

**表 9.2　帧的类型及用途**

| 帧类型 | 帧用途 |
|---|---|
| 数据帧 | 用于发送节点向接受节点传送数据，是使用最多的帧类型 |
| 远程帧 | 用于接收节点向某个发送节点请求数据 |
| 错误帧 | 用于在检测出通信错误（如校检错误）时间其他节点发出通知 |
| 过载帧 | 用于接收节点通知 |
| 帧间隔 | 用于将数据帧和远程帧与前面的帧分离开来 |

**4）CAN BUS 应用层**

物理层和数据链路层就像我们生活中便捷的快递员，他们并不关心包裹里面的东西是衣服还是鞋子，他们只负责包裹的拿取和传送。而规定这些数据的用途及含义则属于应用层的工作。数据的含义只有应用层清楚，而应用层就是规定设备的工作流程和数据的具体含义（周立功等，2012）。

相对于 CAN BUS 物理层与数据链路层的规范，应用层的种类各式各样。全球许多著名厂商和协会组织针对各种应用领域制定了各具特色的应用层协议，其中在工业场合影响力较大的有CiA组织推广的CAN open协议和由ODVA组织推广的DeviceNet协议。

虽然应用层协议种类很多，但它们都有一些共性，总体概括 CAN 现场总线网络中存在以下几类数据（周立功等，2012）。实时数据主要包括设备的工作数据，如电机驱动器中的位置数据、转矩数据等，它们具有很高的优先级，对传递时间也有要求。这类数据是现场总线应用中最主要的数据来源类型。为了提高通信效率，这类数据采用无连接、无应答的传输方式，发送方无须等待接收方的应答就可以发出下一条信息。非实时数据主要用于设备的参数配置和管理，已实现系统的组态（按照应用要求配置各个设备的工作状态），如通信波特率的设定、节点 ID 的设定等。这类数据的优先级较低，通常是基于连接和应答机制的，发送方只有在接到接收方的确认消息后才会发出下一条信息。

状态数据主要用于网络管理和设备维护，如主站要了解各个从站节点是否仍在工作正常，从站节点也可以因为某些事件的出现来发送错误报文。

## 2. Modbus 通信技术

### 1）Modbus 协议的简介

Modbus 协议是用于电子控制上的一种通用语言，Modbus 通信技术主要体现在 Modbus 协议上。控制器相互之间、控制器经由网络（如以太网）和其他设备之间可以通过 Modbus 协议进行通信。不同厂商生产的控制设备可以依靠 Modbus 连成工业网络，以便集中控制。Modbus 协议定义了一个能认识使用消息结构的控制器，而忽略它们通信的方式。它描述了控制器请求访问其他设备的过程，如对回应来自其他设备的请求进行错误侦测并记录，它制定了消息域格局和内容的公共格式。当通过 Modbus 网络进行通信时，此协议决定了每个控制器需要知道它们的设备地址，识别按照地址发来的消息，决定要产生何种行动。如果需要回应，控制器将生成反馈信息并用 Modbus 协议发出。在其他网络上，包含了 Modbus 协议的消息转换为在此网络上使用的帧或包结构，这种转换也扩展了根据具体的网络解决节地址、路由路径及错误检测的方法（MODICON Inc，1996）。

标准的 Modbus 口使用 RS-232 兼容串行接口，它定义了连接口的针脚、电缆、信号位、传输波特率和奇偶校验。控制器通信使用主从技术，即仅一台设备（主设备又称为“客户机”）能进行初始化传输（又称为“查询”），其他设备（从设备又称为“服务器”）根据主设备查询提供的数据做出相应的反应。一个网络中，只能存在一个主设备，每个从设备拥有唯一的地址（1～247）。主设备可单独和从设备通信，或是以广播方式和所有的从设备通信。如果主设备单独与从设备通信，从设备将返回一个消息作为回应；如果主设备以广播方式与多个从设备通信，则从设备不做出回应。从设备之间不能通信，主设备查询必须遵循如下格式：设备地址（或广播地址）、功能代码、所要发送的数据和错误检测域（卢智嘉等，2008）。从设备回应也由 Modbus 协议规定了一定的格式：设备地址、功能代码、要返回的数据和错误检测域。如果从设备不能执行主设备发送过来的命令，它将建立一个错误消息并把它作为回应发送出去。在消息中，Modbus 协议仍然提供了主–从原则，尽管网络通信方法（如 Internet）是对等的，如果一个控制器发送一则消息，它只是作为主设备，并期望得到从设备的回应。同样，当控制器接收到消息，它将建立从设备回应格式并返回给发送的控制器（戴一平等，2008）。

**2）Modbus 总线协议的应用**

Modbus 总线协议是一种应用层通信协议，在开放式系统互联（open system interconnect，OSI）模式中位于第 7 层。它可以为连接于不同总线类型或网络上的设备之间提供主/从通信。Modbus 通过请求/应答的模式实现功能码指定的服务。Modbus 功能码则包含于请求/应答的 PDU（protocol data unit）中。Modbus 可以在以太网的 TCP/IP、多种介质的异步串行传输（导线、光纤、无线等）、Modbus PLUS 等多种场合中应用。图 9.7 是对 Modbus 通信层的描述（吕国华，2011）。

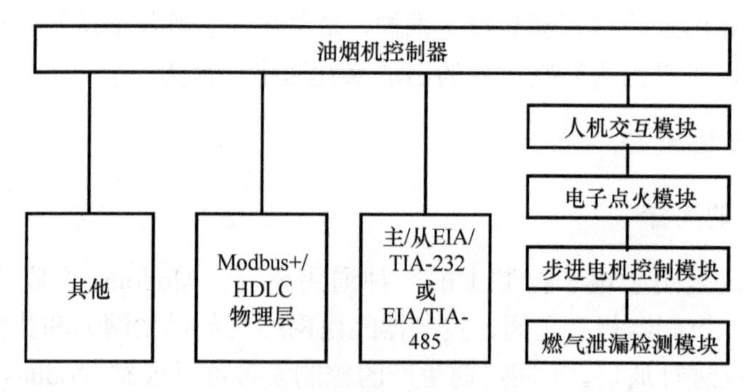


图 9.7　Modbus 通信层

灵活并且容易实现是 Modbus 总线标准最大的优点。许多智能设备（如微控制器、PLC、智能仪表等）不但可以通过 Modbus 网络实现通信，而且很多传感器也是通过 Modbus 接口发送数据的。

Modbus 协议能够容易地实现所有类型网络之间的通信，每种类型的设备（PLC、HMI、Control Panel、I/O Debice 等）都可以通过 Modbus 协议进行远程操作。串行线路和以太网 TCP/IP 也因此能够采用相同的通信协议（吕国华，2011）。

a. 协议消息帧结构

Modbus 协议定义了一个协议数据单元（PDU），该数据单元与通信的物理层相独立。PDU 是由功能码和数据区两部分构成，其中功能码定义了 Modbus 通信请求的服务类型，数据区是与服务请求相关的参数（毕辉和陈良鸿，2007）。在 PDU 的基础上引入一些附加的数据域构成应用数据单元（application protocol data unit，ADU），用于将 Modbus 协议应用于特定的通信网络中。由于 Modbus 可以很方便地应用于各种网络环境，因此当 Modbus 需要在不同网络环境间传输时，仅需要把 PDU 单元按照不同网路的环境进行封装转发就可以完成。在串行线路里，Modbus 协议是主–从方式的格式，即在同一时间内，仅有一个主站连接在总线上，但可以有多个从站节点连接到相同的串行总线上。Modbus 通信通常由主站发起，然后从站对主站的通信请求进行回应。主站通信请求可以通过单点式（寻址单独的从站）或广播式（向所有从站发送功能请求）来完成。串行线路中，Modbus 通信的 ADU 是在 PDU 基础上封装了地址域和校验码组成的。串行线路中 Modbus 消息帧结构如图 9.8 所示（吕国华，2011）。

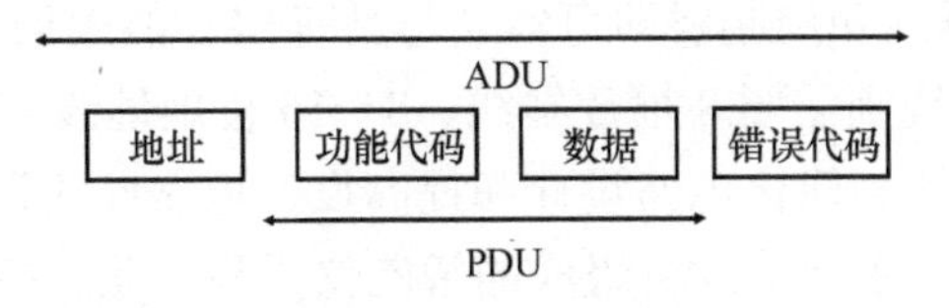


图 9.8 Modbus 串行线路帧结构

b. Modbus 协议的数据编码方式

Modbus 对地址和数据项采用“big-Endian”的编码方式，也就是当数据的值大于 1 字节的时候，最先送出的是最高有效位，如表 9.3 所示（吕国华，2011）。

**表 9.3 数据编码举例**

| 寄存大小 | 寄存器值 | 备注 |
|---|---|---|
| 16 位 | Ox1234 | 首先发送的是 Ox12，然后是 Ox34 |

c. Modbus 的数据模式及寻址

Modbus 协议中依据数据属性的区别定义了 4 种数据类型：离散输入、线圈、输入寄存器和保持寄存器。这 4 种数据类型的组合构成了 Modbus 数据模型，如表 9.4 所示（吕国华，2011）。

**表 9.4 Modbus 数据模型**

| 基本平台 | 对象类型 | 属性 | 备注 |
|---|---|---|---|
| 离散输入 | 单个位 | 只读 | 该类型数据只能由 I/O 系统提供 |
| 线圈 | 单个位 | 可读/可写 | 该类型数据能由应用程序改变 |
| 输入寄存器 | 16 位字 | 只读 | 该类型数据只能有 I/O 系统提供 |
| 保持寄存器 | 16 位字 | 可读/可写 | 该类型数据能由应用程序改变 |

一般地说，协议准许单独的一段可以拥有 65 536 个数据单位，每一次对应地允许对多个数据单位进行读/写方面的操作。另外还能够依靠所运送过来的操作码定义其数据操作长度的大小，数据操作的长度可以达到数据区的最大值。

Modbus 要操作的数据都得存储在内存里，然而 Modbus 要操作的数据地址与这些内存上的物理地址的关联不是直接对应的，仅需要将内存上的地址接连到对应的数据上就行。如果设备的内存不一样，所要进行分配的方法也会不一样（吕国华，2011）。

**3）SPI 现场总线通信技术**

串行外设接口（serial peripheral interface，SPI）是 Motorola 公司提出的一种同步串行外设接口，它可以使 MCU（micro-controller uni）与各种外围设备以同步串行方式进行通信以交换信息。该总线大量应用在与 $E^2$ PROM、ADC、FRAM 和显示驱动器之类的慢速外设器件通信（魏立峰，2006）。

a. SPI 现场总线的特点

SPI 总线一般使用 4 条线：串行时钟线（serial clock，SCK）、主机输入/从机输出数据线（main input slave output，MISO）和低电平有效的从机选择线 SS。由于 SPI 系统总线一共只需 3～4 位数据线和控制线即可实现与具有 SPI 总线接口功能的各种 I/O 器件进行接口，而扩展并行总线则需要 8 根数据线、8～16 位地址线和 2～3 位控制线，因此，采用 SPI 总线接口可以达到简化电路设计和提高设计可靠性的目的。由此可见，在不具有 SPI 接口的 MCS-51 等系列单片机组成的智能仪器和工业测控系统中，当传输速度要求不是太高时，使用 SPI 总线可以增加应用系统接口器件的种类，提高应用系统的性能（魏立峰，2006）。

b. SPI 现场总线系统的构成

由于 SPI 系统总线只需 3 根公共的时钟、数据线和若干位独立的从机选择线，在 SPI 从设备较少而没有总线扩展能力的单片机系统中使用特别方便（魏立峰，2006）。SPI 设备可以以主机与从机方式工作。

当 SPI 设备以主机方式时，MISO 是主机数据输入线，MOSI 是主机数据输出线。当 SPI 设备工作于从机方式时，MISO 是从机数据输入线，MOSI 是从机数据输出线。系统主机为 SPI 从机提供同步时钟输入信号（SCK）和片选使能信号（SS）。SPI 从器件则从主机获取时钟和片选信号，因此从器件的控制信号 SCK、SS 都是输入信号（魏立峰，2006）。在系统主机与 SPI 从设备之间进行数据传输时，不论是命令还是数据都是以串行方式传送，其数据的传输格式是高位（MSB）在前，低位（LSB）在后。

SPI 的典型应用是单主机系统，该系统由一台主机（单片机）和具有多个外围接口器件作为从机。单片机与多个 SPI 串行接口设备典型的 SPI 总线系统结构如图 9.9 所示。在这个系统中，只允许有一个做主 MCU 和若干具有 SPI 接口的外围器件（或从 MCU）。主 MCU 控制着数据向一个或多个从外围器件的传送。从器件只能在主机发命令时才能接收或向主机传送数据。所有的 SPI 从器件使用相同的时钟信号 SCK，并将所有 SPI 从器件的 MISO 引脚连接到系统主机的 MOSI 引脚，SPI 从器件的 MOSI 引脚连接到系统主机的 MISO 引脚。但每个 SPI 从器件采用相互独立的片选信号来控制芯片使端口稳定。

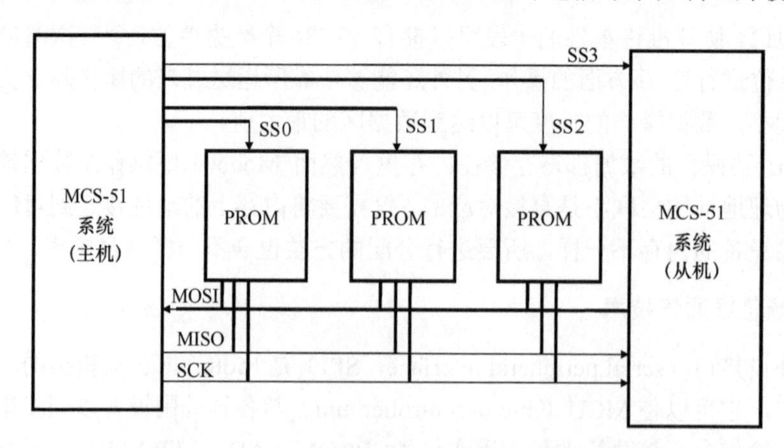


图 9.9　单片机与多个 SPI 串行接口设备典型连接

在SPI串行扩展系统中，如果某一从设备只做输入（如键盘）或只做输出（如显示器）时，可以省去一根数据输出（MOSI）或一根数据输入（MOSI），从而构成3线系统。

当我们在使用不同的串行口I/O器件连至SPI总线上作为从设备时，有两个要点必须注意：一是其必须有片选端；二是接MISO线的输出脚必须有三态，片选无效输出高组态，以免影响其他SPI设备的正常工作。

SPI串行总线系统中除了用于连接一个CPU（系统主机）和多个SPI从器件外，还可以用于一个主CPU与多个从CPU之间、多个CPU与若干个SPI从器件之间的连接（魏立峰，2006）。

c. 系统SPI总线设计

SPI系统控制总线的设计图如图9.10所示，本次设计一共使用了4根SPI接口线，分别是主机输出/从机输入信号SPIDI、主机输入/从机输出信号SPIDO、串行时钟线SPICLK和从机片选信号SPICS。利用SPI总线将各个业务板进行连接，可以实现控制数据的交互。SPI总线是控制板上MCU接口，主要功能是听从MCU的控制和接收各个业务板的信息，控制板的SPI总线作为主设备，各个业务板的SPI总线作为从设备，以此构成了系统SPI总线的设计（嵇凌等，2014）。

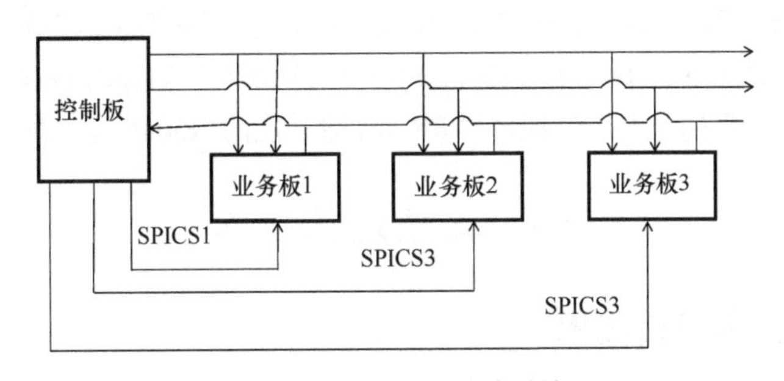


图9.10 系统SPI总线设计

d. SPI串行总线在MCS-51系列单片机中的实现

SPI串行总线系统中主机单片机有无SPI接口均可，但从设备要具有SPI总线接口。对于不带SPI串行口总线接口的MCS-51系列单片机来说，可以使用软件模拟SPI的操作，具体包括串行时钟、数据输入和数据输出。

MCS-51单片机I/O接口模拟SPI总线接口原理示意图如图9.11所示。不同的串行接口外围芯片的时钟时序是不同的。对于在SCK的上升沿输入（接收）数据和在下降沿输出（发送）数据的器件，一般应将其串行时钟输出口P1.1的初始状态设置为“1”，而在允许接收后再置P1.1为“0”。这样，MCU在输出1位SCK时钟的同时，将使接口芯片串行左移，从而输出1位数据至单片机的P1.3口（模拟MCU的MISO线），此后再置P1.1为“1”。使MCS-51系列单片机从P1.2（模拟MCU的MOSI线）输出1位数据（先为高位）至串行接口芯片。至此，模拟1位数据输入/输出便宣告完成。此后再置P1.1为“0”，模拟下1位数据输入/输出，依次循环8次，即可完成1次通过SPI总线传输8位数据的操作。对于在SCK的下降沿输入数据和上升沿输出数据的器件，则应取串行时钟输出的初始状态为“0”，即在接口芯片允许时，先置P1.1为“1”，以便外围接口芯片输出 1 位数据（MCU 接收 1 位数据），之后再置时钟为“0”，使外围接口芯片接收 1 位数据（MCU 发送 1 位数据），从而完成 1 位数据的传送。

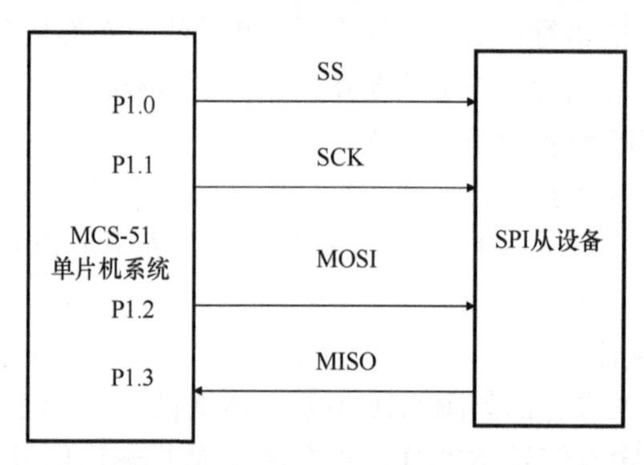


图 9.11　MCS-51 单片机 I/O 口模拟 SPI 总线接口原理示意

目前采用 SPI 串行总线接口的器件非常多，可以大致分为以下几大类：单片机，如 Motorola 公司的 M68HC08 系列、Cygnal 公司的 C8051F0XX 系列、Philips 公司的 P89LPC93CX 系列。A/D 和 D/A 转换器，如 AD 公司的 AD7811/12、TI 公司的 TLC1543、TLC2543、TLC5615 等。实时时钟（RTC），如 Dallas 公司的 DS1302/05/06 等。温度传感器，如 AD 公司的 AD7816/17/18；NS 公司的 LM74 等。其他设备，如 LED 控制驱动器 MAX7219、HD7279 等，集成看门狗、电压监控、$E^2$ PROM 等功能的 X5045 等（魏立峰，2006）。

# 9.3　无线通信技术

## 9.3.1　物联网无线通信技术

### 1. 短波通信

#### 1）短波通信概述

短波通信，又称为高频通信（high frequency communication，HF），是指利用频率在 3 M～30 MHz 的电磁波经过电离层的反射后无须建立中继站而进行远距离通信的无线电通信技术，它既可以通过天波来进行远距离通信，又可以利用地波进行近距离通信，但主要是利用天波。图 9.12 为短波通信示意图。

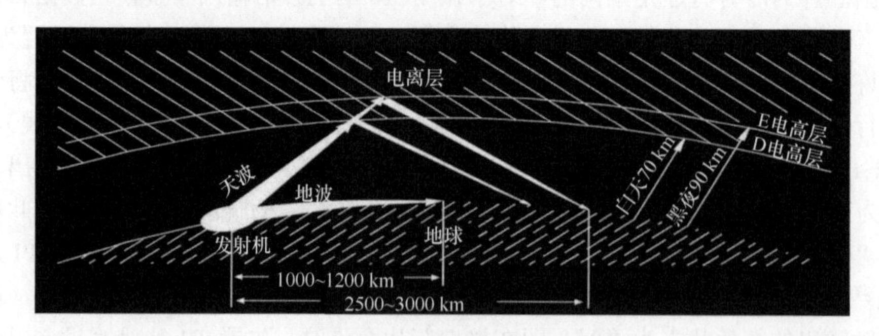


图 9.12　短波通信示意图

**2）短波通信的特点**

短波通信具有多种优点，如传播距离远、灵活性高和抗毁性较强等。由于电离层对短波吸收少，天波经电离层的反射后可以传播到很远距离；短波通信设备简单，组网方便迅速；短波通信设备小易隐蔽，破坏后易恢复。但是短波通信也不足之处，如其衰落现象比较严重、信号不稳定等。

**3）短波通信的发展现状**

短波通信近些年发展势头迅猛，在技术上已经取得一系列的突破与进展。迄今影响短波通信的主要难题已经得到解决，短波通信性能已经大大提升。其发展趋势主要表现如下：由单一自适应技术向全自适应技术方向发展；由窄带低速数据通信技术向高带宽高速数据通信技术发展；短波终端技术向自适应调制解调技术发展；短波通信系统由数字化向软件化发展；新型短波天线向自适应、智能化发展。

**4）短波通信技术的应用**

海洋石油行业是传统的高风险行业，海上各种通信手段在海洋石油生产中显得至关重要。目前，短波通信在海洋石油生产中的作用仍然是不可替代的。短波通信具有低成本、高机动性和超远距离通信等优势，然而令短波通信在海洋石油生产中广泛使用的主要原因是其超强抵抗恶劣环境的能力。同时，通过技术创新，对短波通信系统进行改造，进行系统联网，可实现对短波发射机远程监测及远程遥控。为海洋石油作业船舶提供安全生产和应急保障，提高了短波通信系统的接通率与覆盖范围，尤其是随着南海和南沙油田的开发，可以为南海及南沙作业船舶提供短波通信保障，同样该技术可为海洋渔业发展提供技术支撑。

### 2. 微波通信

**1）微波通信技术的基本概念**

微波通信指的是利用波长为1 mm～1 m或频率为300 MHz～300 GHz的电磁波作为载波携带信息，通过无线电波空间进行中继（接力）通信的方式。

我国微波通信广泛应用L、S、C、X诸频段，K频段的应用尚在开发之中。由于微波的频率极高，其在空中的传播特性与光波相近，即直线前进，遇到阻挡就被反射或被阻断，因此微波通信的主要方式是视距通信，超过视距以后需要中继转发。一般说来，由于地球曲面的影响及空间传输的损耗，每隔50 km左右，就需要设置中继站，将电波放大转发而延伸。这种通信方式，也称为微波中继通信或称为微波接力通信。长距离微波通信干线可以经过几十次中继而传至数千千米仍可保持很高的通信质量。图9.13为微波中继通信示意图。

**2）数字微波通信的相关技术**

由于经济建设和国防建设的发展，许多专用通信网（如石油、电力、水利、矿山和部队等）都有一定要求，如要求对传输数据和信息进行加密；要求工作高度可靠和运行

图 9.13　微波中继通信示意图

维护方便。这就要求微波通信必须实现全数字化、全固态化和无人值守，而满足这些要求的数字微波通信系统被提到日程上来了。

数字微波通信是用微波作为载体传送数字信息的一种通信手段，可以用来传输电话信号，也可以用来传输数字信号和图像信号。数字微波传输线路的组成形式多种，如图 9.14 所示为数字微波中继通信线路图，其可以是一条主干线，中间有若干分支；也可以是一个枢纽站，向若干方向分支。

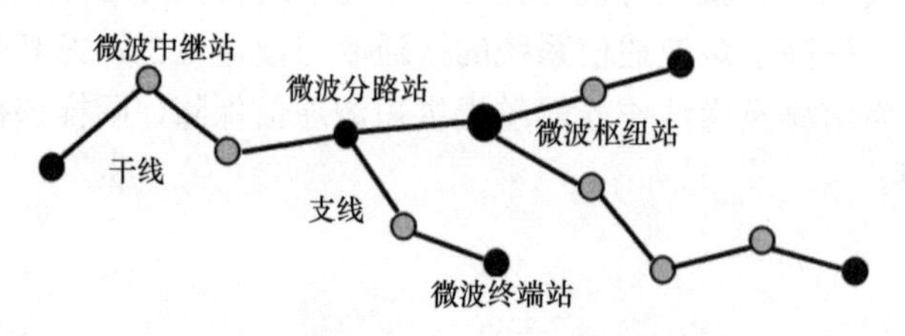


图 9.14　数字微波中继通信线路示意

微波站按工作性质可分成数字微波终端站、数字微波中继站和数字微波分路站，其中数字微波中继站最为重要。同步数字体系（synchronous digital hierarchy，SDH）微波中继站主要完成信号的双向接收和转发。有调制、解调设备的中继站，称为再生中继站。需要上、下话路的中继站称为微波分路站，它必须与 SDH 的分插复用设备连接。再生中继站具有全线公务联络能力，并向网管系统汇报站信息。

**3）微波通信技术的特点**

微波通信技术具有通信容量大、接力传输、信号稳定、不易受干扰和保密性好的特点。

**4）微波通信技术的应用场合**

随着技术的发展，微波技术也越来越受到人们的重视，其仍具有良好的市场前景。具体应用场合如下：可作为干线光纤传输的备份及补充，用于不适合使用光纤的地段和场合；可用于农村、海岛等边远地区和专用通信网中为用户提供基本业务的场合；也可用于都市农业、现代农业园区等短距离支线连接。

### 3. 红外通信

红外通信是指利用红外线来传输信号的一种通信方式。红外线的波长范围为 0.70 μm～1 mm，其中 300 μm～1 mm，也称为亚毫米波。在许多基于单片机的应用系统中，系统需要实现遥控功能，而红外通信则是被采用较多的一种方法。

#### 1）红外通信的原理

红外通信利用 950 nm 近红外波段的红外线作为传递信息的通信信道。发送端将基带二进制信号调制为一系列的脉冲串信号，通过红外发射管发射红外信号。接收端将接收到的光脉转换成电信号，再经过放大、滤波等处理后送给解调电路进行解调，还原为二进制数字信号后输出。常用的有通过脉冲宽度来实现信号调制的脉宽调制（pulse width modulation，PWM）和通过脉冲串之间的时间间隔来实现信号调制的脉时调制（pulse position modulation，PPM）两种方法。

红外信号的调制与解调：为了避免红外控制信号在传输过程中受到其他红外杂光的干扰，一般将红外控制信号调制在固定的载波频率上，接收端就可以滤除其他频率的杂光而只接收固定频率的红外光，再将其还原成相应的二进制编码。通常的载波频率在 30～60 kHz，普通家用电器的载波频率一般为 38 kHz。图 9.15 为红外信号发射与接收示意图。

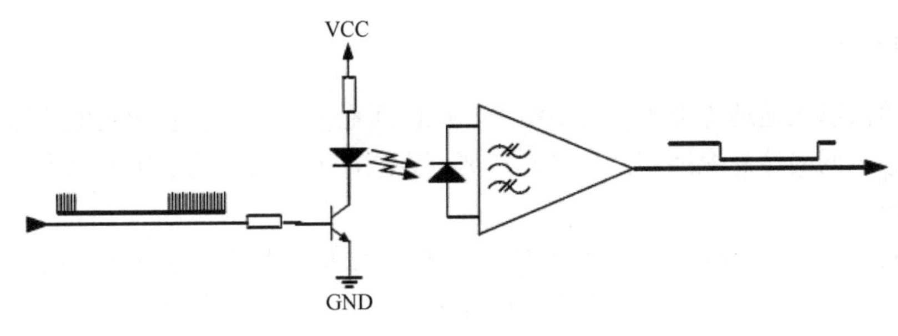


图 9.15　红外信号发射与接收示意图

#### 2）红外通信技术的特点

通过数据电脉冲和红外光脉冲之间的相互转换实现无线的数据收发；主要是用来取代点对点的线缆连接；新的通信标准兼容早期的通信标准；小角度（30°锥角以内），短距离，点对点直线数据传输，保密性强；传输速率较高，4 M 速率的 FIR 技术已被广泛使用，16 M 速率的 VFIR 技术已经发布；无有害辐射，绿色产品特性：科学实验证明，红外线是一种对人体有益的光谱，所以红外线产品是一种真正的绿色产品。

然而红外通信技术也有不足之处，其受视距影响传输距离短；要求通信设备的位置固定；其点对点的传输连接无法灵活地组成网络等。

#### 3）红外通信技术的应用

图 9.16 为红外光雨水传感器的结构图。

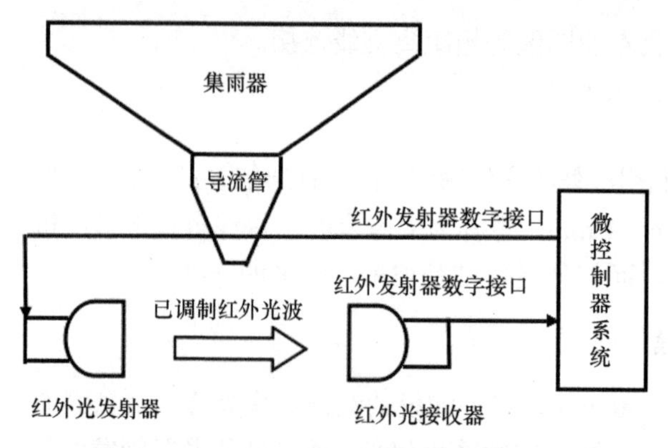


图 9.16 MCS-51 红外光雨水传感器结构图

红外光雨水传感器由集雨器、导流管、红外光发射器、红外光接收器和微控制器组成，集雨器为一个漏斗，用于收集雨水。

导流管将雨水导入传感器内部的由红外光发射器和接收器组成的红外光通信系统中，红外光发射器和接收器使用的红外光路与导流管导入雨水的水流方向在同一平面且相互垂直，流入的雨水能干扰甚至阻断光反射器和接收器之间的光通信。微控制器控制红外光发射器发送特定数据码，将接收器接收的数据码与发送的数据码进行比较，判断是否产生误码，进而感知导流管中是否有雨水流过。

### 4. 卫星通信

#### 1）卫星通信技术

卫星通信以人造地球卫星作为中继站，在地面通信站之间转发无线电信号，从而实现各通信站之间的信息交换和信息传输的通信方式。卫星通信是宇宙通信方式之一，采用的是微波频段。

图 9.17 是一种简单的卫星通信系统示意图。地面站 A 通过定向天线向通信卫星发射的无线电信号，被通信卫星内的转发器所接收，再由转发器进行处理（如放大、变频）后，通过卫星天线发回地面，被地面站 B 接收，完成从 A 站到 B 站之间的信号传递。从地面站到通信卫星信号所经过的路线称为上行线路，由卫星到地面站信号所经过的路线称为下行线路。同样，地面站 B 也可以通过卫星转发器向地面站 A 发送信号。

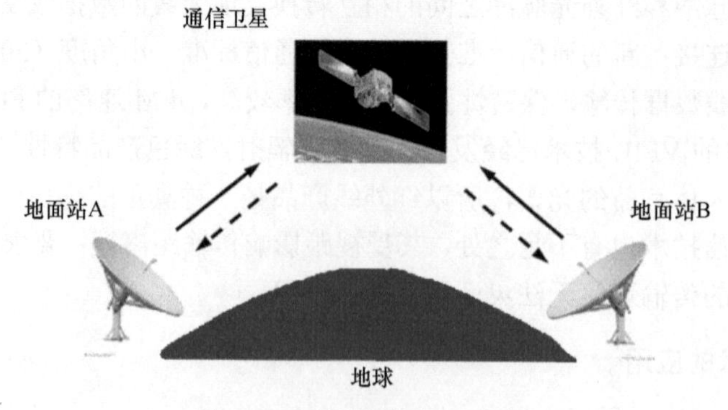


图 9.17 卫星通信系统示意图

**2）卫星通信的特点**

与其他通信方式相比，卫星通信具有很多不可比拟的优势，如覆盖区域大，通信距离远，且投资费用与距离无关；工作频带宽，通信容量大，适用于多种通信业务传输；不会受地质灾害影响，通信线路稳定可靠，通信质量高；以广播方式工作，可以实现多址通信和信道按需分配，组网灵活；可以自发、自收进行检测。

当然卫星通信也有它的不足之处，由于电波需要传输很长的距离而产生长的延时；10 GHz 以上频带受气象条件的影响；当太阳穿过面向卫星的地球站天线波束时，容易受到太阳噪声的干扰。

**3）卫星通信的应用**

a. 卫星固定通信

我国的卫星固定通信网主要建设在比较大型的工程上，或者关系到国家安全和建设的方面，如交通、电力、水利、能源、银行、报社或地震局和气象局等需要实时监测的地方。

b. 卫星移动通信

卫星移动通信系统机动性好，覆盖范围大，广泛应用于军事于民生工程中，我国应用最多的是便携式移动通信系统，并且运营状态良好。虽然，这些卫星通信网络使用比较方便，安全性高，但是价格要略高于普通通信网络，而且应用也受到一定限制。

c. 卫星电视广播

我国卫星电视广播系统一直是卫星通信技术中应用最广的系统。卫星电视广播应用广泛的原因是其服务范围大、传播远、信息容量大、信号质量高，所以，在一些山区或者偏远地区信号差的地方，卫星电视广播系统可发挥着巨大的作用。

d. 卫星宽带通信

宽带的发展不仅解决了数据处理传输问题，同时也真正意义上将世界连成了一个“整体”。卫星与宽带的结合可以有效扩展宽带覆盖面积，使宽带的应用更加广泛，同时卫星通信具有可靠、灵活、机动等特点，宽带和卫星的联合还能有效保证宽带网络的安全，实现整个宽带网络的有效运行。

### 9.3.2 常用的农业物联网无线通信技术

#### 1. 射频通信技术

**1）射频通信技术的概述**

射频识别（radio frequency identification，RFID）技术，是一种近距离无线通信技术，可以通过无线信号识别特定信息，并读写相关数据。

在射频通信系统中，电子标签与读写器进行无线通信。其中，保存有商品信息的电子标签附着在物品上；读写器对电子标签进行识别并读取数据。电子标签并不需要处在读写器的视线之内，只要处于几十米范围之内，读写器均可以通过电磁场或无线电波与电子标签建立通信，从而自动辨识并追踪商品。当读写器读取了商品信息后，也可以将信息传送到互联网，以便消费者查询商品信息。

**2）RFID 系统的构成**

RFID 系统基本都是由电子标签、读写器和系统高层三部分组成。RFID 系统的基本组成如图 9.18 所示。

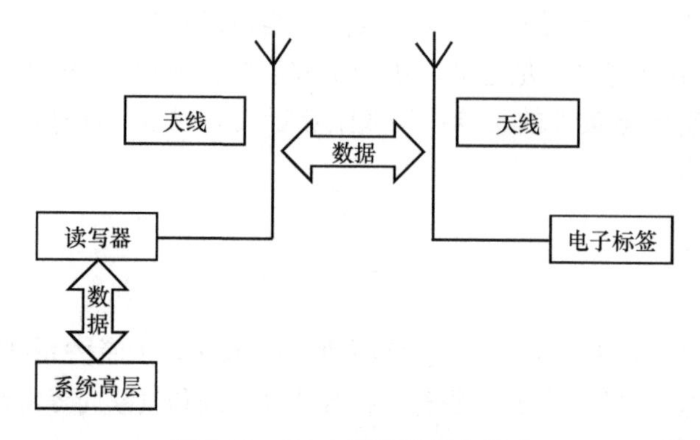


图 9.18 RFID 系统的基本组成

电子标签（tag 射频卡）由耦合元件及芯片组成，含有内置天线，可用于和射频天线进行通信。每个标签具有唯一的电子编码，存储着物品的信息，附着在物体上以便标识目标对象。

FID 系统工作时，首先由读写器（Reader 阅读器）发射一个特定的无线电波信号，当电子标签接收到这个信号后，就会给出含有电子标签携带数据信息的反馈信号，读写器接收并处理到这个反馈信号，然后将处理后的反馈信号传输处理器进行相应操作。

复杂的 RFID 系统需要对大量数据进行实时处理，其一般有多个读写器，并且每个读写器要同时对多个电子标签进行操作，这就需要系统高层处理问题。系统高层的数据交换与管理由计算机网络系统完成。

**3）RFID 在农产品冷链温度控制中的应用**

RFID 在农产品运输中的应用获得了企业的认同，特别是在农产品的冷链运输中的应用效果更为突出。农产品的冷链运输过程必须严格要求时间与温度的双重保障，RFID 技术可以对农产品的信息进行实时而准确地采集，可以对整个运输过程进行温度监控，从而实现了农产品冷链运输的标准化，这无疑提高农产品冷链运输的效率与效果，下面就针对 RFID 在温度控制中的应用进行简要介绍。

首先需要提前将温度传感器置入冷链农产品的包装内，然后设定传感进行定时温度检测，并保存温度信息，并将测量到的温度数据写入到 RFID 标签中。在运输过程中系统就可以利用在运输车辆上设置的读写器采集电子标签中农产品的信息，然后利用计算机完成对温度数据的获取，并交给后端冷链信息系统进行汇总与处理。冷链管理系统就可以根据当时农产品所处的环境与温度情况发出相应的指令，指导运输管理人员控制农产品的环境温度，以此实现对农产品运输的温度监控。利用这样的思路与控温流程，冷链农产品的运输环境就得到充分的保障，从而保证了农产品的新鲜度和质量。

## 2. 调频通信技术

**1）调频通信概述**

迄今，调频已经在无线电广播（利用超短波）、电视和无线电通信中（发送语言、电报符号和静止图像）得到了广泛的应用。类似于人类语言、音乐、电报符号和电视脉冲的电信号的传播必须利用频率要比相应的语言或音乐的电信号的频率高很多的电磁波。因此，高频振荡必须在适当的电路中按照语言或音乐的电信号进行某种改变（如改变其频率）。把高频振荡和被发射的电磁波按照低频信号改变的过程，称为调制。信号的调制有三种方式，分别是调频、调幅和调相，其中调频技术应用最为广泛。

现代科技的发展，给通信领域带来了巨大的变革，但是也使得通信频段的使用分配更趋紧张，其中中、短波段通信问题更为显著。为了消除邻近电台的相互干扰和频率重叠现象，广播系统中必须限制每个电台占有的频带宽度。中、短波广播电台的频宽规定为 9 kHz，这就意味着传输信号的最高频率必须小于 4.5 kHz。然而这远不能满足目前高质量广播信号的要求。调频通信技术改善了调幅通信系统的性能。调频接收机中的限幅电路，可以消去叠加在调频信号上的幅度干扰信号，提高信噪比；调频信号的载波叠在超高频段，有利于提高调制信号的带宽。

**2）调频信号的产生**

调频的方法可分为直接调频和间接调频。直接调频即调制信号通过调频器直接控制压控振荡器的瞬时频率，就可以使振荡器的瞬时频率按照调制信号的规律发生变化，相对来说比较简单。间接调频的载波频率比较稳定，但电路较复杂，频移小，且寄生调幅较大，通常需多次倍频使频移增加。

**3）调频技术的优点**

调频波的振幅是不带任何信息的，对于干扰引起的影响，只要把它加以限幅处理，便可消除。当然，干扰也可能造成载波频率的偏移，但这种频移程度有限，只要加大调频信号的频移，即可保证通信质量。总体来说调频技术抗干扰能力较强。

**4）用锁相环调频器来实现调频的原理**

锁相环是一个能够跟踪输入信号相位的闭环自动控制系统。随着通信、雷达和测量仪表等技术的发展，锁相环在无线电技术的各个领域都得到广泛的应用，充当起高稳定度频率源的角色。图 9.19 为以锁相环为基础构成的调频器。

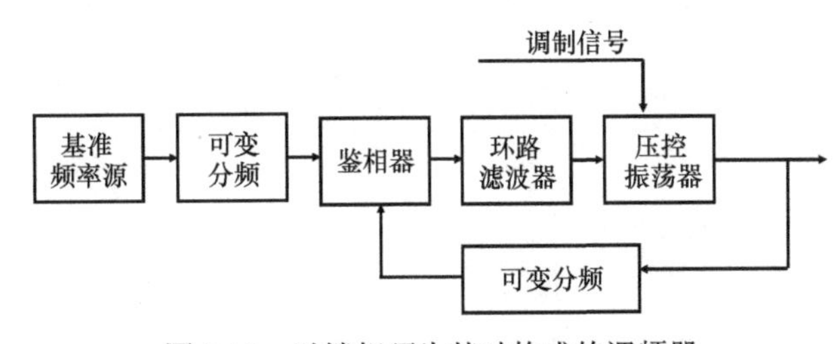


图 9.19　以锁相环为基础构成的调频器

输入的调制信号直接作用于压控振荡器，使压控振荡器的输出频率直接受输入信号幅度的控制。一般锁相环中环路滤波器的输出和输入的调制信号都可以作用在压控变容二极管上，以便兼顾锁相环和调制器两者的要求。当然，为了避免锁相环失锁，对直接作用在压控振荡器上的调制信号的幅度和频率都有一定的要求。

当它在调频状态下工作时，锁相环的鉴相输出保持不变，因此锁相环还是处于锁定状态，而且由于调制信号的幅度较低，不足以破坏锁相环的锁定状态，所以锁相环的稳频作用依然存在。但是由于鉴相器和环路滤波器有一定的滞后特性，环路滤波器的输出控制电压跟不上调制信号的变化，使得压控振荡器的输出频率在一定范围内受调制信号的直接控制，从而实现了调频。

**5）车载调频广播电台的应用**

车载调频广播电台就是将调频广播电台安装在车辆上以便移动的车载直播设备，它主要由调频发射机、发射天线、播放器、逆变器和话筒等设备组成。

由于车载调频广播具有移动性，其可以承担地方或各级政府之间的交流活动；另外其还可用于自然灾害、突发事件、交通事故、森林防火等应急指挥与救援，以及自驾游车队指挥与联络、旅游车队导游解说、现场直播等场合。

## 3. GPRS 通信技术

**1）GPRS 基本概念**

通用无线分组业务（general packet radio service，GPRS）是一种基于 GSM 系统的无线分组交换技术。GPRS 经常被描述成“2.5G”，即这项技术介于第二代（2G）和第三代（3G）移动通信技术之间，它通过利用 GSM 网络中未使用的 TDMA 信道，提供中速的数据传递。GPRS 通信一般覆盖范围大、传输速率快、需要的登录接入等待时间较短、能够提供实时在线功能及仅按数据流量收费，并且可以实现数据的分组发送和接收。

**2）GPRS 通信系统的组成**

基于 GPRS 网络的无线通信系统通常包括 4 个部分：GPRS 网络（提供数据传输通道）、GPRS 数据传输单元（DTU）、多个用户数据终端（提供 RS232/RS485/TTL 接口电路）和数据中心（通过网络接收并处理 DTU 发送来的数据）。图 9.20 为 GPRS 数据无线通信系统组成。

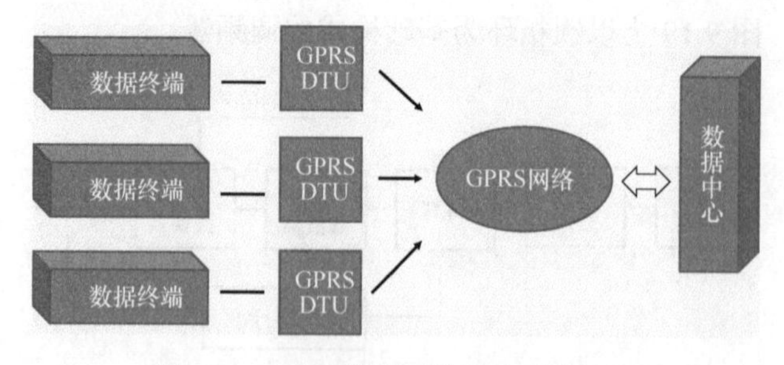


图 9.20　GPRS 数据无线通信系统组成

GPRS 数据终端通过 GPRS 网络使数据采集终端与数据中心之间进行数据的透明传输。数据终端与 GPRSDTU 之间的接口方式一般为 RS232、RS485 或 TTL，用户数据中心是 Internet 中心站主要的设备，对 DTU 传送来的数据进行接收处理，同时进行协议转换，并存入数据库。

**3）GPRS 通信系统的应用**

GPRS 通信系统在农业生产中已有成功应用。本节主要列举基于 GPRS 通信的农田节水灌溉控制系统。其自动控制系统由远程监控主站（中央集控室）及现地子站（带智能终端的电磁阀）共同组成。中央集控系统按照无人值守方式进行设备系统配置，通过 GPRS 网络实现信号的远程传输，并结合分布在田间灌溉管网上带智能终端的电磁阀，实现对灌溉管网的自动开闭和开闭角度控制。基站与基站间的最大距离按照不超过 1000 m 进行优化布设，以便提高数据传输的准确可靠性。中央集控中心上位机系统中的高级应用软件根据系统采集的信号数据（土壤水分、土壤温度、空气湿/温度等）自动运算分析，用以进行农作物生长环境参数的调控决策，经集成网络通信模块，经过滤、编码、调制、放大等处理后，由基站发射天线发射，进行远程传输。接收天线在接收到远程载波数据信号后，经滤波电路进行噪声过滤消除后，通过射频收发模块 nRF903 进行编码解调，再由智能终端中的高速 PLC 控制器或单片机等下位机控制系统进行解码后，形成对应的控制信号，驱动对应的驱动电路，来完成灌溉电磁阀的开闭、开度调节及电磁阀打开时间的控制，进而实现农田节水灌溉的精确调控，达到提高水资源综合利用效率、节约水资源的目的。

## 4. WIFI 通信技术

**1）WIFI 技术概述**

WIFI（wireless fidelity），又称为 IEEE802.1lb 标准，它是一种可以将个人计算机和手持设备（如 iPad、手机）等终端以无线方式互相连接的技术。它的最大优点就是传输速度较高，可以达到 11 Mbit/s，另外它的有效距离也很长，同时也与已有的各种 IEEE802.11DSSS 设备兼容。

IEEE802.11b 无线网络规范是在 IEEE802.11a 网络规范基础上发展起来的，最高带宽为 11 Mbit/s，在信号较弱或有干扰的情况下，带宽可调整为 5.5 Mbit/s、2 Mbit/s 和 1 Mbit/s，带宽的自动调整有效地保障了网络的稳定性和可靠性。在开放性区域，通信距离可达 305 m；在封闭性区域，通信距离为 76～122 m，方便与现有的有线以太网络整合，组网的成本更低。现在 WIFI 技术已经受到人们广泛认可，只要有 WIFI 无线网络覆盖，人们就可以随时连接互联网来浏览各种需要的信息。

**2）WIFI 技术特点**

WIFI 技术已经被广泛应用，主要是基于如下优点：WIFI 无线网络覆盖范围广，且不需要布线；使用时不与人体直接接触，绝对安全；数据传输速度快，可以达到 11 Mbit/s。

然而目前使用的 IP 无线网络也存在一些不足之处，如由于带宽不高、覆盖半径小、切换时间长等，使得其不能很好地支持移动 VoIP 等实时性要求高的应用；无线网络系统对上层业务开发不开放，使得适合 IP 移动环境的业务难以开发。此前定位于家庭用户的 WLAN 产品在很多地方不能满足运营商在网络运营、维护上的要求。

**3）WIFI 插座在智慧农业中的应用**

图 9.21 是 WIFI 插座系统构成，包括 WIFI 插座、无线路由器、远程服务器、手机控制终端、手机接入网络和 Internet 网络。WIFI 智能插座可以实现远程控制的功能。优点主要是费用低廉，不需要网关；安装简单，不需要破坏现有农业基础；使用方便，可以随意扩充插座的数量；控制灵活，可以用智能手机进行远程控制。

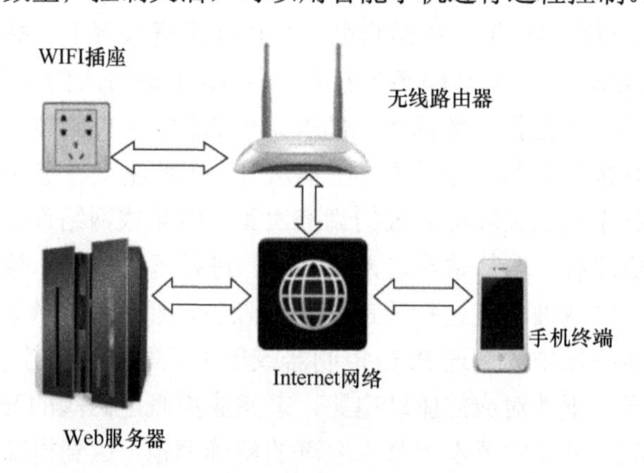


图 9.21　WIFI 插座系统构成

## 5. 蓝牙通信技术

**1）蓝牙通信技术的概述**

蓝牙是一种近距离无线连接技术标准的代称，它支持设备短距离通信（一般在 10 m 之内）的无线电通信技术，能在包括移动电话、PDA、无线耳机、便携式计算机、相关外设等众多设备之间进行无线信息交换。利用蓝牙技术，能够有效地简化移动通信终端设备之间的通信，也能够成功地简化设备与互联网之间的通信，从而数据传输变得更加迅速高效，为无线通信拓宽道路。

**2）蓝牙通信技术的特点**

蓝牙技术能够提供低成本、近距离的无线通信，构成固定与移动设备通信环境中的个人网络，使得近距离内各种设备能够实现无缝资源共享。因此蓝牙技术可以随时随地用无线接口来代替有线电缆连接；具有很强的移植性，可应用于多种通信场合；低功耗和低辐射，对人体危害小；低成本，易于推广。

**3）蓝牙技术在农业信息监测中的应用**

通过利用蓝牙通信技术和传感器构建农田温度信息监测系统，从而实现农田信息的温度实时监控。系统通信方式如图 9.22 所示。

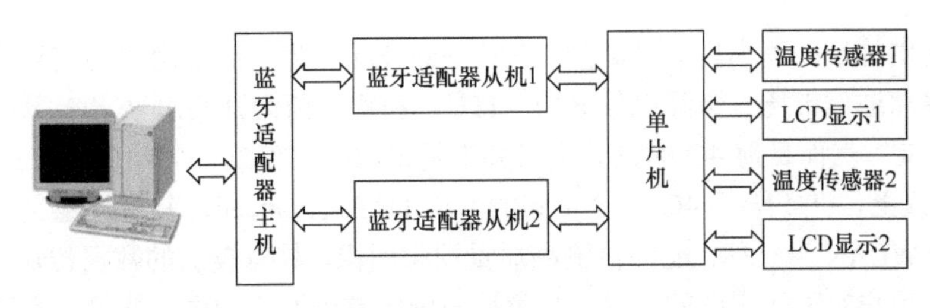


图9.22 系统通信方式

温度传感器将采集到土壤温度数据传入单片机进行处理，再由单片机将处理后的数据送到LCD显示屏和蓝牙模块。LCD显示屏用于农业现场显示数据，蓝牙模块则通过串口仿真功能仿真1个UART接口与蓝牙适配器（主机）进行通信，把数据传输到蓝牙适配器，然后通过PC机上的COM口把数据传到PC机上进行显示，实现农业信息的监测。

## 9.4 4G、5G通信技术

### 9.4.1 移动通信的发展历程

#### 1. 第一代移动通信技术（1G）

1G主要采用的是模拟技术和频分多址（FDMA）技术，其受到传输带宽的限制，不能进行移动通信的长途漫游，只能是一种区域性的移动通信系统。

#### 2. 第二代移动通信技术（2G）

2G主要采用的是数字的时分多址（TDMA）技术和码分多址（CDMA）技术。它克服了模拟移动通信系统的弱点，话音质量、保密性能得到大的提高，并可进行省内、省际自动漫游。第二代移动通信替代第一代移动通信系统完成模拟技术向数字技术的转变，但由于第二代采用不同的制式，移动通信标准不统一，用户只能在同一制式覆盖的范围内进行漫游，无法进行全球漫游，其也无法实现高速率的业务。

#### 3. 第三代移动通信技术（3G）

相比前两代通信技术而言，3G通信技术传输速率优势更为显著：其传输速度最低为384 K，最高为2 M，带宽可达5 MHz以上。第三代移动通信能够实现高速数据传输和宽带多媒体服务。第三代移动通信网络能够提供包括卫星在内的覆盖全球的网络业务之间的无缝连接。满足多媒体业务的要求，从而为用户提供更经济、内容更丰富的无线通信服务。但第三代移动通信仍受到基于地面、标准不同的区域性通信系统的局限。

#### 4. 第四代移动通信技术（4G）

随着科技的发展，用户对移动通信系统的数据传输速率要求越来越高，而3G系统实际所能提供的最高速率目前最高的也只有 384 kbp。为了满足用户的实际需求，需要更广阔的移动通信市场，国际电信联盟（ITU）和各厂商们开始思索 4G 系统的研究和技术标准制定。然而目前 4G 的具体定义并不是很明确。在 2005 年 10 月的 ITU-RWP8F 第 17 次会议上，ITU 给了 4G 一个正式的名称 IMT-Advanced，其具体定义如下：主要是集 3G 与 WLAN 于一体，能够传输高质量视频图像，具有较高的数据传输速率，并能够满足所有用户对无线服务的要求，且价格与固定宽带网络相同，并可以实现商业无线网络、局域网、蓝牙、广播和电视卫星通信等的无缝连接并相互兼容。4G 具有更高的数据率和频谱利用率，更高的安全性、智慧性和灵活性，更高的传输质量和服务质量。4G 系统应体现移动与无线接入网及 IP 网络不断融合的发展趋势。因此，4G 系统应当是一个全 IP 的网络。

### 9.4.2　4G 网络体系和层次结构

#### 1. 4G 网络结构

3G 保留了 2G 所使用的电路交换，采用的是电路交换和分组交换并存的方式，而 4G 完全采用基于 IP 的分组交换，是网络能够根据用户需要分配带宽。第四代移动通信的网络结构如图 9.23 所示。

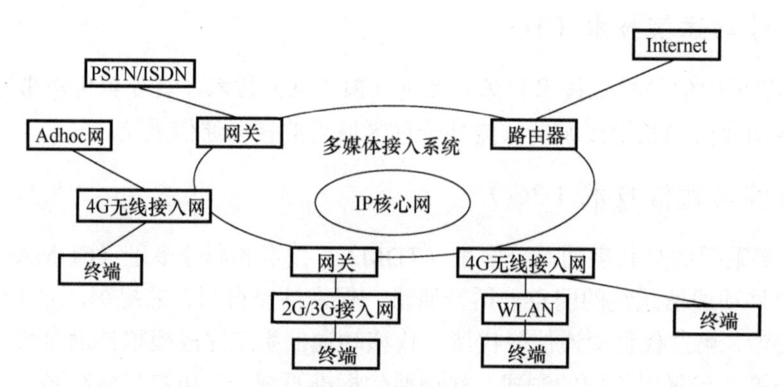


图 9.23　第四代移动通信的网络结构

核心 IP 网络作为一种统一的网络，支持有线及无线的接入。无线接入点可以是蜂窝系统的基站，WLAN（无线局域网）或者 ad hoc 自组网等。公用电话网和 2G 及未实现全 IP 的 3G 网络等则通过特定的网关连接。另外，热点通信速率和容量的需要或网络铺设重叠将使得整个网络呈现广域网、局域网等互联、综合和重叠的现象。

#### 2. 4G 的网络层次结构

4G 的网络结构层次主要可以分为三方面：应用环境层、中间环境层和物理网络层。4G 体系的网络分层图如图 9.24 所示。物理网络层提供接入和路由选择功能，其由无线和核心网的结合格式完成。中间环境层的功能有 QoS 映射、地址变换和完全性管理等。物理网络层与中间环境层，以及应用环境层之间的接口是开放的，可提供无缝高数据率的无线服务，并运行于多个频带。

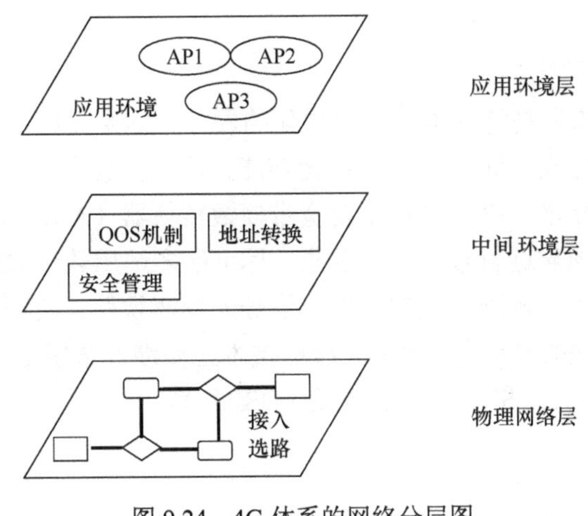


图 9.24 4G 体系的网络分层图

## 3. 4G 网络中的关键技术

### 1）OFDM

OFDM（orthogonal frequency division multiplexing）即正交频分复用技术，是一种新型的高效的多载波调制技术。其主要原理是将待传输的高速串行数据经串/并变换，分配到传输速率较低的子信道上进行传输，再用相互正交的载波进行调制，然后叠加一起发送。接收端用相干载波进行相干接收，再经并串变换恢复为原高速数据。OFDM 能够有效对抗多径传播，使受到干扰的信号能够可靠地被接收。

OFDM 系统由两部分构成，上半部分对应于发射机链路，下半部分对应于接收机链路。发送端将被传输的数字数据转换成子载波幅度和相位的映射，并进行 IDFT（反离散傅里叶变换），将数据的频域表达式变到时域上。接收端进行与发送端相反的操作，将 RF 信号与本振信号进行混频处理，并用 FFT 变换分解为时域信号，子载波的幅度和相位被采集出来并转换回数字信号。

OFDM 系统主要有四大关键技术：时域和频域同步，信道估计，信道编码与交织，以及降低峰均功率比（PAPR）。OFDM 系统对定时和频率偏移敏感，特别是实际应用中可能与 FDMA、TDMA 和 CDMA 等多址方式结合使用时，时域和频域同步显得尤为重要。而同步可分为捕获和跟踪两个阶段。因此，在具体实现时，同步可以分别在时域或频域进行，也可以时频域同时进行。在 OFDM 系统中，信道估计器的设计主要有两个问题：导频信息的选择和最佳信道估计器的设计。信道编码和交织通常用于提高数字通信系统性能。高的 PAPR 使得 OFDM 系统的性能大大下降，为此，人们提出了基于信号畸变技术、信号扰码技术和基于信号空间扩展等降低 OFDM 系统 PAPR 的方法。

OFDM 技术具有可以消除或减小信号波形间的干扰，可以最大限度利用频谱资源；适合高速数据传输；抗衰落能力强；抗码间干扰（ISI）能力强等优势。但是 OFDM 也存在不足之处：易受频率偏差的影响；存在较高的峰值平均功率比等。

#### 2）软件无线电

软件无线电（SDR）是将标准化、模块化的硬件功能单元经一通用硬件平台，利用软件加载方式来实现各类无线电台的各单元功能，对无线电信号进行调制或解调及测量的一种开放式结构的技术。中心思想是使宽带模数转换器（A/D）及数模转换器（D/A）等先进的模块尽可能地靠近射频天线的要求。尽可能多地用软件来定义无线功能。其软件系统包括各类无线信令规则与处理软件、信号流变换软件、调制解调算法软件、信道纠错编码软件和信源编码软件等。软件无线电技术主要涉及数字信号处理硬件（DSPH）、现场可编程器件（FPGA）和数字信号处理（DSP）等。

#### 3）智能天线技术

智能天线（SA）定义为波束间没有切换的多波束或自适应阵列天线。智能天线具有抑制信号干扰、自动跟踪及数字波束调节等功能，被认为是未来移动通信的关键技术。其基本工作原理是根据信号来波的方向自适应地调整方向图，跟踪强信号，减少或抵消干扰信号。智能天线采用了空分多址（SDMA）的技术，成形波束可在空间域内抑制交互干扰，增强特殊范围内想要的信号，既能改善信号质量又能增加传输容量。

#### 4）多用户检测技术和多输入多输出技术

多用户检测（MUD）技术能够有效地消除码间干扰，提高系统性能。多用户检测的基本思想是把同时占用某个信道的所有用户或某些用户的信号都当做有用信号，而不是作为干扰信号处理，利用多个用户的码元、时间、信号幅度及相位等信息联合检测单个用户的信号，即综合利用各种信息及信号处理手段，对接收信号进行处理，从而达到对多用户信号的最佳联合检测。多用户检测是4G系统中抗干扰的关键技术，能进一步提高系统容量，改善系统性能。随着不同算法和处理技术的应用与结合，多用户检测获得了更高的效率、更好的误码率性能和更少的条件限制（陈冬梅，2008）。

多输入多输出技术（MIMO）是指利用多发射和多接收天线进行空间分集的技术，它采用的是分立式多天线，能够将通信链路分解成为许多并行的子信道，从而大大提高系统容量。MIMO技术可提供很高的频谱利用率，且其空间分集可显著改善无线信道的性能，提高无线系统的容量及覆盖范围。

#### 5）基于IP的核心网

4G通信系统选择了采用IP的全分组方式传送数据流，因此IPv6技术是下一代网络的核心协议。基于IP的核心网有以下优势：巨大的地址空间，IPv6地址为128位，代替了IPv4的32位，地址空间大于3.4∈1038；自动控制，IPv6的基本特性之一是能够支持无状态或有状态两种地址自动配置方式。核心网独立于各种具体的无线接入方案，能提供端到端的IP业务，能同已有的核心网和PSTN兼容；核心网具有开放的结构，能允许各种空中接口接入核心网；同时核心网能把业务、控制和传输等分开。IP与多种无线接入协议相兼容，因此在设计核心网络时具有很大的灵活性，不需要考虑无线接入究竟采用何种方式和协议。

## 4. 3G 与 4G 的比较

### 1）技术指标方面

3G 提供了高速数据，在图像传输上，其静止传输速率达到 2 Mbp，高速移动时的传输速率达到 114 kbp，慢速移动时的传输速率达到 384 kbp，带宽可以达到 5 MHz 以上 UMT 采用 WCDMA 技术，利用正教码区分用户，有 FDD 和 TDD 两种双工方式。

4G 数据传输速率从 2 Mbp 到 100 Mpb；容量达到第 3 代系统的 5～10 倍，传输质量相当于甚至优于第 3 代系统。广带局域网应能与宽带综合业务数据网（B-ISDN）和异步传送模式（ATM）兼容，实现广带多媒体通信，形成综合广带通信网；条件相同时小区覆盖范围等于或大于第 3 代系统；具有不同速率间的自动切换能力，以保证通信质量；网络的每比特成本要比第 3 代低。

### 2）技术方面

3G 的关键技术是 CDMA 技术，而 4G 采用的是 OFDM 技术。OFDM 可以提高频谱利用率，能够克服 CDMA 在支持高速率数据传输时信号间干扰增大的问题；在软件无线电方面，4G 对 3G 中的软件无线电技术进行升级，满足 4G 中无线接入多样化要求，使得 3G 中无线接入标准不统一的问题得以解决。同时在 4G 中，实现软切换和硬切换相结合，对 3G 中的软件无线电基础上通过增加相应的硬件模块，对相应的软件进行升级使它们最终都融合到一起，成为一个统一的标准，实现各种需求的功能；3G 网络采用的主要是蜂窝组网，4G 采用全数字全 IP 技术，支持分组交换，将 WLAN、Bluetooth 等局域网融入广域网中。在 4G 中提高智能天线的处理速度和效率。在 TD-SCDMA 采用智能天线的基础上，对相关的软件和算法加以升级，增加一些接口协议来满足 4G 的要求；4G 系统也使用了许多新技术，包括超链接和特定无线网络技术、动态自适应网络技术、智能频谱动态分配技术及软件无线电技术等；在功率控制上，4G 比 3G 要求更加严格，其目的是为了满足高速通信的要求。不仅频率资源限制移动用户信号的传输速率，而且基站和终端的发射功率也限制了用户信号的传输速率。在 3G 中，采用切换技术来减少对其他小区的干扰，提高话音质量，不过在 4G 中，切换技术的应用更加广阔，并朝着软切换和硬切换相结合的方向发展。

### 3）速度方面

国际通信联盟通信委员会的最新研究显示，在使用同样数量频谱（在客户手机与互联网之间传送信息的无线电波）的情况下，下一代移动技术的数据传输能力将是现有 3G 技术的 2 倍以上。

传输能力的增强对满足英国迅速增加的移动数据流量来说至关重要，而移动数据流量的增加主要受智能手机和移动宽带数据服务（如流媒体、电子件、信息服务、地图服务和社交网络等）增长的带动。

英国计划从 2013 年开始采用 4G 移动通信技术，届时，移动宽带服务的速度将显著提高——接近目前的 ADSL 家庭宽带速度。通过有效地利用 4G 技术，这一目标有望得到部分实现。

### 5. 大 4G 标准

国际电信联盟（ITU）已经将 WiMax、HSPA+、LTE 正式纳入到 4G 标准里，加上之前就已经确定的 LTE-Advanced 和 WirelessMAN-Advanced 这两种标准，目前 4G 标准已经达到了 5 种。

**1）LTE**

长期演进（long term evolution，LTE）项目是 3G 的演进，它改进并增强了 3G 的空中接入技术，采用 OFDM 和 MIMO 作为其无线网络演进的唯一标准。主要特点是在 20 MHz 频谱带宽下能够提供下行 100 Mbit/s 与上行 50 Mbit/s 的峰值速率，相对于 3G 网络大大地提高了小区的容量，同时将网络延迟大大降低：内部单向传输时延低于 5 ms，控制平面从睡眠状态到激活状态迁移时间低于 50 ms，从驻留状态到激活状态的迁移时间小于 100 ms。并且这一标准也是 3GPP 长期演进（LTE）项目，是近两年来 3GPP 启动的最大的新技术研发项目，其演进的历史如下。

GSM→GPRS→EDGE→WCDMA→HSDPA/HSUPA→HSDPA+/HSUPA+→LTE 长期演进

GSM：9 K→GPRS：42 K→EDGE：172 K→WCDMA：364 K→HSDPA/HSUPA：14.4 M→HSDPA+/HSUPA+：42 M→LTE：300 M

由于目前的 WCDMA 网络的升级版 HSPA 和 HSPA+均能够演化到 LTE 这一状态，包括中国自主的 TD-SCDMA 网络也将绕过 HSPA 直接向 LTE 演进，所以这一 4G 标准获得了最大的支持，也将是未来 4G 标准的主流。该网络提供媲美固定宽带的网速和移动网络的切换速度，网络浏览速度大大提升。

**2）LTE-Advanced**

LTE-Advanced 的正式名称为 Further Advancements for E-UTRA，它满足 ITU-R 的 IMT-Advanced 技术征集的需求，是 3GPP 形成欧洲 IMT-Advanced 技术提案的一个重要来源。LTE-Advanced 是一个后向兼容的技术，完全兼容 LTE，是演进而不是革命，相当于 HSPA 和 WCDMA 这样的关系。LTE-Advanced 的相关特性如下：①带宽：100 MHz；②峰值速率：下行 1 Gbp，上行 500 Mbp；③峰值频谱效率：下行 30 bp/Hz，上行 15 bp/Hz；④针对室内环境进行优化；⑤有效支持新频段和大带宽应用；⑥峰值速率大幅提高，频谱效率有限改进。

如果严格地讲，LTE 作为 3.9G 移动互联网技术，那么 LTE-Advanced 作为 4G 标准更加确切一些。LTE-Advanced 的入围，包含 TDD 和 FDD 两种制式，其中 TD-SCDMA 将能够进化到 TDD 制式，而 WCDMA 网络能够进化到 FDD 制式。移动主导的 TD-SCDMA 网络期望能够绕过 HSPA+网络而直接进入到 LTE。

**3）WiMax**

WiMax（worldwide interoperability for microwave access），即全球微波互联接入，

WiMaX 的另一个名字是 IEEE 802.16。WiMaX 的技术起点较高，WiMax 所能提供的最高接入速度是 70 M，这个速度是 3G 所能提供的宽带速度的 30 倍。对无线网络来说，这的确是一个惊人的进步。WiMaX 逐步实现宽带业务的移动化，而 3G 则实现移动业务的宽带化，两种网络的融合程度会越来越高，这也是未来移动世界和固定网络的融合趋势。

802.16 工作的频段采用的是无需授权频段，范围在 2～66 GHz，而 802.16a 则是一种采用 2～11 GHz 无需授权频段的宽带无线接入系统，其频道带宽可根据需求在 1.5～20 MHz 进行调整，目前具有更好高速移动下无缝切换的 IEEE 802.16m 的技术正在研发。因此，802.16 所使用的频谱可能比其他任何无线技术更丰富，WiMax 具有以下优点：对于已知的干扰，窄的信道带宽有利于避开干扰，而且有利于节省频谱资源；灵活的带宽调整能力，有利于运营商或用户协调频谱资源；WiMax 所能实现的 50 km 的无线信号传输距离是无线局域网所不能比拟的，网络覆盖面积是 3G 发射塔的 10 倍，只要少数基站建设就能实现全城覆盖，能够使无线网络的覆盖面积大大提升。

WiMax 网络在网络覆盖面积和网络的带宽上优势巨大，但是其移动性却有着先天的缺陷，无法满足高速（≥50km/h）下的网络的无缝链接，从这个意义上讲，WiMax 还无法达到 3G 网络的水平，严格地说并不能算作移动通信技术，而仅仅是无线局域网的技术。但是 WiMax 的希望在于 IEEE 802.11m 技术上，将能够有效地解决这些问题，也正是因为有中国移动、英特尔、Sprint 各大厂商的积极参与，WiMax 成为呼声仅次于 LTE 的 4G 网络手机。关于 IEEE 802.16m 这一技术，我们将留在最后作详细的阐述。

### 6. 我国 4G 的发展前景

目前，全球范围内许多国家和地区都在加紧对 4G 的研究。我国早在 2001 年，国家 863 计划启动了面向 B3G/4G 的移动通信发展研究计划（简称 FuTURE 计划）。而新技术的引用和效能的提高也将为 4G 带来更为广阔的应用领域和市场，而 4G 也可以有绝对的优势创造市场：网络频谱更宽；通信更加灵活；智能性更高；兼容性能更平滑；可以实现更高质量的多媒体通信；频率使用效率更高；通信费用更便宜。目前世界上发达国家都正在积极进行第四代移动通信技术规格的研究制定工作，以期在全球第四代移动通信规格制定中享有发言权。为此，我们有必要在大力开发第三代移动通信技术系统的同时，提前做好准备，积极参与 ITU 关于第四代移动通信标准建议的研究，掌握世界移动通信技术的研究动向和最新成果，加强国际合作，关注并积极进行第四代移动通信技术的研究与开发工作，把第四代移动通信的研发与建立我国移动通信产业结合起来，加快我国移动通信产业的发展，使我国的移动通信产业在国内外拥有强大的市场。

## 9.4.3　5G 发展的新特点

5G 研究在推进技术变革的同时将更加注重用户体验，网络平均吞吐速率、传输时延，以及对虚拟现实、3D、交互式游戏等新兴移动业务的支撑能力等将成为衡量 5G 系统性能的关键指标；与传统的移动通信系统理念不同，5G 系统研究将不仅把点到点的物理层传输与信道编译码等经典技术作为核心目标，而是从更为广泛的多点、多用户、多天线、多小区协作组网作为突破的重点，力求在体系构架上寻求系统性能的大幅度提高；室内移动通信业务已占据应用的主导地位，5G 室内无线覆盖性能及业务支撑能力将作为系统优先设计目标，从而改变传统移动通信系统“以大范围覆盖为主、兼顾室内”的设计理念；高频段频谱资源将更多地应用于 5G 移动通信系统，但由于受到高频段无线电波穿透能力的限制，无线与有线的融合、光载无线组网等技术将被更为普遍地应用；可“软”配置的 5G 无线网络将成为未来的重要研究方向，运营商可根据业务流量的动态变化实时调整网络资源。

### 1. 5G 技术的特征

#### 1）数据流量增长 1000 倍

业界预测 10 年以后，全球移动数据流量将成为 2010 年流量的 1000 倍。因此，5G 单位面积的吞吐能力，尤其忙碌状态下吞吐能力也要求提升 1000 倍，使吞吐量至少达到 100 Gb/（s·km$^2$）以上。

#### 2）联网设备数目扩大 100 倍

随着物联网和智能终端的快速发展，预计 2020 年后，联网的设备数目将达到 500 亿～1000 亿部。未来的 5G 网络单位覆盖面积内支持的设备数目也将大大增加，相当于目前的 4G 网络增长 100 倍，一些特殊方面的应用上，单位面积内通过 5G 联网的设备数目将达到 100 万个/km$^2$。

#### 3）峰值速率至少 10 Gb/s

面向 2020 年的 5G 网络，相对于 4G 网络，其峰值速率需要提升 10 倍，即达到 10 Gb/s 的速率，特殊场景下，用户的单链路速率要求达到 10 Gb/s。

#### 4）用户可获得速率达到 10 Mb/s，特殊用户需求达到 100 Mb/s

未来 5G 网络，在绝大多数的条件下，任何用户一般都能够获得 10 Mb/s 以上的速率，对于一些有特殊需求的业务，如急救车内高清医疗图像传输服务等将获得高达 100 Mb/s 的速率。

#### 5）时延短和可靠性高

2020 年的 5G 网络，要满足用户随时随地地在线体验服务，并满足诸如应急通信、工业信息系统等更多高价值场景的需求。因此，要求进一步控制和降低用户的时延，相当于时延比 4G 网络要降低 5～10 倍。对于关系人类生命、重大财产安全的业务，端到端服务可靠性也需提升到 99.999% 以上。

#### 6）频谱利用率高

由于 5G 网络的用户规模大、业务量多、流量高，对频率的需求量大，要通过应用演进及频率倍增或压缩等创新技术来提升频率利用率。相对于 4G 网络，5G 的平均频谱效率需要 5～10 倍的提升，才能解决大流量带来的频谱资源短缺问题。

**7）网络耗能低**

低碳环保、节资省能是未来通信技术的发展趋势，未来的5G网络，充分利用端到端的节能设计，使网络综合能耗效率提高1000倍，相应得满足1000倍流量的要求，但能耗要与现有网络保持相当的水平。

## 2. 5G的关键技术

**1）大规模MIMO技术**

大规模MIMO带来的好处主要体现在以下几个方面：大规模MIMO的空间分辨率与现有MIMO相比，得到显著增强，能够对空间维度资源进行深度挖掘，使得网络中的多个用户可以在同一时频资源上利用大规模MIMO提供的空间自由度与基站同时建立通信，从而在不需要增加基站密度和带宽的条件下大幅度提高频谱效率；大规模MIMO可将波束集中在很窄的范围内，从而大幅度降低干扰；大规模MIMO可大幅降低发射功率，从而提高功率效率；第四，当天线数量足够大时，大规模MIMO带来的最简单的线性预编码和线性检测器趋于最优，并且噪声和不相关干扰都可忽略不计。

**2）基于滤波器组的多载波技术**

OFDM存在以下不足：需要插入循环前缀才能对抗多径衰落，从而导致无线资源的浪费；对载波频偏的敏感性高，具有较高的峰均比；各子载波必须具有相同的带宽，各子载波之间必须保持同步，各子载波之间必须保持正交等，限制了频谱使用的灵活性。此外，由于OFDM技术采用了方波作为基带波形，载波旁瓣较大，从而在不能严格保证各载波同步的情况下使得相邻载波间出现较为严重的干扰。在5G系统中，出于对支撑高数据速率的需要，将可能需要高达1 GHz的带宽。但在某些较低的频段，难以获得连续的宽带频谱资源，而且在这些频段中，某些无线传输系统，如电视系统中，仍会存在一些未被使用的频谱资源（空白频谱）。但是，这些空白频谱的位置可能是不连续的，并且可用的带宽也不一定相同，采用OFDM技术也难以实现对这些可用频谱的有效使用。灵活有效地利用这些空白的频谱，是设计5G系统需要解决的一个重要问题。

基于滤波器组的多载波（filter-bank based multicarrier，FBMC）实现方案被认为是解决以上问题的有效手段。FBMC与OFDM技术不同，由于原型滤波器的冲击响应和频率响应可以根据需要进行设计，各载波之间不再必须是正交的，不需要插入循环前缀；能实现各子载波带宽的设置及对各子载波间交叠程度的灵活控制，从而可灵活控制相邻子载波之间的干扰，并且便于使用一些零散的频谱资源；各子载波之间不需要同步，同步、信道估计和检测等可在各子载波上单独进行处理，因此，尤其适合用于难以实现各用户之间严格同步的上行链路。但另外一方面，由于各载波之间相互不正交，子载波之间存在干扰；采用非矩形波形，导致符号之间存在时域干扰，需要采用一些其他技术来消除干扰。

**3）全双工技术**

全双工通信技术是指同时、同频进行双向通信的技术。由于在无线通信系统中，网络侧和终端侧存在固有的发射信号对接收信号的自干扰现象，现有的无线通信系统中，由于技术条件的限制，无法实现同时、同频的双向通信，双向链路都是通过时间或频率进行区分的，对应于TDD和FDD方式。由于不能进行同时、同频双向通信，理论上浪费了一半的无线资源（频率和时间）。从理论上来讲，全双工技术拥有提高频谱利用率1倍的巨大潜力，可实现更加灵活的频谱使用，同时由于器件技术和信号处理技术的发展，同频、同时的全双工技术逐渐成为研究热点，是5G系统充分挖掘无线频谱资源的一个重要方向。但全双工技术同时也面临一些具有挑战性的难题。例如，接收和发送信号之间的功率差异非常大，导致严重的自干扰（典型值为70 dB），因此实现全双工技术应用要解决的首要问题是自干扰的抵消。

**4）超密集异构网络技术**

减小小区半径，提高频谱资源的空间复用率，以提高单位面积的传输能力，是保证未来支持1000倍业务量增长的核心技术。但随着小区覆盖范围的变小，以及最优的站点位置的较难寻找，难以进行进一步的小区分裂，由此，只能通过增加低功率节点数量来提升系统容量，这就意味着站点部署密度的增加。根据预测，未来无线网络中，在宏站的覆盖区域里，各种无线传输技术的各类低功率节点的部署密度将达到现有站点部署密度的10倍以上，站点之间的距离缩短至10 m，甚至更小，支持高达每平方千米25 000个用户，甚至将来激活用户数和站点数的比例达到1：1，即每个激活的用户都将有一个服务节点，从而形成超密集的异构网络。

虽然超密集异构网络展示了美好的前景，由于节点之间距离的减少，将导致一些与现有系统不同的问题产生。在5G网络中，可能会有一系列新问题的出现：同一种无线接入技术之间同频部署的干扰、不同无线接入技术之间由于共享频谱的干扰、不同覆盖层次之间的干扰，如何解决这些干扰带来的性能损伤，实现多种无线接入技术、多覆盖层次之间的共存，是一个需要深入研究的重要问题；由于近邻节点传输损耗差别不大，可能存在多个强度接近的干扰源，导致更严重的干扰，使现有的面向单个干扰源的干扰协调算法不能直接适用于5G系统；由于不同业务和用户的QoS（quality of service）要求的不同，不同业务在网络中的分担、网络选择、各类节点之间的协同策略、基于用户需求的系统能效最低的小区激活、节能配置策略是保证系统性能的关键所在。为了实现大规模的节点协作，需要准确并有效地发现大量的相邻节点；由于小区边界越来越多且不规则，导致更频繁、更为复杂的切换，难以保证移动性性能。因此，需要针对超密集网络场景，研究开发出新的切换算法；由于用户部署的大量节点开启和关闭的随机性和不可预知性，使得网络拓扑和干扰图样随机、大动态范围的动态变化，各小站中的服务用户数量往往比较少，使得业务的空间和时间分布出现剧烈的动态变化，因此，需要研究适应这些动态变化的网络动态部署技术；站点的密集部署将需要庞大、复杂的回传网络，如果采用有线回传网络，会导致网络部署的困难和运营商成本的大幅度增加。为了提高节点部署的灵活性，降低部署成本，利用和接入链路相同的频谱技术进行无线回传传输，是解决这个问题的一个重要方向。无线回传方式中，无线资源不仅为终端服务，而且为节点提供中继服务，使无线回传组网技术变得更加复杂。无线回传组网关键技术包括：组网方式、无线资源管理等都是重要的研究内容。

**5）自组织网络技术**

5G 系统采用无线网络架构和复杂的无线传输技术，使得网络管理远远比现有网络复杂，网络深度智能化是保证 5G 网络性能的迫切需要。因此，自组织网络将成为 5G 的重要技术。现有的 SON 技术都是面向各自网络，再从各自网络的角度出发，进行独立的自部署和自配置、自优化和自愈合，不能支持多网络之间的协同。因此，需要研究支持协同异构网络的 SON 技术，如在异构网络中支持基于无线回传的节点自配置技术，异系统环境下的自优化技术，如协同无线传输参数优化、协同移动性优化技术，协同能效优化技术，协同接纳控制优化技术等，以及异系统下的协同网络故障检测和定位，从而实现自愈合功能。

由于 5G 将采用大规模 MIMO（multiple input multiple output）无线传输技术，大幅度增加了空间自由度，从而增强了天线选择、协作节点优化、波束选择、波束优化、多用户联合资源调配等方面的灵活性。这些技术优化将是 5G 系统 SON 技术的重要内容。

## 3. F-OFDM（filtered OFDM）

**1）滤波器组多载波（filter bank based multicarrier，FBMC）调制的原理**

分析滤波器组是综合滤波器组的逆向过程，见图 9.27。

OFDM 技术采用方波作为基带波形，载波旁瓣较大，在各载波同步不能严格保证的情况下使得相邻载波之间的干扰尤为严重。FBMC 原理见图 9.25～图 9.27。与 OFDM 技术不同，FBMC 由于原型滤波器的冲击响应和频率响应可以按需设计，各载波之间不再必须是正交的，不需要插入循环前缀；能实现各子载波带宽设置、各子载波之间交叠

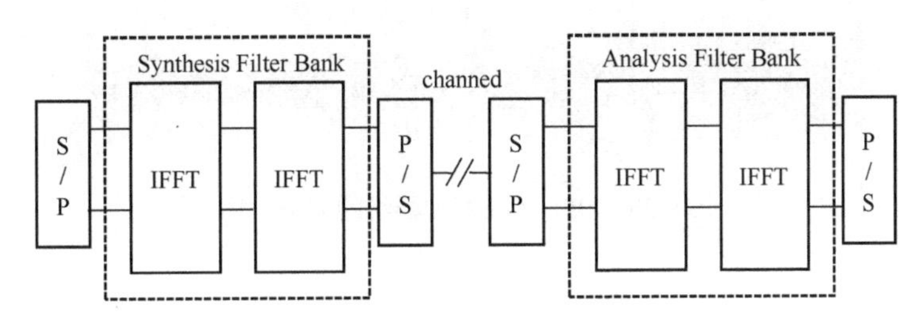


图 9.25 滤波器组多载波传输系统框图

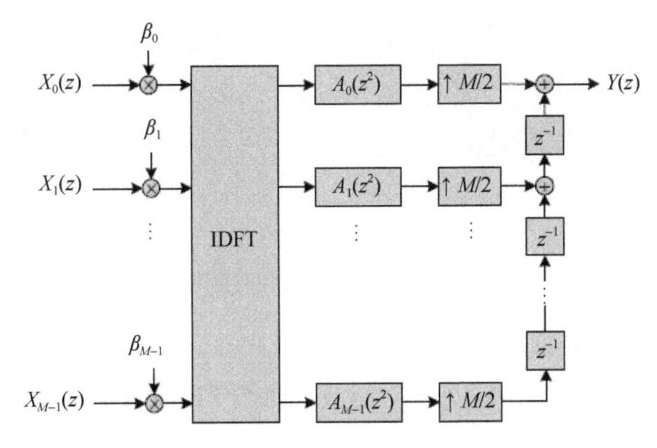


图 9.26 综合滤波器组

程度的灵活控制，从而达到对相邻子载波之间干扰的灵活控制。由图 9.28 可看出滤波器组的频谱旁瓣远远小于 OFDM 的频谱的旁瓣。

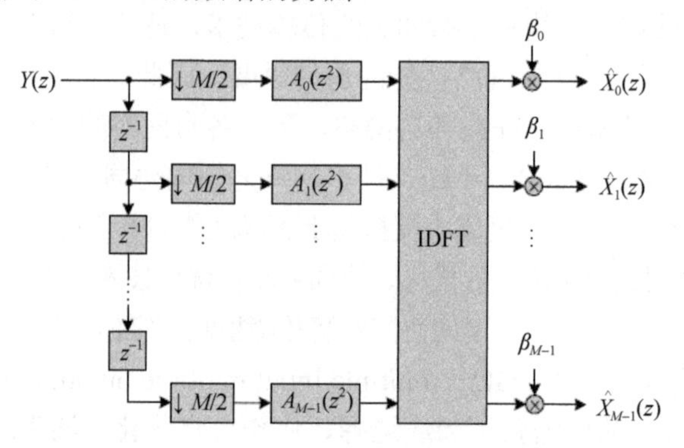


图 9.27　分析滤波器组

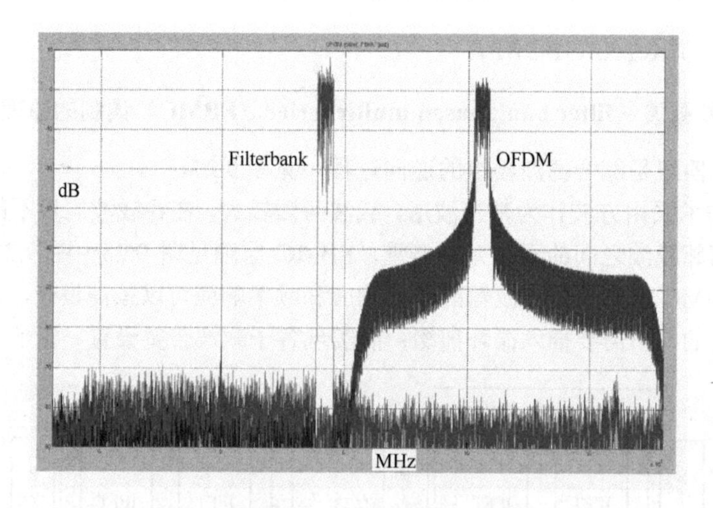


图 9.28　OFDM 及滤波器组的频谱波形

**2）RBF-OFDM**

RBF-OFDM 根据业务的大小分配 RB，还可以充分利用空白频谱，如图 9.29 所示。

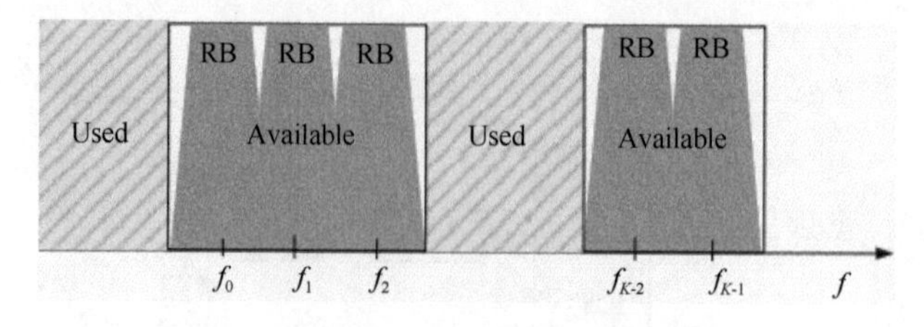


图 9.29　未利用的碎片频谱

RBF-OFDM 的系统原理见图 9.30 和图 9.32。

RBF-OFDM 的综合滤波器组及分析滤波器组与 FBMC 的一致，均可用 IFFT 及 FFT 完成，见图 9.33 和图 9.34。

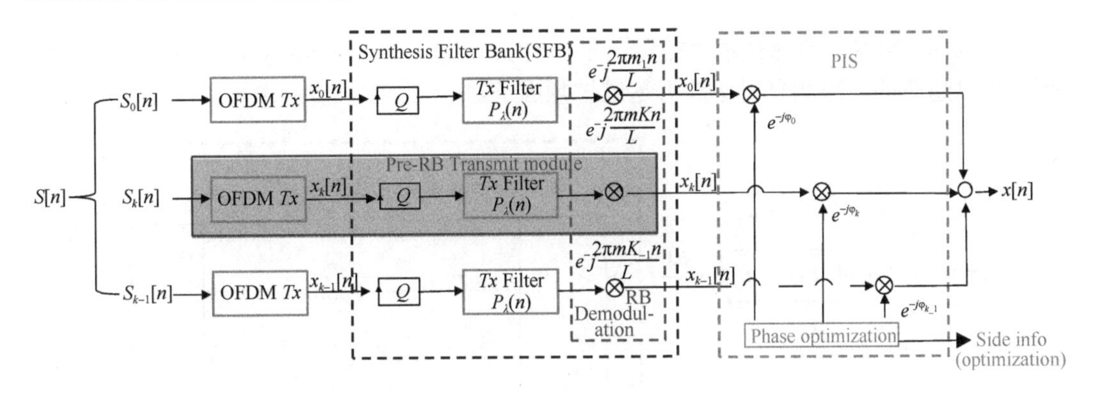


图 9.30 RBF-OFDM 的发射端

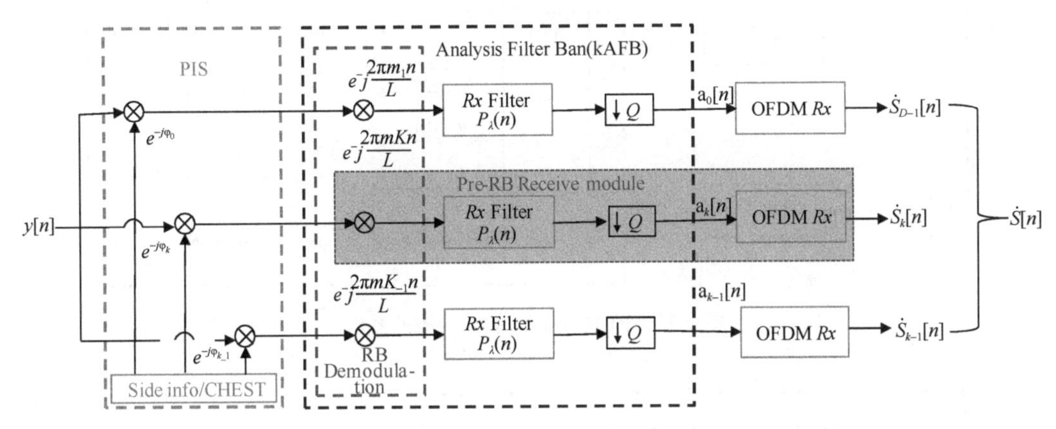


图 9.31 RBF-OFDM 的发射端

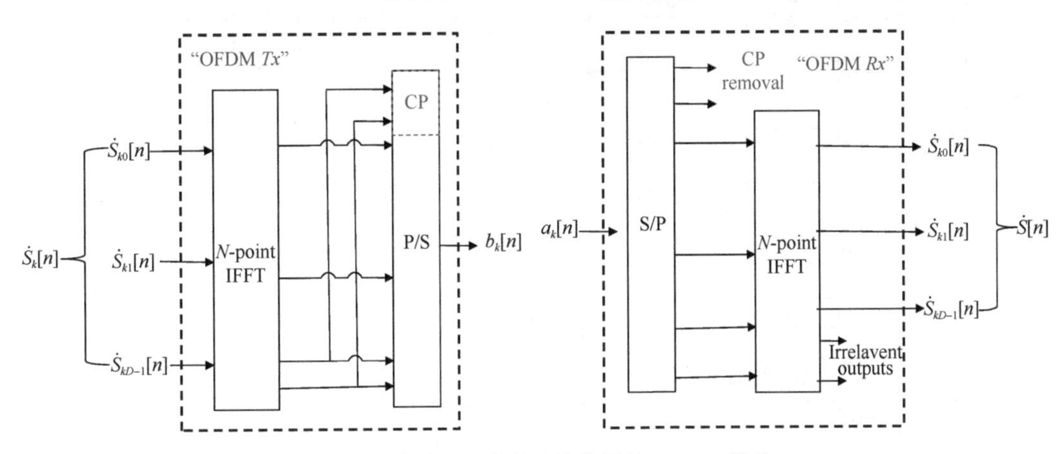


图 9.32 每个 RB 发射及接收端的 OFDM 模块

## 4. SCMA

稀疏矩阵多址接入（sparse code multiple access，SCMA）具有以下特点：二进制的数直接被编码为复数域的数，其码字是通过一个预先确定的码本中选择出来的；通过产生多个码本实现每一层或用户的多址接入（通过形成多个码本可以得到多种接入方式，其中的每一个只针对一个层或者一个用户）；码本中的码字是稀疏的，因此可以使用最大后验概率（MPA）检测技术来检测码字；类似于 LDS（low density signature），这个系统是可以超载的，因此复用层数可超过扩频因子。

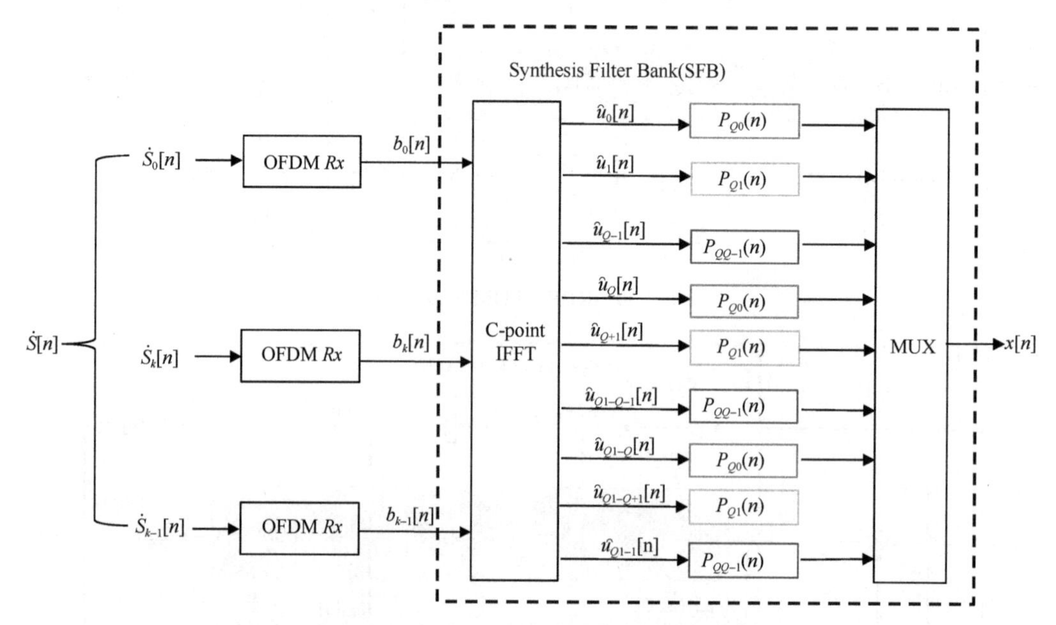


图 9.33　RBF-OFDM 的综合滤波器组

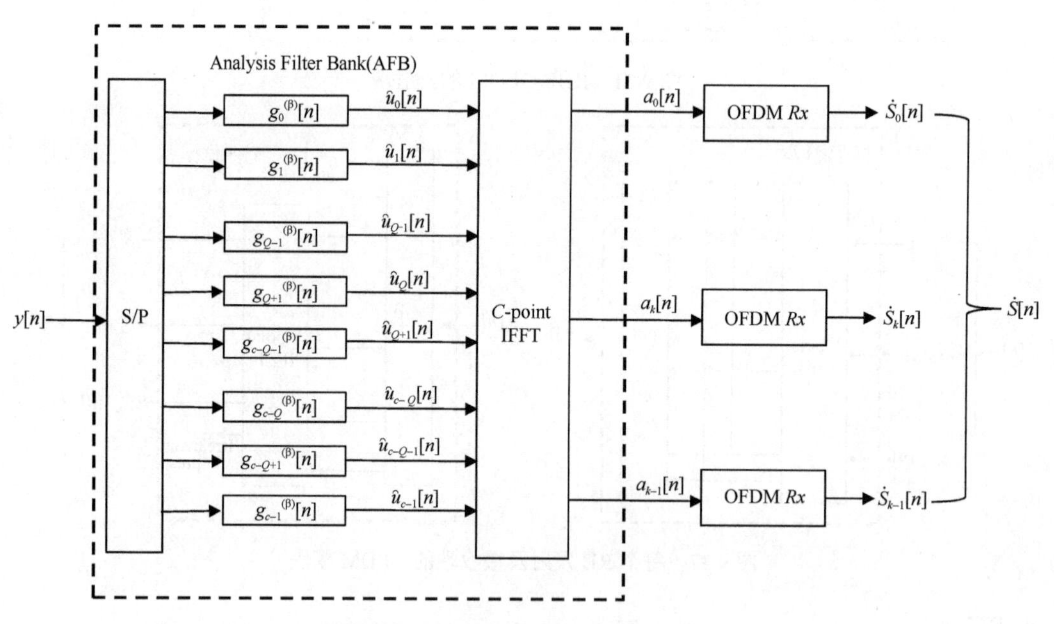


图 9.34　RBF-OFDM 的分析滤波器组

作为物联网常用的通信方式，以上方法各有优缺点，在不同的应用场景下可以发挥各自优势，扬长避短，也可以将这 4 种通信方式进行组合，达到高效、远程传输的目的。以上这 4 种通信方式的各自性能比较如表 9.5 所示。

表 9.5 4 种常用网络性能对比图

| 性能\网络 | 射频 | GPRS/3G/4G | WIFI | 蓝牙 |
|---|---|---|---|---|
| 传输距离 | 短 | 较远 | 短 | 短 |
| 功耗 | 低 | 高 | 高 | 低 |
| 成本 | 低 | 高 | 低 | 低 |

以上 4 种通信方式都有各自的优势和缺点。从发展角度而言，WIFI 网络因具有带宽较宽、传输速度快、兼容能力强、抗干扰能力强等优势，将会发展成农业物联网系统传输层的重要媒介，也将是农业物联网传输层的重要研究方向。

在农业生产应用上，随着作物的生长不断变化容易对无线信号遮挡与干扰，而且农业物联网布点密度稀，很容易使原通信网络中的某个节点从网络中孤立出来，而这个节点又担负着很多设备的通信路由任务，一旦发生某个节点的损坏后被网络孤立，极易导致网络的局部甚至大部分瘫痪。因此，针对农业生产实际环境特殊性，解决以上问题将是农业物联网传输层的重要研究方向。

## 参 考 文 献


毕辉, 程良鸿. 2007. 关于软 PLC 技术的研究及发展. 机电产品开发与创新, 19(6): 118-119.

蔡肯, 王克强, 岳洪伟, 等. 2012. 农田信息监测与蓝牙无线传输系统设计. 农机化研究, (1): 81.

蔡坤, 洪添胜, 岳学军, 等. 2012. 基于误码检测机制的滴灌系统红外光雨水传感器的设计.农业工程学报, 28(24): 70-71.

陈冬梅. 2008. 4G 环境下身份验证与密钥分配方案的研究. 东北大学硕士学位论文.

陈辉. 2013. 基于 ZigBee 与 GPRS 的温室番茄远程智能灌溉系统的研究与实现. 浙江大学硕士学位论文.

戴一平, 张耀, 赵光宙. 2008. 基于 MODBUS-RTU 的变频器组网技术. 电气应用, 27(17): 80-82.

高健. 2009. 现代通信系统. 北京: 机械工业出版社.

高云, 黄汉英, 贾桂锋, 等. 2009. 电力载波通信技术在温室数据采集系统上的应用. 湖北农业科学, (10): 2569-2572.

龚元元, 孔令捷. 2013. 短波通信在海洋石油中的应用. 数字通信世界, (3): 67-68.

贺龙龙. 2012. 基于嵌入式 Internet 与 GPRS 农业温室大棚环境参数监测系统研究. 安徽农业大学硕士学位论文.

黄江. 2006. 微波通信的应用. 活力, (10): 180.

黄玉兰. 2013. 物联网射频识别技术与应用. 北京: 人民邮电出版社.

嵇凌, 郑鹏, 龚华达. 2014. 采用 SPI 总线实现光传输设备控制总线的传输. 光通信技术, 38(4): 32-34.

荆炳礼, 赵世强. 1999. 低载波调频通信系统原理探讨. 现代通信术, (3): 68.

李兵. 2012. 微波通信技术的发展与展望. 电力系统通信, 32(12): 40-43.

李扬. 2010. WIFI 技术原理及应用研究. 科技信息, 6: 200.

李云, 陈前斌, 隆克平, 等. 2003. 无线自组织网络中 TCP 稳定性的分析与改进. 软件学报, 14(6): 1178-1186.

李志学. 2002. 电力线扩频载波通信专用芯片算法的研究. 西安科技学院硕士学位论文.

林建华. 2011. 电力线宽带载波通信在智能配网中的应用. 电力系统通信, 32(8): 74-77.

刘潇亭, 石晶. 2013. 浅谈射频识别技术(RFID)在农产品冷链运输中的应用. 河南科技, 22: 169.

刘柱, 汪晓岩, 蔡世龙. 2009. 低压电力线载波通信组网方法. 电力系统通信, (12): 17-18.

卢伟. 2014. 浅析发展短波通信技术的现实意义. 数字化用户, (6): 11.
卢志刚, 董玉香. 2007. 基于改进二进制粒子群算法的配电网故障恢复. 电力系统自动化, 30(24): 39-43.
卢智嘉, 王俊社, 李玉萍. 2008. 基于 Modbus 远程监控系统的通信研究. 微计算机信息, 24(25): 157-158.
吕国华. 2011. Modbus 现场总线技术在嵌入式 PLC 中的应用研究. 山东轻工业学院硕士学位论文.
马洪峰. 2014. 短波通信系统的论述.中国电子商务, (1): 77.
米志超, 郑少仁. 2000. 无线战术互联网控制器通信协议的设计与实现. 解放军理工大学学报, 1(6): 24-29.
蒲旭阳. 2004. 无线收发模块的设计和自动测试的实现. 电子科技大学硕士学位论文.
戚佳金. 2009. 低压配电网电力线载波通信动态组网方法研究. 哈尔滨工业大学硕士学位论文.
屈军锁. 2011. 物联网通信技术. 北京: 中国铁道出版社.
佘洁琦, 周楠, 周冬升, 等. 2013. 高速电力载波通信原理概述. 科技创新导报, (31): 104-106.
沈琪琪, 朱德生. 1989. 短波通信. 西安: 西安电子科技大学出版社.
王成山, 余旭阳. 2004. 基于 Multi-Agent 系统的分布式协调紧急控制. 电网技术, 28(3): 1-5.
王慧艳. 1996. 生物电阻抗法测量人体组成成分. 国外医学: 生物医学工程分册, 19(2): 96-104.
王晶, 黄喜良, 李延峰. 2004. 微波通信综述.河南水利, 24(4): 97-102.
王丽娜. 2009. 现代通信技术. 北京: 国防工业出版社.
王志良. 2010. 物联网现在与未来. 北京: 机械工业出版社.
魏立峰. 2006. 单片机原理与应用技术. 北京: 北京大学出版社.
肖宛昂, 苏高民, 陆廷, 等. 2014. 一种由 WIFI 智能插座构成的智能家届. 单片机与嵌入式系统应用, 14(5): 46-48.
谢志远, 吴晓燕, 杨星, 等. 2012. 10kV 电力线载波通信自动组网算法. 电力系统自动化, 36(16): 88-92.
徐峰. 2014. 卫星通信的重要. 无线互联科技, (2): 40.
徐洪峰, 高明煜, 徐杰. 2009. 电力载波通信在灶具与油烟机协调控制器中的应用. 电子器件, 32(5): 950-951.
徐晶, 王成山, 李晓辉, 等. 2007. 基于自适应遗传算法的配电网改造方案优化. 电力系统自动化, 31(14): 111-115.
徐宁. 2013. 基于 GPRS 网络的农田节水灌溉控制系统研究. 陕西水利, (1): 200-201.
许宝玉. 2013. 电力载波通信未来应用方向研究. 中国新通信, 15(16): 41-42.
杨春杰. 2010. CAN 总线技术. 北京: 北京航空航天大学出版社.
杨文胜. 2014. 车载调频广播电台的应用.科技传播, (4): 6.
尹亚军. 1971. 电力载波在煤矿通信中的应用. 哈尔滨工业大学硕士学位论文.
原萍. 2007. 卫星通信引论. 沈阳: 东北大学出版社.
袁梦觉. 2013. 基于 ZigBee 技术的智能家居红外转发器的设计与实现. 西安: 长安大学交通信息及控制系.
张维玺. 2006. 现代通信概论. 北京: 科学出版社.
张秀伟. 2013. 短波通信技术发展分析. 消费电子, (8): 15.
赵莉, 吴一飞. 2012. 略议现代短波通信技术. 数字技术与应用, (6): 57-58.
周立功, 严寒亮, 黄晓清. 2012. 项目驱动: CAN-bus 现场总线基础教程. 北京: 北京航空航天大学出版社.
Broder J, Griner J, Montenegro G, et al. 2001. Performance enhancing proxies intended to mitigate link-related degradations. No. RFC 3135.
De Couto D S J, Aguayo D, Chambers B A, et al. 2003. Performance of multihop wireless networks: shortest path is not enough. ACM Sigcomm Computer Communications Review, 33(1): 83-88.
Dorigo M, Birattari M, Stutzle T. 2006. Ant colony optimization. Computational Intelligence Magazine,

IEEE, 1(4): 28-39.

El Rhazi A, Pierre S. 2009. A tabu search algorithm for cluster building in wireless sensor networks. Mobile Computing, IEEE Transactions on, 8(4): 433-444.

Liao G C, Tsao T P. 2006. Application of a fuzzy neural network combined with a chaos genetic algorithm and simulated annealing to short-term load forecasting. Evolutionary Computation, IEEE Transactions on, 10(3): 330-340.

LucPower Aware Communications for Wireless OptiMised personal Area Network, PACWOMAN (IST-2001-34157).

Mainelli T. 2000. Power-Line Network Makes Progress. PC World, 6(1): 158-167.

Mobile Ad hoc Networks. 2000. http://www.ietf.org/html.charters/Ad hoc network-charter.html.

MODICON Inc. 1996. Modbus Protocol Reference Guide.PI-MBUS-300Rev.J.

Protocols for Heterogeneous Multi-Hop Wireless IPv6 Networks, 6HOP(IST-2001-37385).

# 第 10 章　网 络 技 术

## 10.1　概　　述

物联网（internet of things，IoT）是通过各类传感器等信息感知方式获取物体相关属性与信息，然后实现物与物之间、物与人之间的交互。而实现交互的通信环节则极为重要。物联网信息通信指的是大范围、多尺度信息的通信与融合，而传统的点对点通信已经无法满足实现应用需求。随着无线通信技术的发展，无线网络应运而生，且发展迅速。无线网络是无线通信技术与网络技术相结合的产物。能够通过无线信道来实现网络设备之间的通信，并实现通信的移动化、个性化和宽带化。相比有线网络而言，无线网络通信具有如下优点：灵活性和移动性，无线网络在无线信号覆盖区域内的任何一个位置都可以接入网络，并且连接到无线局域网的用户可以移动且能同时与网络保持连接；易于进行网络规划和适时调整，无线组网网络具有桥接功能，通过网桥接力传输信息可使网络数据通信通力更加便捷和方便；易于扩展，无线局域网有多种配置方式，可以很快从只有几个用户的小型局域网扩展到上千用户的大型网络，并且能够提供节点间“漫游”等有线网络无法实现的特性。由于无线局域网有以上诸多优点，因此其发展十分迅速。近些年，无线局域网已经在企业、医院、商店、工厂和学校等场合得到了广泛的应用。

在物联网网络传输方面，无线网络传输自然发挥极其重要的作用，在农业物联网方面更是如此。农业信息具有获取面积大、农田不便拉线等特点，无线网络传输将在农业信息获取与农业物联网方面更加重大实际应用意义。目前，农业物联网自组织无线网络除常用的 Zigbee 网络外，也有一些根据实际需要改进或重新定义的网络协议。

## 10.2　Zigbee 组网原理与应用

### 10.2.1　IEEE 802.15.4 技术标准

#### 1. IEEE 802.15.4 技术标准概述

随着通信技术的迅速发展，人们提出了在人体自身附近几米范围之内通信的需求，从而出现了个人区域网络（personal area network，PAN）和无线个人区域网络（wireless personal area network，WPAN）的概念（王泉，2015）。WPAN 网络可为近距离范围内的设备建立无线连接，把几米范围内的多个设备通过无线方式连接在一起，使它们可以相互通信甚至接入局域网（LAN）或互联网（Internet）。1998 年 3 月，美国电气和电子工程师协会（Institute of Electrical and Electronics Engineers，IEEE）（图 10.1）中的 IEEE 802.15 工作组着手致力于 WPAN 网络的物理层（PHY）和媒体访问层（MAC）的标准化工作，目的是为在个人操作空间（personal operating space，POS）内相互通信的无线通信设备提供通信标准。POS 一般是指用户附近 10 m 左右的空间范围，在这个范围内用户既是可以固定的，也可以是移动的。在 IEEE 802.15 工作组内有 4 个任务组（task group，TG）分别制定适合不同应用的标准。这些标准在传输速率、功耗和支持的服务等方面存在差异。

图 10.1　美国电气和电子工程师协会

下面是 4 个任务组各自的主要任务。

任务组 TG1：制定 IEEE 802.15.1 标准，又称为蓝牙无线个人区域网络标准。这是一个中等速率、近距离的 WPAN 网络标准，通常用于手机、iPad 等设备的短距离通信。

任务组 TG2：制定 IEEE 802.15.2 标准，研究 IEEE 802.15.1 与 IEEE.805.11（无线局域网标准，WLAN）的共存问题。

任务组 TG3：制定 IEEE 802.15.3 标准，研究高传输速率无线个人区域网络标准。该标准主要考虑无线个人区域网络在多媒体方面的应用，追求更高的传输速率与服务品质。

任务组 TG4：制定 IEEE 802.15.4 标准，针对低速无线个人区域网络（low-rate wireless personal area network，LR-WPAN）制定标准。该标准把低能量消耗、低速率传输、低成本作为重点目标，旨在为个人或者家庭范围内不同设备之间的低速互连提供统一标准。

IEEE 802.15.4 标准为 LR-WPAN 网络制定了较低的两层：物理（PHY）层和媒体接入控制（MAC）子层的协议。其中包含两个 PHY 层，它操作于两个分离的频率范围：868/915 MHz 和 2.4 GHz。低频率 PHY 层包括 868 MHz 欧洲频段和美国、澳大利亚等国家使用的 915 MHz 频段。高频率 PHY 层实际上是供全世界使用，MAC 子层控制使用 CSMA-CA 机制接入到无线信道。它的职责包括传输信标帧，同步和提供可靠传输机制（周鸣争和严楠，2013）。

## 2. 基于 IEEE 802.15.4 标准 LR-WPAN 的特点

低速无线个人区域网（LR-WPAN）是一个简单的、低成本的通信网络，它主要应用于功率有限，以及对网络吞吐量无严格要求的设备之间的无线连接。LR-WPAN 的目标是建立一个易于安装、有可靠的数据传输、通信距离短、成本低、电池寿命长的一个网络，并且它能保持简单和灵活的网络协议。

IEEE 802.15.4 标准定义的 LR-WPAN 网络具备如下特点：可在不同的载波频率下实现 20 kbp、40 kbp 和 250 kbp 三种不同的传输速率；支持星型和对等两种网络拓扑结构；有 16 位和 64 位两种地址格式，其中 64 位地址是全球唯一的扩展地址；支持冲突避免的载波多路侦听技术（carrier sense multiple access with collision avoidance，CSMA-CA）；支持确认（ACK）机制，保证传输可靠性；保证时隙（GTS）的分配；低功率；能量检测；链路质量标识。

## 3. LR-WPAN 的组成

LR-WPAN 中含有全功能设备（full function device，FFD）和简单功能设备（reduced

function device，RFD）两种不同类型的设备。FFD 在三种网络模式中可作为整个 PAN 的网络协调器、路由器或网络中的应用设备。FFD 可以和 RFD 或者 FFD 通信，而 RFD 只能和 FFD 通信，或者通过一个 FFD 设备向外转发数据，这个与 RFD 相关联的 FFD 设备称为 RFD 协调器（coordinator）。RFD 设备在网络中主要是一个应用设备，然而其的存储容量是有限的，故其传输的数据量较少，且在某一时刻只能和一个 FFD 相联系。但是因为 RFD 对传输资源和通信资源占用不多，所以 RFD 设备可以采用非常廉价的实现方案。

LR-WPAN 系统最基本部分是设备，设备既可以是 FFD，也可以是 RFD。WPAN 是由两个或更多地在一个个人通信空间（POS）范围内和同一信道通信内的设备组成的。但网络中必须含一个 FFD 设备作为 PAN 协调器，作为 LR-WPAN 网络中的主控制器。PAN 网络协调器除了直接参与应用以外，还要完成成员身份管理、链路状态信息管理及分组转发等任务。

## 4. LR-WPAN 的拓扑结构

LR-WPAN 有两种拓扑结构：星型拓扑结构和对等拓扑结构，两种拓扑结构如图 10.2 所示。在星型拓扑结构中，所有的终端设备和唯一的中心协调器（也称为 PAN 协调器）进行通信，终端设备之间的通信通过 PAN 协调器的转发来完成。终端设备既可以作为发起设备，也可以作为终端设备。PAN 协调器是一个特殊的设备，是 PAN 中的控制设备，有多种功能，如可以作为发起设备、终端设备或作为路由器等。运行在任何一种拓扑结构中的设备都应当有其独特的 64 bit 扩展地址，这个地址在 PAN 中用于直接通信，或者当设备与协调器连接以后，用它与 PAN 协调器分配给它的短地址进行交换。PAN 协调器可由交流电供电，而设备由电池供电。星型拓扑网络结构主要用于家庭自动化、PC 外围、玩具、游戏设备和个人卫生保健设备等（王建珍等，2013）。

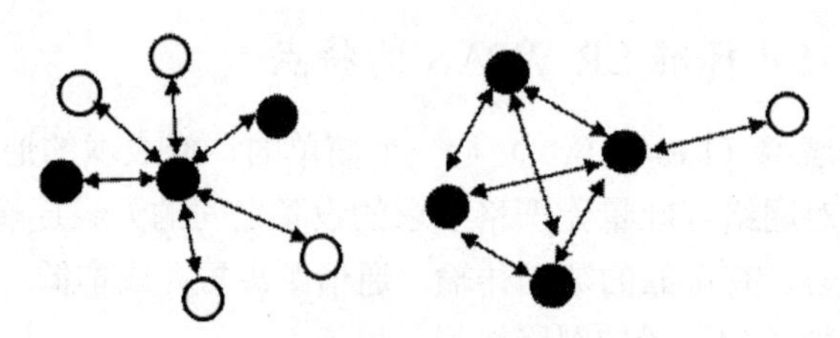

(a) PAN协调器星型拓扑结构　　(b) PAN协调器对等拓扑结构

●全功能设备　○简单功能设备

图 10.2　LR-WPAN 两种拓扑结构

对等拓扑结构同样需要 PAN 协调器，但是它与星型拓扑网络结构的不同：网络中的任何两个设备只要在相互的无线通信有效范围内，它们之间就可以直接进行通信，而无须 PAN 协调器中转（袁宗福，2013）。PAN 协调器主要负责实现设备注册和访问控制等基本的网络管理功能，所以对等网络拓扑结构可以构建更为复杂的网络。例如，网状网（mesh network）适合工业控制与监测、无线传感器网络、智能农业等设备分布范围广泛的应用。一个对等网络是一个自组织、自愈合的网络。在网络中任何设备发送的消息经过多条路由传输后可以到达任何其他设备。

## 10.3　ZigBee 组网原理

### 10.3.1　ZigBee 技术概述

ZigBee 技术是一种基于 802.15.4 标准的低速无线个人区域网（LR-WPAN）技术。“ZigBee”一词源自蜜蜂在发现花粉位置时，通过跳 ZigZag 形舞蹈来告知同伴所发现新食物源的位置、距离和方向等信息，是蜜蜂之间一种简单传达信息的方式。人们借此意义来命名一种专注于低功耗、低成本、低复杂度、低速率的近程无线网络通信技术。ZigBee 早期被称为“HomeRFLiteF”、“LitEasyLink”或“FireFly”无线通信技术，目前统称为 ZigBee 技术（郭渊博，2010），ZigBee 网络示例图如图 10.3 所示。

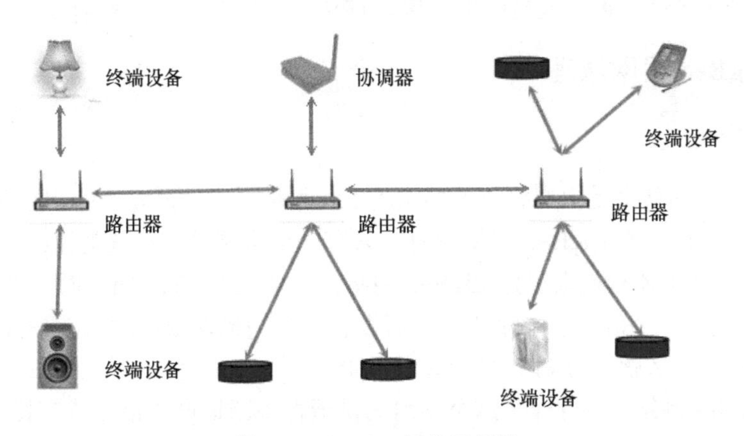


图 10.3　ZigBee 网络示例图

ZigBee 技术针对某些在智能家庭、智能建筑、工业自动化及医疗领域的特定控制应用需求，锁定只以几十 kbp 的速率、几米至几十米的距离实现无线组网通信的能力，在这些关键指标条件下，再确定出微功耗、低复杂度和低价格等其他技术要求。

2002 年 8 月，英国 Invensys、日本三菱电气、美国 Motorola 和荷兰 Philips 等几家公司宣布成立 ZigBee 联盟，合力推动 ZigBee 技术。ZigBee 联盟是一个高速成长的非盈利业界组织，成员包括国际著名半导体生产商、技术提供者、技术集成商及最终使用者。联盟基于 IEEE 802.15.4 制定了具有高可靠、高性价比、低功耗的网络应用规格。到了 2004 年年底，ZigBee v1.0 版标准正式公布，并于 2006 年 12 月 1 日公布了改进版本的 ZigBee 2006，掀起了全球范围内研究 ZigBee 技术的热潮。在 2004 年年底到 2006 年不到两年时间，ZigBee 联盟已经由最初的十多家公司发展到由全世界 150 多家知名厂商加盟的商业团体。在众多厂商的大力追捧下，ZigBee 技术正蓬勃发展（金纯等，2008；ZigBee 联盟，2006）。如今，ZigBee 技术已是被国际标准组织认证为标准化的无线组网通信技术。在目前众多的短距离无线通信领域，ZigBee 技术的快速发展较为迅猛。

目前市场上也还有多种不同于 ZigBee 技术的其他近距离无线通信技术，如 Z-Wave 技术，Zensys 与多家公司一起组建了 Z-Wave 联盟，以推动在家庭自动化领域采用 Zensys

的 Z-Wave 无线协议。另外，还有其他一些以公司自有专利技术为核心的非标准化无线通信产品。那么为什么要选用标准化的无线组网通信技术 ZigBee 或者说采用标准化的无线组网通信技术 ZigBee 又有什么好处和优势呢？

首先，各种不同功能的无线网络节点要能相互交流、相互沟通，就需要保证网络节点的互通性，即网络的标准化。其次，各种功能的无线网络节点可以采用星型、树型、网型拓扑结构相互连接，相互间可以在任意节点间进行通信。这就需要管理越来越复杂的无线网络，需要有大量的软件代码来实现，也需要对无线通信技术的精通和大量的人力物力投入来进行开发。而这些则需要集体的力量来完成。所以 ZigBee 网络实现的代码，都是由国际标准组织和 ZigBee 联盟这样的机构协助组织完成的，然后以软件库、源代码库的方式提供给产品设计人员，由产品设计人员编写自己的应用程序进行高层调用，实现从底层无线通信到高层应用软件控制的全过程。基于此，产品的部分设计被标准化，显著减小了产品设计人员的工作量，有利于缩短产品上市周期。

### 10.3.2　ZigBee 组网原理

#### 1. 网络初始化

ZigBee 网络的建立是由网络协调器发起的，而在所有 ZigBee 节点中只有 FFD 才能作为协调器，并且一个 ZigBee 网络中有且只有一个协调器，也就是说必须是未接入任何网络的 FFD 节点才有权限组建 ZigBee 网络。在建立 ZigBee 网络时，FFD 节点通过"主动扫描"发送一个信标请求命令，然后设置一个扫描期限，如果在扫描期限内都没有检测到信标，那么就认为 FFD 节点在其 POS 范围内没有协调器，那么此时就可以建立自己的 ZigBee 网络，并且作为这个网络的协调器不断地产生信标并广播出去（马建，2011）。

在确立了协调器之后，协调器开始进行包括"能量扫描"和"主动扫描"的信道扫描过程。首先对指定的信道或者默认的信道进行能量检测，以避免可能的干扰。以递增的方式对所测量的能量值进行信道排序，抛弃能量值超出了可允许能量水平的信道，选择可允许能量水平的信道并标注这些信道是可用信道；然后进行主动扫描，搜索节点通信半径内的网络信息。这些信息以信标帧的形式在网络中广播，节点通过主动信道扫描方式获得这些信标帧，然后根据这些信息找到一个最好的、相对安静的信道，通过记录的结果，选择一个信道，而该信道中存在 ZigBee 网络越少越好，最好是没有 ZigBee 设备。在主动扫描期间，MAC 层将丢弃 PHY 层数据服务接收到的除信标以外的所有帧。从建立的过程可以看到，协调器会选择一个干扰和冲突最少的信道。如果应用需要在某个特定的信道上建立网络，那么可以限定网络工作信道范围为指定的信道，同时设定一个要求较低的门限。

寻找到合适的信道后，协调器将进一步设置包括网络标识符（PAN ID，取值≤0x3FFF）、网络地址和扩展 PAN ID 等的网络参数。PAN ID 是一个随机产生的不等于 0x*ffff* 的 16 bit 标识（0xffff 是广播 PAN ID），PAN ID 在所使用的信道中必须是唯一的，也不能和其他 ZigBee 网络冲突。PAN ID 可以通过侦听其他网络的 ID 然后选择一个不会冲突的ID的方式来获取，也可以人为地指定扫描的信道后，来确定不和其他网络冲突的PAN ID。在ZigBee网络中有两种地址模式：扩展地址（64 bit）和短地址（16 bit），其中扩展地址由IEEE组织分配，用于唯一的设备标识；短地址用于本地网络中设备标识，在一个网络中，每个设备的短地址必须唯一，当节点加入网络时由其父节点分配并通过使用短地址来通信。对于协调器来说，短地址通常设定为0x0000；而扩展PAN ID可以事先由网络层属性nwkExtendedPANId设置，若该属性的值为0x0000000000000000，那么就把扩展PAN标识设置为IEEE地址，当这些参数都设置完成以后，协调器的网络初始化过程就结束了（王小强和欧阳骏，2012）。

### 2. 节点通过协调器加入网络

新节点首先会主动扫描查找周围网络，发现网络后，即直接调用MAC层的信标请求命令。当检测到的信标获得协调器的有关信息，这时就向协调器发出连接请求。在选择合适的网络之后，上层将请求MAC层对物理层PHY和MAC层的phyCurrentChannel、macPANID等PIB属性进行相应的设置。如果没有检测到相关信息，间隔一段时间节点会重新发起扫描。其中ZigBee信标当中所携带的净荷如表10.1所示。

**表10.1 ZigBee信标当中所携带的净荷**

| bit：0～7 | 8～11 | 12～15 | 16～17 | 18 | 19～22 | 23 | 24～87 | 88～111 | 112～119 |
|---|---|---|---|---|---|---|---|---|---|
| 协议标识 | 协议栈子集 | 协议副本 | 预留位 | 路由器接受标识 | 设备深度 | 末端设备接受标识 | 扩展PAN标识 | 信标时间偏移 | 网络更新标识 |

节点将关联请求命令发送给协调器，协调器收到后立即回复一个确认帧（ACK），同时向它的上层发送连接指示原语，表示已经收到节点的连接请求。但是这并不意味着已经建立连接，只表示协调器已经收到节点的连接请求。当协调器的MAC层的上层接收到连接指示原语后，将根据自己的资源情况（存储空间和能量）决定是否同意此节点的加入请求，然后给节点的MAC层发送响应。

当节点收到协调器加入关联请求命令的ACK后，节点MAC将等待一段时间，接受协调器的连接响应。如果能在预定的时间内接收到连接响应，它将这个响应向它的上层通告。而协调器给节点的MAC层发送响应时会设置一个等待响应时间（T_response wait time）来等待协调器对其加入请求命令的处理，若协调器的资源足够，协调器会给节点分配一个16 bit的短地址，并产生包含新地址和连接成功状态的连接响应命令，则此节点将成功地和协调器建立连接并可以开始通信。若协调器资源不够，待加入的节点将重新发送请求信息，直至入网成功。

如果协调器在响应时间内同意节点加入，那么将产生关联响应命令（associate response command）并存储这个命令。当响应时间过后，节点发送数据请求命令（data request command）给协调器，协调器收到后立即回复ACK，然后将存储的关联响应命令发给节点。如果在响应时间到后，协调器还没有决定是否同意节点加入，那么节点将试图从协调器的信标帧中提取关联响应命令，成功的话即入网成功，否则重新发送请求信息直到入网成功。

节点收到关联响应命令后，立即向协调器回复一个确认帧（ACK），以确认接收到连接响应命令，此时节点将保存协调器的短地址和扩展地址，并且节点的 MLME 向上层发送连接确认原语，通告关联加入成功的信息（葛广英等，2015）。

#### 3. 节点通过 ZigBee 父节点加入网络

当靠近协调器的 FFD 节点和协调器关联成功后，处于这个网络范围内的其他节点就以这些 FFD 节点作为父节点加入网络，而具体加入网络的方式有两种：关联方式（associate）与直接方式（direct），关联方式就是由待加入的节点发起加入网络，而直接方式就是将待加入的节点具体加入到那个节点下，作为该节点的子节点。关联方式是 ZigBee 网络中新节点加入网络的主要途径。对于一个节点来说只有没有加入过网络的才能进行加入网络。在这些节点中，有些曾经加入过网络的，但是却与它的父节点失去联系（这种节点被称为“孤儿节点”），而有些则是新节点。当孤儿节点出现时，在它的相邻表中存有原父节点的信息，于是它可以直接给原父节点发送加入网络的请求信息。如果父节点有能力同意它加入，直接告诉它以前被分配的网络地址，它便入网成功；但是如果此时它原来的父节点网络中的子节点数已达到最大值，父节点便无法批准它加入，它只能以新节点身份重新寻找并加入网络（李鹏，2009）。

而对于新节点来说，它首先会在预先设定的一个或多个信道上通过主动或被动扫描周围它可以找到的网络，寻找有能力批准自己加入网络的父节点，并把可以找到的父节点的资料存入自己的相邻表。存入相邻表的父节点的资料包括 ZigBee 协议的版本、协议栈的规范、PAN ID 和可以加入的信息。在相邻表中所有的父节点中选择一个深度最小的，并对其发出请求信息，如果出现相同最小深度的两个以上的父节点，那么随机选取一个发送请求。如果相邻表中没有合适的父节点的信息，那么表示入网失败，终止过程。如果发出的请求被批准，那么父节点同时会分配一个 16 bit 的网络地址，此时入网成功，子节点可以开始通信。如果请求失败，那么重新查找相邻表，继续发送请求信息，直到加入网络。

### 10.3.3 ZigBee 网络性能

人们希望定义一系列的参数用以描述运行网络的链路、端到端路径及网络设备的整体性能，使得用户对网络的可靠性、运行状况有更加准确的理解。这些描述网络的定量参数被称为测量指标。下面我们根据这些测量指标来列举 ZigBee 的网络性能（瞿雷等，2007）。

数据速率比较低：作为一种低速率无线传输技术，ZigBee 网络在最高的数据传输速率为 250 kb/s，而这只是链路上的速率，除掉帧头开销、信道竞争、应答和重传等消耗，真正能被应用所利用的速率可能不足 100 kb/s，并且余下的速率可能要被邻近多个节点和同一个节点的多个应用所瓜分，因此不适合做传输视频之类的大型数据，而主要应用于传感和控制。

可靠性：ZigBee 在物理层采用了扩频技术，能够在一定程度上抵抗干扰，MAC 应用层（APS 部分）有应答重传功能。MAC 层的 CSMA 机制使节点发送前先监听信道，可以起到避开干扰的作用。网络层采用了网状网的组网方式，从源节点到达目的节点可以有多条路径，路径的冗余加强了网络的健壮性。如果原先的路径因为干扰或是故障等出现了问题，ZigBee 可以进行路由修复，另选一条合适的路径来保持通信。在 ZigBee 2007 协议栈规范当中，引入一个新的特性——频率捷变（frequency agility），这也是 ZigBee 加强其可靠性的一个重要特性。当 ZigBee 网络受到诸如 WIFI 的外界干扰时，整个网络可以动态地切换到另一个工作信道上以确保正常工作。

时延：这是一个重要的考察因素。由于 ZigBee 随机接入 MAC 层，并且不支持时分复用的信道接入方式，因此不能很好地支持一些实时业务。而且由于发送冲突和多跳，时延变成一个不易确定的因素。

功耗：通常情况下，ZigBee 节点所承载的应用数据速率都比较低，节点在不需要通信的时候可以进入很低功耗的休眠状态，而此时的能耗可能只有正常工作状态的 1/1000。因此 ZigBee 可以达到很好的节能效果，如 ZigBee 的网络有可能依靠普通的电池连续运转 1～2 年。当然，ZigBee 节点能够方便地在休眠状态和正常运行状态之间灵活地切换，和它底层的特性是分不开的。ZigBee 从休眠状态转换到活跃状态一般只需要十几 ms，而且由于其使用的是直接扩频而不是跳频技术，重新接入信道所需要的时间较短。

组网和路由特性：ZigBee 在网络层特性方面做得非常棒。由于 ZigBee 的底层采用了直扩技术，其具有大规模的组网能力，可以支持每个网络多达 65 000 个节点，相比之下，Bluetooth 只支持每个网络 8 个节点。另外，ZigBee 支持可靠性很高的网状网的路由，因此可以布设范围很广的网络，并且支持多播和广播的特性，能够给丰富的应用带来有力的支撑（华中田，2007）。

## 10.4　主动诱导式自组织农业物联网通信协议

### 10.4.1　主动诱导式组网原理

#### 1. 主动诱导式网络分级与网络拓扑结构

网络拓扑结构主要以星型网为主。在星型网络拓扑结构中，设定网络分三个层面开展研究，三个层面分别表示三种不同规模的组网情况，如图 10.4 所示。

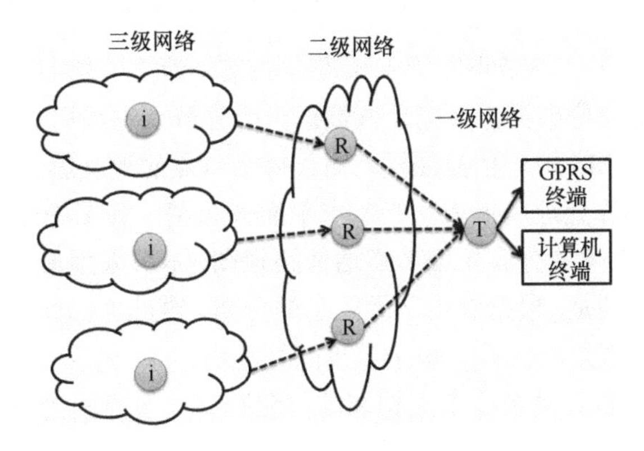


图 10.4　三级网络定义与组织构架

三级网络架构采用三网络、三频段的模式，即在一级网络里，T 只能接收到二级网络 R 发送出来的信息，R 只能接收到三级网络的信息。三个层次的网络拓扑结构分别为三级网络为星型拓扑结构、二级网络以网状网结构、一级网络以点对点的模式传输。

## 2. 上位机诱导无线网络组网原理

主动诱导式无线网络自组网主要指的是在已知节点布置的位置和布置平面图的情况下，上位机根据计算各节点间的距离、节点将代理传输节点数据的数量基础上，生成引导式的网络通信路径。该路径在每个节点路由限制路数、带宽的情况下，自动根据所设定的限制规则修改通信路径。达到通信距离最短、通信功率消耗最小、通信延时最短的最佳通信链路。

根据大田农业信息监测特点，农业物联网信息采集节点位置基本固定，且布置节点时可以预先设置节点位置。节点的位置分布根据环境、养分分布情况均匀布置。在这些特点下，无线网络架构主要包括以下几个步骤。

第一步：节点位置规划，有两种方式。

无 GIS 地图情况下，应该根据理论预测和实际情况大致找出农田特征信息采集位置。因此，结合上位机处理系统来固定节点放置位置。确定布置位置有两种情况：在已知平面图上，根据设定位置标识与放置某个确定地址的节点。然后在上位机软件中把该平面地图作为监控界面、将节点逐个地根据预设地点把节点布置好，如图 10.5 所示。

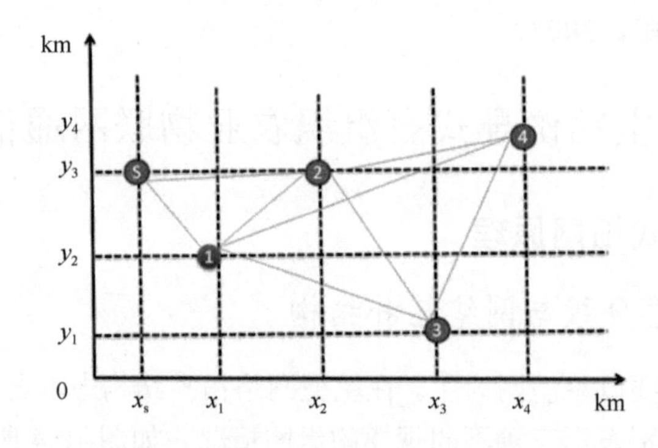


图 10.5 信息节点分布的坐标情况

有 GIS 地图情况下，将节点布置于预设定的某个地方，然后利用 GPS 位置测定仪测量该节点处的卫星定位数据，并记录该数据。所有节点均采用这种方法布置。然后在上位机软件系统载入 GIS 地理信息图层，输入每个节点的地址编号及定位位置信息。软件将根据 GIS 系统运算处理后形成一张节点平面分布图，如图 10.5 所示。

第二步：根据节点位置分布生成节点通信路径图，本节采用最短路径进行初步组网。

生成路径图的规则是：根据农田平面图上的分布，通过坐标标定法计算各节点前向、后向的水平距离、垂直距离。计算每个节点间的距离。

在图 10.5 中，上位计算每个节点相邻的位置距离。节点间的距离为

$$L_{s-1}=\sqrt{(y_3-y_2)^2+(x_1-x_s)^2} \tag{10.1}$$

$$L_{1-2} = \sqrt{(y_2 - y_1)^2 + (x_2 - x_1)^2} \tag{10.2}$$

$$L_{1-3} = \sqrt{(y_3 - y_1)^2 + (x_3 - x_1)^2} \tag{10.3}$$

$$L_{2-3} = \sqrt{(y_3 - y_2)^2 + (x_3 - x_2)^2} \tag{10.4}$$

$$L_{4-3} = \sqrt{(y_3 - y_4)^2 + (x_3 - x_4)^2} \tag{10.5}$$

$$L_{4-2} = \sqrt{(y_2 - y_4)^2 + (x_2 - x_4)^2} \tag{10.6}$$

因此，4 号节点的信息应该由 2 号或 3 号通过比较，找出节点最短路径 $\mathrm{Min}(s_i, s_k)=\mathrm{L}_{s-k}$。

$$\mathrm{Min}(L_{4-2}, L_{4-3}) = L_{4-2} \tag{10.7}$$

$$\mathrm{Min}(L_{2-1}, L_{2-s}) = L_{1-2} \tag{10.8}$$

依此类推，图 10.5 上节点的通信数据转发最短路径（LSR）流程如图 10.6 所示。

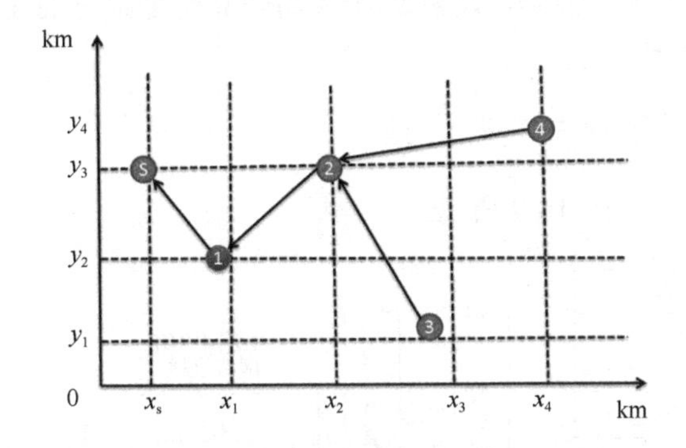


图 10.6 节点经过路径筛选的通信链路结构

因此，图 10.6 中上位机可通过图 10.6 通信链路将每个节点的前向节点编号发送给网络内布置好的节点，形成一张链表关系，如图 10.7 所示。

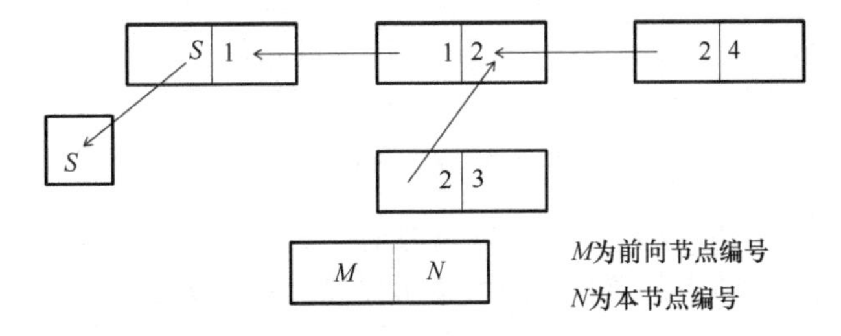


图 10.7 上位机诱导下的节点组网链表结构

同时，从图 10.7 可知，4 号节点将通过 2 号节点路由一次后，2 号节点的信息又将路由到 1 号节点，请求 1 号节点代理发送到号节点采集到的数据，同时也要传递 4 号节点的信息。因此，我们将这种多层路由的每个层称为一个路由级别。路由级别从直线上来看，就是一个节点需要的信息需要中转的次数称为路由的级数。记为 $G$（$S_i$），其中 $S_i$ 代表第 $i$ 号节点。

图 10.7 所示可以扩展到更大范围的节点布置，如图 10.8 所示。

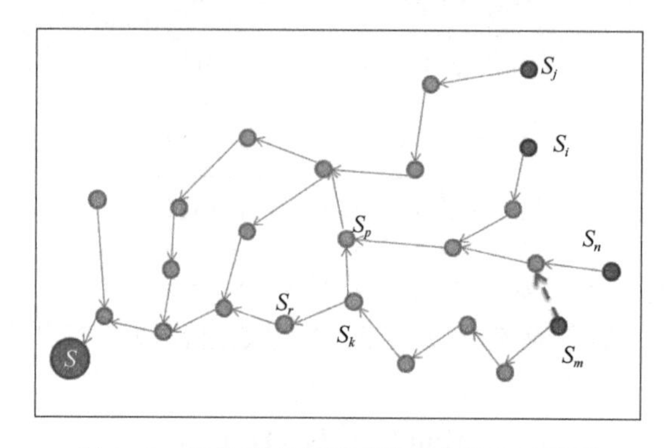


图 10.8　复杂节点布置下的节点路由链路图

图 10.8 中，$S_m$ 点传递信息的路由深度按最短距离为 $G$（$S_m$）= 9，传递的第一个路由信息节点为左上方节点，但是，如果 $S_m$ 节点将信息传递给它的左下方节点时，$G(S_m)$= 9，路由的深度少了一级。

### 3. 自组织网络组网原理与实现方法

节点硬件设计架构如图 10.9 所示。

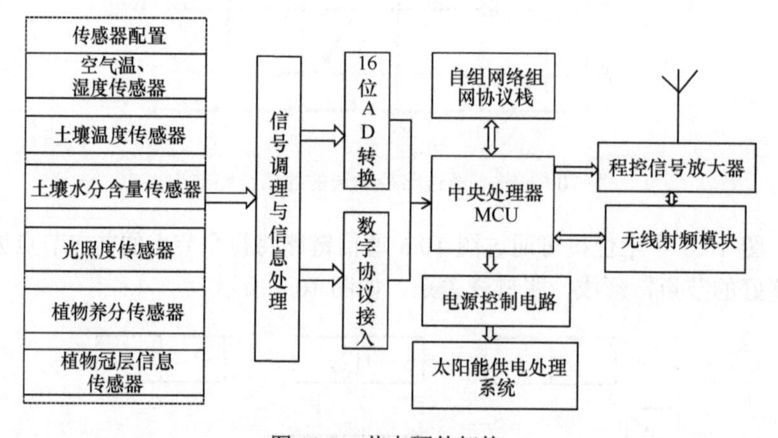


图 10.9　节点硬件架构

所研制的物联网节点利用 CPU 与射频通信模块分开的方法构建信息采集与数据无线传输系统。并在每个节点部署自组网网络协议栈。该协议栈不仅根据本节研究部署了协议限制规则与组网通信规则，并在每一个节点软件设计中引入一个前向事件驱动消息响应机制（F-MSG）。该消息实际为一个结构体消息命令。F-MSG 能够以目标为导向，在实现目标组网的过程中，不断地感知、探测所处环境的变化，并做出相应的调整，适应网络信息路由过程中的动态变化的环境，实现组网效率高且通信质量可靠的目标。利用 F-MSG 的智能化路由的关键就是设计出比较好的 F-MSG，同时将网络测试性能指标引入到 F-MSG 中去。

### 4. 基于F-MSG的消息驱动组网实现方法

F-MSG 作为网络通信节点中的前向消息驱动，实际上是一组数据报文和一个消息命令模式，F-MSG 的数据结构是其报文的主要内容，每个节点均有两路消息机制。即每个节点有一个向前传递信息的前向消息，也有一个向后面节点传递信息的后向消息。前向消息用于报告自己组网管理、传递采集信息、节点属性情况。后向节点作用是报告自己节点能量、网络资源等信息。分别称为前向消息F-MSG和后向消息B-MSG。所有前向F-MSG和后向B-MSG具有同样的结构。

```
Struct   F_MSG
{
intMSG_id;                                    //MSG ID
intMSG_type;                                  //MSG 类型
int   run;                                    //MSG对应的操作
intsource_node_id:                            //源节点ID
boolnet_in                                    //节点入网标记
intdata_transmit_frequency                    //节点数据采集与发送频率
char request GS                               //深度路由申请获批标识
intdestination_node_id:                       //目的节点ID
intcurrent_node;                              //当前节点ID
inthop_counter:                               //MSG经过的距离
intlocal_gs:                                  //本节点分配的路由深度
intlocal_extent _power:                       //本节点权限
intcurrent_node_num;                          //当前节点ID
intlocal_node_power;                          //当前节点的能量（电池电压）
int   *next_node_num;                         //下一个目标节点ID，用于链表连接下一个节点通信
int   *local_chang_msg_ID[n];                 //当前节点可为n个节点路由数据
Intintension_near_node[n];                    //附近节点信号强度
struct time   local_ime;
intpath_delay:
intpath_bandwidth:
intpath_packet_loss;
intpath_power_left;                           // F_MSG从源节点到当前的各指标
intpath_QoS;
structtravel_record*trave_record_head;        // F_MSG的移动记录
}
Str_travel_record*travel_record_head;
```

该消息属性中，下一个节点ID即为该节点信息传递的目标。MSG_id是网络中MSG的唯一标识，source_node_id和destination_node_id分别是源节点的地址的和目的节点的地址，hop_counter是路由级数计数器，start_time和arrival_time是Agent的开始时间和到达目的节点时间，hop_time 是这一跳所需要的时间；struct travel_record*travel_record_head是指向了一个动态增加的列表，是MSG的移动信息，列表储存有MSG经过的节点的ID和当时的路由所需要的信息等。

后向消息报文格式为

```
Struct   B_MSG
{
intMSG_id;                  //MSG ID
int   delay                 //网络延时（网络综合指标）
intbandwith                 //网络带宽（网络综合指标）
int   energy                //节点能量（评价指标）
boole   busy                //节点空闲状态
char request GS             //路由级数
intdestination_node_id:     //目的节点 ID
intcurrent_node;            //当前节点 ID
inthop_counter:             //MSG 经过的距离
}
```

MSG 消息传递记录结构体如下所述：

```
structtravel_reeord
{
structtravel_record*next，*Prve;
intnode_delay;
intedge_delay;
intedge_bandwidth;
intpacket_loss;
intpower_left;   }
```

节点组网动向是：如果某个节点 $S_m$ 在有诱导的情况下与其他节点 $S_n$ 建立路由，刚节点 $S_m$ 创建一个 F-MSG 消息并记录创建时间，然后读取系统分配权的权限值。按照本节制定的几项规则发送给周围的相邻节点。如果在节点 $S_t$ 接收到一个 F-MSG 并且 $S_t$ 中的*local_chang_msg_ID[$n$]包括了 $S_t$ 节点的 ID 号，则该节点 $S_m$ 执行链表指针连接，两节点握手通信成功。$S_m$ 节点将信息发送给 $S_t$ 节点。$S_t$ 节点将 $S_m$ 节点的信息存写进数据报文，并将重复 $S_t$ 节点的信息传输模式，将自己采集到的信息与 $S_m$ 节点采集到的信息打包往前传输。重复以上规则，则可实现网络节点的自组网通信（图 10.10）。

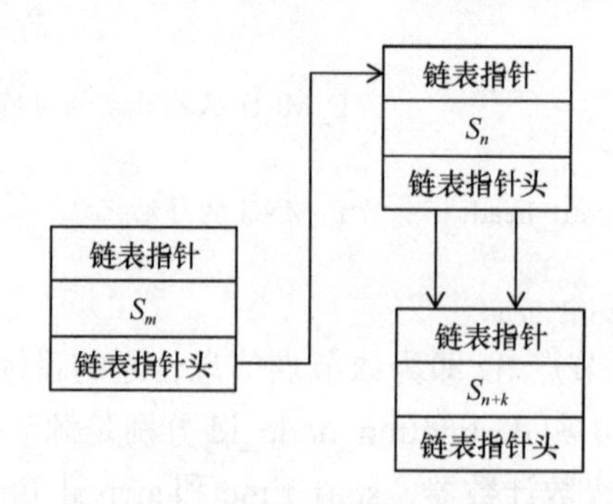


图 10.10　自组织网络的联网机制

## 5. 自组织网络的深度路由技术

路由深度与网络性能比较可知，路由深度越大，网络性能越差。由于农业物联网的特点是规模大、信息汇聚点单一，极有可能出现深度路由的通信情况。例如，在20 km开外的大规模农田里，安装的每个物联网信息采集节点有效通信距离为2 km的话，那么最远处（20 km）的节点最少需要10次以上的信息中转才能将信息传输到汇聚中心，工业上很少出现这种情况。目前国内外对物联网的深度路由研究比较鲜见，在工业上，如要实现远程数据采集，大多采用GPRS技术实现远程数据采集，或者在小规模物联网内建立一个GPRS中转站来避免深度自组织网络内的深度路由的发生。因此，要实现深度路由，必须在原来网络组网原理上进一步改进。

处理网络深度路由的流程为，上位机软件根据位置信息确定路由链表后，产生一个网络通信链路表，并给每个节点的F_MSG属性赋值，且后，经过网络组网优化与深度路由防护处理后，再给网络中的节点属性更改属性值。此时的节点路由深度将会用于节点系统软件评价深度路由的标准。然后修改F_MSG的请求状态，并等待系统优先级赋值，通过深度路由管理机制实现采集信息的多级路由传输。设定一个优先权系数$L_s$，该系数的大小直接影响该深度路由在信息传递过程中享受特殊待遇。

定义深度路由系数为$L_s$，并规定$L_s$的取值与以下参数有关：采集数据变化量、当前节点的深度值、目标路由节点的能量、目标节点的带宽。设定函数，其因变量$L_s$，自变量为GS（路由深度级数）、$S_p$（目标节点能量）、$f_s$（节点发送频率）、$\Delta v_s$（采集节点信息变化率）。因此，$L_s = f(\mathrm{GS}, S_p, f_s, \Delta v_s)$。

规定：深度级数与权限值成正比，与采集信息的变化率$\Delta v_s$总和成正比，与$f_s$成反比，与$S_p$成正比。

故：

$$L_s = k \times \frac{x_1 \times \mathrm{GS} + x_2 \times \Delta v_s + x_3 \times S_p}{x_4 \times f_s} \times \Delta v_s \tag{10.9}$$

式中，$\Delta v_s = \sum_{i=1}^{n} \Delta v_i$，$x_1$、$x_2$、$x_3$为各自变量的因子系数，且$0<x_1<1$，$0<x_2<1$，$0<x_3<1$。$k$为倍数系数，且$0<k\leqslant 1$。

$k$的大小取决于网络综合评价指标：延时$f_{\text{delay}}$、网络带宽$f_{\text{bandwidth}}$。$k$的初值设定为1。如果$f_{\text{delay}}$越大，$f_{\text{bandwidth}}$将会越大，此时适当减小$k$系数值，$k$值共分为10个等级，间隔为0.1。

同时，$f_{\text{delay}}$、$f_{\text{bandwidth}}$、$f_{\text{packet-loss}}$等网络综合质量指标也会反过来作用于$x_1$、$x_2$、$x_3$、$x_4$。$f_{\text{delay}}$、$f_{\text{bandwidth}}$、$f_{\text{packet-loss}}$与$x_1$、$x_2$、$x_3$成反比，与$x_4$成正比。

在自组织网络中，当网络通信无法避免地发生深度路由时，引入优先权系数，其目的是为了严格控制深度路由请求发生的频率。深度路由请求的频率越高，网络资源消耗越大。

控制远处节点的请求频率，主要依据两方面。即网络的综合评价指标、请求深度路由的必要性。引入$\Delta v_s = \sum_{i=1}^{n} \Delta v_i$数据采集变化量作为重要的衡量指标之一，如果$\Delta v_s=0$，则说明该节点采集到的各种参数信息与上一次采集数据无明显变化，则同样的这组数据对农业管理系统来说意义并不大。因此，可以将该节点的深度路由优先权系数置零，也就是说该节点的深度路由请求失败，将不占用网络资源。

规定路由优先权系数越高，优先权系数越大，在网络传输中享有的特权越大。特权主要表现在以下几方面，如图 10.11 所示。假定 $S_n$ 节点需要传递数据时，需要经过 $n-1$ 次路由，也就是它的路由深度级数为 $n-1$。$S_{n-1}$ 号节点需要 $n-2$ 次路由，依此类推。

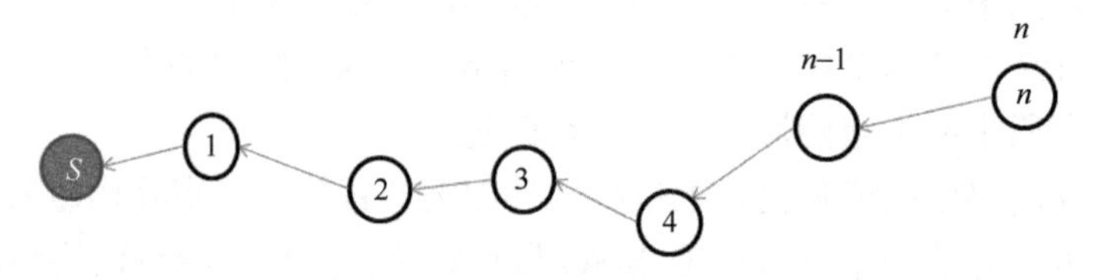


图 10.11 深度路由请求过程

在深度路由请求中，$S_n$ 节点先要向 $S_{n-1}$ 号节点发出深度路由请求，此时，若 $L_{S_n} > L_{S_{n-1}}$，则 $S_{n-1}$ 无须等待自身数据采集与发送的时间片上而立即启动为 $S_n$ 路由信息，此时，$S_n$ 的优先权系数将随着节点数据的流动而流动，每到一个节点均按照此方法给 $S_n$ 节点特权享受。若 $Ls_n<Ls_{n-1}$，则 $S_{n-1}$ 节点将拒绝 $S_n$ 节点的深度路由请求。依此循环，构成一个深度路由能力强大的自组织网络。

将节点功率放大倍数设置为 0。每个节点的最大有效信号覆盖仅能覆盖它的前向节点和后向节点，保持数据采集与发射频率为 1 Hz，如图 10.12 所示。各节点只能依次向各自前向节点传递数据，第 $i$ 节点的数据要传到 $S$ 汇聚点，必须经过 $i-1$ 的路由次数，即 $\mathrm{GS}(S_i)=i-1, i\geqslant 1$。

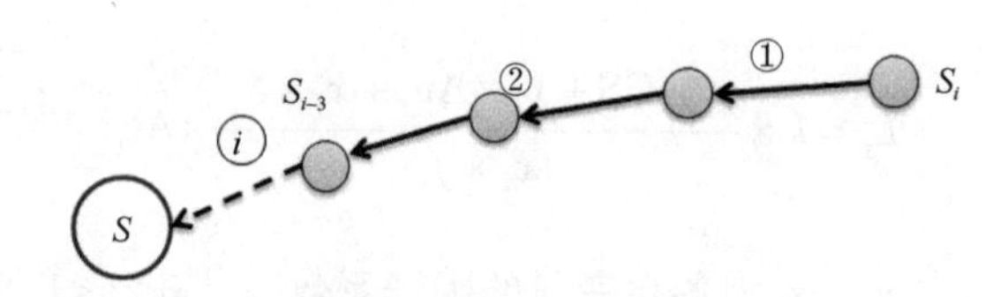


图 10.12 深度路由布置方案

测试此时网络的 QoS 指标和 $\overline{\text{Delay}}$、$\overline{\text{PALL}}$、$\overline{\text{bandwidth}}$、$\overline{\text{p-loss}}$ 值，得到如图 10.13、图 10.14 所示的结果。

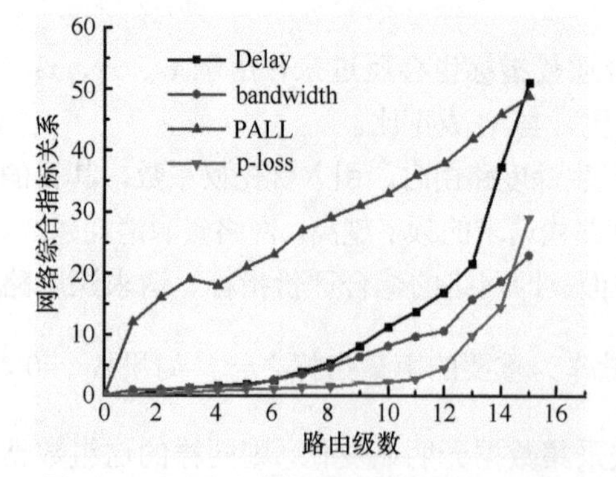


图 10.13 路由级数与网络综合指标关系图

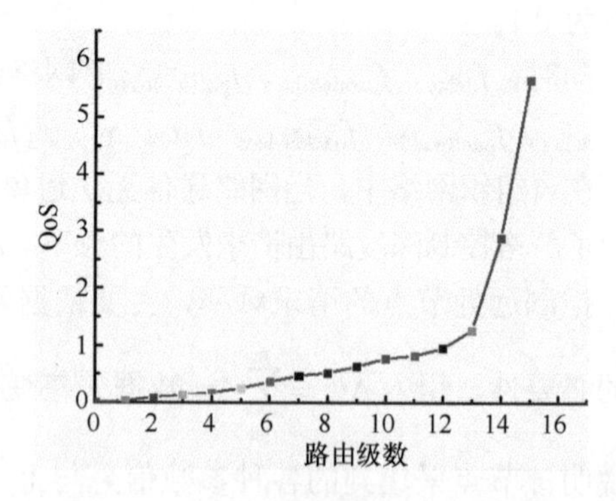


图 10.14 路由级数与 QoS 关系图

农业物联网对信息采集最大的要求是低功耗、远距离无线传输。在信号实时性方面要求不像工业实时性要求高。相比目前成熟的 ZigBee 网络而言，本节研究的主动诱导式自组织网络协议在信息传输的实时性、网络的动态变化和动态维护灵活性与 ZigBee 有一定差距。但在深度路由方面，ZigBee 网络的稳定可靠路由为 6 层。而本节所研究的自组织网络协议路由深度可达 12 层，在大规模农田信息感知方面性能优于 ZigBee 网络，可满足农田信息感知的实际需求。

### 10.4.2 主动诱导式网络局部智能维护原理

物联网组网通信的无线自组网通信领域处于非常重要的地位。无线传输网络与有线网络不同，无线自组织网络组网是动态变化的，极易受到环境变化影响发生信号减弱或出现信号盲区，导致原组网路径中断。因此，网络的智能维护在农业生产环境中显得尤为重要。

#### 1. 网络局部重组的路由维护机制

物联网传输网络中，由于供电情况或其他原因导致节点失效的情况或者人为撤掉节点情况在实际应用中常有发生，对个别节点撤除网络的失效处理显得尤为重要。网络中节点失效情况往往性质不一，导致对原网络通信系统的影响也不完全相同。但这些影响都只造成局部网络有所变动，因此，本节将研究局部网络路由维护的方法。

局部网络重组发生的前提是：在网络内，$S_i$ 节点为 $S_k$ 节点的前向节点，$S_k$ 节点在原网络路径上依靠 $S_i$ 节点路由信息，当 $S_i$ 节点失效后，$S_k$ 节点将陷入盲区。如图 10.15（a）所示。当 $S_i$ 失效后，在 $S_k$ 的有效无线信号覆盖内，还存在 $S_n$ 和 $S_m$ 节点，而且 $S_n$ 节点可通以前向节点将信息路由到汇聚节点。因此，$S_k$ 可以通过局部网络重组后，通过 $S_n$ 节点路由信息，如图 10.15（b）所示。假如图中的 $S_n$ 节点不在 $S_k$ 节点的有效信号覆盖内，而 $S_m$ 节点在 $S_n$ 节点信号覆盖内，而且 $S_m$ 节点的信号覆盖内包含了 $S_n$ 节点，此时，$S_k$ 节点仍可通过 $S_m$ 节点将信息路由到 $S_n$ 节点。最后把信息传输给汇聚节点，如图 10.15（c）所示。

如果 $S_k$ 节点有效通信信号覆盖范围内不存在任何节点可为之路由，如图 10.15（d）图所示，$S_k$ 将被网络孤立。另外，如图 10.15（e）和图 10.15（f）所示，$S_k$ 节点虽然可以找到多个节点，也能组网，但是却无法将信息传递给汇聚节点。

#### 2. 越级路由维护原理

为兼顾农田物联网设备的成本，大规模农田信息采集中的物联网节点在有效通信的直径内很难找到多个信息点可以建立通信转发的机制。因此，针对这种情况提出通过软件控制发射器功率来增大通信有效半径的方式，达到与其他节点建立联系的目的，并最终进入自组织网络，传输自己采集的数据，具体方法如图 10.16 所示。

在图 10.16（a）中，$S_i$ 节点原来通过 $S_j$ 节点路由信息，再通过 $S_k$ 点路由第二次才能将信息转交给汇聚节点。但当 $S_j$ 点失效后，$S_i$ 的前向通道被堵，$S_i$ 节点的信息无法往前传，而此时 $S_i$ 节点往后传也无节点路径可把 $S_i$ 节点的信息间接传给汇聚点。此时，网络状态因 $S_j$ 节点的失效而导致整个网络中排在 $S_i$ 节点之后的所有节点信息通信将会中断，这种偶然的节点失效对网络破坏性非常严重。

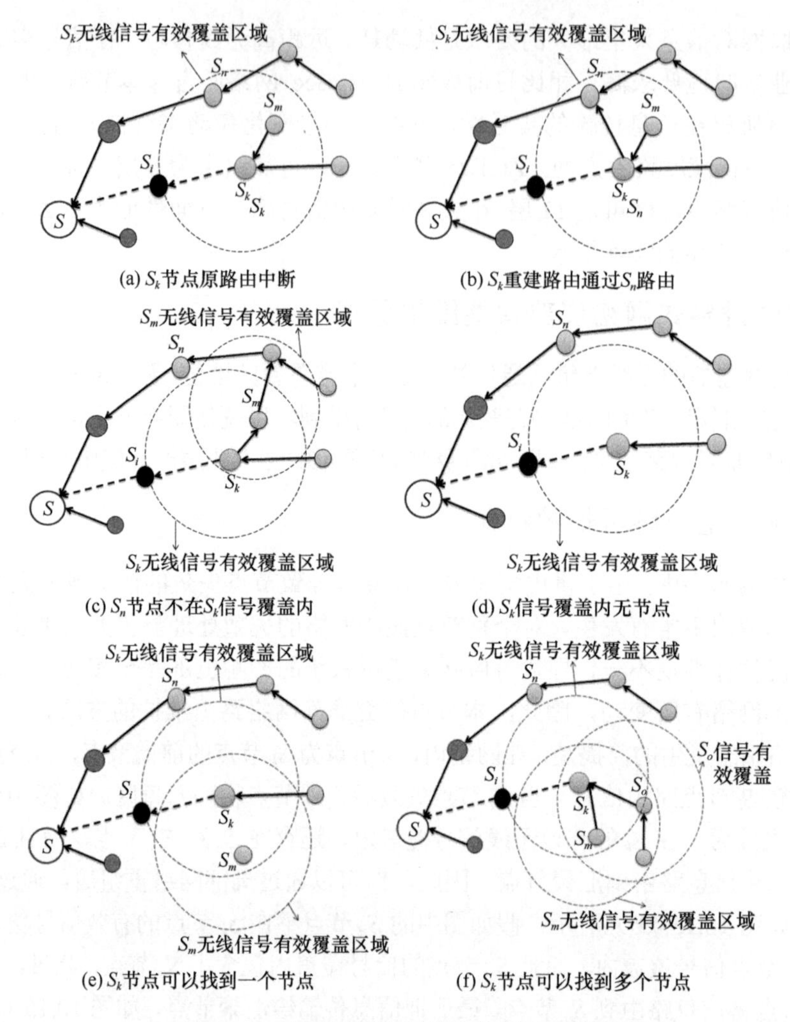


图 10.15　局部网络重组的几种组网布置情况

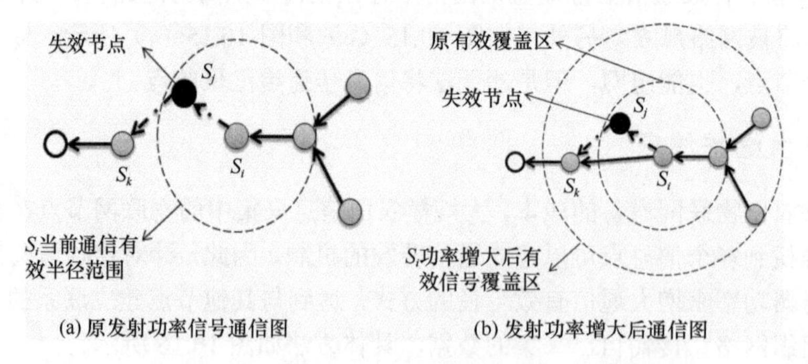


图 10.16　程控发射信号功率的路由维护原理图

在图 10.16（b）中，当 $S_i$ 节点无法寻找到前向通路，而后向通信链路也无法满足信息向汇聚节点传输时，$S_i$ 节点的网络状态 node_net 属性将会从原来的 1 变为 0 而脱离网络。此时，$S_i$ 节点内部管理软件将自动启动增加节点发射信号的发送功率，此时 $S_i$ 节点的有效网络覆盖如图 10.16（b）中大圆圈所示。前向节点 $S_k$ 进入了 $S_i$ 节点的有效信号覆盖区域，$S_i$节点可以和$S_k$节点建立通信链路，$S_i$节点可以越过$S_j$节点直接与$S_k$通信。$S_i$的信息可通过$S_k$传输给汇聚节点，并且$S_i$节点的后向节点全部恢复进入网络，整个网络链路重新恢复。本节将$S_i$节点可以越过$S_j$节点直接与$S_k$通信称为越级网络路由维护。

图10.16说明了可以通过信号发射功率的软件控制而修复网络，但是该办法存在几个问题：假如$S_i$节点功率调到最大，信号可覆盖范围内仍找不到其他前向或后向可构成通畅路径的组网的节点时，$S_i$节点仍会被自组织网络孤立；$S_i$节点的功率调大后，相应的能耗必定会增加。而农业物联网采用太阳能供电，考虑到成本因素，太阳能电池板一般选用低功率，它只保障节点正常工作前提下的能源供给。当节点发射功率增大后，可能会导致节点电源供给紧或出现断电停机现象，又会导致网络陷于中断状态。因此，节点位置布置及节点最大通信覆盖能力是网络布点的重要依据之一。

### 3. 两种网络智能维护机制的网络性能比较

通过测试在同等条件下获得两种网络自恢复的网络性能如图10.17所示。

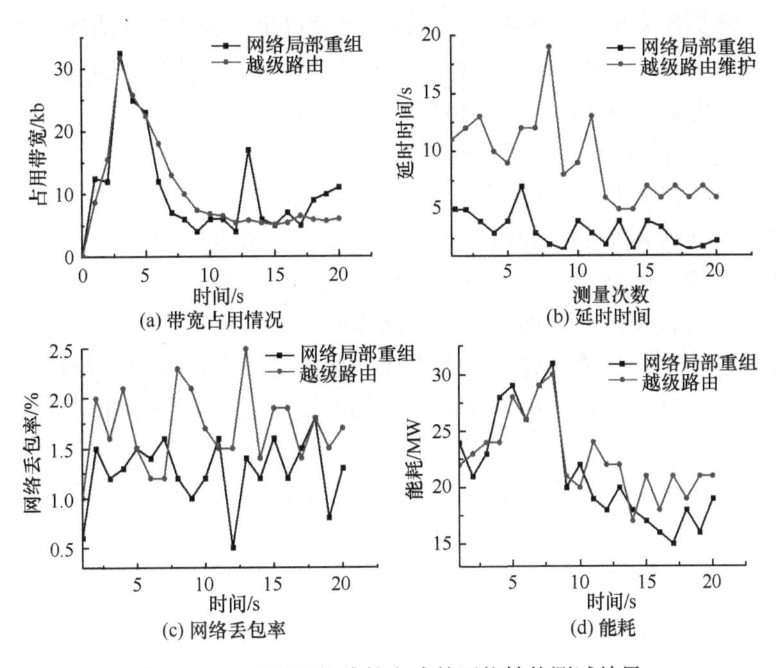


图10.17　不同网络维护方式的网络性能测试结果

设定网络能容忍的最大延时、丢包率、能耗、带宽占用等参数为 Delay_max=8，p_loss_max=3%，PALL_max=25，bandwidth_max=3。网络局部重组维护 QoS=0.15；而越级路由维护时，QoS=0.26。

从测试结果看，网络布点密集时，网络局部重组方法性能明显优于越级路由方法。但是在节点间距较远时，网络局部重组方法无能为力，而越级路由方法可以实现网络组网自恢复。因此，两种方式的结合是实现农业物联网自组网的智能维护重要方法与手段，在农业生产实际应用中具有重大应用价值。

## 10.5　网络结构

“拓扑”（topology）这个名词来源于几何学，网络拓扑结构是引用拓扑学中研究与大小、形状无关的点、线关系的方法。网络拓扑指的是构成网络的成员间排列方式的网络形状，或者说是传输媒体互连各种设备的物理布局，即把网络中的各个设备连接起来的方式。网络拓扑结构形象地描述了网络服务器、工作站的网络配置和各节点之间的连接方式。网络拓扑结构反映出网中各实体的结构关系，是建设网络的第一步，是实现各种网络协议的基础，它对网络的性能、系统的可靠性与通信费用都有重大影响（罗跃川，2013）

### 10.5.1　星型拓扑网

#### 1. 星型拓扑网概述

星型拓扑网又称为集中式网络，是指各工作站以星型方式连接成网，这种结构有中央节点并以此为中心，其他节点（工作站、服务器）都与中央节点直接相连。

星型拓扑结构是最古老的一种网络拓扑方式，如今每天都使用的电话就是属于这种结构。目前，星型拓扑结构是常用的网络拓扑设计之一，其被广泛应用于一般网络环境的设计中（杨瑞良和李平，2007；周奇和梁宇滔，2009）。

在星型网中任何两个节点的通信都必须经过中央节点控制。因此，中央节点的功能如下：当要求通信的站点发出通信请求后，控制器要检查中央转接站是否有空闲的通路，被叫设备是否空闲，从而决定是否能建立双方的物理连接；在两台设备通信过程中要维持这一通路；当通信完成或者不成功要求拆线时，中央转接站应能拆除上述通道。在星型网，目前多数采用集线器（HUB）或交换设备的硬件作为中央节点，以便与多机连接。

现有的数据处理和声音通信的信息网大多采用星型网，专用小交换机 PBX（private branch exchange），即“电话交换机”就是星型网拓扑结构的典型实例。它在一个单位内为综合语音和数据工作站交换信息提供信道，还可以提供语音信箱和电话会议等业务，是局域网的一个重要分支。

#### 2. 星型拓扑网的优缺点

星型拓扑网中端用户之间的通信必须经过中央节点，因此，它的优点在于方便集中控制，易于维护和保证安全性。星型拓扑网示意图如图 10.18 所示。基于星型拓扑结构建设的网络，端用户设备即使因为故障而停机时也不会影响其他端用户间的通信，另外星型拓扑网的网络延迟时间较小，传输误差较低，建网容易，控制简单。但这种结构也存在缺点，要求中心系统必须具有极高的可靠性，对此中心系统通常采用双机热备份，以提高系统的可靠性，而这也无疑增加了成本。另外在星型拓扑网中由于任何两个节点的通信都必须依赖中央节点，因此中央节点相当复杂，负担比各节点重得多，这也更进一步要求中央节点的可靠性。

### 10.5.2 网型拓扑网

#### 1. 网型拓扑网概述

网型拓扑结构主要是指各节点通过传输线互相连接，网络的每台设备之间均有点到点的链路连接，并且每一个节点至少与其他两个节点相连，有时也称为分布式结构。网型拓扑网示意图如图 10.19 所示。网型拓扑网一般用于 Internet 骨干网上，使用路由算法来计算发送数据的最佳路径，不常用于局域网。

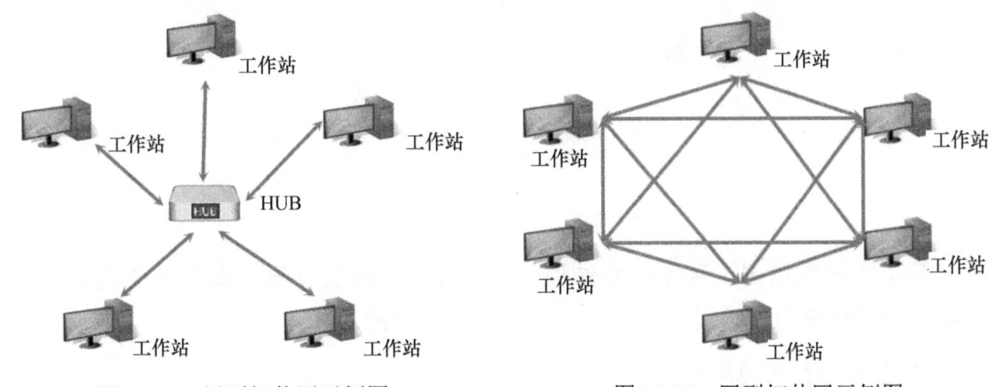


图 10.18 星型拓扑网示例图　　图 10.19 网型拓扑网示例图

根据组网硬件不同，网型拓扑网主要有三种类型。

网状网：在一个大的区域内，用无线电通信链路连接一个大型网络时，网状网是最好的拓扑结构。通过路由器与路由器相连，可让网络选择一条最快的路径传送数据。

主干网：通过桥接器与路由器把不同的子网或局域网连接起来形成单个总线或环型拓扑结构，这种网通常采用光纤作为主干线。

星状相连网：利用一些超级集线器的设备将网络连接起来，这种星状相连网络中任一处的故障都可容易查找并修复。

#### 2. 网型拓扑网的优缺点

网型拓扑网可靠性高，一般通信子网中任意两个节点交换机之间，存在着两条或两条以上的通信路径，以此保证当一条路径发生故障时，还可以通过另一条路径把信息送至节点交换机；网络可组建成各种形状，采用多种通信信道，多种传输速率；网络内节点共享资源容易；可改善线路的信息流量分配；可选择最佳路径，传输延迟小。但是网型拓扑网也存在一些缺陷，如控制复杂，软件复杂，不易管理和维护；线路费用高，不易扩充。

### 10.5.3 环型拓扑网

#### 1. 环型拓扑网概述

环型拓扑结构是将传输媒体从一个端用户到另一个端用户，直到将所有的端用户连成环型的一种网络拓扑结构。这种结构使公共传输电缆组成环型连接，数据在环路中沿着一个方向在各个节点间传输，消除了端用户通信时对中心系统的依赖性。

环型拓扑结构的网络形式主要应用于令牌网中，在这种网络结构中各设备是直接通过电缆来串接的，最后形成一个闭环，整个网络发送的信息就是在这个环中传递，通常把这类网络称为“令牌环网”。图 10.20 为环型拓扑网示例图。

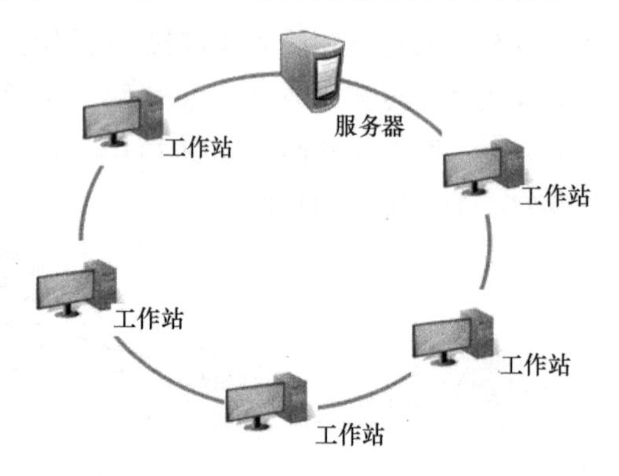


图 10.20　环型拓扑网示例图

实际上大多数情况下环型拓扑结构的网络并非是所有计算机真的要连接成物理上的环型。环的两端可以通过一个阻抗匹配器来实现环的封闭。

2. 环型拓扑网的优缺点

环型拓扑网结构有其自身的优点，如每个端用户都与两个相临的端用户相连，因而存在着点到点链路，但总是以单向方式操作，于是便有上游端用户和下游端用户之称；信息流在网中是沿着固定方向流动的，两个节点仅有一条道路，故简化了路径选择的控制；环路上各节点都是自举控制，故控制软件简单。但是由于信息源在环型拓扑网中是串行地穿过各个节点，当环中节点过多时，势必影响信息传输速率，使网络的响应时间延长；另外环路是封闭的，不便于扩充；可靠性低，一个节点故障，将会造成全网瘫痪；维护难，对分支节点故障定位较难。

### 10.5.4　树型拓扑网

1. 树型拓扑网概述

树型拓扑网结构示意图如图 10.21 所示，其是从总线拓扑演变而来，形状像一棵倒置的树，而树的顶端又有带有分支的根，每个分支还可以延伸出子分支。树型拓扑结构是分级的集中控制式网络，与星型拓扑网相比，它的通信线路总长度短，成本较低，节点易于扩充，寻找路径比较方便，但除了叶节点及其相连的线路外，任一节点或其相连的线路故障都会使系统受到影响（铁伟涛，2015）。

2. 树型拓扑网的优缺点

树型拓扑网易于扩充，树型结构可以延伸出很多分支和子分支，而这些新节点和新分支都能容易地加入网内；另外当发生故障时，可以较容易将故障分支与整个系统隔离开来。但是树型拓扑网中各个节点对根节点的依赖性太大，如果根发生故障，则全网不能正常工作。

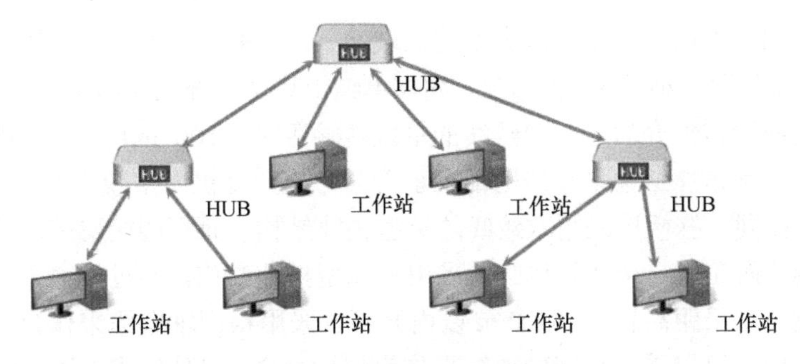


图 10.21 树型拓扑网示例图

## 10.5.5 混合型拓扑网

混合型拓扑结构（也称杂合型拓扑结构）是由两种或两种以上的网络拓扑结构混合起来构成的一种网络拓扑结构。常见的有星型–总线型和星型–环型。

总线型拓扑结构中所有设备都直接与总线相连，它所采用的介质一般也是同轴电缆（包括粗缆和细缆），不过也有采用光缆作为总线型传输介质的，如 ATM 网、Cable Modem 所采用的网络等都属于总线型网络结构（吴立勇，2008）。

总线型拓扑结构中各工作站和服务器均挂在一条总线上，各工作站地位平等，无中心节点控制，公用总线上的信息多以基带形式串行传递，其传递方向总是从发送信息的节点开始向两端扩散，如同广播电台发射的信息一样。各节点在接受信息时都进行地址检查，看是否与自己的工作站地址相符，相符则接收信息。

总线型拓扑结构网结构简单，可扩充性好。当需要增加节点时，只需要在总线上增加一个分支接口便可与分支节点相连，当总线负载不允许时还可以扩充总线；使用的电缆少，且安装容易；使用的设备相对简单，可靠性高。但是其也有一定的局限性，如维护难，分支节点故障难以查找。

图 10.22 为“星型–总线型”的混合型拓扑结构。这种网络拓扑结构能满足较大网络的拓展，不仅解决了星型拓扑结构在传输距离局限，又突破了总线型拓扑结构在连接用户数量的限制。这种网络拓扑结构同时兼顾了星型拓扑结构与总线型拓扑结构的优点，在一定程度上了弥补了许多缺点。

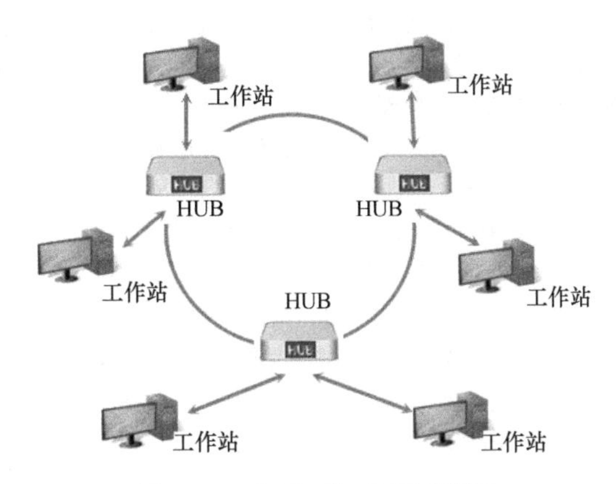


图 10.22 混合型拓扑网示例图

这种网络拓扑结构主要用于较大型的局域网中。如果一个单位有几栋在地理位置上分布较远（当然是同一小区中）的楼层，如果单纯用星型拓扑网来组整个公司的局域网，因受到星型拓扑网传输介质——双绞线的单段传输距离（100 m）的限制很难成功；如果单纯采用总线型拓扑结构来布线则很难承受公司的计算机网络规模的需求。结合这两种拓扑结构，在同一栋楼层采用双绞线的星型拓扑结构，而不同楼层采用同轴电缆的总线型拓扑结构，而在楼与楼之间也必须采用总线型拓扑结构，不过传输介质取决于楼与楼之间的距离，如果距离较近（500 m 以内）可以采用粗同轴电缆来作为传输介质，如果在 180 m 之内还可以采用细同轴电缆来作为传输介质。但是如果超过 500 m 只有采用光缆或者粗缆加中继器来满足了。

这种复杂的拓扑结构主要特点如下：由于其可以满足大公司组网的实际需求，因此应用相当广泛；继承了星型拓扑结构的优点，因此扩展相当灵活。但由于仍采用广播式的消息传达方式，所以在总线长度和节点数量上也会受到限制，不过在局域网中是不存在太大的问题；同样具有总线型结构的网络速率会随着用户的增多而下降的弱点受到总线型网络拓扑结构的制约而维护较难；整个网络会随着总线出现故障而发生瘫痪，不过不受分支网段的影响。另外，整个网络非常复杂，维护起来不容易，不过由于其骨干网采用高速的同轴电缆或光缆，因此整个网络传输速度较快。

## 参 考 文 献

葛广英，葛菁，赵云龙. 2015. ZigBee 原理、实践及应用/物联网工程核心技术丛书. 北京：清华大学出版社.

郭渊博. 2010. ZigBee 技术与应用：CC2430 设计开发与实践. 北京：国防工业出版社.

华中田, 2007. 与蜂共舞——ZigBee 技术一瞥. 电子产品世界, (11): 72-80.

金纯，罗祖秋，罗凤. 2008. ZigBee 技术基础及案例分析. 北京：国防工业出版社.

李鹏. 2009. ZigBee 网络性能分析及网络规划应用研究. 华中师范大学硕士学位论文.

罗跃川. 2013. 计算机网络. 北京：经济科学出版社.

马建. 2011. 物联网技术概论.北京：机械工业出版社.

瞿雷，刘盛德，胡咸斌. 2007. ZigBee 技术及应用. 北京：北京航空航天大学出版社.

铁伟涛，陶妍丹. 2013. 一种树形拓扑的无线 Mesh 网络路由协议. 现代计算机, (15): 64-72.

王建珍，刘飞飞，蔺婧娜. 2013. 计算机网络应用基础. 第 3 版. 北京：人民邮电出版社.

王小强，欧阳骏. 2012. ZigBee 无线传感器网络设计与实现. 北京：化学工业出版社.

吴立勇. 2008. 计算机网络技术. 北京：北京理工大学出版社.

杨瑞良，李平. 2007. 计算机网络技术基础. 北京：北京大学出版社.

袁宗福. 2013. 计算机网络. 北京：机械工业出版社.

王然. 2006. ZigBee 无线组网技术的研究与实现. 吉林大学硕士学位论文.

周鸣争，严楠. 2013. 计算机网络. 北京：科学出版社.

周奇，梁宇滔. 2009. 计算机网络技术基础应用教程. 北京：清华大学出版社.

ZigBee 联盟. 2006. ZigBee 技术引领无线数字新生活. 电脑知识与技术, 27: 29-34.

# 第 11 章　农业信息处理技术

## 11.1　农业信息技术基本概念

农业信息技术（agricultural information technology，AIT）是指在农业生产、经营管理、战略决策过程中，利用信息技术对自然、经济和社会信息进行采集、储存、传递、处理和分析，为农业生产者、管理者、经营者，以及广大研究者提供资料查询、技术咨询、辅助决策和自动调控等多项服务技术的总称（李军，2010）。农业信息处理技术首先需要我们通过各种渠道得到有关农业活动的信息，再用信息处理技术对信息进行整合分析，并进一步加工挖掘，以实现农业生产活动中的准确判断和决策，该技术为智能化的农业控制奠定了理论基础。

农业生产环境、人为因素的复杂性决定了农业生产活动信息的复杂性，以信息处理的基本理论、技术作为农业信息处理技术的主要手段，注重其在农业生产活动中的实践应用，也体现了多学科交叉融合的重要性。

### 11.1.1　农业信息特点及类型

人们利用农业生产资源在进行农产品生产、加工和营销等活动时产生的一切消息、数据、情报等均可被称为农业信息。农业信息不仅具有一般信息的共性，还有自身的特殊性。农业信息的特殊性主要表现在以下方面。

#### 1. 时效性

信息的时效性体现在它仅在一定时间段内对决策具有价值。因此，农业信息在农业生产活动中的时效性相当重要。例如，病虫害的防治工作，如果病虫害的早期防治不当，对农作物生长可能影响还不明显；但若后期防治不当，就会大大增加病虫害防治的工作力度，造成农作物的减产。因此，在农业生产活动中，信息发布的时效性就显得十分关键，要及时、有效地将信息传送出去。

#### 2. 地域性

农业生产活动（包括农、牧、林等）一般具有较强的地域性。一是由于自然条件的差异决定了农作物生长的适应范围；二是社会经济条件的差异决定了农业资源的发展方向和农牧林结构、布局、经营方式和生产发展水平等（刘巽浩，2001）。因此，农业信息受地域性限制较多。

#### 3. 周期性和有效性

农业信息大多以农作物的生命过程为周期，同一信息在不同的生长周期内的需求也存在着明显的差异。例如，玉米在不同生育时期吸收氮、磷、钾等元素的量呈明显变化趋势：苗期生长量小，对应地肥料吸收量也少；穗期随着生长量的增加，吸收量也快速增长；到开花时均达到最高峰。由此看来，农业生产活动是一个动态过程，对时效性要求较高，过了时效的信息就没用了。因此，农业信息的有效性也十分关键。

4. 综合性

农业活动的复杂性决定了农业信息的综合性。一种农业现象就可能是多信息的综合表现。例如，作物的长势情况就综合了土壤、肥料、水分、温度等多种农业信息。

5. 滞后性

农作物作为一个有机的生命体，其对环境变化具有抗性，表现为对信息的滞后性。例如，对农作物施肥后，要过一段时间，作物的长势才会发生明显变化。

6. 精确性

众所周知，农业是群体生命科学，信息数据准确性是生命科学的一个重要特点。作物叶面温度仅超过正常值 0.2℃即异常，土壤 pH 超过适宜值的 0.4，作物就难以生存。因此，保证农业信息的精确性是提高农业生产效率的关键。

### 11.1.2　物联网中的农业信息

1. 物联网农业信息的组成

农业物联网是指将物联网技术贯穿农业产前、产中、产后各个环节。农业生产活动各环节中采集的农业信息总和即物联网全部农业信息，主要包括农产品生产和农业流通等方面的信息。其中农产品生产过程中采集到的信息包括农田环境信息、农田土壤信息、作物长势信息、水产及畜禽养殖信息；而农产品流通等过程中采集到的信息主要包括农产品在流通过程中的各流通环节、流通环境信息及农产品的市场动态信息。

农业活动种类各异，农业物联网在其中所体现的农业信息类型也千差万别，如农作物生长阶段需要获取环境中的温度、湿度信息，土壤的水分状况、养分状况等，同时又需要获取表征作物长势信息的叶面积指数等植物生长过程信息。农业生产活动是一个动态的过程，农业信息的动态使获取的农业信息数据量非常大，有些农业数据，如农产品产量的估计处理需要对整个农业生产过程动态信息进行整合分析。农业物联网应用于农业生产过程，可以提高产量和品质；应用于农业流通领域，能够减少流通成本和损失；应用于农产品市场，有助实时掌握农产品市场信息，提高农民的收入。

2. 物联网农业信息的基本处理方式

农业物联网信息处理的本质体现在农业信息技术在农业应用中的具体实施。针对农业物联网信息的特点，农业物联网信息处理的基本方式包括数据的保存、格式的转换、数据的查询、检索、更深层次的数据分析、挖掘等。

# 11.2　基础农业信息处理关键技术

基础农业信息处理关键技术涉及方面主要包括：农业数据搜索技术、数据存储技术、大数据处理、云计算技术、地理信息系统和农业物联网数据的标准化。

## 11.2.1　数据搜索技术

随着互联网技术的发展，农业信息资源越来越丰富，不仅数量庞大，而且类型较多。我国农业信息以数据库、科研网站、政府网页等形式分散存储。农业信息化虽取得了长足的发展，但是信息化建设还存在很多的问题，如数据信息利用不充分、大量的数据仅以物理状态被简单地存储等。农业信息资源的合理、有效利用将为我国农业发展提供长足的技术支持。数据搜索技术是利用搜索引擎从互联网上自动搜集信息，对原文档进行整理、处理，供用户查询的一门技术。其主要核心是搜索引擎。

### 1. 搜索引擎概述

互联网中信息量巨大且种类繁多，在其中搜寻需要的信息，如同“大海捞针”一般困难。搜索引擎技术正是为了解决这个“迷航”问题。搜索引擎，是指在因特网上可以主动搜索信息并能自动索引、为用户提供查询服务的一类网站，这些网站通过网络搜索软件，又称为网络搜索机器人（web robots）或网站登录等方式，将因特网上大量网站的页面收集到本地，经过加工处理而建成数据库，然后对用户的各种查询作出相应的响应，并为用户提供其所需要的响应信息。

搜索引擎以一定的策略在互联网中搜集、发现信息，并对信息进行理解、提取、组织和处理，还能为用户提供检索服务，从而起到信息导航的目的（冯晓东，2006）。搜索引擎的工作原理分为以下几个步骤进行，如图 11.1 所示。

收集信息 → 整理信息 → 接收查询

图 11.1　搜索引擎的工作原理示意图

搜索引擎的信息一般都是自动收集，从几个少量的网页开始，可以连接到数据库中全部其他网页的链接。搜索引擎整理信息的本质在于建立索引，这一过程不仅要保存收集来的信息，而且还要按照特定的规则编排此信息，这样可以使用户快速地找到所保存的信息资料。接收查询是指搜索引擎接受用户的查询并为用户提供相应的返回信息。目前，搜索引擎往往以网页链接的形式返回给用户结果，用户通过这些链接，可以找到自己所需要的信息资料。

### 2. 数据搜索及农业应用

我国已有 3 万多个涉农网站，为大家提供了丰富的农业技术、市场、法规、政策等信息。这些分散的资源给使用带来麻烦。搜索引擎在信息的利用上发挥了巨大作用，提高了信息的利用率，给农业的发展带来了新的活力。由于信息的使用者是广大的农民，因此，应用到实践中时，要考虑到农民的文化水平、计算机操作能力和农业信息的复杂性等，农业搜索引擎不足之处表现在：输入简单的关键词还查询不到合乎用户本意的信息；搜索引擎返回给用户的只是指向 Web 页面的链接地址，并没有使用用户所需要的信息一目了然地呈现。因此，适合农业信息搜索的专业化、智能化引擎是未来农业信息搜索引擎的主流。

### 11.2.2 数据存储技术

在农业生产、经营、管理活动中，会产生大量的数据，这些数据不仅对当时的农业生产活动具有指导作用，对后期的农作物生产也具有参考价值。物联网的应用使农业进入大数据时代，海量信息若不合理、有序地保存，将导致数据的丢失或无法发挥效用。在对数据进行处理的过程中，数据管理工作至关重要，其内容包括数据的收集、存储、分类、检索、传输等环节。其中，数据存储技术是对结构比较复杂的大数据量数据进行管理的专门技术。

#### 1. 数据库的概念

数据库（database）是按照数据结构来组织、存储和管理数据的仓库。数据库中的数据按一定的数据模型组织、描述和存储，优点在于：较小的冗余度、易扩展及较高的数据独立性，并为各种用户提供共享服务（胡林，2008）。数据库可以作为一个单位也可以成为一个应用领域的通用数据处理系统，应用在农业领域，它是农业生产、管理、经营活动相关信息的集合。整体来看，数据库有一特点是在相应的数据模型对照下，来整合、组织和存储数据。数据库中的数据可打破各种具体程序的制约和限制，而同时被大量用户共享资源，不同的用户能够依据自身需求来使用数据库数据。数据库数据可共享这一特性不但满足了用户对数据信息的需求，而且也实现了用户之间数据通信的需求。

#### 2. 数据库及其农业应用

跨入 21 世纪的信息时代，农业信息技术也成为农业发展的重要技术手段之一，并发挥着越来越大的作用。农业信息技术，尤其是农业物联网的应用将促使农业发展早日进入信息时代。农业信息数据量庞大，分布广而散，计算机、通信和网络技术构成的现代信息技术的广泛应用从根本上改变了信息生产、传递和获取的方式，网络由此成为了信息最大的集散地（叶勤，2005）。建设数据库是为了给用户或应用程序提供访问数据库的方法，包括数据的建立、查询、更新及各种数据的控制。数据库建设对加强农业生产的基础地位起着举足轻重的作用。农业信息数据库的建设是农业领域信息系统建设的重要基础之一，可以使农业资源管理手段从手工阶段上升到计算机阶段，从而提高农业信息查询、处理和共享的速度，为农业生产管理、农业政策制定和农业教育、科研和推广提供服务（张雷蕾，2011）。

目前市场上有许多家数据库产品，如何选择一款合理的数据库产品应用于物联网产品是一件值得思考的事情。目前市场上的主流数据库产品包括 Microsoft 公司的 SQL Server 数据库、Oracle 数据库和 IBM DB2 数据库三种。

20 世纪 70 年代，我国农业数据库开始起步，进入 21 世纪后，我国农业数据库建设步伐逐渐加快。自 2003 年国家科学技术部启动科学数据共享后，农业数据库进入一个相对集中、快速发展的时期，中国农业科学数据中心、中国气象数据共享网站、水利科学数据中心、中国林业科学数据中心等数据平台的投入使用，为农业发展注入新的活力（李军，2010）。我国先后形成了一系列的农业专题性的数据库。例如，小麦、玉米和家禽等数据库，内容丰富，但农业数据库的建设仍需要进一步的提高。农业信息涉及面广、数据量大，建设农业数据库时，不仅需要保证数量，还需要提高质量。因此，以大型数据库为基础的，涵盖农业的生产、经营、管理、政策法规、科学技术的大型综合性数据库亟待建设。

### 11.2.3　云计算技术

云计算技术起源于搜索引擎，互联网企业为降低成本、提高计算性能，开发出来这样一种计算技术，目前云计算技术已成为提供互联网服务的重要平台（张为民，2012）。云计算运行步骤包括：将庞大的计算处理程序通过网络自动拆分成无数个较小的子程序，将它们交给多个服务器组成的庞大系统，经过搜索、计算分析之后，将结果反馈给用户。通过云计算技术，网络提供服务者可以在数秒之内，完成数以千万计数据的处理，功能之强大，可与超级计算机相匹敌（刘化君，2010）。云计算的基础理念：将网络各处的计算资源搜集整合并进行管理分配，最终为用户提供相应所需服务。

#### 1. 云计算原理

典型的云计算平台如图 11.2 所示。

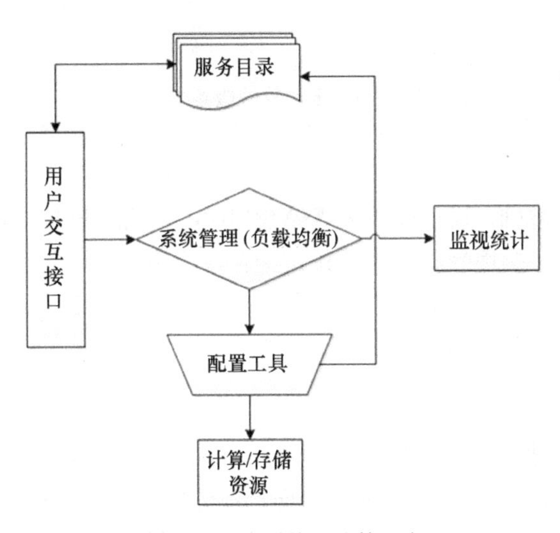


图 11.2　典型的云计算平台

用户可以通过云用户客户端提供的交互接口服务，选择服务目录中的服务项目，通过请求管理系统调度相应资源、配置工具分发请求，配置 Web 应用。其中包括如下项目。

服务目录：服务目录即用户可以访问的服务清单目录。用户也可以对自己的清单目录进行修改。

管理系统和配置工具：主要负责用户的登录、认证及授权，管理可用的计算机和资源，接收用户发出的请求并转发到相应程序，动态部署、配置和回收资源。

监控统计模块：负责监控云系统资源的使用情况，以便合理、及时地完成节点同步配置、负载均衡配置和资源监控，确保资源的合理分配。

计算/存储资源：虚拟的或物理的服务器，用于响应用户的需求。

## 2. 云计算类型

云计算作为一种新型服务计算模式，也是计算资源的网络应用模式。按照服务类型可以将其分为基础架构即服务（infrastructure as a service，IaaS）、平台即服务（platform as a service，PaaS）和软件即服务（software as a service，SaaS）等。如图 11.3 所示，在计算机网络中每一层对应各自功能，层与层之间又存在一定的联系。当只需要完成某一层的功能时，将所需层从云计算结构体系中分割出来不需要动用其他层次来提供必要的支持和服务（张捷，2012）。

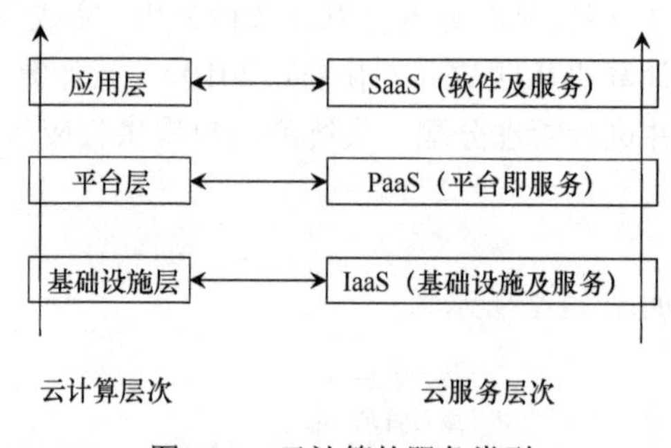


图 11.3 云计算的服务类型

### 1）IaaS 介绍

IaaS 是云计算的基础，通过建立大规模数据中心，为上层提供海量服务硬件，并借助虚拟化技术的支持，实现硬件资源的按需配置，为用户提供针对性的基础设施服务。IaaS 层主要提供成本低廉、高效能的数据中心和可靠的基础设施服务等。例如，IBM 的无锡云计算中心、世纪互联的 CloudEx 云主机等。

### 2）PaaS 介绍

PaaS 终端用户提供网络的应用开发环境，并且支持从创建到运行整个生命周期所需的各种软硬件资源和开发工具。在 PaaS 层面，服务提供商提供给用户经过封装的 IT 能力，如数据库、文件系统和应用运行环境等，同时按照用户登录情况收取费用。

### 3）SaaS 介绍

SaaS 层面向的是云计算终端用户，提供基于互联网的软件应用服务，是目前最为常见的一种形式。用户借助 Web 浏览器来使用互联网上的软件，服务提供商负责维护和管理软硬件设施，并根据按需租用的方式为用户提供服务。例如，像 Salesforce 的 force.com 平台、IBM LotusLive 和八百客的 800APP 等都是 PaaS 的代表产品。

### 3. 云计算与物联网

云计算是 IT 技术发展的必然产物，物联网则是信息发展深化的结果。云计算是以虚拟化的方式提供各种服务，物联网本身正是以云的方式存在。换个说法就是，物联网要借助云计算解决某些问题，这也是云计算在现实中的一种应用形式。未来在传统农业领域应用中，物联网和云计算的融合，必会为农业生产方式的重大转型提供巨大支撑。

**1）云计算解决物联网中服务器节点不可靠问题**

在物联网技术中，随着数据量的增加，物联网所需的服务器也逐渐增加；服务器数量的增加将会增加服务器节点出错的概率。但与云计算进行融合后，利用其冗余备份技术可以对出错服务器信息进行修复。

**2）动态云中物联网服务器**

服务器的硬件承受能力有限，当访问超过服务器本身限制时就会崩溃。每年激增的庞大信息对服务器硬件提出了更高的要求。采用云计算技术，可以动态增加云中服务器的数量，不仅降低成本，解决数据访问的不确定和动态不可控的问题，进而随时满足物联网的访问需求。

## 11.2.4　大数据处理

移动互联网、物联网和云计算发展的必然结果是走进大数据时代，虽然目前关于大数据的概念并没有统一的定义，但它的核心思想和理念却是一致的。从本质上看，这些都是获取数据的手段，产生大数据并利用大数据产生出智慧才是其发展的终极目标。近年来，大数据处理技术已成功应用于金融、电商、通信等领域。农业现代化建设新时期，要对国家农业信息化发展战略进行补充，利用农业大数据，夯实智慧农业的基石，让大数据创造出真正的智慧，支撑智慧农业的稳健发展（孙忠富等，2013）。

### 1. 大数据概述

严格来讲，大数据也并非是一个全新的概念，最早是在 1980 年由著名未来学家阿尔文·托夫勒提出的，他在《第三次浪潮》一书中，将大数据称为“第三次浪潮的华彩乐章”。的确，近年来信息的爆炸式增长引起了大数据概念的产生，对大数据一词的理解和认识也不断深化。尤其是近年来，“移动互联网”、“物联网”和“云计算”等一大波新技术的涌现，对“大数据”的认识也得到了不断飞跃和升华（孙忠富等，2013）。

大数据是众多数据的集合，该数据集合一般用常规工具进行搜集、整合和处理。大数据通常具备以下 4 个特征，即“4V”理论（孙忠富等，2013）：规模化（volume）、多样性（variety）、高速率（velocity）和真实性（veracity）。国内一些知名媒体提出大数据呈现出“4V+1C”的特点（刘禹，2012），关于对 1C——“complexity”的描述，主要是指鉴于数据结构的复杂性，需要有新的技术方法，来满足异构数据统一接入和实时数据处理等方面的需求。

## 2. 农业大数据

### 1）农业大数据的内涵

农业大数据，顾名思义，就是运用大数据理念、技术和方法，解决农业和涉农领域数据的采集、存储、计算与应用过程中出现的一系列问题，是大数据理论和技术在农业上的应用和实践。农业大数据是大数据理论和技术的专业化应用，除了具备大数据的公共属性，也具备农业数据的自身特性。

物联网在农业各领域的渗透已经成为农业信息技术发展的必然趋势（孙忠富等，2010）。大量的农业工作者和管理者，既是大数据的使用者，也是大数据的制造者。农业生产各环节中产生的农业信息就是农业大数据最重要的数据源。农业大数据的复杂性也来源于农业系统本身的复杂性和特殊性，农业数据就需要从基于结构化的关系型数据类型，向半结构化和非结构化数据类型进行转变。与采用二维表来逻辑表达的关系型数据结构相比，农业领域使用更多的是非结构化的数据，如大量的文字、图表、图片、动画、语音和视频等形式的超媒体要素，以及专家经验及知识、农业模型等。大量事实表明，非结构化数据正呈现快速增长的势头，其数量已大大超过结构化数据。尤其因为农业生产过程的主体是生物，易受环境和人为因素的影响，存在多样性和变异性、个体与群体之间也存在着差异性等，增添了对数据的采集、挖掘与分析应用的难度。如何挖掘数据价值、提高数据分析应用能力、减少数据冗余和数据垃圾，是农业大数据面临的重要课题。

### 2）农业大数据的主要应用

目前农业信息技术主要应用领域得以扩大，产生大数据的主要来源也很多，分析总结得到大数据主要应用领域和特点包括以下几个方面，如表 11.1 所示。

**表 11.1　大数据的主要应用领域及特点**

| 应用领域 | 特点 |
| --- | --- |
| 生产过程管理 | 设施农业、精准农业中提高监测、决策、管理和调控水平 |
| 农业资源管理 | 土地、水、农业生物资源等生产资料，可进一步实现资源合理配置，优化开发，实现节能高效可持续发展 |
| 农业生态环境管理 | 可全面有效地对土壤、大气、水、气象、自然灾害等生态环境进行监测和管理 |
| 农产品和食品安全管理 | 对产前、产中、产后及物流、供应链与溯源信息等实现大数据管理 |
| 农业装备与设施监控 | 实现农业装备的远程诊断、调度及工况监控等环节 |

农业物联网应用，不仅可以通过建立的综合性数据服务平台，调控农业生产，还可以记录、分析农产品种养过程，以及流通、管理过程中的动态形势；通过对记录下来的数据进行整合分析，可以制定一系列调控和管理措施，增强决策判断力，使农业高效、有序发展。

## 3. 农业大数据助推智慧农业

随着大数据热潮袭来，相关业界领先者们已多次预言说大数据将引发新的“智慧革命”。在这样一个大数据激增的时代，从海量、多元、实时的大数据中发现知识、提升智慧才能发挥出大数据最重要的价值。如今的信息社会，数据就是一切，拥有数据就拥有了智慧的加工厂，就意味着价值的拥有。

农业大数据助推智慧农业。关于智慧农业的定义，因为涉及内容广而复杂，目前仍无公认的定义和统一的标准（李道亮，2012）。智慧农业可以理解为利用当前高速发展的信息技术，同时结合多方农业生产资料来分析，更“智慧”地来挖掘农业生产过程中的信息，并有效地利用这些信息为农生生产服务。智慧农业的核心内容包括以下几方面：智慧农业覆盖面广，贯穿农业全过程；智慧农业运用的是最新的网络、通信、信息技术来完成农业生产各环节的服务工作；智慧农业有着实现高效、节能、优质、环保的可持续发展目标。

智慧农业的不断渗透，物联网、大数据云计算及语义网络等先进技术将得到更多应用。例如，在设施农业中，通过自动化网络监控系统，实时采集温室大棚内各种环境要素（如空气温/湿度、土壤温/湿度、$CO_2$、光照、露点温度等）参数，自动开启或者关闭指定设备（如灌溉、遮阳、通风、加温、制冷等）；根据用户需求，网络监控系统既为设施农业的综合信息提供自动监测手段，也使环境自动化控制与智能化管理有据可依；通过监测农田现场作物与环境信息、各种灾害信息等，能够更加准确地对灌溉、施肥适宜时间进行判断、及时发布预警信息、适时采取有效的防灾、减灾措施。以上案例虽只是智慧农业的初级应用，但也一步步推动着农业生产方式的变革（孙忠富等，2013）。

### 11.2.5 地理信息系统

#### 1. 地理信息系统概述

地理信息是有关地理实体性质、特征和运动状态的数字、文字、图像等信息的总称，包括属性特征信息（以下简称“属性”）、空间特征信息及时域特征信息。空间特征信息根据参照物的不同分为以下两种：以特定参照系为基础，来描述地理实体所在位置的空间位置信息和以对方为参照的、描述地理位置间相对关系的拓扑关系。属性特征主要定量或定性描述特征实体。时域特征描述地理信息采集或发生的时刻信息。

地理信息系统（geographic information system，GIS）是融合了现代地理学、信息科学、计算机科学、测绘遥感学、空间科学、管理科学和环境科学等学科而形成的一门新兴边缘学科（王璐等，2005）。地理信息系统以地理空间数据为基础，在计算机软硬件支持下，采集、存储、管理、检索、显示、分析整个或部分地球表面（包括大气层在内）相关的空间与非空间数据，来解决复杂规划、管理问题的综合信息系统。它是由一些计算机程序和各种地学信息数据组织构成的现实空间信息模型（将地学信息抽象后，组成便于在计算机中表达的空间信息模型）。通过这些模型，可以用可视化的方式对各种空间现象进行定性与定量的模拟与分析（郑文钟，2005）。

#### 2. GIS 分类

地理信息系统按照内容一般可分为以下三类，如表 11.2 所示。

表 11.2　地理信息系统分类及其特点

| 分类 | 特点 |
| --- | --- |
| 专题地理信息系统 | 一般为特定的、专门的目的服务的地理信息系统，具有专业性，如农作物估产信息系统 |
| 区域地理信息系统 | 以地理区域为区分的，对区域进行综合研究和提供全面信息服务，可以按行政区域划分，也可按自然区域划分 |
| 通用地理信息系统 | 具有图形图像数字化，储存管理、查询检验、分析运算和多种输出等地理信息系统基本功能的软件包，一般用来作为地理信息系统支撑软件，以建立专题或区域性的适用性地理信息系统 |

### 3. GIS 构成

完整的地理信息系统一般由计算机硬件系统、计算机软件系统、地理空间数据库、系统管理操作人员和专业应用模型 5 要素组成，具体构成如表 11.3 所示。其中，计算机软硬件系统是系统核心，地理空间数据库可反映 GIS 的地理内容，管理人员和用户则决定了信息的表示方式和系统的工作方式（邬伦，1999）。

表 11.3　地理信息系统组成部分及特点与应用

| 组成部分 | 特点及应用 |
| --- | --- |
| 计算机硬件系统 | 一般由机械的、电子的、光学的元件构成，主要实现地理空间数据的输入、存储、处理和输出等，其中数据的输入主要是完成对矢量、图像、文字、数字等各类信息的输入；存储主要是计算机磁盘、硬盘等为地理信息系统数据和程序提供存储空间；处理主要是利用计算机主机对数据信息的分析和加工；输出主要是用绘图仪和激光打印机等对图形图像、文字等多种形式信息的输出 |
| 计算机软件系统 | GIS 的核心部分，主要包括计算机系统软件、GIS 软件和其他支撑软件及应用分析程序等，关系到 GIS 各项功能的实现。GIS 软件包括数据输入和加工、数据存储和管理、数据分析和查询、数据输出和查询和用户接口五大部分 |
| 地理空间数据库 | 是建立各种地理空间数据库的主要来源，以地球表面空间位置为参照的自然、社会、人文、经济、景观数据等，以图形、文字、表格和数据等形式，由系统建立者通过计算机硬件系统输入到 GIS，是 GIS 程序作用的对象 |
| 系统管理操作人员 | GIS 是一个动态的模型，不仅需要完善的架构，更需要系统管理操作人员，通过对系统的组织、管理、维护、系统更新、系统完善及应用程序软件开发等，采用合理、灵活的模型分析数据以提取多种信息，为研究和决策提供服务 |
| 专业应用模型 | 是 GIS 应用的核心要素之一。GIS 地理空间数据库可以通过专业应用模型发现问题内在的规律，为实际的应用提供决策服务 |

### 4. 地理信息系统在农业领域的应用层次

在计算机软硬件的支持下，GIS 可以完成对空间数据的输入、编辑、存储、管理、查询检索、分析和输出，并将数据进行分析，使结果得以显示等功能。GIS 也逐渐深入到农业领域的应用中去，从技术的角度来看，GIS 在农业上的应用主要分为表 11.4 中的 4 个方面。

### 5. 地理信息系统在农业领域的应用

GIS 中丰富的地理实体特性及强大的功能性决定了它在农业资源与环境管理、农业灾害监测、农业规划及区划和农业环境保护领域应用广泛，关于此方面的应用领域及其特点如表 11.5 所示。

表 11.4　GIS 在农业上的应用层次及特点

| 应用层次 | 特点 |
| --- | --- |
| 调查工具 | 以农业资源地理信息建立地理信息系统数据库，GIS 可以实现对农业资源的浏览检索等功能，并可绘制农业生产分布图 |
| 分析工具 | GIS 的数据分析可称为农业资源的分析工具，是 GIS 的主要功能之一，该分析工具可实现分析并与专题地图叠加，实现分析结果的可视化 |
| 管理工具 | GIS 专业应用模型的使用可实现对农业资源的信息的建模，提供农业资源管理方案，直接应用于农业生产 |
| 辅助决策工具 | 利用 GIS 模型分析功能和空间动态分析及预测能力，与专家系统、决策支持系统及其他现代技术（如 GPS、RS）有机结合，用于农业生产的管理和辅助决策 |

表 11.5　地理信息系统在农业领域的应用及特点

| 应用领域 | 特点及应用 |
| --- | --- |
| 农业资源与环境管理 | 将各种资源汇集到一起，通过 GIS 的统计和覆盖分析功能，按边界和属性条件，提供各条件组合形式的资源统计并对原始数据进行再现。通过 GIS 调查农业资源和环境数据，利用 GIS 统计分析功能为资源环境管理提供决策依据 |
| 农业规划和区划 | 农业规划要处理许多不同性质和不同特点的问题，进行多要素的综合分析。地理信息系统的数据库将这些数据归并到统一的系统中，用于专业应用模型实现多因素、多目标的规划，包括对不同用地类型的适宜性评价和资源的优化配置 |
| 农业灾害监测 | 利用遥感、GIS 和计算机等技术对重大农业气象灾害进行综合测评，可计算出大致受灾面积，估计经济损失。对历史农业环境信息和灾害信息进行分析，可预测灾害发生的基本规律、时空分布、概率分布和危害程度等综合评价模拟，预测灾害的形势，为防震减灾工作提供决策 |
| 农业环境保护 | 使用对遥感获取的农业环境信息进行分析、处理，及时发现情况并预警。建立环境空间数据库，对数据库进行分析，做出某一指标的专题地图，能形象表达环境的变化。利用 GIS 的模型建立环境模型，模拟农业环境动态变化趋势，为决策和管理提供服务 |

物质世界中，对于食物信息的描述一定离不了其空间方位信息，物联网由此也离不开 GIS 基于位置的服务。GIS 在同时处理物的空间信息与其属性方面更具优势。GIS 作为一种空间地理信息系统，是能够形象地为决策提供支持的计算机系统，必将成为构建物联网的关键支撑系统，在未来信息化社会的生产中发挥着越来越重要的作用。

### 11.2.6　农业物联网数据的标准化

#### 1. 农业数据标准化的概述

21 世纪有着社会信息化和知识经济化的典型特点，对于这样一个时代背景下的农业而言，信息化正将传统农业加速向现代农业转化。传统农业资源的投入固然重要，但如今农业经济的发展更加取决于现代技术的运用程度，以及相应信息获取和运用的程度（魏清凤，2008）。为了能够更加及时、全面地为农业生产者和科研者提供详实而全面的农业信息服务，世界各国都在加紧构建以农业信息为基础的各种涉农数据平台、数据库及涉农网站等（曾小红等，2010）。农业信息发展迅速，正以级数的速度增长，庞大的农业信息数据给农业活动带来了丰富、全面的信息，同时也呈现出庞杂无序、内容失真等种种问题，社会效益大打折扣。正如奈斯比特所言："失去控制和无组织的信息在信息社会不再构成资源，相反，它将成为信息工作者的敌人"（张峻峰等，2011）。农业信息利用环节还需解决的是如何合理组织、高效共享和有效利用农业信息资源。针对自动抓取智能搜索的技术性问题，尚未找到最好的解决途径，农业信息标准化才是解决该问题的关键所在。

## 2. 农业标准化的定义

农业信息的涉及面比较广，既包括农业生产活动中各个领域、各个层次，又包括农业经济、市场、政策法规等诸多方面。农业信息的标准化，就是对农业信息活动全过程的各阶段实行标准化管理，有效衔接信息获取（内容和方法）、存储、传递、分析和利用等不同活动阶段，进而实现切实有效地开发、利用农业信息资源，扩大信息共享范围的功能。郭新宇等学者对农业信息标准作了如下的定义。

广义的农业信息标准化是指农业信息及信息技术领域内最基础、最通用、最有规律性、最值得推广和需要共同遵守的重复性事物和概念，通过制定、发布和实施标准化，以便在一定范围内达到某种统一或一致，这种统一或一致是推广和普及信息技术的实行信息资源共享的先决条件，将有利于农业资源得到较好开发利用，加快农业信息产业的形成（郭新宇，2001）。狭义的农业信息化的标准就是指农业信息表达的标准化（郭新宇和赵春江，2005）。

## 3. 农业数据标准化处理的内容

农业信息标准化的编制不仅使农业信息具有简单性、实用性、开放性和易于维护性，而且更要使农业信息标准具有科学性和前瞻性。农业信息的标准化关键在于提高农业信息获取的及时性、完整性、可靠性和适用性，实现信息处理和利用信息的准确性、可靠性、有效性和通用性（郭新宇和赵春江，2005）。根据以上关于农业信息标准化的关键原则和既定目标，农业信息化标准应具体包含以下几方面内容。

**1）农业数据术语标准**

通过广泛的文献、书籍等的查询、收集整理农业科学研究、农业管理的基本概念，参考农业标准，将农业领域出现频率较高的词语进行规范统一，最大限度上的消除一名多物和一物多名的现象。通过修改、制定新术语等方式，来保证农业信息表达的准确性。本着科学、易用、易维护等原则建立农业术语数据库，为农业生产者、科技人员及信息管理人员提供信息化的术语集。

**2）农业信息的分类与编码**

根据农业信息标准化的科学性、前瞻性、开放性、易于维护性等原则，科学、合理对农业信息进行分类编码，同时对农业信息属性进行标准化。

**3）农业数据技术标准化**

近年来，我国各级农业部门已经开发出多套农业地理信息系统、农业专家系统、农业实时控制系统和农业模型模拟系统等。这些系统之间相互联系，互为数据源，却没有统一的技术标准，各系统之间无法流畅地进行数据交换，为资源共享增加了难度。因此，农业数据技术标准化是农业信息深加工、被共享的基础。

**4）农业数据管理标准化**

不仅要对农业信息等进行标准化，农业数据管理的标准化是保证农业信息可靠性的前提之一。农业数据管理标准化包括：农业数据获取渠道标准化、农业数据处理标准化、农业数据交换标准化和农业数据发布标准化等。

### 4. 农业数据标准化对农业物联网的意义

农业数据标准化是农业信息化的前提和基础。农业数据标准化后才能实现对农业信息资源的共享，确保农业信息的安全性和可靠性。农业数据的标准化也是农业信息资源进行深度开发的必要条件。农业数据的标准化为农业信息的获取、传递、处理和发布等环节的标准进行规范统一，与大型数据库、地理信息系统和农业专家系统等结合，实现信息的深度开发。数据标准化也为农业信息方面政策法规的制定、发布、实施奠定基础，有利于对农业信息市场活动进行规范。

农业物联网实现的是物与物的连接，处处体现农业智能化和智慧化。将农业信息数据进行标准化后具体优点如下。

**1）促进农业物联网信息采集传感器的标准化**

农业信息的表达形式多种多样，不同传感器会将信息进行多形式的表达。农业数据信息标准化过程中会对农业信息的表达形式进行规范，因此，农业物联网的数据采集传感器也将随着农业数据表达形式的规范而规范。

**2）增强农业物联网数据处理、分析的可靠性、合理性**

农业数据标准化，不仅是对农业术语进行规范，相应的农业数据技术和管理也要进行规范化处理。规范化管理使数据的来源、分类及其质量都有据可查，不仅会提高农业数据的利用率，更会增加农业数据分析、处理的可靠性。

**3）促进农业物联网的规范化**

农业物联网的应用范围广，涉及农业活动的方方面面。农业数据标准化是对农业生产活动的方方面面进行规范化的处理。农业数据标准化促使农业物联网数据的标准化、规范化，使农业信息的获取、处理、挖掘和应用更加方便和规范。

## 11.3　多源农业信息融合与处理技术

当使用多个或多类农业信息源（或传感器）进行数据处理时就要将多源信息进行融合，即将多源信息进行综合处理，分析得出更为准确、可靠的结论。多源信息融合又可被称为多源关联、传感器集成、多源合成、多传感器信息融合等（李弼程，2010），本节介绍农业领域多传感器数据融合的基本概念、原理及应用。

### 11.3.1　多源信息融合技术的概念和原理

信息融合作为一门多学科交叉融合的新学科，起源于 1973 年美国国防部的声呐信号处理系统项目。20世纪80年代，由于军事方面的需要，发展出多传感器数据融合技术。近几年，随着农业物联网技术的发展，在农业领域也开始采用多传感器来获取农产品在产前、产中、产后等多点的信息，为多源农业信息融合奠定了基础。

一般来说，信息融合技术是指利用计算机技术，对按时序获得的若干传感器的观测信息，依据一定准则将所得信息加以自动分析优化、综合，以完成所需决策并估计任务而进行的信息处理过程（李颖等，2008）。多源信息融合主要由以下环节构成：多传感信号检测、数据信号预处理、特征提取、融合计算和目标识别结果等。其中的关键环节是特征提取和融合计算。特征提取是从原始数据中提取对分类识别有用的目标信息；融合计算是对提取的目标信息作适当处理，完成特征信号与目标参数间的相关估计和识别（蒋晓瑜，2013）。武洪峰（2015）基于多源数据融合，对农作物病虫害监测技术进行了研究，并有效解决了准确监测大区域农田病虫害过程中的瓶颈问题，为农业病虫害的防治和控制奠定了理论基础，提供了技术支持，其技术路线图如图11.4所示。

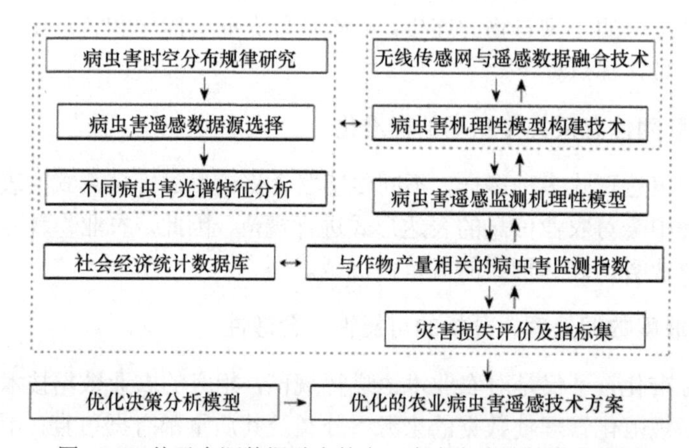


图11.4　基于多源数据融合的农田病虫害防治技术路线图

## 11.3.2　算法与模型融合技术

在实际应用中，对象的状态受诸多因素的影响。不仅由对象的自身属性所控制，还受多种外界因素所干扰，因此，实际应用中对象在空间、时间上的状态都表现得比较复杂。大部分的算法与模型都是基于单变量时间序列的，即只能利用某一类信息源的单变量时间序列信息，并不能对已有的多源信息加以充分的利用。为了解决上述问题，将数学中的交互多模型、多算法技术与多传感器信息融合技术有机结合来共同处理多源信息，提取出一个能代表对象状态的综合信息即可。

算法融合方面，张易凡（2007）基于三维迷向离散小波变换的多光谱和高光谱图像融合算法，通过重采样获得同样的尺寸，进行三维迷向离散小波变换，再根据体数据在3D-IDWT域的数据特征，选择合理有效的融合准则，对源图像小波系数进行合并，最后对融合后的变换域数据进行三维迷向离散小波逆变换，从而获得融合图像。

模型融合方面，人们在面对具有较强不确定性对象时，提出了以下两种解决方案：一是建立复杂系统的参数化模型；二是采用多模型融合的方法，利用多模型融合，来逼近原系统的动态性能（王炯琦等，2008）。

### 11.3.3　融合控制技术

融合控制技术是指基于多源信息融合的智能控制技术，其原理图如图 11.5 所示。各传感器将获取的多源信息进行信息融合处理，此为一次融合；然后，各种基本控制方法分别对一次融合后的数据进行独立处理得到各自相应的输出，根据一次融合结果及不同控制目标要求和系统所处状态，将各种控制方法处理得到的输出进行二次融合；最终被控对象会得到优化了的决策输出。基本控制方法的选择原则如下：在所有控制方法所对应的控制全域中，选择尽可能少的控制方法，尽量使它们各自控制子域的并集接近全域，并且保证各控制方法相互间存在很强的互补性（许东来等，2006）。

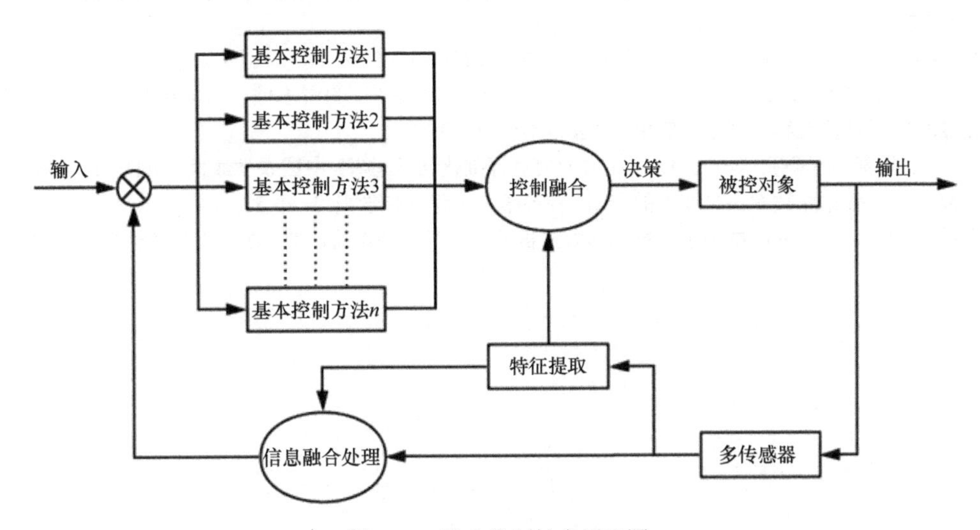


图 11.5　融合控制技术原理图

## 参 考 文 献

冯晓东. 2006. 搜索引擎在网络营销中的应用策略研究. 对外经济贸易大学硕士学位论文.
郭新宇, 赵春江. 2005. 农业信息标准化数字农业的基础. 世界农业, 312(4): 51-52.
郭新宇. 2001. 初析我国农业信息标准化. 中国标准化, 11: 8-10.
李道亮. 2012. 物联网与智慧农业. 农业工程, 2(1): 1-7.
李建平. 2003. 智能化 WEB 信息搜索引擎的研究与实现. 大庆石油学院硕士学位论文.
李军. 2010. 农业信息技术. 北京: 科学出版社.
李蕾. 2007. 农业专业搜索引擎个性化服务研究与实现. 中国农业科学院硕士学位论文.
李颖, 唐颖栋, 张廉. 2008. 现代信息技术在桥梁结构无损检测中的应用. 西部交通科技, 2: 68-72.
刘巽浩. 2001. 论中国农业的强地域性特征. 中国农业资源与区划, 05: 29-32.
刘禹. 2012-4-17. 大数据有大智慧. 光明日报, 12.
孙忠富, 杜克明, 尹首一. 2010. 物联网发展趋势与农业应用展望. 农业网络信息, 5: 5-8.
孙忠富, 杜克明, 郑飞翔, 等. 2013. 大数据在智慧农业中研究与应用展望. 中国农业科技导报, 15(6): 63-71.
王粉花, 年忻, 郝国梁, 等. 2010. 物联网技术在生命状态监测系统中的应用. 计算机应用研究, 09:

3375-3377, 3380.
王炯琦, 周海银, 吴翊, 等. 2008. 基于模型概率的多模型融合定轨建模及仿真. 系统仿真学报, 20(17): 4722-4726.
王璐, 翟义欣, 王菲. 2005. 地理信息系统(GIS)的发展及在农业领域的应用现状与展望. 农业环境科学学报, 24: 362-366.
王兴超. 2013. 基于云计算的数据库关键技术研究. 兰州大学硕士学位论文.
魏清凤. 2008. 网络农业信息标准化研究及自动编码著录系统开发. 华中农业大学硕士学位论文.
邬伦. 1999. 地理信息系统. 中国科技术语, 2: 34-35.
武洪峰. 2015. 基于多源数据融合的农作物病虫害监测技术研究. 现代化农业, 5: 59-60.
许东来, 张绍立, 余跃庆. 2006. 基于柔性机器人的集成控制融合实验研究探讨. 微计算机信息, 22: 170-171.
杨锋, 吴华瑞, 朱华吉, 等. 2011. 基于 Hadoop 的海量农业数据资源管理平台. 计算机工程, 12: 242-244.
叶勤. 2005. 浅谈农业专题数据库. 安徽农业科学, 09: 1764-1765.
曾小红, 王强, 方佳. 2010. 国内外农业信息标准化建设研究进展. 世界农业, 377(09): 24-27.
张捷. 2012. 云计算在物联网中的应用. 办公自动化, 10: 30-31.
张峻峰, 罗长寿, 孙素芬, 等. 2011. 网络农业信息标准化问题思考. 中国农学通报, 27(1): 461-465.
张雷蕾. 2011. 数据库技术在农业中的应用. 齐齐哈尔工程学院学报, 1: 49-51.
郑文钟. 2005. 基于数据挖掘和系统集成的农业机械化信息管理系统研究. 浙江大学博士学位论文.

# 第 12 章　农业信息决策与处理

## 12.1　概　　述

### 12.1.1　物联网对农业信息处理技术的新要求

现代农业区别于传统农业，它是一个动态的、历史的概念，是一种大规模运用现代工业提供的生产资料、现代科学技术和科学管理方法的农业。

建设现代农业的重点体现在以下两个方面：一是农业生产技术和物质条件的现代化，利用先进的科学技术和现代化生产要素，实现农业生产机械化、水利化、电气化、化学化、信息化和网络化；二是农业组织管理的现代化，以此实现生产方式企业化、农业经营专业化和农业服务社会化（周洁红和黄祖辉，2002；戴小枫等，2007；陶武先，2004；肖建中和李国志，2015）。

作为 IT 技术发展的最新成果，物联网将在实现农业现代化的进程中起着重要的作用，农业信息处理是农业物联网运行步骤中的末端环节，也是农业生产信息化、智能化的关键。通过信息技术对农业生产、经营管理、战略决策过程中的自然、经济和社会信息进行采集、存储、传递、处理和分析，为农业生产者、研究者、管理者和经营者提供资料查询、技术咨询、辅助决策和自动调控等多项服务。具体来说，就是将物联网感知层获取的大量数据，利用机器视觉、模式识别、智能推理等技术手段进行分析，从而得到用户真正需要的关键数据。

### 12.1.2　农业信息智能处理方法简介

农业信息处理技术的智能化程度不同，较低者称为基础农业信息技术，较高者称为智能农业信息技术。

基础农业信息技术是指各种类型的农业数据库（包括农业生产、农业科技、农业生产资料市场、农产品市场、农业资源与环境等）的建立，以及与计算机网络、移动互联网、“3S”技术等技术的结合，其主要功能是提供动态信息，但其智能化程度低（丁朝霞，2007）。智能农业信息技术将现代信息技术与农业科技相结合，是实现农业信息有效传递、合理分析、智能应用的重要手段，具体内容包括农业专家系统、农业智能决策支持系统和农业预测预警等。

#### 1. 农业专家系统

农业专家系统（agriculture expert system，AES）是基于人工智能的专家系统，该软件系统集成了地理信息系统、机器学习、智能分析、知识发现、模糊运算和优化模拟等多种信息技术，还存储了大量的农业领域知识、模型资料和农业专家经验。它通过使用规范的知识来表示方法，推理策略，结合日益普及的移动互联网技术，以信息网络为载体，为农业生产者和管理者提供方便快捷的指导服务，一定程度上缓解了农业专家缺乏的情况。

#### 2. 农业智能决策支持系统

农业智能决策支持系统是指智能决策支持系统在农业领域的应用，它将人工智能技术、农业专家系统技术与传统的农业决策支持系统相结合，是传统农业决策支持系统的一个升级，从而降低了对使用者专业水平的要求，避免了使用者可能出现的主观意向性偏差，弥补了仅靠模型技术和数据处理技术支撑的传统农业决策支持系统存在的缺陷。其目标是将决策支持系统和人工智能结合，充分应用人类的知识和经验。

#### 3. 农业预测预警

农业预测是以已有的或可采集的土壤和气象资料、作物或动物生长条件、化肥农药饲料的使用情况等农业资料为基础，建立数学模型，对研究对象未来发展的可能性进行推测。从而方便进行精准施肥、灌溉、播种、除草、灭虫等农业生产活动。

农业预警就是根据科学预警的理论与方法，与农业生产系统的特点相结合，对未来一段时间内农业生产状况进行测度，制定一系列农业预警指标，预报不利状态的时空范围和危害程度，提出防范措施，在最大限度上避免或减少农业生产活动受到的损失，从而降低风险，提升农业生产收益。

## 12.2　农业专家系统

人工智能领域的一大分支就是专家系统，它在人工智能从理论研究走向应用实践的道路上应运而生。随着农业信息化进程的不断加快，农业信息技术也得到了广泛应用，农业专家系统的研发工作也取得了显著成果，逐步实现了农业生产管理的科学化和智能化，广大农民与基层农业技术人员的技术水平得到了很大的提高，体现了我国“持续高产、高效发展”的农业理念。

### 12.2.1　农业专家系统概述

“专家”指的是能解决某一领域专业问题的行家里手，他们具有丰富的专业知识与实际经验，具有独特的思维方式和学习能力，以及分析和解决问题的能力。

农业专家系统（AES）是专家系统在农业领域的具体应用，该系统应用人工智能技术，借助农业领域的专家知识、研究的实验数据、配套的农业技术和数学模型，对农业专家就某一个复杂农业问题进行启发式推理、判断，以及决策的全过程进行模拟的智能型计算机系统。

20 世纪 70 年代末，以美国等欧美国家为首率先展开了专家系统在农业上的研究及应用，有了对农业信息的探讨。20 世纪 70 年代末至 80 年代中期，农业信息系统的开发主要是针对农作物的病虫害诊断，80 年代中期至今，农业专家系统从单一的病虫害诊断发展成为包含生产管理、农产品市场销售管理、经济分析决策、生态环境在内的全功能平台。社会在不断进步，技术在不断发展，农业专家系统与其他技术领域的结合将成为必然趋势（谢小婷和胡汀，2011）。

### 1. 农业专家系统的特点

与人类专家相比，农业专家系统具有以下特点（李杰等，2012）。

具有专业领域的大量知识。随着信息技术的发展，硬件存储容量的限制越来越弱，农业专家系统可以搭载大量相关的数据库、知识库、模型库的资料。在这方面，农业专家系统远胜于人类专家。

能够高效、准确、迅速地工作，不会产生疲劳、厌倦等负面情绪，也不会有遗忘的现象。

可以被永久保存，可以被复制，突破了空间与时间的限制。

与一般程序相比，农业专家系统具有以下特点（石琳等，2011）。

#### 1）能进行符号处理

农业专家系统中的知识经过一定方法的整理，可以带有表示性，即可以用于符号表示，也可用于符号处理。这一点专家系统与一般程序相比有很大的不同。

#### 2）智能性

农业专家系统的智能性表现在推理过程，其智能水平取决于推理机的能力及所包含知识的质量与数量，并能为自身的推理过程及结果给出依据和解释。而这一点是一般程序做不到的。

#### 3）获取知识和自学习的能力

农业专家系统不仅可以进行合理推理，还可以从推理过程中不断总结规律，以此来扩充和完善自身系统。

#### 4）高效性

可以解决不确定性的、非结构化的或没有算法解的问题，并且对问题的解决具有高效性。

农业专家系统是基于专家学识和能力的智能问题求解系统。系统依靠知识表达、推理、收集、编码、存储、编排，建立知识库，利用专家掌握的知识和经验求解专业问题，消除了单纯依靠数学计算来解决问题的弊端。

### 2. 农业专家系统的结构及功能

农业专家系统结构包括：知识库模块、推理机模块、知识获取模块、数据库模块、解释器模块和用户界面模块 6 个部分（如图 12.1 所示的实线框部分），其中的知识库模块和推理机模块为系统核心部分（马鸣远，2006）。随着技术的发展，目前部分农业专家系统还含有可信度模块、知识库管理模块与学习模块等（如图 12.1 所示的虚框部分），进一步强化了系统的功能，具体如图 12.1 所示。

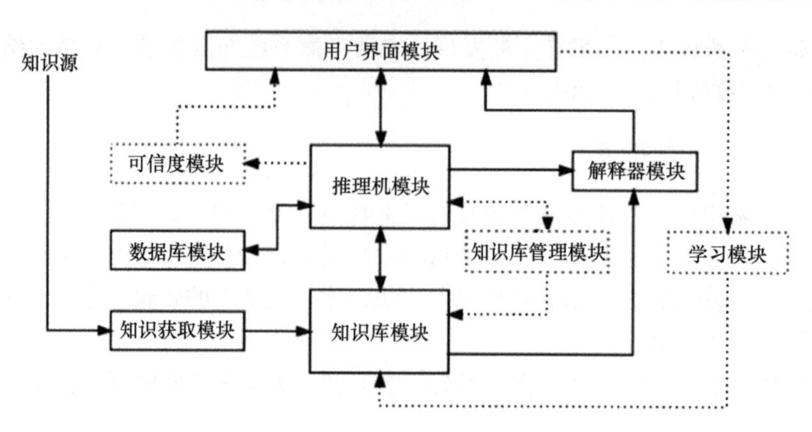


图 12.1 农业专家系统的结构

各个模块的功能如下。

**1）知识库模块**

知识库用来存储农业专家系统的数据和知识，通过知识获取、推理和学习，专家系统会得到大量农业领域的原理性知识，农业应用的相关事实及农业专家的经验性知识等，并将其存放在知识库模块中。知识库的质量好坏直接关系到农业专家系统的整体质量及计算结果的可信度。

**2）推理机模块**

推理机模块被形象地称为农业专家系统的“发动机”，它的工作包括：调用系统内已有的数据核知识、控制推理过程、对整个系统的运行进行协调。它根据知识库中的知识，按照设计的推理策略，逐步求解问题，最后对外部输入给出解释，推导出结论。设计推理机模块的原则是使其推理过程与专家的推理过程尽量相似。

**3）知识获取模块**

由外界获取的知识，有的由工程师将专家提供的知识转换、加工后输入；有的自身整合了学习模块，由农业专家系统直接与专家获取知识；有的通过外部链接的网络、传感器、GPS 等自动获取外部信息。

**4）数据库模块**

实际上是农业专家系统工作时，内部数据的暂时存储区域。包括外部输入的原始数据、推理过程中产生的中间数据等。

**5）解释器模块**

解释器模块的作用是向用户解释农业专家系统的行为，即输出候选解的原因。

**6）用户界面模块**

主要是提供人机交互服务，包括系统接受用户的输入信息，将其转化成为系统可以理解的表示形式，然后提交给相应模块进行后续操作，最后负责把系统输出的内部信息以用户可以理解的表现形式输出，如语音、图标、文字显示等。

**7）可信度模块**

可信度模块是一个非精确推理和模糊推理模块，主要是计算目标结论的可信度。

**8）知识库管理模块**

知识库管理模块大多出现在大中型农业专家系统中，因为大中型农业专家系统拥有着极为庞大的知识库，因此推理机中的管理模块需要被单独拿出来，实现对知识库中数据和知识的合理组织与有效管理，再按照推理机的要求去搜索知识库的知识，解决多个知识库的相容性和一致性等问题。

**9）学习模块**

学习模块能及时修改和扩充知识库的内容，使专家系统具有自动获取知识的能力。

### 3. 农业专家系统的分类

据农业专家系统的功能与结构，可以将其分成以下几类（熊范纶，1999；刘白林，2012；李军，2006；敖志刚，2002）。

启发式专家系统（heuristic expert system），以该领域专家的经验知识为基础建立，如冬小麦新品种选育专家系统（赵双宁等，1992）。启发式专家系统通常运用在目标单一、影响因素少、经济价值高的场合，但是启发式专家系统的知识库构建比较复杂，获取知识经验的工作量较大。

实时专家系统（real-time control expert system）又称为算法专家系统（algorithmic expert system）。它的基本功能是利用传感器获得的数据，按照收集到的专家经验，根据环境条件的变化进行自动参数的调整。这类专家系统的使用场合比较少，目前常用于温室环境控制，如美国的 MISTING 系统，能够动态调整温室内的喷雾时间和频率（Zolnier S et al.，2001）。

基于模型的专家系统（model-based expert system），这类专家系统是把已有的模型与知识库相结合，利用专家系统为模型提供参数，对模拟结果给予解释，有些专家系统还能表示一般专家系统难以完成的深层的因果关系。另外，它还能够把符号处理与数值处理，定性分析与定量分析有效地结合起来。

专家数据库（expert databases），本质上是把专家系统与数据库相连接形成的组合系统，极大提高了对数据库中数据和知识的检索效率，便于用户从数据库获取有效信息。例如，美国的良种选择专家系统 CUE。

专家系统壳（expert system shell），本质上是利用专家系统的外壳，针对某些共同存在的问题研制出来的一种软件工具。例如，中国科学院合肥智能机械研究所研制的施肥专家系统开发工具（KA），它允许农业专家对此系统壳进行深度开发和定制（邓亚娟，2005）。

按照涉及的农业学科领域，农业专家系统大体上分为以下几种。

作物栽培专家系统：根据所在地域的气候、土壤特点，结合作物栽培经验，可为当地用户提供有关土壤耕作、作物品种选择、灌溉施肥、病虫害防治、产量估计等一系列作物栽培综合措施的理论支持和技术指导。

农田施肥专家系统：针对特定区域的土壤理化指标，根据作物、气候等方面因素，推荐肥料运筹与施肥方法。

植物保护专家系统：结合当地的气候变化条件，根据特定地区农作物病、虫、草害的种类、发生规律，提供有关作物的病、虫、草害信息的预测、诊断信息，以及预防和治疗指导。

良种选育专家系统：根据当地作物育种情况，提供有关动植物的亲本选配，后代选择及品种评价等方面的指导。

畜禽水产养殖专家系统：提供包括养殖环境、场所建设、饲料配比、疾病防治等多方面的信息，针对家禽、家畜、水产品的科学养殖方法进行科学指导。

水利灌溉专家系统：提供灌溉水源预报、需水量预测、灌溉方法、灌溉设施自动化控制等技术指导。

其他涉农专家系统：包括并不限于农业生产管理、农业经济分析、农产品品质检测、农机农具管理等。

### 12.2.2　农业专家系统的构建与实例

在实际生产中，人类专家的专业能力来源于其所学到的渊博的专业知识，所以对专业知识的掌握很大程度上决定了专家的能力。农业专家系统根据这一思想，将专业知识与程序设计相结合，将人类专家在解决问题时的推理、学习和解释的能力巧妙地赋予程序。

农业专家系统的核心正是农业领域的专业知识。研究的展开大都以知识获取、知识表示和知识利用三个方面为重点。其中，知识获取成为专家系统中的“瓶颈”所在。

知识库的构建遵循以下步骤。

知识库的逻辑构成：根据专家系统的目标，构建知识库的种类，如对于一个作物栽培专家系统，需要建立品种资源库、区域土壤库、区域气候库、栽培技术库等。

知识库的物理设计：此过程的任务是将知识库的逻辑构成在实际的物理设备上实现。

丛飞（2013）在建立番茄病害专家系统时，选用的是 Microsoft SQL Server 2008 数据库。此知识库主要包括：番茄病虫害发病时期数据库、危害症状数据库、危害部位数据库、诊断结论数据库和防治方法数据库，具体知识库架构如图 12.2 所示。

通过实地考察、查阅并参考大量文献，对相关资料进行整理并汇总至知识库，最终收录了 57 种病害和 11 种虫害。其中，病害包括了番茄病毒病害、番茄生理病害、番茄线虫病害、番茄缺素症、番茄细菌病害、番茄真菌病害等；虫害包括了侧多食跗线螨、苜蓿夜蛾、美洲斑潜蝇、小地老虎、茄二十八星瓢虫、烟青虫、棉铃虫、桃蚜、甜菜夜蛾、温室白粉虱、烟粉虱等。

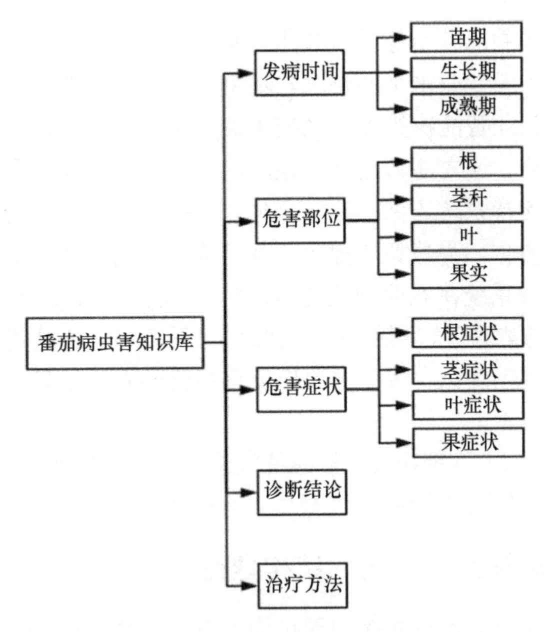


图 12.2　农业专家系统番茄病虫害知识库设计

## 12.3　农业智能决策支持系统

决策（decision making）是指以特定目标为前提，根据实际情况，在搜集一定量的信息和经验后，使用一定的工具和方法，对各种内外影响因素进行计算、分析后，作出一定时间范围内的预期规划。

近几个世纪以来，人类探索自然、指导社会实践过程中产生、发展并完善了一系列系统化的科学方法，形成了系统分析法和统计决策理论共同支撑起的决策分析技术。随着 20 世纪诞生的计算机科学和计算机设施与方法的广泛普及，特别是伴随 20 世纪 50 年代人工智能（artificial intelligence）的兴起，在信息处理、控制等领域提出了智能决策（intelligent decision making）的概念，即机器根据面临的任务，自主地作出决策以实现目的。运用在农业上，就是我们所说的农业智能决策。

### 12.3.1　农业智能决策支持系统的概述

农业智能决策支持系统是将智能决策支持系统应用到农业领域的系统，智能决策支持系统（intelligent decision support system，IDSS）的概念最早是由 Bonczek H. R. 等于 1981 年提出。智能决策支持系统是在决策支持系统（decision support system，DSS）的基础上结合人工智能（artificial intelligence，AI）、专家系统（expert system，ES）而形成的（Bonczek et al.，1981a）。

决策支持系统是一种人机交互式的软件系统。它的工作主要是通过信息技术，结合决策支持科学的相关知识理论，针对特定的半结构化或者非结构化的问题，利用已有的相应数据和模型，与使用者交互操作后，通过提供背景资料、协助明确问题、完善对象模型、筛选可行方案、进行差异比较等方式，帮助使用者作出正确决策。农业智能决策支持系统的最大特点是将农业专家系统技术、人工智能技术与传统的农业决策支持系统相结合，降低了对使用者专业水平的要求，避免了由于使用者高度参与出现的主观意向性偏差，弥补了传统农业智能决策支持系统单调技术支撑的缺陷。将智能决策系统与其他相关科学技术相结合，使之能够更充分地应用人类的知识是其最核心的思想目标。不过在当前，智能决策支持系统还做不到完全独立、准确地决策，通过与决策者的一系列对话，进行人机交互协作，为决策者提供更加可靠的可行性方案。

农业智能决策支持系统在农业领域的运用中，它的核心思想是区别对待、按需实施、定位调控，达到“处方农作”（罗锡文等，2001）。系统的目标是建立精确农业智能决策技术体系，为用户提供精确化、智能化和形象直观化的农业信息，为用户拟定出对生产进行精细管理的实施方案。

在未来的展望中，农业智能决策支持系统将进一步涉及深化智能技术，但着眼点仍旧是更好地面向决策者，结合目标条件、背景知识运用智能技术，解决农业领域的实际问题。

### 12.3.2 农业智能决策支持系统的结构理论

目前关于农业智能决策支持系统的理论尚不统一，对于农业智能决策支持系统的结构，有以下几种较为流行的理论。

#### 1. 基于部件集成的体系结构

Sprague Jr R. H.（1980）最先提出了基于数据库、模型库的 DSS 结构理论（Sprague Jr, 1980），后来在这一基础上提出了三库（数据库、模型库、方法库）结构（陈文伟，2000）。后来还增加了规则库、文本库等结构，对于智能决策支持系统，目前主流的观点是四库（数据库、模型库、方法库、知识库）的框架（肖人彬等，1994），具体如图 12.3 所示。

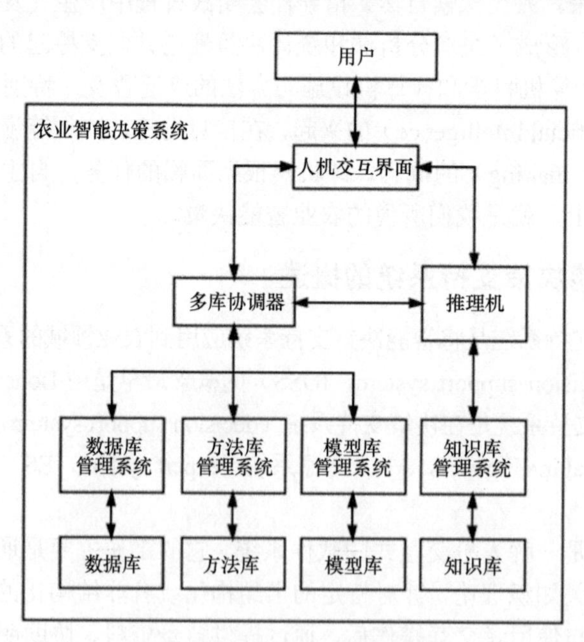


图 12.3 农业智能决策系统结构

农业智能决策系统各个模块具体功能如下。

（1）用户通过人机交互界面与整个农业智能决策系统进行沟通，用户在 IDSS 中输入必要的信息，同时也会从界面中看到程序运行的状况和最后的结果。

（2）推理机搭载人工智能，分析解决问题。

（3）数据库用来存放原理性数据、知识和决策信息。

（4）模型库用来存放各种分析、预测和决策模型。

（5）方法库用来存放模型库中各模型需要用到的算法。

（6）知识库用来存放经验性的规则集、专家经验等。

（7）数据库、方法库和模型库主要用于定量的数值计算，而知识库实现符号推理、模式识别等功能，主要用于定性的推理分析。

（8）相对应各种库的管理系统，主要是用于管理和维护，具有对内容的建立、删除、修改、检索、排序、索引、统计等基本功能，并且提供一套语言或是提供与某种高级语言的接口供用户使用。

（9）多库协调器负责协调知识、数据、模型、方法各部分之间的关系，综合各部分功能给出最终的决策服务，为决策提供多层次、全方位的支持和服务。

### 2. 基于问题处理模式的体系结构

按照 Bonczek 等（1981b）提出的“三系统”结构来分析，整个 IDSS 可以分解成语言系统、知识系统和问题解决系统。

人机交互界面及所使用的所有语言，组成了语言系统，而语言系统又决定了问题转化成系统识别的内部语言的质量，对决策系统的结果有着直接影响。

知识系统由数据库、知识库、模型库、方法库和相应的管理系统、处理系统组成，从广义角度上说，数据可以看成是事实型数据，模型可以看成过程型知识，方法可以看成产生型知识，这些都统一为解决问题的系统服务。

推理机、多库协调器组成了问题解决系统，是整个 IDSS 的核心，功能包括信息收集、问题识别、模型生成和问题求解。

信息收集是整个决策的基础，信息可以来自用户的输入或者知识系统的查询。对于用户输入的信息，还需要额外地借助语言系统，从自然语言编译成系统识别的内部语言。来自知识系统的数据只需要进行数据、模型的调用即可。

问题识别是决策系统在明确工作任务的过程中，通过对实际问题进行分析，并建立求解的总体框架，框架中包括各组成部分的目标、求解要求及其他功能等。

模型生成是指对于问题求解的总体框架，要决定各组成部分是要套用已有模型，还是需要建立新模型抑或是将多模型整合。这些过程都需要详细地分析设计，进行多次模拟试验。在这一过程中，是否有用户参与将产生不同的总框架模型，在实际设计过程中，需要结合实际情况，进行对比，选择最优模型。

问题求解需要连接所需的数据库、方法库、模型库。在多库调节器的协调下，作为一个整体，进行问题求解，形成最终的决策结果并返回给用户。

### 3. 其他智能决策支持系统结构

近些年来，基于Multi-agent和移动Agent技术的体系结构也引起了人们的关注。这些研究起源于人工智能，特点是在特定环境（通常是恶劣环境）中能够随外部环境的变化而自主调整，智能适应环境，从而实现连续工作的目标。在分布式系统中，Agent通常是指用来进行信息收集和节点控制等操作的节点实体（高秋华等，2006；丁继红和高秋华，2007）。根据特定任务的实际需求，用户能够设置一个或多个Agent，并将其部署在一个和多个节点上，进行并行运算，待任务完成后再将结果传送给用户。用Agent部件代替单一的问题求解系统. 增加了系统的智能性，扩展了系统的可运行范围，为复杂软件系统的实现提供了新的途径，但从整体上说仍有待继续探索。

## 12.3.3 农业知识规则的确定

将专业领域的知识以某种形式储存在数据库中之后，不能供推理机直接使用，还需要将知识形成知识规则。知识规则需要满足以下条件。

具有表示能力，即能否正确、有效地表示问题；可组织性，即可以按某种方式把知识规则组织成某种结构；可利用性，即可利用这些知识进行有效推理；可实现性，即便于计算机直接对其进行处理；可理解性，即知识规则应易读、易懂、易获取等；可维护性，即便于对知识规则的增、删、改等操作。

常用的知识表示方法有：一阶谓词逻辑表示法、产生式表示法、语义网络表示法、框架表示法等（郑丽敏，2004）。

### 1. 一阶谓词逻辑表示法

一阶谓词逻辑表示法是指使用逻辑学科中的谓词演算和命题演算等知识来表述一些事实，其特性是可以在一定范围内保证正确。命题是指具有“真”或“假”属性的句子。对于多个命题常用逻辑连接词，包括与、或、非、包含、等价等，常用逻辑连接词如表12.1所示（梁郑丽和贾晓丰，2014）。

谓词是表示描述实体的性质。例如，在“明天是晴天”中，“明天”是主语，“是晴天”是谓词。用$x$表示主语，用$p$表示谓词，则如$p(x)$表示命题的方式则称为谓词表示法。

推理机可以根据谓词表示进行推理。例如，在知识库有$m(x) \rightarrow d(x)$，通过模式匹配，替换其中的$x$，就可以推出新的事实。

具体步骤是先根据要表示的知识定义谓词。例如，表示知识“所有染病叶片都有斑点”。先定义谓词，$T(x)$表示$x$是染病叶片；$S(y)$表示$y$是斑点；$TS(x, y)$表示$x$是$y$的染病叶片。再用连词、量词把这些谓词连接起来，如上例表示为

$$(\forall x)(\exists y)[T(x) \rightarrow TS(x, y) \wedge S(y)]$$

可以读作：对所有$x$，如果$x$是一个染病叶片，那么一定存在一个个体$y$，$y$的染病叶片是$x$，且$y$是一个斑点。

因为一阶谓词逻辑表示法更接近人们对问题的直观理解，所以其主要优点就是能够

做到表达自然；此外，该表示法的使用易于掌握，有标准的知识解释方法；另外，一阶谓词逻辑表示法的谓词逻辑值只有“真”与“假”，其描述十分确定；最后，在应用时由于知识和处理知识的程序是分开的，操作十分便利，无须考虑处理知识的细节。

**表 12.1　常用逻辑连接词**

| 符号 | 名字 | 含义 | 解释 |
|---|---|---|---|
| ⇒<br>→<br>⊃ | 实质蕴涵 | 蕴涵；如果…那么 | A⇒B 意味着如果 A 为真，则 B 也为真；如果 A 为假，则对 B 没有任何影响 |
| ⇔<br>↔ | 实质等价 | 当且仅当；iff | A⇔B 意味着如果 A 为真则 B 为真，和如果 A 为假则 B 为假 |
| ¬<br>~ | 逻辑否定 | 非 | 陈述¬A 为真，当且仅当 A 为假。穿过其他算符的斜线同于在它前面放置的“¬” |
| ∧<br>•<br>& | 逻辑合取 | 与 | 如果 A 与 B 二者都为真，则陈述 A∧B 为真；否则为假 |
| ∨<br>+ | 逻辑析取 | 或 | 如果 A 或 B 之一为真陈述或 AB 两者都为真陈述，则 A∨B 为真；如果二者都为假，则陈述为假 |
| ⊕<br>⊻ | 异或 | xor | 陈述 A⊕B 为真，在要么 A 要么 B 但不是二者为真的时候为真 |
| ∀ | 全称量词 | 对于所有；对于任何；对于每个 | ∀$x$：$P$（$x$）意味着所有的 $x$ 都使 $P$（$x$）都为真 |
| ∃ | 存在量词 | 存在着 | ∃$x$：$P$（$x$）意味着有至少一个 $x$ 使 $P$（$x$）为真 |
| ∃！ | 唯一量词 | 精确的存在一个 | ∃!$x$：$P$（$x$）意味着精确的有一个 $x$ 使 $P$（$x$）为真 |
| ：=<br>≡<br>：⇔ | 定义 | 被定义为 | $x$：=$y$ 或 $x$：=意味着 $x$ 被定义为 $y$ 的另一个名字（但要注意≡也可以意味着其他东西，比如全等）。P：⇔Q 意味着 P 被定义为逻辑等价于 Q |
| （） | 优先组合 | | 优先进行括号内的运算 |
| ⊢ | 推论 | 推论或推导 | $x$ 论或意味着 $y$ 推导自 $x$ |

一阶谓词逻辑表示法的主要缺点是只能对确定性知识进行表示，无法表示启发式知识、过程性知识和非确定性知识，因此其应用范围受到很大的限制；由于表示法本身不具有良好的组织性，使用该表示法的知识库管理也会比较困难；由于难以表示启发式知识，因此使用推理规则时不具有目标性，通常使用穷举法，当数据量较大时，处理的时间消耗较大，也容易发生宕机现象；把推理演算与知识含义分开，使推理过程冗长，降低了系统效率。

## 2. 产生式表示法

产生式（production）是目前使用最多的一种知识表示方法，通常用于表示具有因果关系的知识（薛冬娟等，2004），基本形式如下。

IF P THEN Q

式中，前件 P 是产生式的前提，它给出了该产生式可否使用的先决条件，由事实的逻辑组合来构成；产生式的后件 Q 是一组结论或操作，它指出当前提 P 满足时，应该推出的结论或应该执行的动作。产生式的整体含义是：如果前提 P 被满足，则可以推出结论 Q

或执行Q所代指的操作。

为了严格描述产生式，1960年，Backus提出了巴科斯范式（Backus normal form），给出了产生式的形式描述与语义。

在双引号外的字代表语法部分；尖括号（<>）内包含内容为必选项；大括号（{}）内包含内容为可重复的项；方括号（[ ]）内包含内容为可选项；竖线（|）意义等同于“OR”;：：=意义等同于“被定义为”；双引号中的字代表这些字符本身。RFC2234对扩展的巴科斯范式（ABNF）进行了定义，ABNF又对此做了一定的扩展和改进，如舍弃了尖括号。

以玉米斑枯病为例，知识库中ID为001，发病时期为苗期，发病部位为果实，初生病斑黑色点状，然后变成中央红褐色、边缘浅褐色的圆斑，致果实局部坏死。用规则描述如下。

IF 发病时期=“苗期”AND 发病部位=“果实”AND 症状=“所选症状”

THEN flag=“ID”

然后通过标识ID快速定位到数据表中该条记录，就确定了所患的病害种类。产生式表示法与一阶谓词逻辑表示法形式虽有相似之处，但也存在区别，主要表现在：一阶谓词逻辑表示的值只有真和假，故其能够表达的知识都是确定性的，产生式就可以表示不确定的知识；与上一条类似，一阶谓词逻辑的匹配要求是确定的，而产生式的匹配没有这个要求。

产生式表示法采用“如果……，则……”的形式，主要优点是符合人类自然思考模式；对于表示确定性知识和不确定性知识没有太大差异；对于启发性知识和过程性知识都能很好表达；所有规则都具有相同的格式，便于规则的统一处理。主要缺点是对结构性知识不便表达，这是因为产生式表示的知识具有一致格式，且规则之间不能相互调用。

### 3. 语义网络表示法

语义网络是一个在认知科学领域和自然语言理解研究中的概念，于20世纪70年代初，由西蒙（Simon R. F.）提出，他认为概念间的联系产生了记忆。1972年，西蒙正式提出了语义网络的概念，并对它与一阶谓词之间的关系进行探讨，将他的语义网络表示法也加入到他的自然语言理解系统中。1975年，亨德里克（G. G. Hendrix）又对全称量词的表示提出了语义网络分区技术。

语义网络（semantic network）是一种由节点和带标记的边（弧）构成的网络图。图中网络节点表示对象、事物、状态等实体，带有标识的边（弧）代表语义关系，用来表示它所连接的两个实体之间的语义联系，语义网络可以表示人类用语言描述的知识（孙佰清，2010）。通常由下列4个相关部分组成。

词法部分：决定了词汇表中可能出现的符号种类，涉及各个节点和弧线。

结构部分：规定了符号排列、各弧线连接的节点对的约束条件。

过程部分：这些过程用来建立、修正描述，以及对相关问题进行作答，详细解释访问过程。

语义部分：通过确定有关节点的占有物及其排列方式和对应的弧线等信息，来确定与描述相关意义的方法。

常见的语义关系有以下几种。

类属关系：体现的是“类与个体”的关系，是最常用的一种语义关系，通常用 ISA 或“is a”标识，如图 12.4 所示。

成员关系：表示“个体与集体”的关系，意思为“是一员”，表示一个事物是另一事物的一个成员，如图 12.5 所示。

聚类关系：表示部分与整体的关系，用 Part-of 标识。聚类关系与成员关系的区别在于，聚类关系一般不具备属性的继承性，如图 12.6 所示。

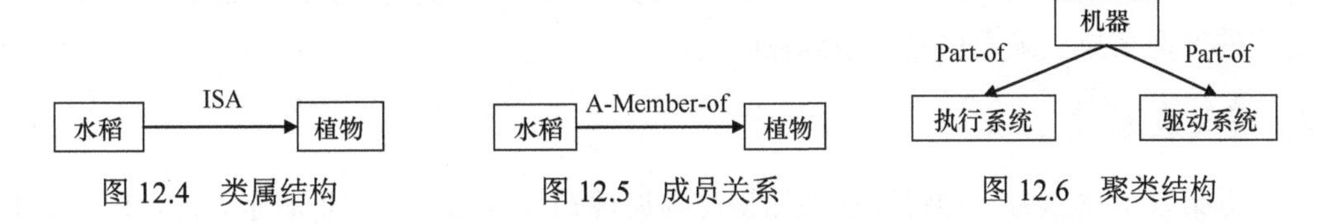


图 12.4　类属结构　　图 12.5　成员关系　　图 12.6　聚类结构

属性关系：表示个体及其属性之间的关系，其中由向弧来表示属性。

泛化关系：是指更高的类与类结点之间的关系，以 AKO（a kind of）作为标识，如图 12.7 所示。

所属关系：体现的是“具有”关系，用“Have”来标识，如图 12.8 所示。

表示关系：“能”、“会”，用“Can”表示，如图 12.9 所示。

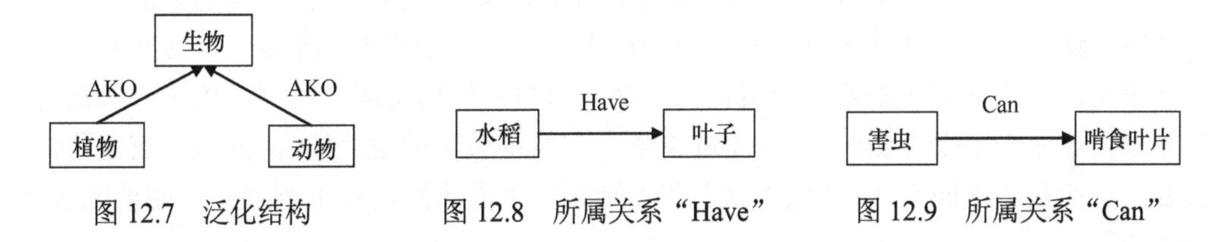


图 12.7　泛化结构　　图 12.8　所属关系“Have”　　图 12.9　所属关系“Can”

例如，用语义网络表示：“动物能运动、会吃。鸟是一种有翅膀、会飞的动物。鱼是一种会游泳的动物。”对于这个问题，各节点（动物）的属性按属性关系描述，再用类属关系描述动物之间的分类关系，结果如图 12.10 所示。

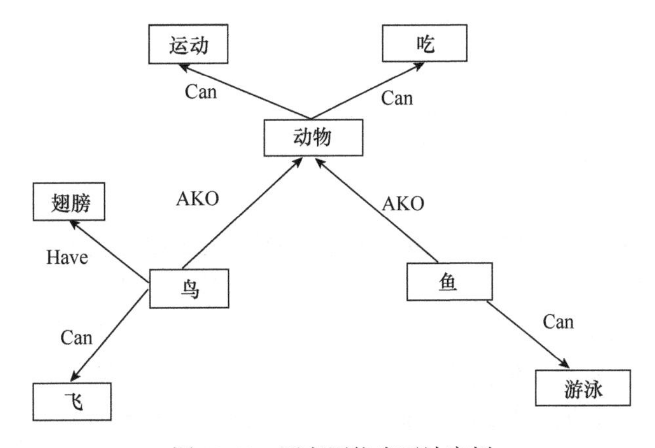


图 12.10　语义网络表示法实例

语义网络表示法具有结构表示清楚的优点，通过类似图示可以做到对事物属性及事物间各种语义的清晰表达；下层结点可以继承、修改或新增上层结点的属性，减少了数据存储的冗余；联想性，语义网络表示法模拟了人类联想记忆模型，重点强调了事物间的语义联系；自索引性，它把各节点之间的联系表示得更加明确和简洁，便于快速查找与某个特定结点有关的所有信息，有效缩小了搜索范围，提高了运行效率，能力有效地避免搜索时所遇到的组合爆炸问题。

缺点是框架构建的复杂性，语义网络表示知识的方法虽不唯一，具有一定程度上的灵活性，但同时造成它的处理过程更加复杂；语义表示的非严格性，该语义网络的含义解释不一定完全正确性，这是因为它完全依赖于处理程序的解释，因此语义网络表示法得到的推理结果正确性也是得不到保障的。

### 4. 框架表示法

框架表示法作为一种将过程性知识与陈述性知识相结合的知识表示方法，具有如下优点：结构化良好、适应性强、概括性高和推理方式灵活等。框架理论是明斯基在 1975 年作为理解视觉、自然语言对话及其他复杂行为的一种基础提出来的一种结构化知识表示方法。框架理论是借助一种框架式的结构存储体来理解事物，当面对一个新事物的出现，首先从记忆中搜索、对比得到一个已有的与之类似的框架，然后根据实际事物的具体情况对其细节进行修改和删减，完成对新事物的理解和记忆（Turban et al.，2009）。

框架是框架表示法的核心，它的作用是描述对象（事物、事件或概念）的属性。框架网络是通过属性之间的关系建立一定的联系，从而构建不同的框架，构成框架网络。具体来说，一个框架是由若干个被称为“槽”的细分结构组成，还可以将每一个槽进一步细分，形成若干个“侧面”。描述对象某一方面主属性的是“槽”。描述相应主属性的次要属性的是“侧面”。通常把“槽”和“侧面”所描述的信息由槽值和侧面值来表示。举例如下。

<框架名><br>
  槽名 1：<br>
    侧面名 11：侧面值 11<br>
    侧面名 12：侧面值 12<br>
    ……<br>
    侧面名 1$n$：侧面值 1$n$<br>
  槽名 $k$：<br>
  ……

在用框架表示知识的系统中，框架匹配与填槽两类操作构成了推理过程。步骤如下：首先，把求解问题转化为包含未知值的问题框架，然后在知识库中进行搜索，把问题框架与知识库中的框架进行对比、匹配。主要的匹配方法：①匹配度方法；②充分条件与必要条件方法；③规定属性值变化范围方法；④功能属性描述法。

在完成匹配后，我们会得到一个或多个候选框架，然后结合已有知识经验，获取附加信息，进一步填充候选框架中的未知槽值，以建立一个能够尽可能准确地符合当前实际情况的框架。最后再用某种评价方法对候选框架进行评价，来决定是否确认该框架为最终结果。

框架表示法在表示结构性知识方面有很大的优势，它能够清晰地展现知识内部结构关系和知识间的特殊联系，还可以通过 ISA、AKO 等以嵌套结构分层的方法对知识进行表示，从而实现对复杂事物间的深层联系的表达。框架表示法其中一个优点是直观性，框架表示法模拟了人脑对实体的记忆模式，把与某个实体集或单一实体相关的特性都集中在一起，形象直观，易于理解。另外一优点体现在它的继承性上，下层框架可以继承上层框架的槽值，也可以对槽值进行加工，既减少了框架结构的冗余，也保证了知识的一致性。

由于框架表示法至今仍未建立完备的形式理论，它的推理和一致性检查机制均保证不了完全正确。此外，框架表示法对过程性知识表达不便，缺乏对如何使用框架中知识的操作解释。框架推理过程中有时要用到一些与领域无关的推理规则，而这些规则在框架系统中却又难以表达。各框架数据结构的各异性，导致框架系统的清晰性很难得到保证。

## 12.4 农业预测预警

众所周知，我国是一个发展中的农业大国，人多地少、地区差异明显，农业生产规模较小、农业生产条件相对薄弱。农业生产不仅是社会关注的热点，也成了管理决策的重点和理论研究的难点，它在中国经济和社会发展进程中，始终保有特殊的重要意义。

中国农业经济正处在全面转型时期，生态环境恶化和气候变化等不可控因素导致我国农业正处于前所未有的不确定之中，所面临风险的危害性越来越大。因此需要引入新的农业管理理念、手段和方法，以降低农业系统的风险（陶骏昌，1994）。

### 12.4.1 农业预测预警概述

农业预测是以已有的或可采集的土壤和气象资料、作物或动物生长条件、化肥农药饲料的使用情况等农业资料为基础，建立数学模型，对研究对象未来发展的可能性进行推测。从而方便进行精准施肥、灌溉、播种、除草、灭虫等农业生产活动。

农业预警就是根据预警科学的理论与方法，结合农业生产系统的特点，对未来一段时间内农业生产状况进行测度，制定一系列农业预警指标，预报不利状态的时空范围和危害程度，提出防范措施，最大限度避免或减少农业生产活动受到的损失，从而在提升农业生产收益的同时降低风险。农业预测预警所需要解决的问题是：如果怎么，将会怎样，是下一步排除险情的基础（李道亮，2010）。

#### 1. 农业预测预警的基本原则

农业预测预警不是简单的根据已有资料进行猜测，而应将其看成一个科学研究的过程。遵循以下原则。

**1）延续性原则**

农业预测预警的依据历史在不断重演，说明生产活动中，过去和现在的发展规律将会以某种形式一直延续下去，并且在未来的某个时间段内又会以某种形式得以重现。假设决定过去和现在的影响因素，同样也适用于未来。在农业预警预测中，就可以按照这条原则进行预警预测。常见的应用是趋势预测分析法。

**2）动态关联性原则**

构成系统的各个要素都是运动、发展着的，而且是相互关联的，同时又相互制约着，这就是动态相关性原则。因果关系是最常见的关联性，即事物的变化都是有原因的，事物不可能在没有外界因素的影响下发生变化。这条原则促成了多种分析方法的建立，如后面会提到的回归预测分析法。

**3）相似性原则**

在自然界中，大至宇宙星系之间，小至每个原子运动的形式，都存在着大量的相似之处。不同的对象外表可能不同，但内在的规律可能相同或相似，因此我们可以把预测对象与类似的已知事物的发展变化规律进行类比，可以参考已知事物的规律对预测对象进行描述。

**4）统计规律性原则**

随机的结果出现往往来源于一次或少量的预测，但当测量次数增加到一定规模后，就会出现具有某种统计规律性的情况。因此，根据这条原则，就可以利用统计学方法进行预测。

### 2. 农业预测预警的基本步骤

对于一般的农业预测预警来说，由于其问题的复杂性，遵循一定的步骤可以使得问题解决更加科学合理。具体来说，可以分为以下 7 个基本步骤。

**1）确定目标**

确定预测预警的目标是整个预测预警系统的前提，决定了其整体格局。例如，是预测农田的早稻产量还是预测农民的利润。确定目标是制定预测预警计划、选择预测预警方法及组织预测预警活动的依据（刘德铭，1988）。

**2）收集、整理和分析资料**

预测目标确定后，就应当广泛搜集相关资料。在收集过程中不能以偏概全，要以客观公正的态度，全面系统地搜集各种资料。在拥有一定数量的数据后，对数据信息等进行整理、鉴别、归并、提取、加工，找出各因素之间的相互作用的关系，从中发现事物发展的规律，作为预测预警的依据。对于农业预警，不仅要明确目标，还要关注其程度，如作物病害要按染病比例、染病范围区分严重程度。

**3）选择预测预警方法**

不同场合有不同的预测预警方法与之相对应，以期达到各自需要的目的。因此，针对作业对象的实际情况，需要尝试不同的预测预警方法并筛选出最佳方法来达到特定目标。对于那些缺乏定量资料的预测对象，则只能通过历史或者是个人经验来确定。而对于可以量化、通过建立数学模型可以预测的对象，应当采用定量预测预警的方法，通过比较量化值来进行筛选。

**4）实际预测预警过程**

根据上一步选择的方法，以及现有的历史信息，进行定性、定量的预测分析和判断，判断得出对象的发展趋势，最终提出能够给出合理解释的预测结果。对于农业预警，则注重寻找警源，分析警兆，对于一般的农业灾害来说，往往是有一定的先兆。这种先兆可能是直接联系、间接联系，甚至表面上没有联系。例如，当地出现气候异常，就有可能出现虫灾。

**5）验证与分析**

通常是将实际情况与预测预警结果相互比对，进行系统分析与验证，以此检验结果的准确性，并分析产生误差的原因，然后对步骤 3）使用的预测预警方法进行误差校正。在实际操作中，可能需要多次重复从步骤 3）到步骤 5）的过程，以保证预测预警的准确性。

**6）修正结果**

若步骤 5）得出的结论存在方法问题，需要考虑改进或者更换方法；若是由于某些外界因素影响了预测预警的精度，则需要定量地修正预测的结果。

**7）报告结论**

将最后得到的预测预警结论提交给使用者。对于农业预警，不仅要做到报告警情，还要根据紧急预案，排除警情。例如，植株染病，根据病情程度，提供预警预案及防治措施与建议。

### 12.4.2　农业预测预警方法

#### 1. 回归预测方法

对于具有相关关系的多个变量，可以根据需要选择其中部分因素作为自变量，部分因素作为因变量，利用适当的数学模型尽可能趋向于趋势变化的均值。由回归分析求出的函数关系式，称为回归模型。

回归模型按照自变量的数量可以划分为一元回归模型和多元回归模型。按照自变量的形式可划分为线性回归模型和非线性回归模型。

#### 2. 趋势外推法

根据相关统计资料，大量自然、社会现象一般都呈渐进型在发展，发展态势与时间具有一定的相关关系。根据延续性原理，结合历史数据，趋势外推法按照时间序列的发展，建立数学模型，来推测这批数据未来的发展趋势。

趋势外推法的前提是满足以下两个条件。

（1）事物发展过程是连续的，不存在跳跃式变化。

（2）研究对象的结构、功能等基本不随时间变化而产生变化，也就是说根据过去数据建立起来的数据变化趋势外推模型依然适用于未来，可以代表未来趋势变化的情况。

### 3. 时间序列平滑预测法

时间序列是按时间先后顺序，将某一统计指标的数值进行排列而形成的数列。例如，某种化肥销售量按季度或月度排列起来的数列；某地区粮食年产量按年度顺序排列起来的数列等。

时间序列分析的是统计数据随时间变化的规律，是一个动态的过程。其中各时期的数据值都是当时各种不同因素同时作用后的综合结果。

在进行时间序列分析时，通常将其分为以下几类。

长期趋势：指在某种根本性因素的影响下，事物在较长一段时间内都会以一定的变化趋势发展的倾向。

季节变动：指在自然环境或社会因素的影响下，以季节为周期，时间序列会表现出的规律变动。

循环变动：指在某种因素的影响下，时间序列发生的周期产生不固定的波动变化，变动的周期短则数月，长则数年，并且周期也有可能发生变化。

不规则变动：指在各种偶然性因素，如战争、自然灾害等的影响下，时间序列表现出来的无周期性的变动。

随机变动是指由于大量随机因素的影响，如人的个体意志，产生的综合、短期和不规则影响而引起的变动。

根据资料求出长期趋势、季节变动、循环变化和不规则变动的数学模型后，就可以计算出未来时间序列的预测值 $Y_t$，记 $T_t$ 为长期趋势；$S_t$ 为季节变动；$C_t$ 为循环变动；$I_t$ 为不规则变动。时间序列 $Y_t$ 可以表示为以上 4 个因素的函数，即

$$Y_t=f（T_t,\ S_t,\ C_t,\ I_t）$$

通过 $T_t$，$S_t$，$C_t$，$I_t$ 来求解 $Y_t$，较常用的模型有加法模型和乘法模型。

加法模型为 $Y_t=T_t+S_t+C_t+I_t$，表示长期趋势、季节变动、循环变化和不规则变动之间不存在相互作用关系，时间序列的预测值仅为其数值的简单叠加。

乘法模型为 $Y_t=T_t\times S_t\times C_t\times I_t$，表示长期趋势、季节变动、循环变化和不规则变动之间存在相互作用关系，时间序列的预测值需要考虑其相互影响。

从计算方法上看，时间序列中常用的平滑预测法包括移动平均法、自适应过滤法和指数平滑法等。移动平均法是根据时间序列依次计算包含一定项数的平均数，作为表征对象的值。当时间序列的数值受其他因素影响显著，起伏变化较为剧烈导致总体发展趋势显示不明时，可以用移动平均法来消除这些因素的影响。常用移动平均法可分为简单移动平均法、趋势移动平均法和加权移动平均法等，移动平均法虽然方法简单，绘制出的移动平均线能够较好地反映时间序列的趋势及其变化但适用范围一般。

自适应过滤法是根据一组给定的权数对时间数列中历史观察值进行加权平均计算，然后根据预测误差调整权数，反复进行此等步骤，当误差减少到最低限度时，可认为权数最优值出现，再对此值进行加权平均预测。

指数平滑法的原理：任一期的指数平滑值都是本期实际观察值与前一期指数平滑值的加权平均，通过对指数平滑值进行计算，结合一定的时间序列预测模型对现象的未来进行预测。指数平滑法的优点：只要有上期实际数和上期预测值，就可计算下期的预测值，并且节省了储存和处理数据的消耗，一直以来都是一种受欢迎的短期预测方法。

### 4. 马尔柯夫预测法

状态是指客观事物可能出现或存在的状况。把事件从一种状态转变为另一种状态的发展，称之为状态转移。在事件的发展过程中，如果每一次状态的转移与过去的状态无关，只和前一时刻的状态有关，则称此状态转移过程是无后效性的，具有这样的状态转移过程就被称为马尔柯夫过程。

事件发展变化的过程中，从某一种状态出发，下一时刻又转移到其他状态的可能性，称为状态转移概率。马尔柯夫预测法就是通过已有信息计算出状态转移概率的矩阵，再与系统的初始状态信息相结合，推断出系统在任意时刻可能处于的状态。

### 5. 灰色预测法

如果一个系统在层次、结构关系上具有模糊性，它的指标数据具有不完备或不确定性，在动态变化中具有随机性，那可将这些特性称为灰色性，具有灰色性的系统称为灰色系统，微灰色系统建立的预测模型称为灰色模型（grey model，GM），它将系统内部事物连续发展变化的过程进行表达。

即使是针对零散的、不完整的信息，使用灰色预测法也可以建立灰色微分预测模型，来长期描述其模糊性。通常需要较大的样本量，借助一些预测方法进行预测，预测的精确度和准确性与样本数量成正比，然而如果样本小于一定规模，那预测结果也就不具有参考性了。对比之下，灰色预测法所需建模信息少，建模精度高，可成为处理小样本预测问题的有效工具。

### 6. 卡尔曼滤波法

卡尔曼滤波理论是由 Kalman 把状态空间模型引入滤波理论推导出的一种递推估计算法（Kalman，1960）。卡尔曼滤波的基本思想是利用前一时刻得到的估计值和现时刻的观测值来更新估计状态变量，求出现时刻的估计值。

它按照“预测—实测—修正”的步骤，根据现时刻的观测值来消除随机干扰，进而完成对模型的修正。卡尔曼滤波要求模型的结构与参数，以及随机向量的统计特征都是已知的。卡尔曼滤波无须存储历史数据，这些优点使它成为解决状态空间模型估计与预测问题的有力工具之一。

### 7. 混沌理论预测法

农业预测研究的对象在由相互之间非线性作用的多种因素构成的开放的复杂系统中较为常见，简单、封闭、线性的系统仅占极少数，对象的变化行为大多是动态、不连续、不稳定、不可逆的，稳定、平衡只是少数、暂时的现象。因此，依靠在传统科学范式基础上建立预测理论和方法或只用线性叠加组合的办法，很难实现现实生产生活中对预测值的要求。

混沌理论是关于非线性系统的一门新兴科学，常见的混沌理论预测方法包括 BRF 神经网络模型、局域线性模型、最大 lyapunov 指数模型和 Volterra 滤波器自适应预测模型。在三种典型的非线性系统中（logistic、henon、lorenz）进行仿真测试，结果 4 种方法都能达到很好的预测效果，Volterra 滤波器自适应预测模型和 BRF 神经网络模型在精度上都是具有一定优势的（李松等，2009）。

### 12.4.3 农业预测预警的分类与应用实例

#### 1. 农业预测预警的分类

**1）按涉及范围大小不同，分为宏观预测和微观预测**

宏观预测是对国家或地区的农业生产活动进行的各种预测。它以当前整体对象作为研究对象，展开对农业生产中各种因素的发展变化及其之间联系的研究。

微观预测是针对农业生产的基本组成单位进行的各种预测，如一户农民的收入、1 亩[①]水稻田的产值。它研究微观经济中各种因素之间的联系和发展变化。

宏观预测可以指导微观预测，微观预测可以作为宏观预测的参考指标，二者各有千秋，缺一不可。

**2）按时间长短不同，分为近期、短期、中期和长期预测**

3 个月以下农业生产活动的预测被称为近期预测；3 个月以上 1 年以下对农业发展前景的预测被称为短期预测；1 年以上 5 年以下对农业发展前景的预测被称为中期预测；而长期预测一般指的是对 5 年以上农业发展前景的预测。

**3）按研究性质不同，分为定性预测和定量预测**

定性预测是指预测者通过深入的调查了解，根据自身的实践经验和理论水平，结合实际情况，对事物发展的方向、趋势和程度作出大致判断，即不涉及数据的计算。

定量预测是指根据全面准确的资料，运用某种计算方法，建立合适的数学模型，对事物未来发展的规模大小、变化速度、发展水平和比例得到量化的结果。

**4）按对象时态的不同，分为静态预测和动态预测**

静态预测是指不包含时间变动因素，对同一时期事物存在的因果关系进行预测。动态预测是指包含时间变动因素，根据事物发展的历史及现状，对其未来发展前景进行预测。

#### 2. 农业预测预警的应用实例

**1）采用马尔柯夫模型预测农业产值结构**

鞠金燕和祝荣欣（2013）对我国农业产值结构的预测问题进行了研究，利用马尔柯

① 1 亩≈666.67m$^2$。

夫模型计算出其状态转移概率矩阵的估算模型与优化方法。结合我国 1999～2009 年农业产值结构的统计数据，运用此模型预测了农、林、牧、渔各业的产值结构，结果表明此模型的运用对农业产值结构的平均拟合误差为 3.08%，将 2009 年和 2010 年的农业产值结构实际值分别作为初始值应用式，对 2010 年和 2011 年的农业产值结构进行检验预测，结构平均相对误差为 1.94%，具有较好的精确度。最后对 2012～2015 年我国农业产值结构进行了预测，对于反映出未来农业产业结构的变化趋势，调整农业产业结构，促进产业结构的合理化升级有一定指导意义。

**2）采用 BP 神经网络预测农业机械数量**

为达到农业机械生产与实际需求的一致性，制定农业机械化水平发展规划的过程中需要对农业机械数量进行预测。王笑岩等（2015）采用基于遗传算法的 BP 神经网络预测算法，对我国从 1997～2013 年以农机总动力、小型拖拉机数量和中大型拖拉机数量为内容的主要农业装备数量进行了预测。其中，遗传算法群体规模 $M$=50，交叉概率 $p_c$=0.6，变异概率 $p_m$=0.01，BP 神经网络权值阈值取值空间为［−0.5，0.5］，训练次数为 1000。

预测结果表明，利用遗传算法与误差逆传播（back propagation，BP）神经网络相结合的方法对全国农业机械装备数量进行预测，农机总动力预测值与绝对值平均误差为 1.080%、小型拖拉机数量预测值与绝对值平均误差为 1.765%、农用大中型拖拉机数量预测值与绝对值平均误差为 1.352%，由预测误差值来看，BP 神经网络在预测本时间序列模型时，减少了运算结果落入局部最小值的可能性，说明此模型的收敛性能较好。

**3）采用卡尔曼滤波方法预测稻飞虱发生等级**

江胜国等（2010）利用安徽省桐城市 2005～2007 年稻飞虱百丛虫量数据，研究发现桐城市稻飞虱百丛虫量与旬平均气温、候平均气温均呈显著的负相关，计算得出稻飞虱发生最适宜的平均气温为 20.5℃。采用卡尔曼滤波方法建立适宜气象条件等级预测模型后得到以下实验结果：2007 年试报准确率为 95.8%，2008 年试报准确率为 86.7%。说明卡尔曼滤波方法对于稻飞虱虫害发生的气象条件预警、预测都能够得到满意的结果。

## 参 考 文 献


敖志刚. 2002. 人工智能与专家系统导论. 合肥: 中国科学技术大学出版社.

陈文伟. 2000. 决策支持系统及其开发. 北京: 清华大学出版社.

丛飞. 2013. 番茄病虫害诊治专家系统的设计与研究. 新疆农业大学硕士学位论文.

戴小枫, 边全乐, 付长亮. 2007. 现代农业的发展内涵、特征与模式. 中国农学通报, 23(03): 504-507.

丁继红, 高秋华. 2007. 移动 Agent 技术在农业智能决策系统中的应用研究. 微电子学与计算机, 24(5): 130-132.

高秋华, 丁继红, 贾俊乾. 2006. 移动 Agent 的农业决策支持系统设计与应用. 中国农业资源与区划, 27(3): 55-58.

江胜国, 杨太明, 程林, 等. 2010. 卡尔曼滤波方法在稻飞虱发生等级预测中的应用研究. 气象, 36(10): 106-109.

鞠金艳, 祝荣欣. 2013. 基于马尔可夫模型的我国农业产值结构预测. 数学的实践与认识, 43(22): 65-70.
李道亮. 2010. 农业病虫害远程诊断与预警技术. 北京: 清华大学出版社.
李道亮. 2012. 农业物联网导论. 北京: 科学出版社.
李军. 2006. 农业信息技术. 北京: 科学出版社.
李松, 刘力军, 谷晨. 2009. 混沌时间序列预测模型的比较研究. 计算机工程与应用, 45(32): 53-56.
梁郑丽, 贾晓丰. 2014. 决策支持系统理论与实践. 北京: 清华大学出版社.
刘白林. 2012. 人工智能与专家系统. 西安: 西安交通大学出版社.
刘德铭. 1988. 农业系统的预测与决策. 济南: 山东科学技术出版社.
罗锡文, 张泰岭, 洪添胜. 2001. 精细农业技术体系及其应用. 农业机械学报, 32(2): 103-106.
马鸣远. 2006. 人工智能与专家系统导论. 北京: 清华大学出版社.
石琳, 陈帝伊, 马孝义. 2011. 专家系统在农业上的应用概况及前景. 农机化研究, 1: 215-218.
孙佰清. 2010. 智能决策支持系统的理论及应用. 北京: 中国经济出版社.
孙松平, 郑加强, 周宏平. 2005. 智能决策支持系统及其在林业中的应用研究. 世界林业研究, 18(2): 7-10.
陶骏昌. 1994. 农业预警概论. 北京: 北京农业大学出版社.
陶武先. 2004. 现代农业的基本特征与着力点. 中国农村经济, 3: 4-12 转 33.
王笑岩, 王石, 周琪. 2015. 基于BP神经网络的农业机械数量预测. 农机化研究, 3: 11-14.
肖建中, 李国志. 2015. 产业生态转型与山区绿色发展——2014 中国·山区绿色发展研讨会综述. 农业经济问题, 3: 15.
肖人彬, 王雪, 罗云峰, 等. 1994. 关于决策支持系统的结构与进化. 计算机研究与发展, 31(4): 48-53.
谢小婷, 胡汀. 2011. 专家系统在农业应用中的研究进展. 电脑知识与技术, 7(6): 1329-1330.
熊范纶. 1999. 农业专家系统及开发工具. 北京: 清华大学出版社.
薛冬娟, 张冬冬, 张彦峰, 等. 2004. 农业专家系统中分类产生式规则的知识表示方法. 河北农业大学学报, 27(3): 104-107.
杨善林. 2005. 智能决策方法与智能决策支持系统. 北京: 科学出版社.
赵双宁, 曾启明, 陈毅伟, 等. 1992. 冬小麦新品种选育专家系统的设计与实现. 作物学报, 18(6): 407-417.
郑丽敏. 2004. 人工智能与专家系统原理及其应用. 北京: 中国农业大学出版社.
周洁红, 黄祖辉. 2002. 农业现代化评论综述——内涵、标准与特性. 农业经济, 11: 1-3.
Bonczek R H, Holsapple C W, Whinston A B. 1981a. A generalized decision support system using predicate calculus and network data base management. Operations Research, 29(2): 263-281.
Bonczek R H, Holsapple C W, Whinston A B. 1981b. Foundations of decision support systems. New York: Academic Press.
Kalman R E A. 1960. New approach to linear filtering and prediction problems. Journal of Fluids Engineering, 82(1): 35-45.
Sprague Jr R H. 1980. A framework for the development of decision support systems. MIS Quarterly, 4(4): 1-26.
Turban E, Aronson J E, 梁定澎. 2009. 决策支持系统与智能系统. 北京: 机械工业出版社.
Zolnier S, Gates R S, Anderson R G, et al. 2001. Non-water-stressed baseline as a tool for dynamic control of a misting system for propagation of poinsettias. Transactions of the ASAE, 44(1): 137-147.

# 第13章　农业物联网标准化与系统应用

## 13.1　概　　述

物联网在中国受到了全社会普遍关注，物联网指的是将无处不在的末端设备和设施，包括具备“内在智能”的传感器、移动终端、构成的泛在网络。物联网已不再是同一属性的“物”“物”信息交互这么简单，通过物联网可以将不同属性或不同体系的物体实现相互交互。例如，农业物联网中，农产品的生产过程与加工过程看似两个不同属性空间，但在实际应用过程中，食品安全追溯可以将两个不同信息维度空间信息实现完全交互。而这两种维度的信息交互必定存在必然且唯一的关联性才能将不同纬度的信息进行无缝连接，在实现这个连接的过程中，信息的标准化即是完成不同空间、纬度信息无缝对接的唯一途径。

在日新月异的物联网技术发展中，越来越大的一张信息巨网正在形成。每一个物体，每一个人都以某个唯一特征作为信息元素在网络世界流通，而关联起不同行为、不同属性和事件的全过程必须依赖网络中的标准化信息手段。以中国公民身份证号码为例，身份证号码编码规则全国标准统一，因此，任何一个公民的人事管理系统、财务管理系统、医疗管理系统均可通过普遍认可的标准化身份证来构建人的健康、财务、人事档案，并实现各类信息的实时互通。因此，物联网技术的高速发展及各类信息的高度融合必须遵循统一标准和规则，物联网标准化是物联网发展阶段性必经之路。

物联网技术标准作为物联网技术的统领，对我国物联网产业的发展至关重要。国内一些机构的标准化工作也在稳步推进，物联网标准化工作已密切围绕产业发展需求，统筹规划传感网的标准研究，积极推进标准化工作，加快制定符合我国发展需求的物联网技术标准，建立健全标准体系，实现不同行业、不同业务流程的各个行业标准化互通，真正实现物联网“物”“物”相连、相关的泛在信息网络，实现信息的自我价值。

目前，我国物联网标准体系初步框架已形成，国内某些机构向国际标准化组织提交的多项标准提案被采纳，物联网标准化工作已经取得积极进展。经国家标准化管理委员会批准，全国信息技术标准化技术委员会组建了传感器网络标准工作组。旨在通过标准化为产业发展奠定坚实技术基础。为促进传感网技术进步和推广，推动传感网在各行业中的应用，培育新的经济增长点，促进经济结构调整和转型升级，对增强我国的可持续发展能力和国际竞争力作出应有贡献。我国物联网行业基本标准框架如图13.1所示。

物联网标准化进程是一件高度复杂的事业，物联网的各个环节、各种应用或行业均有相关标准，农业物联网也不例外。在农业物联网标准化进程中，一般以物联网的三个层面分别制定相关标准。在感知层方面，农业物联网信息感知可以制定统一信息制式和标准，规定编码规则，统一信息标定原则，实现不同类型的农业物联网信息自动识别与

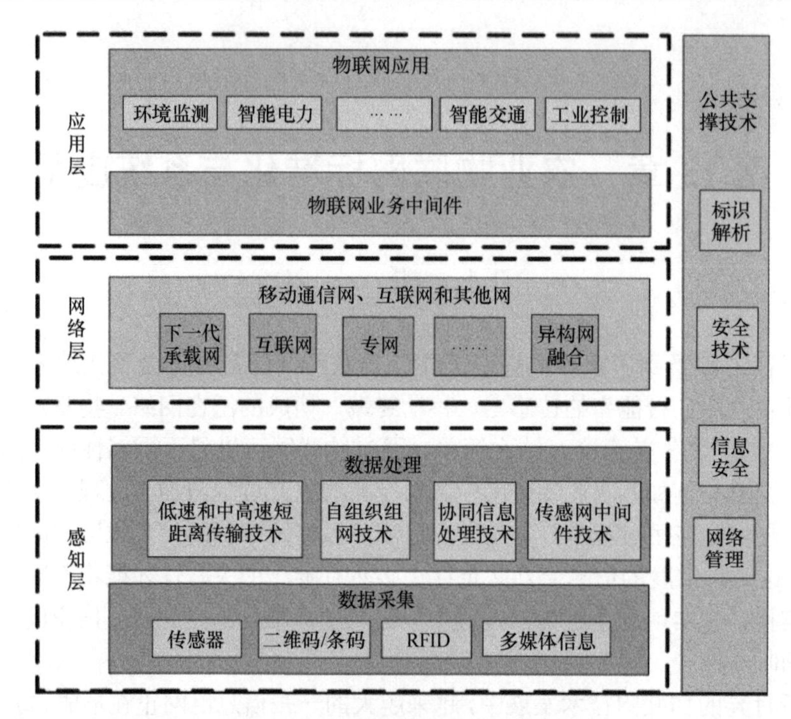


图 13.1　物联网标准化基本框架

交互。在传输层方面，制定不同的传输制式下的信息传输规范及标准接口协议，特别是建立不同通信方式下的信息连接标准化问题，实现不同传输方式的信息互通。在应用层方面，可根据不同应用子系统构建统一化信息识别方法，构建标准化管理流程和信息处理模式，每个子系统设有标准信息接口与控制接口，在实现“物”“物”互联的同时，也可以实现“物”“物”相控的应用模式。

## 13.2　农业物联网标准相关概念

### 13.2.1　标准

1983 年，我国在《标准技术基本术语》（GB 39.5.1）中对标准定义如下：标准是重复性事物和概念所做的统一规定，它以科学、技术和实践经验的综合成果为基础，经有关方面协商一致，由主管部门批准，以特定形式发布，作为共同遵守的准则和依据。该定义包含以下 5 个方面的含义（李道亮，2012）。

（1）标准的属性是一种“统一规定”。这种统一规定是作为有关各方“共同遵守的准则和依据”。根据中华人民共和国标准化规定，我国标准分为强制性标准和推荐性标准两类。强制性标准必须严格执行，做到全国统一。推荐性标准国家鼓励企业自愿采用，但推荐性标准若经协商，并计入经济合同或企业向用户作出明示担保，有关各方则必须执行，做到统一。

（2）标准制定的对象是重复性事物和概念。这里讲的“重复性”指的是同一事物或概念反复多次出现的性质。虽然制定标准的对象，早已从生产、技术领域延伸到经济工作和社会活动的各个领域，但并不是所有事物或概念，而是比较稳定的重复性事物或概念。

（3）标准产生的客观基础是“科学、技术和实践经验的综合成果”。一是科学技术成果，二是实践经验的总结，并且这些成果与经验都要经过分析、比较、综合和验证加之规范化，只有这样制定出来的标准才具有科学性。

（4）标准在产生过程中要“经有关方面协商一致”。这就是说标准不能凭少数人的主观意志，而应该发扬民主、与各有关方面协商一致，“三稿定标”。例如，制定产品标准不仅要有生产部门参加，还应当有用户、科研、检验等部门参加共同讨论研究，协商一致，这样制定出来的标准才具有权威性、科学性和适用性。

（5）标准的本质特征是统一。即标准必须“由主管机构批准，以特定形式发布”。标准从制定到批准发布的一整套工作程序和审批制度，是使标准本身具有法规特性的表现。

### 13.2.2　标准化

GB 3935.1 对标准化的定义是“在经济、技术、科学及管理等社会实践中，对重复性事物和概念通过制定、发布和实施标准，达到统一，以获得最佳秩序和社会效益。”该定义的含义如下。

（1）标准化是一种活动，一切有人类活动的地方，就有标准化问题。人类要获得所需要的产品或秩序最佳，都需要进行一种活动；探索事物的发展规律，制定标准、实施标准和对标准的实施进行监督，这都是标准化活动的重要内容。

（2）这个活动过程在广度上是一个不断扩展的过程。例如，过去只制定产品标准、技术标准，现在又要制定管理标准、工作标准；过去标准化工作主要在工农业生产领域，现在已扩展到安全、卫生、环境保护、交通运输、行政管理、信息代码等。标准化正随着社会科学技术进步而不断地扩展和深化自己的工作领域。

（3）标准化也是一个过程，一个认识过程，即实践–认识–再实践–再认识，随着认识的深化，就能更好地理解、更好地把握。事物发展的客观规律不能违背，标准化就是要根据对事物发展规律的认知程度和可预见性，适时作出响应，并随着对事物客观规律认识的逐步深化，不断提出新问题、新需求、新途径和新方法。在认识过程中，标准化与科学技术发展同步，探求规律，寻求方法，搭建平台。

### 13.2.3　标准体系

标准体系是依据对主体对象的认知程度，为获得最佳秩序所需要的，由若干相互依存、相互作用、具有特定功能的标准化文件组成的有机整体。标准体系内部标准应按照一定的结构进行逻辑组合，而不是杂乱无序地堆积。由于标准化对象的复杂性，体系内不同的标准子系统的逻辑结构可能体现出不同的表现形式，主要有层次结构和线性结构这两种。标准体系一般由框图、展开图和明细表组成。框图和展开图属于标准体系结构图；明细表按照结构图逐一列出各项标准的位置编号、名称、标准编号（包括自己制定和优选采用的标准）、成熟度等信息。

标准体系的作用主要体现在标准体系是标准化工作的框架，它标示着为实现特定的目标需要哪些方面的标准，这些标准的内容、界面及它们之间的相互关系；优化结构，避免标准的遗漏和标准之间的重复与交叉；确立标准建立的优先顺序，从而提出标准化需求的总体设计方案，为标准化工作的计划安排提供依据（陈红霞和赵俊钰，2011）。

## 13.3　物联网标准化体系

物联网主要分为感知层、传输层与应用层，在不同的层面均有相关的标准化体系研究，如 IEEE 802.15.1 等标准。在国际标准组织中，比较有代表性的是国际电信联盟（ITU-T）及欧洲电信标准化协会（ETSI）M2M 技术委员会。从国际化标准组织研究来看，物联网主要分为三个层面的标准化工作（陈红霞和赵俊钰，2011）。

### 13.3.1　物联网感知层标准化

物联网感知层标准化包括传感器信息的标准化定义、数据格式的标准化定义、数据采集的标准化、物联网嵌入硬件操作系统标准化等方面。

#### 1. 物联网感知层标准体系架构

物联网感知层标准体系如图 13.2 所示，感知标准是根据物联网感知层的共同特征和技术需求所提炼的包含技术术语、接口、信息格式、信息描述、信息标识一致性和互用性统一化与标准化，最后形成信息引用关联的标准，使得信息在不同系统中具有普适性与兼容性，促使信息的关联性更加准确可靠。

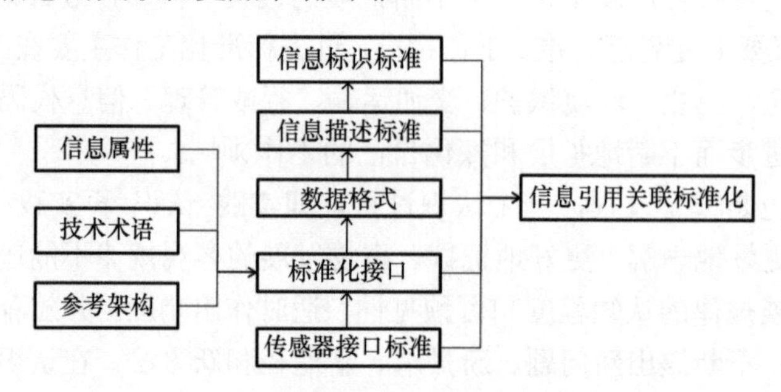


图 13.2　物联网信息感知标准化体系

在物联网信息感知层面，其中传感器接口、数据类型与格式的标准化是整个感知层标准化的核心。

**1）传感器接口**

传感器之间存在多种不同传感器接口，目前在现有传感器种类中，普遍存在有数字信号传感器、模拟信号传感器、脉冲信号传感器等，不同的传感器相互兼容不易，因此，物联网标准化的过程应该对所应用的行业进行传感器需求分析的调研，研究与总结传感器制式、类型及接口方式，制定统一的传感器接口标准。现在比较常用的传感器模拟和数字接口包括：4～20 mA、0～5 V、SPI、$I^2C$、RS-232、CAN、485 等信号接入传感器。要实现传感器层面的标准化，必须将不同类型的传感器通过感知设备不同的信息采集通道进行兼容性接入与归类，通过标准化标识与定义后形成统一格式的信息。

**2）数据类型和格式**

应用不同种类的传感器会导致传感器数据类型和格式的多样化，现在比较常用的数据类型包括音频数据 、视频数据 、图像数据、文本数据等，相关信息的编码和压缩后的数据格式包括 MPEG、JPEG、ASN.1、XML 等。感知层的标准化也是对上述不同类型的信息进行标准化分类、标准化识别与应用，通过对不同的数据类型和格式进行划分，制定明确的接口定义和数据规范，避免在不同传感器和应用场景中出现数据不匹配的情况，提高感知层的应用效率。

**3）信息标识**

感知层的信息标识包含传感器设备标识、信息来源标识、信息种类标识、设备类型标识、信息标识、信息类型标识 、应用类型标识等，通过已有的一些标准（如 OID、URI 等）对这些信息进行标准化标识。近年来，我国也在向世界推广中国制定的标准。例如，2003 年 1 月 17 日 NPC（全国产品与服务统一代码）标准被正式颁布，标准名称为《全国产品与服务统一标识代码编制规则》（GB 18937—2003）定位为强制性国家标准。信息标准化标识将是物联网标准化的根源，只有不同的信息通过标准化标识关联后才能在不同的应用系统中发挥重要作用，产生信息的价值。

### 13.3.2　物联网传输层标准化

网络层主要负责信息感知数据通信的接入和网络通信的传输和交换。目前，国际上在通信网络技术方面进行研究的国际标准组织主要有 3GPP 和 3GPP2，主要从 M2M 业务对移动网络的需求方面进行标准化研究。在针对泛在网总体框架方面进行系统研究的国际标准组织中，比较有代表性的是国际电信联盟（ITU-T）及欧洲电信标准化协会（ETSI）M2M 技术委员会。其中，ITU-T 从泛在网角度研究总体架构，而 ETSI 则从 M2M 的角度研究总体架构（杨博雄等，2012）。

感知层的网络协议需要具备自组织、自配置、鲁棒性强、可升级等特点，一些已经应用的通信标准分别包含了以上特点。根据对已有标准的补充和剪裁，将感知层基础平台的通信和网络标准分为 4 层：物理层、MAC 层、网络层和主干网接入层。

#### 1. 物理层

物理层定义了感知层设备间在物理连接上进行原始数据传输的方法。根据感知层的不同应用需求，物理层包含的技术手段略有差别，一般包含发送频率 、调制方法、短距离通信策略、长距离通信策略、低速率传输、高速率传输等手段。感知层设备可以通过有线或无线互连。现有的很多有线和无线通信标准已经比较成熟 ，包括 RS-232、RS-485、$I^2C$、SPI、HFC、CAN、Ethernet 等有线连接信息标准。

#### 2. MAC 层

MAC 层保证了感知层设备间的逻辑连接，通过寻址和信道接入控制实现设备之间的通信。为了弥补物理层数据传输的不可靠性，MAC 层还提供了流量控制、差错检测、差错控制等服务，实现了设备之间数据的可靠传输。与其他网络实体相比，物联网感知层受到能量、通信、存储、计算能力等的限制，因此MAC层标准必须实现较高的能效性和较少的数据交互。现有的一些 MAC 层协议并没有考虑到这些限制，所以并不能有效应用于物联网感知层中，可以通过对现有MAC层协议（如CSMA/CA、动态DMA、S-MAC 等）的扩展性、设备休眠策略、信道接入控制技术、流量和差错控制技术、多路复用技术的研究制定适用于物联网感知层的标准。

3. 网络层

网络层在物联网通信中位于物理层和MAC层之上，实现整个网络的流量控制、容差控制、中继路由和路由选择等功能。与有线传输相比，无线传输网络层在能量消耗、通信、存储、计算能力等方面的限制大不如有线网络，因此对网络层标准提出了更大的挑战，需要实现网络信息的自动配置、网络地址和物理地址之间的自动地址解析、点到点之间的自动数据单元传输与协议解码。在网络层的标准化过程中，关键标准化技术仍然在于传输协议与解析算法及地址自动识别与映射方法。

4. 主干网接入层

物联网的特征在于“物”“物”相连的网络不断进行泛化，即由小的通信局域网不断与外界局域网相连，最终形成基于Internet之上，又超出Internet的范畴。其关键在于小的局域网接入到广域之中。此时物联网通信层都需要接入通信主干网实现其应用。物联网的主干网接入可以分为有线（如 Ethernet 等）和无线（如 GSM、3G、4G 等）多种接入方式。主干网接入层的协议标准化即是接入的关键之所在。通过标准化协议定义网关的发送接收和应用程序接口和数据通信格式，实现标准化的主干网的互联，对物联网感知层各种应用的实现起到了决定性的作用。

### 13.3.3　物联网应用层标准化

应用层主要是在应用技术方面，主要是针对特定应用制定标准。在此方面，各标准组织都有一些研究，也都比较重视应用方面的标准制定。在智能测量、E-Health、城市自动化、汽车应用、消费电子应用等领域均有相当数量的标准正在制定中，这与传统的计算机和通信领域的标准体系有很大不同(传统的计算机和通信领域的标准体系一般不涉及具体的应用标准)，这也说了“物联网是由应用主导的”观点在国际上已成为一种共识。

### 13.3.4　农业物联网标准概述

农业物联网标准体系是农业物联网关键技术集成的基础，是规范农业物联网相关设备研发、生产的前提，也是规范农业物联网应用系统建设与扩容的根本依据，是实现农业数据共享和服务共享的基础，尤其是实现不同系统互联互通、相互使用应用的关键之所在。

农业物联网标准体系有两种，分别是基础通用标准和产业应用标准。本节针对标准、标准化和标准体系等概念进行阐述，并且在此基础上总结出了农业物联网标准体系的概念，最后简要介绍了农业物联网感知层、传输层和应用层应用时所涉及的已有标准和标准建设规范，以大田种植、设施园艺、畜禽养殖、水产养殖、农产品物流追溯为例，分析了在建设其物联网系统过程中所涉及的主要标准规范内容。以便读者对农业物联网标准体系有全面的认知和浅面上的理解，主要让读者从全局的角度对农业物联网标准体系有一个整体的认识（杨林，2013）。

即农业物联网标准是对物联网技术在农业生产、经营、管理和服务等具体应用中所取得的科学技术成果进行总结，经有关方面协商一致，由农业标准主管部门或相关专业委员会批准，以规定的形式发布，在相关领域公认并共同遵守的准则和依据。

农业物联网标准化是制定、发布和实施农业物联网标准达到统一，以获得最佳秩序的活动过程。农业物联网标准体系是由若干相互作用、相互依存，以及具有特定功能的农业物联网标准化文件组成的有机整体（杨林，2013）。

### 13.3.5　农业物联网标准的重要性

我国政府已充分意识到农业物联网标准的重要性，并开始对相关工作进行统一规划和部署。自 2011 年以来，成立了“农业物联网行业应用标准工作组”和“农业应用研究项目组”（HPG3）。

近些年来，我国的农业物联网建设取得了傲人成绩，一批国家层面、发达省（直辖市）等地方层面，以及各类信息企业的农业物联网示范项目进入到人们视野中，这批示范项目为农业物联网关键技术的研究和农业物联网标准体系结构的建立做了很多有益的探索。但是，随着农业物联网加快建设同时，农业物联网建设的一些问题也渐渐地暴露出来，使得农业物联网进一步的发展有了局限。例如，由于缺乏农业传感器标准的统一规范化概念，导致不同厂家生产的农业传感器接口功能各异，很难集成在一个农业物联网应用系统中；由于缺乏感知数据存储、应用规范化描述导致不同物联网应用系统间感知数据共享困难；由于缺乏针对大田种植、设施园艺、畜禽养殖、水产养殖等农业生产过程物联网建设标准规范导致不同单位、不同地区建立的物联网系统难以兼容、数据和设备信息无法通用等（沈苏彬等，2009）。

这些问题都反映出农业物联网标准工作薄弱，由于缺乏相关标准，农业物联网感知层设备难以有效集成、传输层所传输的信息难以适应不同拓扑结构的网络、应用层提供的服务种类和手段各异，使得农业物联网建设实施困难加大，成本无法得到有效控制。因此，要推动我国农业物联网健康、快速、统一规范发展，就必须加强农业物联网标准建设工作，通过有效地建设面向大田农业、设施农业、果园农业和水产养殖等农业应用的物联网系统，使得不同的感知设备可以集成应用，不同的感知传输网络架构可以无缝连接，不同的感知服务可以协调统一，从而确保农业物联网的健康、有序、迅速、科学地发展（Lee，2009）。

具体来讲，农业物联网标准的作用有三：一是农业物联网标准是规范农业物联网应用系统建设的依据；二是农业物联网标准是规范农业物联网相关设备生产的前提；三是农业物联网标准是实现农业感知数据和服务共享的基础。所以说，农业物联网标准体系的建立在农业物联网相关技术的建设中有着极其重要的地位。

### 13.3.6 农业物联网标准体系

农业物联网标准体系的内容可以划分为农业物联网基础通用标准和农业产业物联网标准两大类。农业物联网基础通用标准包括农业物联网总体性标准、感知层标准体系、网络层标准体系、应用层标准体系和共性关键技术标准体系（工业和信息化部电信研究院，2011）；农业产业物联网标准体系涵盖了大田种植、水产养殖、畜牧养殖等物联网标准建设体系。其具体的构成框架如图 13.3 所示。

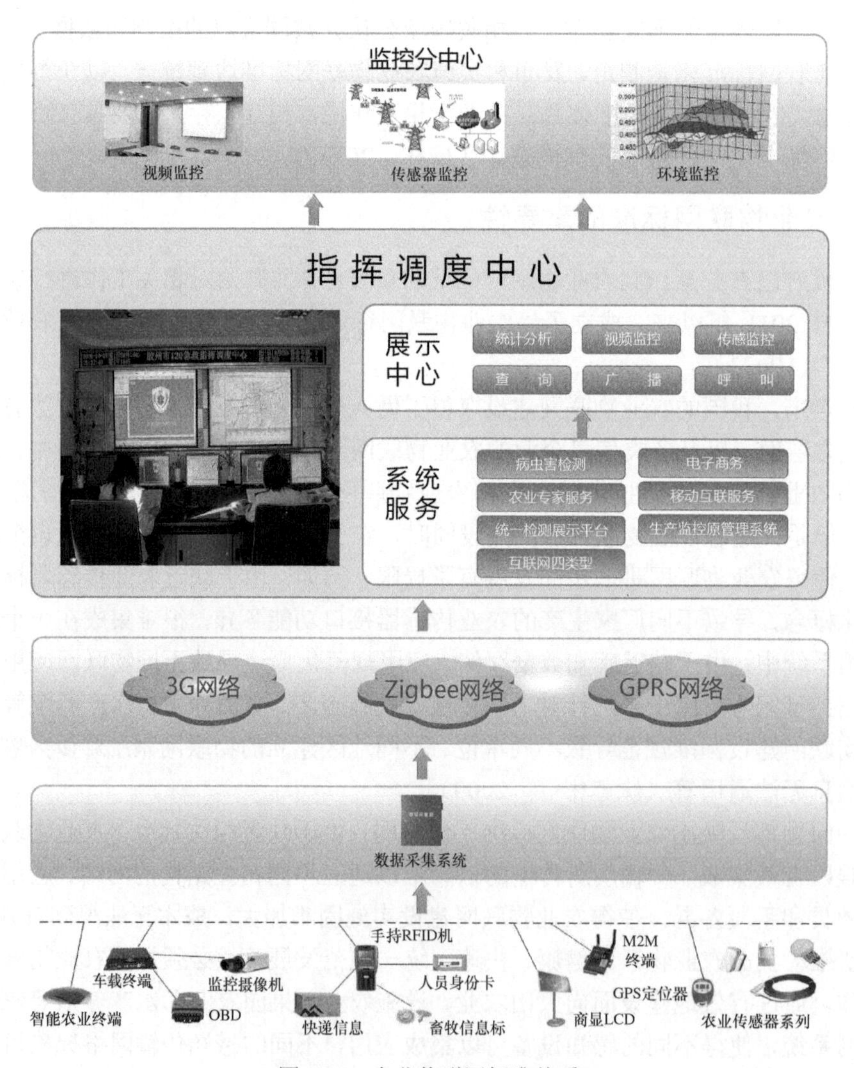


图 13.3 农业物联网标准体系

农业物联网标准体系是一个相对庞杂的系统，其实农业物联网标准体系也可以从农业物联网总体、感知层、网络层、处理层、应用层标准体系、共性关键技术标准体系 6 个层次初步构建而成。农业物联网标准体系涵盖架构标准、应用需求标准、通信协议、标识标准、安全标准、应用标准、数据标准、信息处理标准、公共服务平台类标准，每类标准还可能会涉及技术标准、协议标准、接口标准、设备标准、测试标准、互通标准等方面（赵俊钰等，2011）。

### 13.3.7　农业物联网应用系统标准化

农业物联网应用系统包括内容较多，总体而言，主要包括种植业物联网管理，其中种植业又分为大田农业物联网、设施农业物联网两种。还有畜禽养殖、水产养殖等。在具体应用过程中也会产生更多的应用分支。总体而言，农业物联网的标准化应用系统任重道远。每一个应用系统里可以分离出多个子系统，而且子系统还具有各自行业特色甚至是地方特色。例如，种植业物联网应用中，不同的生长环节所采取的措施完全不同，如育苗过程物联网应用系统，大田生长过程的物联网系统等。而且，在不同地域、不同品种下的种植也各不相同。因此，农业物联网应用系统的标准化主要在宏观方面具有一些标准化应用模型，如种植行业中的标准化水产物联网系统如图 13.4 所示。

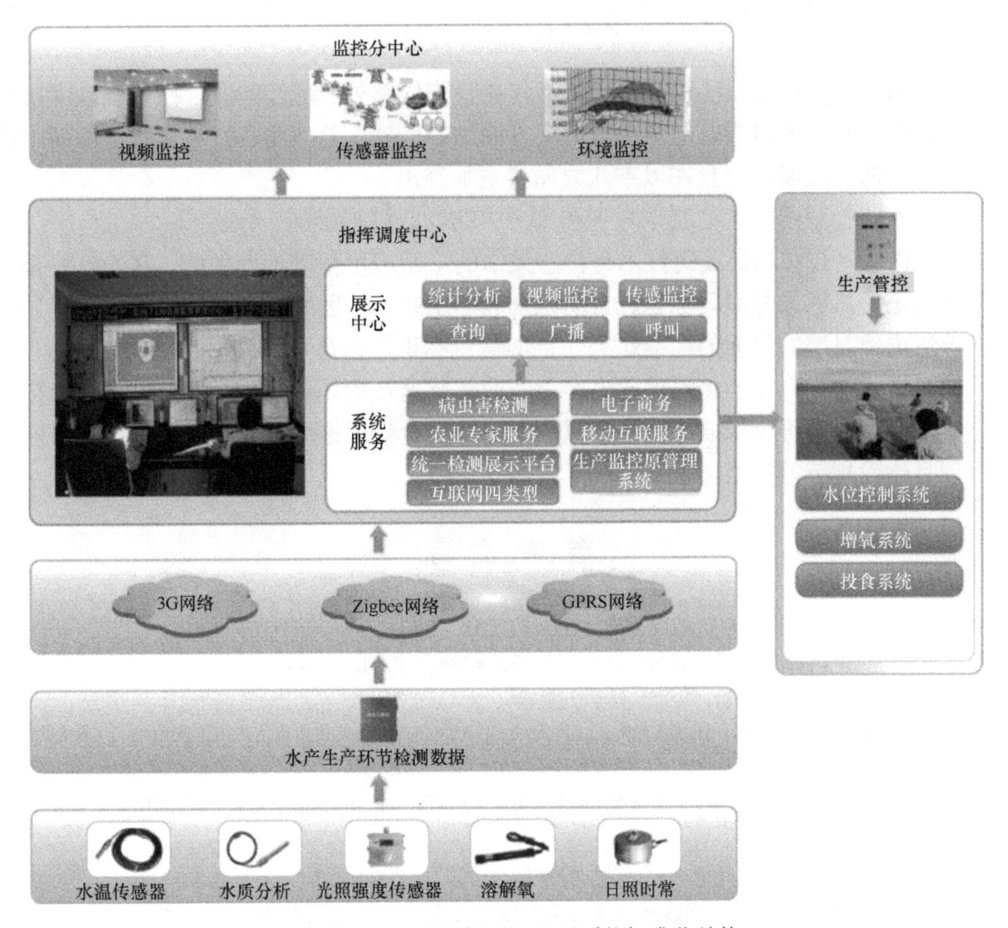


图 13.4　水产养殖物联网应用系统标准化结构

在水产物联网中，主要通过各类水质传感器获取水体环境信息，结合养殖品养殖技术进行综合调节水体环境，达到水产品养殖过程中的最适应环境，从而实现高效安全养殖。但在具体每个品种或不同阶段的养殖过程的物联网标准应用依然需要大量的探索和研究。同样，在畜禽养殖过程中，畜禽的信息感知系统不仅包括传感器数据，也包含声音、图像、视频等信息，如图 13.5 所示。

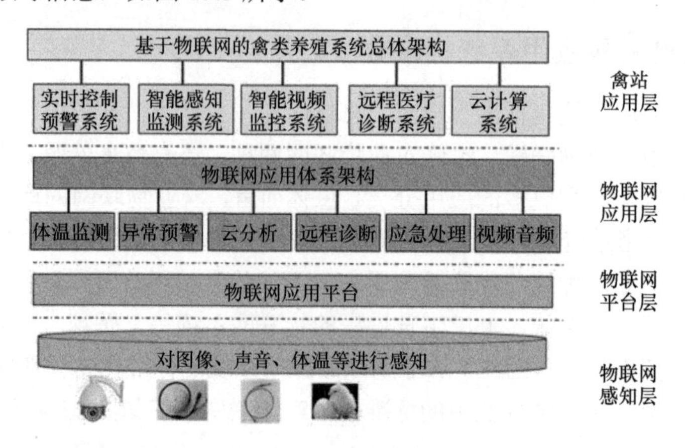


图 13.5　畜禽养殖物联网标准化系统应用

目前为止，农业物联网系统标准化工作在我国依然处于起步阶段，在基础技术层方面已经取得了较好的成果，但是在应用层方面进展较慢。总体而言，农业物联网技术标准正在稳步向前发展，而且在以下几方面将更加突出。

（1）农业物联网标准的制定与正在制定中的物联网标准的一致性。

（2）物联网是在物品编码技术与传感技术的广泛应用基础上产生的，它的技术基础核心依然是信息感知与编码标识、自动识别和网络技术。因此，农业物联网标准化体系更应该注重信息感知层面的标准化工作，如信息标识、信息定义和信息格式方面。

（3）农业物联网标准化的重要内容为农业传感器及标识设备的功能、性能、接口标准，数据传输通信协议标准，农业多源数据融合分析处理标准、应用服务标准，农业物联网项目建设规范等标准。

## 参 考 文 献

陈红霞，赵俊钰. 2011. 物联网感知层标准体系架构研究. 电信科学, 9: 101-105.

孔晓波. 2009. 物联网概念和演进路径. 电信工程技术与标准化, (12): 45-49.

李道亮. 2012. 农业物联网导论. 北京：科学出版社.

沈苏彬，范曲立，宗平. 2009. 物联网的体系结构与相关技术研究. 南京邮电大学学报：自然科学版, (6): 135-139.

杨博雄，倪玉华，刘琨，等. 2012. 现代物联网体系架构中核心技术标准及其发展应用研究. 物联网技术, 1: 71-76.

杨林. 2013. 农业物联网标准体系框架研究. 标准科学, (2): 13, 15-16.

赵俊钰，诸旻，左建，等. 2011. 物联网网络服务支撑平台方案研究.电信科学, 27(5): 126-130.

Lee E A. 2008. Cyber physical systems: design challenges. *In*: Proceedings of the 11th IEEE International Symposium on Object/Component/Service-Oriented Real-time Distributed Computing.Orlando, FL, USA: IEEE: 363-369.

# 第 14 章　种植业物联网系统应用

## 14.1　大田农业物联网系统应用

### 14.1.1　大田农业物联网概述

大田农业物联网是物联网技术在产前农田资源管理、产中农情监测和精细农业作业及产后农机指挥调度等领域的具体应用。大田农业物联网通过采集实时信息，对农业生产过程进行及时的管控，建立优质、高产、高效的农业生产管理模式，以保证农产品的数量和质量（李道亮，2012）。

大田农业是指大规模种植的农作物的农业生产，一般来说，大田农业与精细农业的概念是一个相对的概念。大田农作物主要是指在我国都有大面积种植的作物，如小麦、水稻、玉米等。大田农业主要体现了农业生产的规模化及“小土”变大田的思想，是我国推行现代化农业发展的必然选择。

一般地，大田农业具有种植范围广、监测点多、布线复杂和供电难等特征。大田农业物联网是农业物联网的分支之一，针对以上问题，可以有效利用高精度土壤温湿度传感器和智能气象站，远程在线采集土壤墒情、气象信息，实现墒情自动预报、智能决策灌溉用水量等。采用物联网技术，进行精耕细作、准确施肥和合理灌溉是大田农业未来的发展目标。

大田农业物联网相对精细农业物联网，其系统更加先进。大田农业物联网系统可随着不同农业生产条件，如土壤类型、灌溉水源、灌溉方式及种植作物等统筹划分各类型区，然后，再在各类型区域里选取具有典型性的地块，建设含有土壤水含量、地下水位量和降雨量等水文信息的具有自动采集和传输功能的监测点。通过灌溉预报和信息监测时报两个系统，获取农作物最佳灌溉时间、灌溉用水量等，定期向群众发布，科学指导农民灌溉。本章重点介绍了墒情气象监控系统、农田环境监测系统、施肥管理测土配方系统、大田作物病虫害诊断与预警系统、农机调度管理系统和精细作业系统，以便读者对大田农业物联网的应用有一个全面的认识（孙连新等，2013）。

### 14.1.2　大田农业物联网的特点

产前农田资源管理、产中农情监测和精准农业作业中应用的过程均可由大田农业物联网技术来实现。实现过程主要包括在土地利用现状数据库的基础上，融合“3S”技术来快速准确掌握基本农田利用现状及变化情况的基本农田保护管理信息系统；通过对灌溉的时间和水量进行控制来自动获取农作物需水量，然后建立智能利用水资源的农田智能灌溉系统；通过对土壤墒情的探测，进行墒情预测预警和远程控制，进而为大田农作物提供适宜的水环境土壤墒情监测系统；在测土配方技术的基础上，融合“3S”技术和专家系统技术，根据作物需肥规律、土壤供肥性能和肥料效应，来估算肥料的施用数量、施肥时期和施用方法的测土配方施肥系统；通过采集、传输、分析和处理农田各类气象因子，远程控制和调节农田小气候的农田气象监测系统；根据农作物病虫害发生规律或观测得到的病虫害发生前兆，提前发出警示信号、制定防控措施的农作物病虫害预警系统等（李道亮，2012）。

大田农业有两个最大的特点：种植区域面积广而且地势平坦，以东北平原大田种植为典型代表；由于种植区域面积广阔平坦，种植区域内气候多变。由于这两大特点，因此对传统农业中的农业信息传输技术有很大要求，同时也需要物联网平台监控有很大范围，而且传输信号的稳定性也会受到野外天气的影响。通常情况下，大田作业过程中的农业物联网监控大田农业数据的采集并不具有高频性和连续性的特点，因而，远距离下的数据的低速可靠性传输成为大田农业的一项技术需求（李道亮，2012）。

### 14.1.3 大田农业物联网系统组成

智能感知平台、无线传输平台、运维管理平台和应用平台，共同组成了大田农业物联网系统的架构。这 4 个平台系统功能相互独立和系统网络相互衔接，组成大田农业物联网系统这一个更大的平台。下面系统介绍各平台的功能和组成（孙连新等，2013）。

#### 1. 智能感知平台

智能感知平台作为整个大田农业物联网系统平台中的基层平台，该平台由两部分组成：土壤水分传感器和土壤温度传感器，主要对农作物土壤所需的条件进行监测控制，是整个大田农业物联网系统的基础和第一链条。平台主要通过对农作物生长的土壤、温度、湿度等农作物生长所必需的外在条件监测来实现各项功能。智能气象服务站，主要服务农作物在外生长所用的温度、湿度、降水量、风速、风向及辐射情况等条件，具有作用综合和服务范围广的特点。

#### 2. 无线传输平台

大田农业信息的传输主要由无线传输平台来实现。作为整个农业物联网系统平台的第二链条，无线传输平台与智能感知平台紧密相关。根据传输介质划分，无线传输主要有以下两大类传输方式：GPRS、CDMA、3G 无线网络，因为这些移动通信载体具有无布线、易布置和可流动情况下工作的特点，所以可以应用于不利于布线布网的野外大田农作物种植场合；WLAN 无线网络，因其具有以太网、带宽的优点，且属于区域内的无线网络，具备 GPRS、CDMA、TD 等网路的部分无线功能，这些将会是大田农业物联网系统中无线传输平台的发展方向之一。

#### 3. 运维管理平台

运维管理平台作为整个系统平台的第三链条，隶属于管理平台，与无线传输平台紧密相关，是一种智能管理系统。灌溉远程控制、灌溉自动控制、墒情预测及农田水利管理等共同组成运维管理平台。作业过程的实现是通过整合无线传输平台传递的农作物及其环境信息，随后通过对信息的处理在运维管理平台开展平台管理、调度、指挥等各项工作。例如，在处理旱情信息时，可通过旱情预报反映的信息，在运维管理平台决定实施远程灌溉，指导灌溉时间长短、用水量大小等。另外，大田农业管理涉及众多方面的内容，只有运用智能化的运维管理平台才能为其提供科学、精确、高效的管理策略。

#### 4. 应用平台

应用平台作为整个系统平台的第四链条，是一个终端平台，并且与运维管理平台紧密相连。应用平台主要由以下两部分组成：网络技术应用平台，主要包括手机短信、彩信，WAP 平台和互联网访问等，信息终端可以远程加以了解和处理监测信息、预警信息等；网络应用主体平台，主要包括政府部门，如农业、水利和气象等部门，这些部门通过整合大田农业系统中各环节信息，来实现农业生产的专业化、精细化、科学化。

#### 5. 大田农业物联网服务平台体系结构

大田农业物联网体系结构由感知层、传输层、基础层、应用平台和应用系统 5 个层次构成，其具体组成形式如图 14.1 所示。

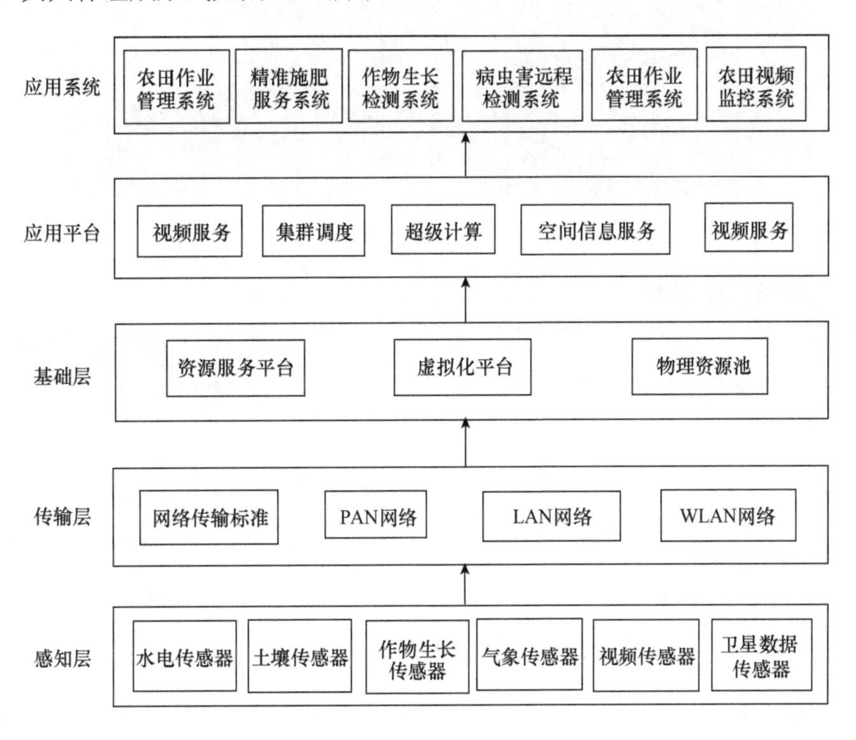


图 14.1　农田物联网技术体系结构

### 14.1.4　土壤墒情监控系统

#### 1. 土壤墒情监控系统的原理

对于长距离的数据收发的大田农业信息传递，一般采用 GPRS 或 GSM 传输方式。

GPRS 通信方式是在采集点采集数据后通过 GPRS 或 GSM 上传网络，用户可利用一台可上网的计算机登陆并查看数据，稳定可靠，无须担心突然断线，通信费用按流量计费，一般适用于数据量较大的应用场景中。图 14.2 和图 14.3 分别是土壤墒情检测系统和全国土壤墒情监测系统登入界面。

图 14.2　土壤墒情检测系统

全国土壤墒情监测系统

登录界面

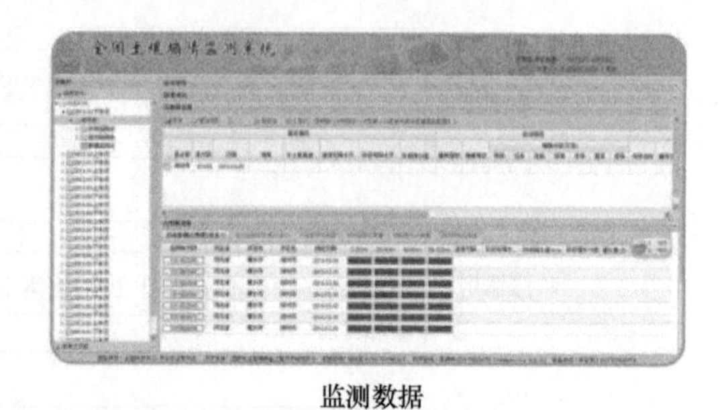

监测数据

图 14.3　全国土壤墒情监测系统登入界面

墒情监控系统建设主要含三大部分：墒情综合监测系统，建设大田墒情综合监测站，利用传感技术实时观测土壤水分、温度、地下水位、地下水质、作物长势和农田气象信息，并汇聚到信息服务中心，信息中心对各种信息进行处理、分析，并向预警系统提供决策服务；灌溉控制系统，是在智能控制技术的基础上，结合墒情监测的信息，对灌溉机井、渠系闸门等设备的远程控制和用水量的计量，提高灌溉自动化水平；大田种植墒情和用水管理信息服务系统，为大田农作物生长提供合适的水环境，在保障粮食产量的前提下节约水资源。

2. 土壤墒情检测系统的特点

网络提取：是指数据可通过 GPRS 传输到网络上，用户通过网络查看或下载上传的数据或曲线图，后期可对数据进行分析、处理。

短信或电话提取：是指数据通过读取命令给主机，即可实现手机接收数据，同时，还可通过打电话来提取数据。

可用 U 盘在主机上直接将历史数据导出。

### 14.1.5　农田环境监测系统

农田环境监测系统（图 14.4）主要是对土壤、微气象和水质等信息进行自动监测及远程传输。根据农田检测参数的集中程度，可以分别建设单一功能的农田墒情监测标准站、农田小气候监测站和水文水质监测标准站，也可以建设规格更高的农田生态环境综合监测站，利用农田生态环境综合监测站可以同时采集土壤、气象和水质参数。监测站具有低功耗、一体化设计的特点，供电来源来自太阳能，是绿色产品，而且具有良好的农田环境耐受性和一定的防盗性（李道亮，2012）。

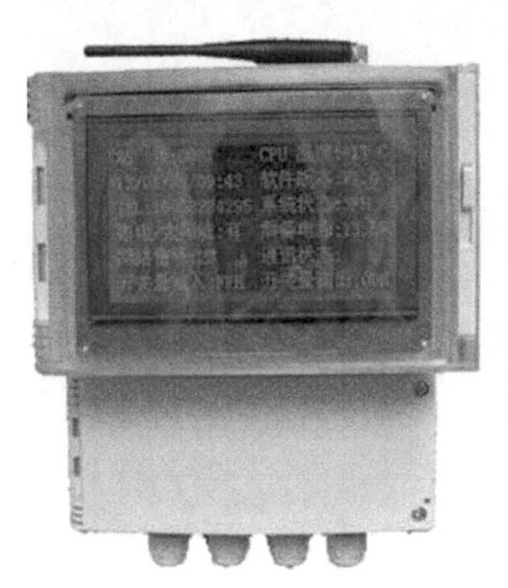

图 14.4　农田环境监测系统实物图

在现实环境中，针对农田环境状况复杂、监测难度大等问题，设计了基于 WIA-PA 标准无线传感器网络。农田环境参数的采集是通过无线传感器节点来实现的，获得的参数数据通过 WIA-PA 网络发送至远程服务器。参数数据通过远程服务器的分析和存储，远程服务器会把超出阈值的数据及时通知管理者，管理者通过远程服务器发送控制命令至传感器节点，进而调节相关参数，从而实现远程监测与控制。

以农田气象监测系统建设为例，来阐述农田环境监测的过程和作用。气象信息采集系统、数据传输系统和执行设备管理和控制系统共同组成农田气象监测系统。其中，气象信息采集系统，是指用于采集气象变化信息的各种传感器，如雨量传感器、空气温度传感器、空气湿度传感器、风速风向传感器、土壤水分传感器、土壤温度传感器和光照传感器等；数据传输系统，是指无线传输模块将采集到的数据通过 GPRS 无线网络将与之相连的用户设备传输到 Internet 中一台主机上，可以达到远程传输的目的及实现数据的透明传输；执行设备管理和控制系统，其中执行设备是指以二氧化碳生成器、灌溉设备等为主的用来调节大田小气候变化的各种设备；而控制设备是指掌控数据采集设备和执行设备工作的数据采集控制模块，这些模块通过智能气象站系统的设置，掌控数据采集设备的运行状态；根据智能气象站系统所发出的指令，随时控制执行设备的开启/关闭（李道亮，2012）。图 14.5（a）为农业物联网服务平台，图 14.5（b）为农业物联网监测数据。

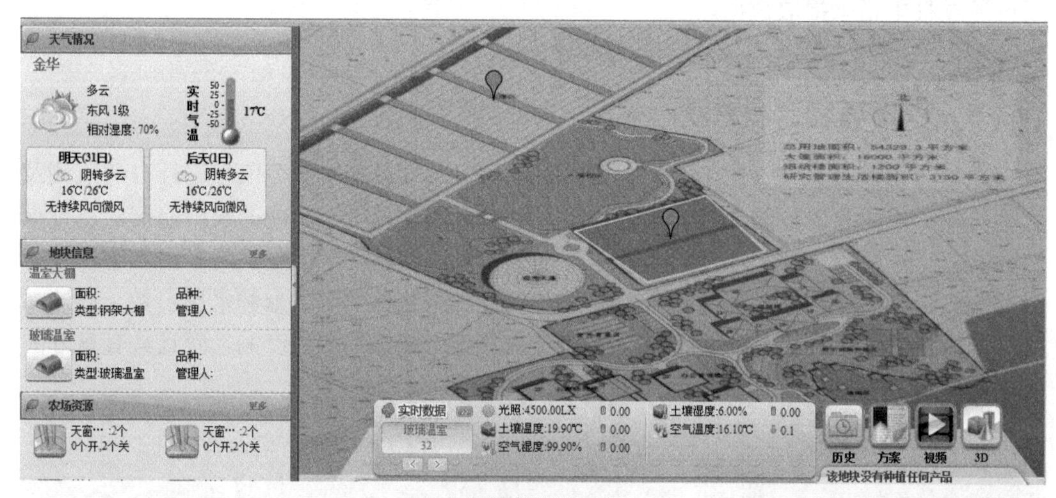


(a) 农业物联网服务平台

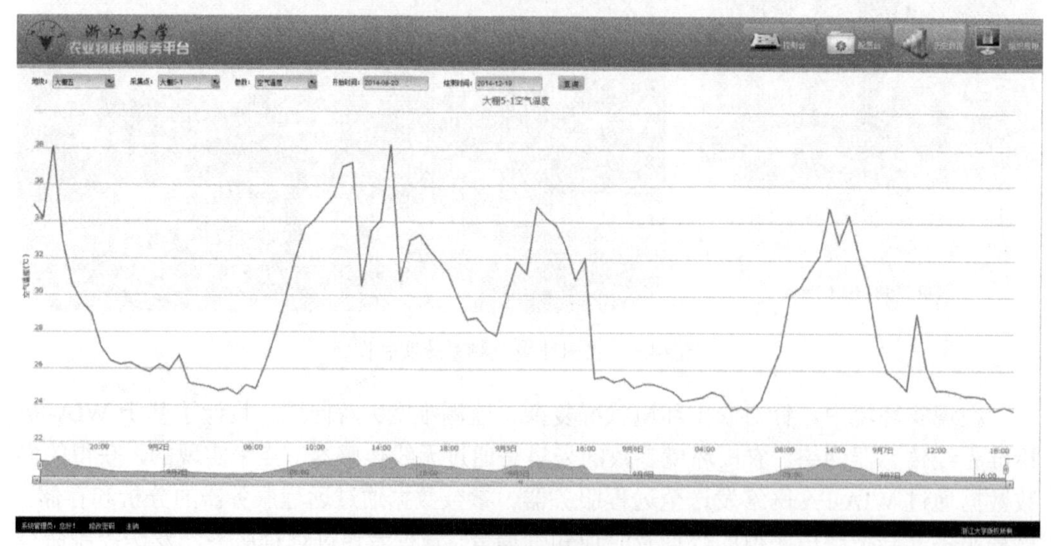


(b) 农业物联网监测数据

图 14.5　农田气象监测系统

## 14.1.6　测土配方施肥管理系统

### 1. 测土配方施肥系统简介

测土配方施肥管理系统是根据测土配方施肥的各个关键点设置，生成合理的施肥方案，是一种具有很强服务能力的软件服务系统。该系统包括：测土数据管理系统和测土数据应用系统两大部分。测土数据管理系统完成对测土数据的存储、施肥配方的管理和施肥配方的评价三方面的工作；测土数据应用系统的作用是完成对测土数据的查询、施肥配方的生成和测土配方施肥的指导。其中，系统的主要用户群为普通农民，而系统的维护和管理人员则是农业领域技术专家。

2. 测土配方施肥的原理

测土配方施肥是在作物需肥规律、土壤供肥性能和肥料效应的指导下，在土壤测试和肥料田间试验基础上，提出氮、磷、钾及中量、微量元素等肥料的施用数量、施肥时期和施用方法。测土配方施肥技术的关键是协调并解决作物需肥与土壤供肥之间的矛盾，实现作物各样分平衡供给，在满足作物需求的同时，提高资源利用率和降低环境污染。通俗地讲，就是普通农民在农业技术专家的指导下科学地施肥。

3. 系统功能和特点

测土配方施肥系统主要分为测土数据管理和应用两大子系统。测土数据管理系统主要服务于农技推广专家，是关于测土数据和基本信息的维护管理，其主要包含农技专家管理、测土数据管理、施肥配方管理、肥料管理、测土配方分析、测土配方知识管理、农资供应站管理和调查问卷管理等功能。测土数据应用系统主要服务于基层农业生产人员，是测土数据应用、施肥配方应用、对施肥配方进行评价、学习测土配方基本理论知识的平台。主要包含测土数据查询、作物种植施肥配方、农资供应查询、测土配方施肥技术查询、视频面对面和测土配肥意见反馈等功能。

测土配方施肥系统有如下特点：①测土配方施肥业务全过程的管理；②支持多种应用方式，最大化服务范围；③多样的展现形式，易于农民接受；④科学的施肥配方算法，形成科学的施肥配方；⑤测土配方施肥的宣传和培训平台；⑥视频面对面的集成，利于专家和农民的交流；⑦调查和反馈系统使得系统形成统一的闭环平台；⑧可组合的模块方式，适合各种应用；⑨支持数据采集的多种模式，简化测土信息录入；⑩接受定制开发，满足个性化需求。

### 14.1.7　大田作物病虫害诊断与预警系统

病虫害对农作物的产量有着极大的影响，严重的病虫害会导致农作物大量减产。因此，建设大田农作物病虫害诊断与预警系统对确保农作物产量有着举足轻重的作用，而科学地监测、预测并进行事先的预防和控制，对农业增收意义重大。大田作物病虫害发生严重、病虫害专家匮乏、农民教育程度偏低、政府宣传力度及科技服务不到位等问题是目前大田农作物病虫害监测诊断与预警系统建立的关键所在。大田病虫害的监测诊断可通过 Web、电话、手机等设备接收来自专家系统的帮助。该系统可实现农业病虫害诊断、防治、预警等知识表示、问题求解与视频会议、呼叫中心、短消息等新技术的有效集成，实现了通过网络诊断、远程会诊、呼叫中心和移动式诊断决策多种模式的农业病虫害诊断防治体系。大田作物病虫害远程诊治和预警平台的体系结构分为 5 层，由基础硬件层、基础信息层、应用支撑平台、应用层和界面层组成，如图 14.6 所示（姚世凤等，2011）。

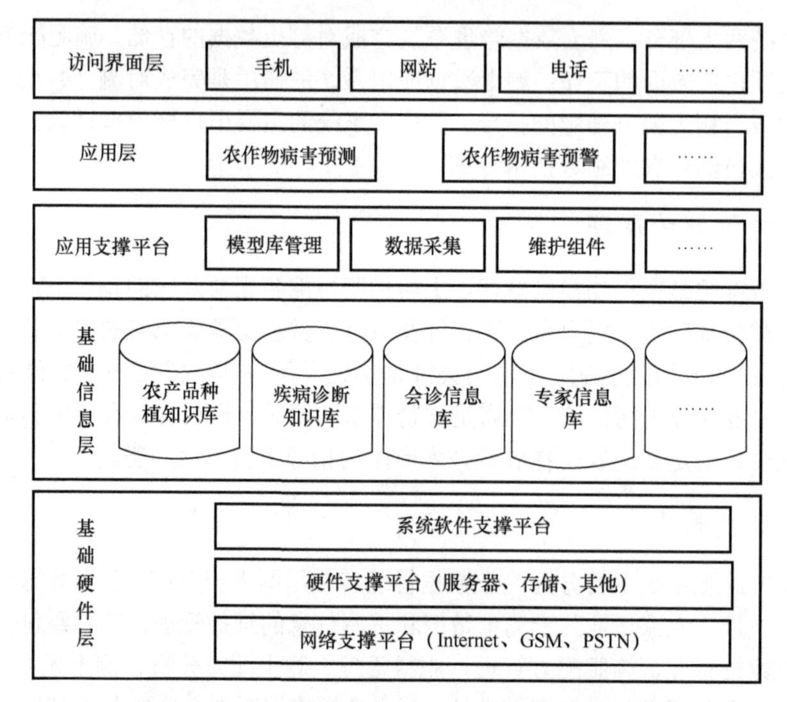


图 14.6　大田作物病虫害远程诊治和预警平台体系

## 14.2　设施农业物联网系统应用

伴随着国人生活水平的提高，人们对农产品要求的提高也与日俱增，因此设施农业的发展就上升到一定的高度。在实现高产、高效、优质、无污染等方面，设施农业技术的发展可有效解决这些问题。近年来，我国以塑料大棚和日光温室为主体的设施农业迅速发展，但仍存在生产水平和效益低下、科技含量低、劳动强度大等问题（高峰等，2009），因此设施农业的技术改进迫在眉睫。设施农业可以有效地提高土地的使用效率，因此在我国得到快速发展。物联网和设施农业的融合，也使设施农业的发展迎来了春天，物联网在信息的感知、互联、互通等方面有着极大的优势，因此可有效实现设施农业的智能化发展。本节主要介绍设施农业物联网的监控系统、功能、病虫害预测预警系统，以及在重要领域的应用，以便读者对设施农业物联网有一个全面的认知。

### 14.2.1　设施农业的概述

#### 1. 设施农业的介绍

设施农业是一种新型的农业生产方式，主要通过借助温室及相关配套装置来适时调节和控制作物生产环境条件（杨艳葵，2010）。设施农业融合特定功能的工程装备技术、管理技术及生物信息技术等，用来控制作物局部生产环境，为农、林、牧、副、渔等领域提供相对可控的环境条件，如温湿度、光照等环境条件（韦孝云和卢缸，2012）。

智能控制相较于人工控制的最大好处是可维持相对稳定的局部环境，减少因自然因素造成的农业生产损失。设施农业因其采用了大量的传感器如温湿度、光照等传感器，摄像头、控制器等，加之又融合 3G 网络技术，使得设施农业智能化程度飞速提升，在保证作业质量的前提下有效地提高了工作效率。

传感器，作为设施农业物联网技术中的关键一环，常见的如温湿度、光照、压敏、$CO_2$、pH 等传感器在设施农业中可对作物生长环境及生长状态等进行有效监测（韦孝云和卢缸，2012）。其实物见图 14.7。

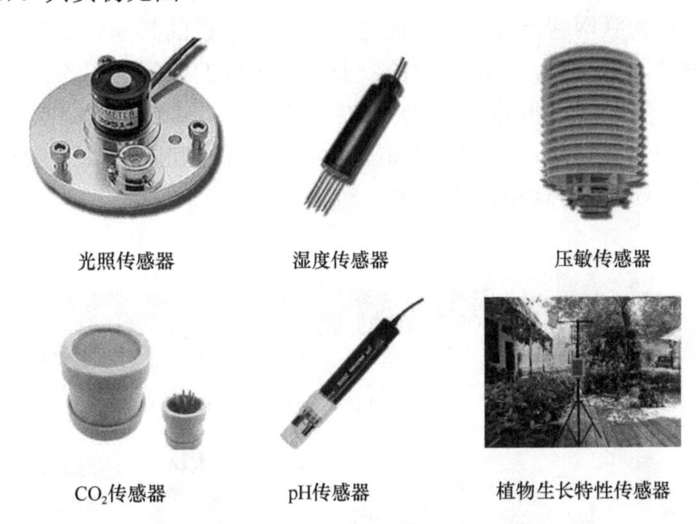


图 14.7　农业物联网常用传感器

## 2. 设施农业物联网技术发展的背景

设施农业因其可提高单位面积土地使用率等突出成效而得到较快发展。设施农业是一个相对可以调节的人工环境，棚内环境对作物的生产影响很大，大量的农民开始从事设施农业如果对调节这种环境的意识不足，而作业又很粗放，我们推广队伍的专家数量有限，农民遇到技术问题的时候，不能够快速地得到充分的服务，这也是亟待解决的问题。对于外界的气象条件发生突变，尤其是在北方地区，如果在夜间发生大降温、下雪等，可能会造成不可挽救的损失。所以设施农业物联网应用系统的诞生将把温室的温度、湿度、光度等参数通过手机的无线通信传输到互联网的平台上来，互联网的平台可以监测大量温室，数据会显示发生异常的温室，这个系统会立刻自动地以短信的形式发到农户的手机上，对异常情况提出预警，以便进一步采取措施。这就是设施农业物联网应用系统的产生背景。

### 14.2.2　设施农业物联网监控系统

设施农业物联网以全面感知、可靠传输和智能处理等物联网技术为支撑和手段，以自动化生产、最优化控制和智能化管理为主要生产方式，是一种高产、高效、低耗、优质、生态、安全现代化农业发展模式与形态。主要由设施农业环境信息感知、信息传输和信息处理这三个环节构成（组成结构如图 14.8 所示）。各个环节的功能和作用如下（李道亮，2012）。

（1）设施农业物联网感知层。设施农业物联网的应用一般对温室生产的7个指标进行监测，即通过土壤、气象和光照等传感器，实现对温室的温、水、肥、电、热、气和光进行实时调控与记录，保证温室内有机蔬菜和花卉在良好环境中生长。

（2）设施农业物联网传输层。一般情况下，在温室内部通过无线终端，实现实时远程监控温室环境和作物长势情况。手机网络或短信是一种常见的获取大田传感器所采集信息的方式。

（3）设施农业物联网智能处理层。通过对获取的信息的共享、交换、融合，获得最优和全方位的准确数据信息，实现对设施农业生产过程的决策管理和指导。结合经验知识，并基于作物长势和病虫害等相关图形图像处理技术，实现对设施农业作物的长势预测和病虫害监测与预警功能。各温室的局部环境状况可通过监控信息输送到信息处理平台，这样可有效实现室内环境的可知可控。

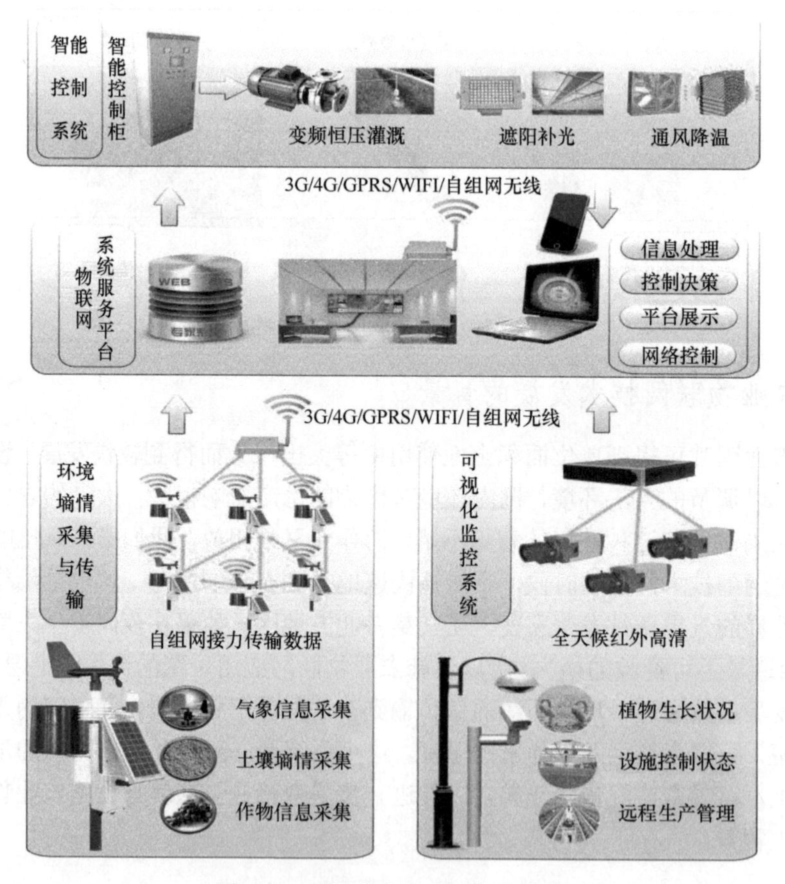


图14.8　设施农业物联网监控系统

### 14.2.3　设施农业物联网应用系统的功能

#### 1. 设施农业物联网应用系统的便捷功能

农户可以随时随地通过自己的手机或者计算机访问到这个平台，可以看到自己家温室的温度和湿度及各项数据。这样农户就不用随时担心温室的温度、湿度、水分等。

### 2. 设施农业物联网应用系统的远程控制功能

远程控制功能，对于一些相对大的温室种植基地，都会有电动卷帘和排风机等，如果温室里有这样的设备就可以自动地进行控制。例如，当室外问题低于 15℃时温室设备就会自动监测到，这时就会控制卷帘放下，设定好这样的程序之后系统会自动控制卷帘，并不需农户亲自到温室进行操作，极大地方便了农户对温室进行管理。在温室的设备上设置摄像头，摄像头可以帮助农民与专家进行诊断对接，这样既可以方便农户咨询问题，也可以让专家为更多的农户服务。例如，发生特殊病虫害，农户可以将其拍下来告诉专家，专家再来提供服务，流程非常简单且易于操作。

### 3. 设施农业物联网应用系统的查询功能

农户可以通过查询功能随时随地用移动设备登录查询系统，可以查看温室的历史温度曲线，以及设备的操作过程。查询系统还有查询增值服务功能，当地惠农政策、全国的行情、供求信息、专家通道等，实现有针对性的综合信息服务，历史温湿度曲线就是每天都是这样的规律，当规律打破出现异常的时候，它会立刻得到报警，报警功能需要预先设定适合条件的上限值和下限值，超过限定值后，就会有报警响应。

## 14.2.4　设施农业病虫害预测预警系统

设施农业病虫害预测预警系统可有效解决病虫害的预报数据，并及时发布预处理结果，实现病虫害发生前期、中期的预警分析、病虫害蔓延范围时空叠加分析；大棚对周边地区病虫害疫情进行防控预案管理、捕杀方案辅助决策、防控指令与虫情信息上传下达等功能，为设施病虫害联防联控提供分析决策和指挥调度平台。因此系统包括以下 4 个部分：病虫害实时数据采集模块、病虫害预测预报监控与发布模块、各区县重大疫情监测点数据采集与防控联动模块、病虫害联防联控指挥决策模块（李道亮，2012），具体如图 14.9 所示。

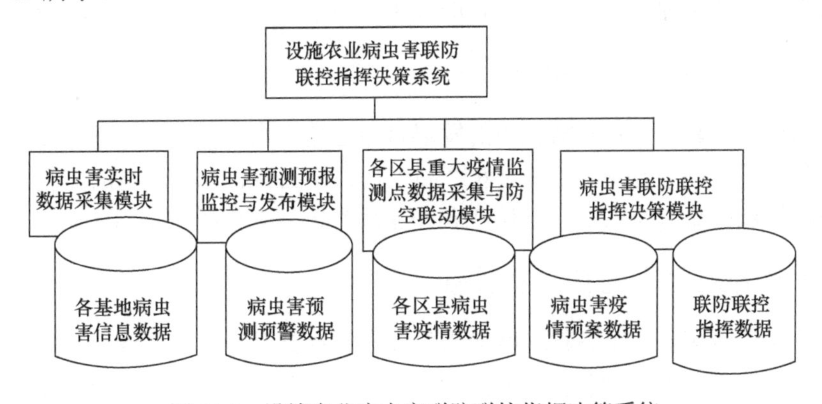


图 14.9　设施农业病虫害联防联控指挥决策系统

（1）病虫害实时数据采集模块：主要是实时采集各基地的病虫害信息数据，并在数据库中存储，为后续的疫情监测提供服务。

（2）病虫害预测预报监控与发布模块：将上述采集的数据进行统计分析，发布并及时显示分析结果及解决方案，方便相关人员进行浏览和查询病虫害相关信息。

（3）各区县重大疫情监测点数据采集与防控联动模块：此模块负责实现上级控制中心与各区县现有重大疫情监测点系统的联网，实现数据的实时采集，实现上级防控指挥命令和文件的下达，实现各区县联防联控的进展交流和上级汇报。

（4）病虫害联防联控指挥决策模块：综合以上各环节信息，发布指挥决策包括病虫害联防联控预案制定、远程防控会商决策、防控方案制定与下发、远程防控指挥命令实时下达、疫情防控情况汇报与汇总及监控区域的联防联控指挥及决策。

### 14.2.5 设施农业物联网重点应用领域

1. 设施种植领域物联网应用

设施种植领域物联网应用的发展目标是实现农作物生长过程信息的感知、采集、输送、存储、处理等系列过程的集约、精细和智能化。同时，以优质、高产、高效、可持续发展为宗旨，融合信息采集技术、实时监控技术等系列技术来实现设施作物生长过程的控制（姚世凤等，2011）。

2. 设施养殖领域物联网应用

设施养殖领域物联网应用的发展目标是实现养殖过程的智能、自动和精准化。通过物联网在系统架构、网络结构、智能监控技术上的优势来促进现代畜牧业规模化、集约化、信息化的生产特点。通过物联网技术及设施养殖的高速融合，可进一步实现养殖环境的智能控制（戴起伟等，2012）。

3. 农业资源环境监测物联网应用

农业资源环境物联网应用的发展目标是建立农产品生长环境、农产品品质监测等溯源体系。在相关技术的支持下，通过对动植物生长自然环境因子的监测、分析、预警等来实现农产品产地关键性环境参数的智能采集、环境实时监控与跟踪（戴起伟等，2012）。

4. 农产品加工质量安全物联网应用

农产品加工质量安全物联网应用的发展目标是建立农产品电子溯源标准化体系。通过系列设备、相关技术支持，通过对农产品生长、加工中心区的环境的监测，来建立实时高效快捷的农产品监控系统，以保证农产品从产地到餐桌的安全卫生。

5. 农村信息智能化推送服务物联网应用

农村信息智能化推送服务物联网应用的发展目标是融合各方资源，在物联网等平台的支撑下，服务“三农”。同时应用相关技术手段，开展农村现代远程教育等信息咨询和知识服务，推广相应科技成果（戴起伟等，2009a，2009b）。

6. 开发应用综合智能管理系统

开发应用综合智能管理系统的发展目标是综合应用物联网的自主组网技术、宽带传输技术、云服务技术、远程视频技术等，将示范区域内各类智能化应用子系统集成于一个综合平台，实现远程实时展示、监控与统一管理（戴起伟等，2012）。

## 14.3　果园农业物联网系统应用

果园农业物联网是农业物联网非常重要的一大应用领域，其采用先进传感技术、果园信息智能处理技术和无线网络数据传输技术，通过对果园种植环境信息的测量、传输和处理，实现对果园种植环境信息的实时在线监测和智能控制。这种果园种植的现代化发展，大大减轻了果园管理人员的劳动量，而且可以实现果园种植的高产、优质、健康和生态。

### 14.3.1　概述

我国是一个传统的农业大国，果树的种植区域分布广泛，环境因素各不相同，且存在环境的不确定性。传统的果树种植业一般是靠果农的经验来管理的，无法对果树生长过程中的各种环境信息进行精确检测，而且果树种植具有较强的区域性，在不进行有效的环境因子测量的情况下，果树生长的统一集中管理难以进行（王文山等，2012）。

随着现代传感器技术、智能传输技术和计算机技术的快速发展，果园的土壤水分、温度和营养信息将会快速准确地传递给人们，同时经过计算机的处理，以指导实际管理果园的生产过程。

因此，在果园信息管理中引入物联网技术，将帮助我们提高该果园的信息化水平和智能化程度，最终形成优质、高效、高产的果园生产管理模式。

### 14.3.2　果园种植物联网总体结构

果园种植物联网按照三层框架的规划，按照智能化建设的标准流程，结合“种植业标准化生产”的要求。果园物联网总体结构可以分为果园物联网感知层、传输层、物联网服务层和物联网应用层（李中良等，2014）。图 14.10 为果园种植物联网总体结构。

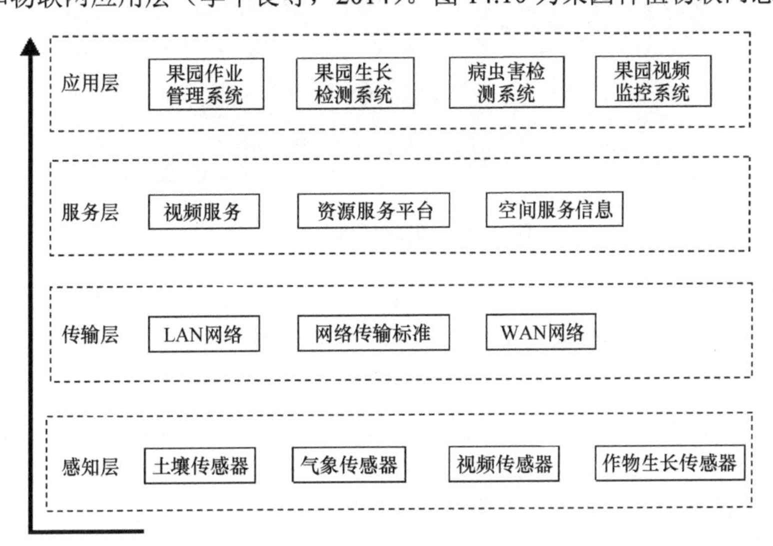


图 14.10　果园种植物联网总体结构

感知层主要由土壤传感器、气象传感器、作物生长传感器和果园食品监控传感器等组成。上述设备能够帮助我们采集果园的生态环境、作物生长信息和病虫害信息。

传输层包括网络传输标准、LAN 网络、WAN 网络和一些基本的通信设备，通过这些设备可以实现果园信息的可靠和安全传输。

服务层主要有传感服务、视频服务、资源管理服务和其他服务，使用户实时获取想要的信息。

应用层包括果园作业管理系统、果树生长检测系统、病虫害检测系统和果园视频监控系统等应用系统，用户可以应用这些设备来更好地管理果园。

### 14.3.3 果园环境监测系统

果园环境监测系统主要实现土壤、温度、气象和水质等信息自动测量和远程通信。监测站采用低功耗、一体化设计，利用太阳能供电，具有良好的果园环境适应能力。果园农业物联网中心基础平台上，遵循物联网服务标准，开发专业果园生态环境监测应用软件，给果园管理人员、农机服务人员、灌溉调度人员和政府领导等不同用户，提供天气预报式的果园环境信息预报服务和环境在线监管与评价服务。图 14.11 为果园环境监测系统。

图 14.11　果园环境监测设备

果园环境数据采集主要包含两个部分：视频信息的数据采集和环境因子的数据采集。主要构成部分有气象数据采集系统，土壤墒情检测系统，视频监控系统和数据传输系统。可以实现果园环境信息的远程监测和远距离数据传输。

土壤墒情监测系统主要包括土壤水分传感器、土壤温度传感器等，是用来采集土壤信息的传感器系统。气象信息采集系统包括光照强度传感器、降雨量传感器、风速传感器和空气湿度传感器，主要用于采集各种气象因子信息。视频监控系统是利用摄像头或者红外传感器来监控果园的实时发展状况。

数据传输系统主要由无线传感器网络和远程数据传输两个模块构成，该系统的无线传感网络覆盖整个果园面积，把分散数据汇集到一起，并利用 GPRS 网络将收集到的数据传输到数据库。图 14.12 为果园环境监测系统示意图。

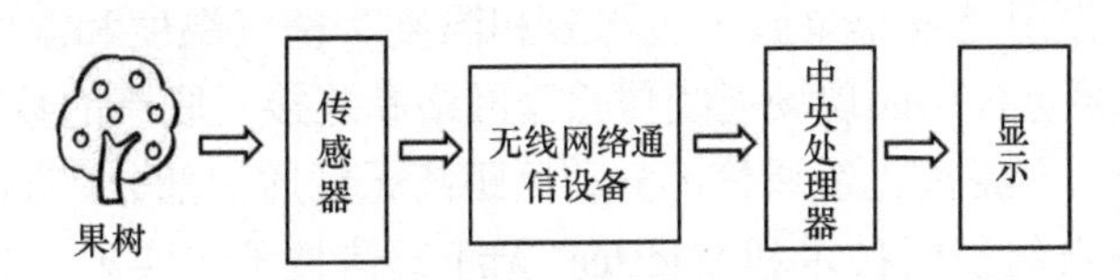


图 14.12　果园环境监测系统示意图

### 14.3.4　果园害虫预警系统

农业病虫害是果树减产的重要因素之一，科学地监测、预测并进行事先的预防和控制，对作物增收意义重大。

传统的果园环境信息监控一般是靠果农的经验来收集和判断，但是果农的经验并不都一样丰富，因而不是每一个果农都能准确地预测果园的环境信息，从而造成误判或者延误，使果园造成不必要的损失。基于此开发一种果园害虫预警系统显得尤为重要。

基于物联网的果园害虫预警系统主要包含视频采集模块、无线网络传输系统及数据管理与控制系统三个组成部分，可以实时对果园的环境进行监控，并对监控视频进行分析，一旦发现害虫且达到一定程度时立即触发报警系统，从而使果园管理人员及时发现害虫，并且快速给出病虫诊断信息，准确地做出应对虫害的措施，避免果园遭受经济损失。

视频采集模块由红外摄像探头传感器、摄像探头传感器和视频编码器组成。为适应系统运行环境和便于建成后的管理，设计时采用了无线移动通信，通过 GPRS 模块来完成远程数据的传输。数据管理和控制系统主要由计算机完成。图 14.13 为果园害虫预警系统结构示意图（王东旭和杨磊，2013）。

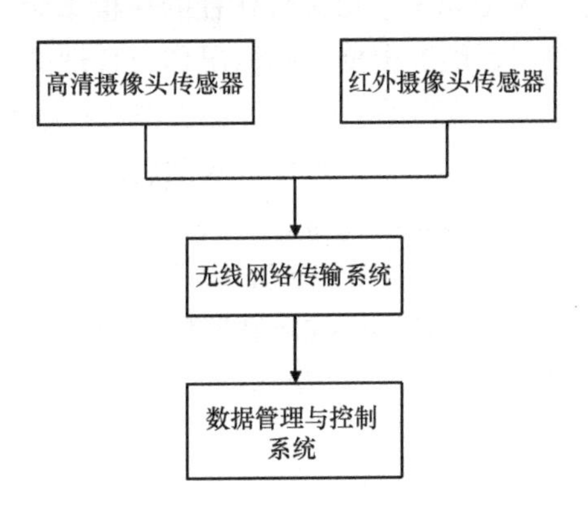


图 14.13　果园害虫预警系统结构示意图

### 14.3.5　果园土壤水分和养分检测系统

果园土壤的水分和养分的好坏直接关系到果园生产能力的大小，因此必须要建立果园水分和养分的检测系统。我们将物联网技术应用于果园土壤水分和养分含量的检测，辅以土壤情况作出的实时专家决策，就可以用以指导果树的实际种植生产过程。

根据物联网分层的设计思想，同样应用于果园土壤水分与养分的检测中，即包括感知层、网络传输层、信息处理与服务层和应用层。

感知层的主要作用是采集果园土壤水分和温度、空气温度和湿度及土壤养分的信息。网络传输层主要包含果园现场无线传感器网络和连接互联网的数据传输设备。其中数据传输设备又分为短距离无线通信部分和远距离无线通信部分。果园内的短距离数据传输技术主要依靠自组织网技术和 ZigBee 无线通信技术来实现。长距离传输则依靠 GPRS 通信技术来实现。信息处理与服务层由硬件和软件两个部分组成。硬件部分利用计算机集群控制和局域网技术；软件则包含传感网络监测实施数据库、标准数据样本库、果园生产情况数据库、GIS 空间数据库和气象资料库。这些数据为应用层提供信息服务。

应用层是基于果园物联网的一体化信息平台，运行的软件系统包括基于 WEB 与 GIS 的监测数据查询分析系统、传感网络系统及果园施肥施药管理系统。

### 14.3.6　应用案例

#### 1. 物联网技术在综合种植园区中的应用

浙江省台州市临海涌泉镇忘不了柑橘专业合作社与浙江大学合作，打造了国内首个应用于柑橘园的智能物联网精准监测系统。合作社在园区内建立起柑橘信息化管理示范基地，同时建设了柑橘基地生态信息、树体果实生理发育和果园视频信息的实时监控和智能控制系统，帮助管理者及时全面掌握果园主要信息，实现远程管理和监控。示范基地建设取得了显著成果，受到了各界人士的关注及好评。通过传感器采集柑橘生长环境数据，通过物联网的无线传感节点，对数据进行接收、转发、存储和融合，同时通过互联网和手机 APP 平台和短信的方式，帮助管理人员实时了解果园内的各种环境参数。

精准地实时监控，可以说是忘不了柑橘合作社的种植革命。当数据超过预警值时，系统不仅能够进行自动报警，还能够根据实际情况作出合理的自动化控制，如调温、灌溉等。图 14.14 为台州临海涌泉镇忘不了柑橘专业合作社物联网应用案例。

萧山 73021 部队农场（军垦农场）作为部队农业创新的示范农场之一，农场整体环境优美、气息怡人，农场生产设施整洁完备、人员管理有素，农场规划整齐、简洁，生产区域的划分井然有序，充分体现了示范生产、模范先进的作用，农场的整体风貌具有现代化农业示范园区的应有水平。该园区农场物联网系统分为 5 个部分：物联网生产管控系统、智能广播系统、视屏监控系统、生产追溯管理系统和电子商务平台，系统总体构架如图 14.15 所示。

**1）物联网生产管控系统**

物联网生产管控系统包括基于土壤水分含量和时间（定时灌溉控制）形成的温室自动化灌溉系统。基于温室环境信息形成的农业设施自动化控制，如风机遮阴等设施控制。系统采用物联网技术，通过无线信息采集与组网传输、自动控制实现该园区内智能化肥水管理与设施控制，主要结构如图 14.16 所示。

图 14.14　浙江台州临海涌泉镇忘不了柑橘专业合作社联网应用案例

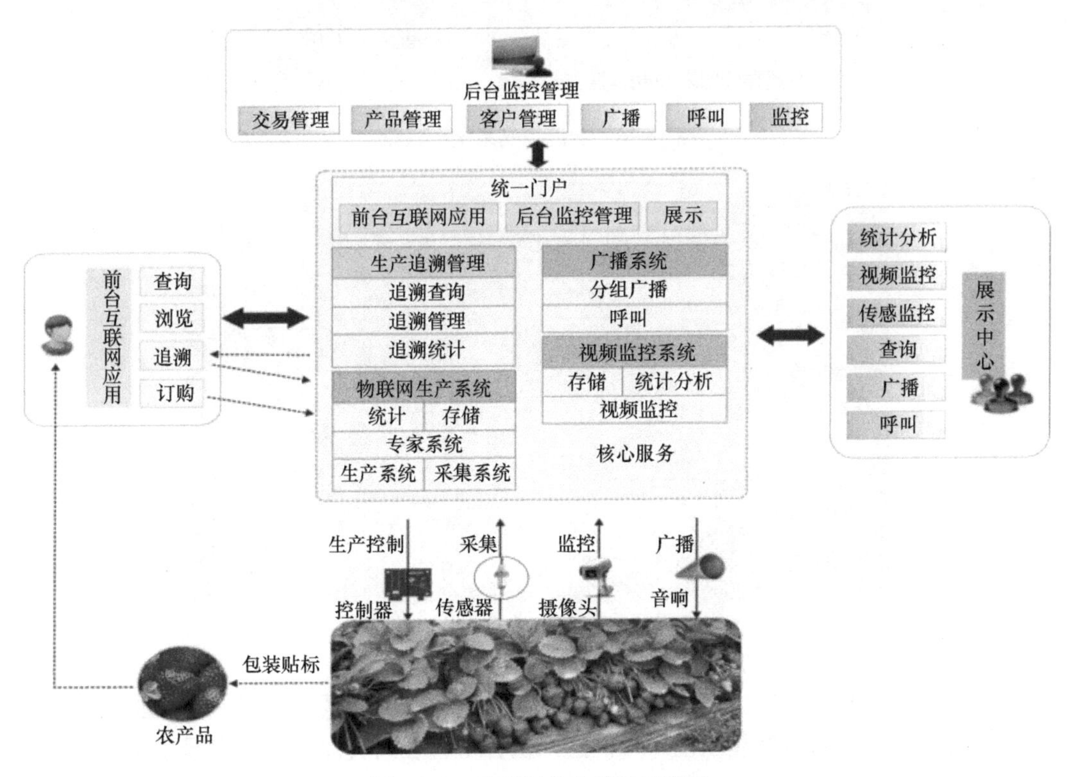


图 14.15　物联网生产管控示意图

a. 环境信息采集

结合农场具体情况，在每个温室内架设一套环境信息采集器，每套环境信息采集设备可自动采集 8 种环境参数，包括空气温度和湿度、光照强度、土壤温度、湿度、pH、盐度和二氧化碳浓度。其实物如图 14.17 所示。

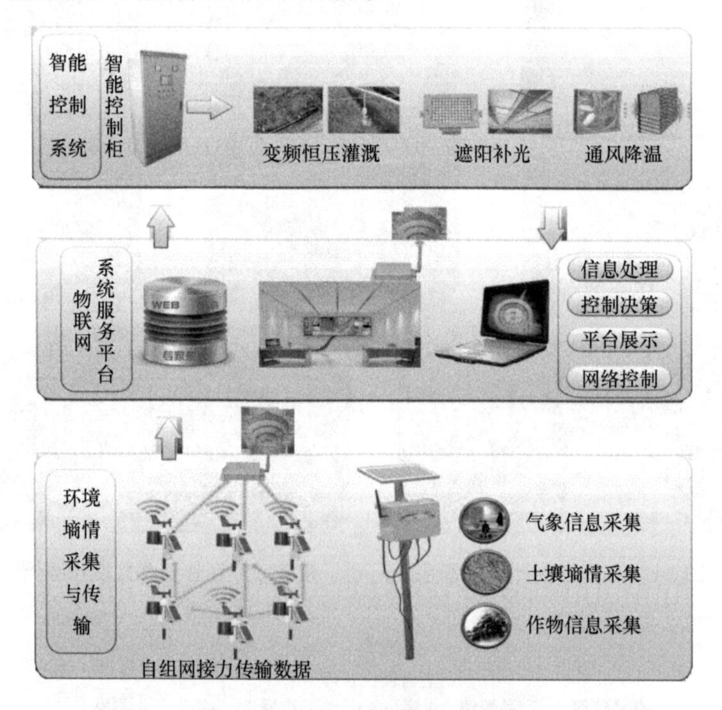


图 14.16　智能控制系统示意图

图 14.17　环境信息采集

环境采集器利用无线传输的方式自动将信息实时传回园区的监控中心，通过软件服务平台处理后最终将数据显示在计算机上，供种植管理人员及时地了解园区环境情况，以便对种植气候及土壤环境进行及时调节，满足作物生长对生长环境的需求。

b. 肥水灌溉的自动化

为实现肥水灌溉自动化我们在每个水池泵站内架设灌溉变频智能控制柜。智能控制系统根据环境信息采集器采集的数据控制下属区域精细化的肥水灌溉控制，智能控制柜内配有变频控制器，变频器主要是改变水泵电机转速，实现节电的设备。在出现用水量变化、水压不够或断水情况的时候，变频器就会按照预先设定的参数进行自动调节工作，实物图如图 14.18 所示。

图 14.18　肥水智能变频灌溉

c. 新能源温室设施自动化控制

设施自动化控制：自动控制系统以对室内环境情况信息采集器上传的数据，经专家系统分析后，对园区内的灌溉和设施进行智能控制。例如，系统判定土壤湿度小于作物适宜生长湿度，系统会对水泵和电磁阀设备进行开启操作实现提高土壤湿度的目的，当温度恢复到植物生长正常土壤湿度则关闭水泵与电磁阀，软件界面和硬件设施如图 14.19 所示。

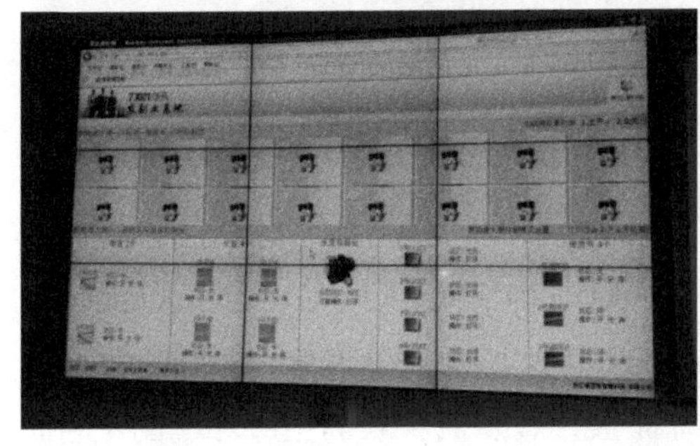

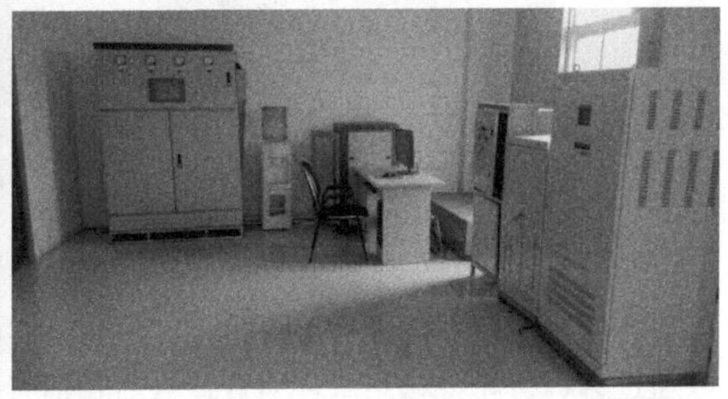

图 14.19　新能源温室设施自动化控制界面

设施定时生产控制：根据长期生产种植经验得出植物培育的管理经验，在特定的时间对农场内灌溉与农业设施设备进行开启关闭定时操作。

远程或监控中心手动控制：生产系统可以设置成手动模式，在这种模式下，管理人员可远程通过互联网对园区内所有可控设备进行人工管理，以便管理人员处理生产过程中的复杂情况。

**2）生产追溯管理系统**

部队农场对农产品的生产加工安全十分重视，农场出场的农产品在进入用户餐桌前，会经过采收、装箱、运输等多个环节，最终到用户使用。为了加强用户对部队农场农产品的信赖度、提高农产品的档次和品牌形象，农场将构建农产品生产追溯平台。在追溯平台中，用户可以使用产品标识（一维码或二维码）提供的产品编号，在农场提供的互联网查找平台中确认农产品的真假，查询农产品的生产信息，查看农产品的生产环境等，具体管理系统构成如图 14.20 所示。

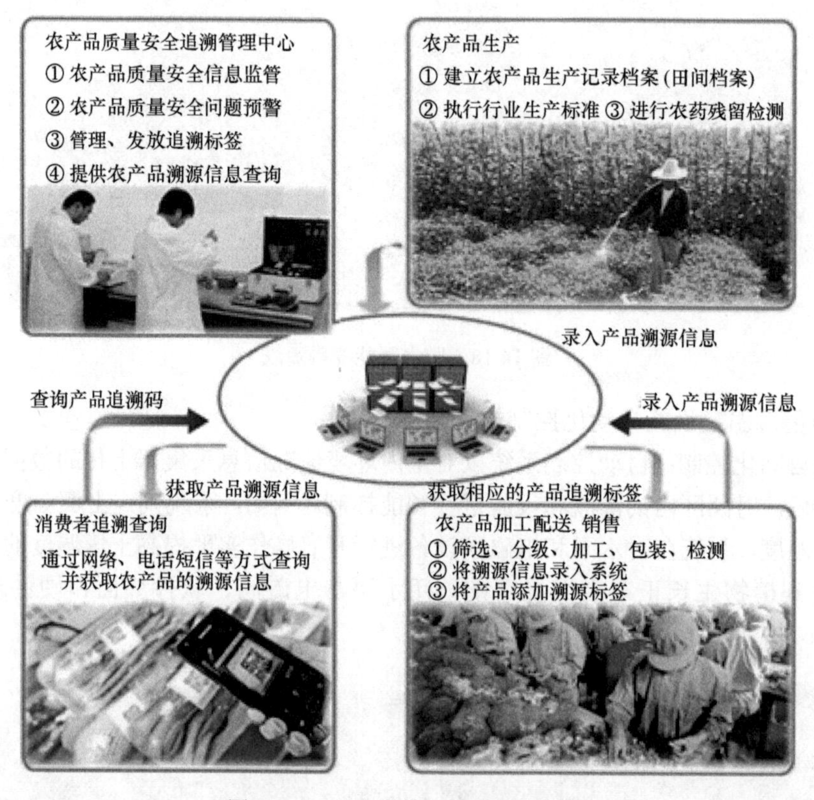


图 14.20　农产品信息追溯技术架构

**3）视屏监控系统**

将视频监控系统进行整合，使管理人员可以对生产区域进行生产监控、消费者也可以通过远程访问视频系统，为管理人员和消费者提供查看和监管农场生产环境的平台，可以进行农场基础信息查询追溯、生产区环境视频监控追溯。

视频采集系统主要包括各观测点和摄像机，进行视频图像信号采集的工作。主要实现的功能为，对每个采集点的视频采集。按照摄像机是否能移动等要求配置云台装置，主要可实现较广泛区域的监视，如图 14.21 所示。

**4）智能广播系统**

智能广播系统主要功能包括定时播放（音乐、技术指导）、生产预警。生产预警的难点在于结合实际生产过程，将环境参数（如水分含量值、是否缺水，实际温度值、是否正常）转成播音系统的输入流，由广播系统分析处理后，形成预警语音进行播放，实物图如图 14.22 所示。

图 14.21 园区视屏监控系统

图 14.22 园区智能广播系统

**5）物联网平台**

平台集农业物联网生产管控、视屏采集、环境信息采集、智能广播、农场品追溯于一体满足部队农场生产管理，如图 14.23 和图 14.24 所示。

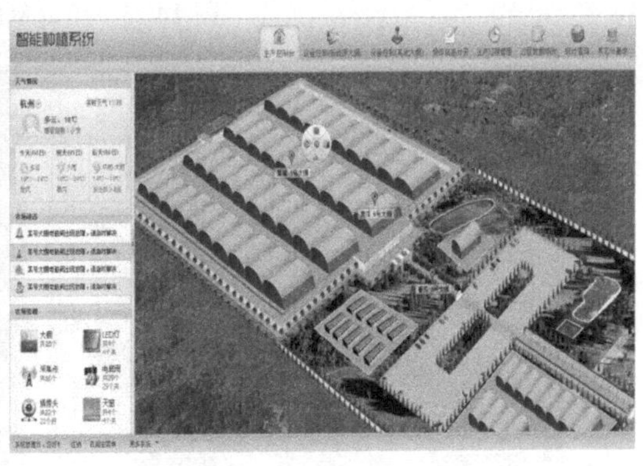


图 14.23 种植系统生产管控软件界面

## 2. 物联网技术在名贵中药材种植方面的应用

铁皮石斛是名贵中草药，生长条件极为苛刻，人工培育技术难度大，对自动化要求比较高。因此，本系统结合浙江枫禾生物工程有限公司铁皮石斛生产基地开展物联网技术应用研究工作，主要在组培室实现育苗过程的信息化监测与自动化环境调控，在生产过程中利用高密度信息获取与作物营养成分诊断技术实现设施温室内的铁皮石斛自动化环境调控与肥水供给，如图 14.25 和图 14.26 所示。

图 14.24　园区视频监控与电子商务平台软件系统

图 14.25　组培室内环境信息获取

图 14.26　立体式生产架的信息监测与自动化调控系统

控制系统：系统根据物联网实时获取的信息进行智能化决策，通过专家模型实现指令控制。指令由无线通信模块传输给控制柜，控制柜里面的远程终端单元会接收控制室发来的信息通过变频器，以及继电器做出一系列的动作来控制整个智能温室，实现温室内的通风、调光、喷淋、遮阳等自动化控制，所安装的设备如图 14.27 所示。

图 14.27　智能化控制系统

铁皮石斛生长过程中养分监测一直是生产管理过程中的重要难题，本系统采用光谱在线作物养分检测方法，实现了在线式光谱养分监测，可同时监测铁皮石斛生长过程中的氮素、叶绿素水平监测，为肥水一体化自动灌溉提供科学依据。系统可以通过网络进行远程访问、远程控制，具体界面如图 14.28 和图 14.29 所示。

图 14.28　铁皮石斛生长过程的环境与养分监测设备

图 14.29　铁皮石斛生长过程信息监测与自动控制软件系统

伴随“3S”技术、传感器技术、电子技术、数据库技术、GPRS 无线通信技术、自动控制技术等的快速发展，信息技术在果园种植上的应用范围不断扩大。物联网技术开始应用在果园管理的各个方面。果树幼苗种植初期可以实时查看果园的温度、湿度、土壤水分和养分等信息，并通过无线传输技术连接到计算机或者手机上，对果园内各种传感器进行远程监制；灌溉阶段，以物联网获取的农作物需水情况为依据，利用预先铺设的管道系统及末级管道上的灌水装置（包括滴头、喷头、微喷头等），将水分及作物生长所需的养分以合适的流量准确均匀地输送到作物根部周围的土层和土壤表面，实现科学节水灌溉。施药阶段：利用果园内的视频传感器监测病虫害的情况，并将信息实时传输到手机或者计算机上，甚至帮助果园管理人员提出施药建议，通过管道系统对果树进行精准施药。采摘阶段：果园内的各种传感器将果树的生长状况实时传输给计算机系统，计算机给出最佳采摘时间，最大限度保证果实的优质。

与国外相比较，目前我国的果园监测技术还存在较大的差距，传统的方式是通过现场或者通过有线的方式（如固定电话、CAN BUS、Internet 等）得到果园信息，但是这些通信方式不能满足一些环境恶劣、地形偏僻、监测区域的监测点不集中、布线不方便的场合。但是通过无线传输方式获得果园土壤墒情参数的研究尚在起步阶段。相信随着移动通信技术的不断发展，GPRS、3G 等一系列的无线通信方式将成为传统有线通信方式的重要补充，并逐渐成为网络化的未来发展趋势。将无线通信技术引入信息监控系统将在很大程度上提升监测数据的可靠性和完整性，同时大幅度提升组网的灵活性，这对农田参数信息监测的发展大有裨益。

## 参考文献


戴起伟, 曹静, 董钊, 等. 2009a. 基于知识管理和信息推送技术的农村信息服务系统. 江苏农业学报, 25(6): 1413-1419.

戴起伟, 董钊, 曹静, 等. 2009b. 面向农村社区的信息推送服务平台技术设计与应用. 科技与经济, 22(4): 49-52.

戴起伟, 曹静, 凡燕, 等. 2012. 面向现代设施农业应用的物联网技术模式设计. 江苏农业学报, 28(5): 1173-1180.

高峰, 俞立, 卢尚琼, 等. 2009. 国外设施农业的现状及发展趋势. 浙江林学院学报, 26(2): 279-285.

李道亮. 2012. 农业物联网导论. 北京: 科学出版社.

李中良, 胡晨晓, 邹腾飞, 等. 2014. 基于物联网的柑橘土壤水分养分实时监测系统的设计与实现. 农业网络信息, (2): 21-24.

孙连新, 陈栋, 张晓晖. 2013. 大田农业物联网系统研究. 中外食品工业, (9): 45-46.

王东旭, 杨磊. 2013. 基于物联网的果园环境信息监控系统: 中国专利, 201320502547.2.

王文山, 柳平增, 臧官胜, 等. 2012. 基于物联网的果园环境信息监测系统的设计. 山东农业大学学报, 43(2): 239-243.

韦孝云, 卢缸. 2012. 面向设施农业的无线传感器网络研究进展. 现代电信科技, (6): 50-55.

姚世凤, 冯春贵, 贺园园, 等. 2011. 物联网在农业领域的应用. 农机化研究, 33(7): 190-193.

杨艳葵. 2010. 浅谈传感器在设施农业中的应用. 农技服务, 27(6): 793-795.

# 第 15 章　畜禽水产养殖物联网系统应用

## 15.1　畜禽农业物联网系统应用

物联网技术是指采用先进传感技术、智能传输技术和信息处理技术，实现对事物的实时在线监测和智能控制。近年来，畜禽业也开始引进物联网技术，通过对畜禽养殖环境信息的智能感知，快速安全传输和智能处理，人们可以实时了解畜禽养殖环境内的信息，并且在计算机的帮助下，实现畜禽养殖环境信息实时监控，精细投喂，畜禽个体状况监测、疾病诊断和预警、育种繁殖管理。畜禽养殖物联网为畜禽营造相对独立的养殖环境，彻底摆脱传统养殖业对管理人员的高度依赖，最终实现集约、高产、高效、优质、健康、生态和安全的畜禽养殖。

### 15.1.1　概述

我国的畜禽养殖产量位居世界第一。随着国家经济的发展、人民生活水平的不断提高，畜禽产品的消费量也在快速增长。畜禽养殖业的规模不断扩大，吸引了大量农村剩余劳动力，增加了农民的经济收入，畜禽养殖在农业总产值中所占比例越来越大。

现代畜禽养殖是一种高投入、高产出、高效益的集约化产业，资本密集型和劳动集约化是其基本特征。与发达国家相比，我国畜禽养殖的集约化主要表现为劳动集约化，目前已随着经济的发展，劳动集约化已经开始向资本集约化方向过渡。但是，这种集约化的产业也耗费了大量的人力和自然资源，并在某种程度上对环境造成了负面影响。通过使用物联网可以合理地利用资源，有效降低资源消耗，减少对环境的污染，建成优质、高效的畜禽养殖模式。畜禽养殖物联网在养殖业各环节上的应用大致有以下几个方面。

#### 1. 养殖环境智能化监控

通过智能传感器实时采集养殖场的温度、湿度、光照强度、气压、粉尘弥漫度和有害气体浓度等环境信息，并将这些信息通过无线或有线传输到远程服务器，依据服务器端模型作出的决策去驱动养殖场相关环境控制设备，实现畜禽养殖场环境的智能管理。这可以减少人员进出车间频率，杜绝疾病的传播，提高畜禽防疫能力，保障安全生产，实现生产效益最大化。

#### 2. 实现精细饲料投喂

畜禽的营养研究和科学喂养的发展对畜禽养殖发展、节约资源、降低成本、减少污染和病害发生、保证畜禽食用安全具有重要的意义。精细喂养根据畜禽在各养殖阶段营养成分需求，借助养殖专家经验建立不同养殖品种的生长阶段与投喂率、投喂量间定量关系模型。利用物联网技术，获取畜禽精细饲养相关的环境和群体信息，建立畜禽精细投喂决策系统。

### 3. 全程监控动物繁育

在畜禽生产中，采用信息化技术通过提高公畜和母畜繁殖效率，可以减少繁殖家畜饲养量，进而降低生产成本和饲料、饲草资源占用量。因此，以动物繁育知识为基础，利用传感器、RFID等感知技术对公畜和母畜的发情进行监测，同时对配种和育种环境进行监控，为动物繁殖提供最适宜的环境，全方位地管理监控动物繁育是非常必要的。

### 4. 生产过程数字化管理

随着养殖规模的日益扩大，传统的纸卡方式记录，畜禽个体日常信息的模式已经不再能满足生产的实际需求。依靠二维码与无线射频技术等物联网技术，可以实现基于移动终端的畜禽生长、繁殖、防疫、疾病、诊疗等生产信息的高效记录、查询与汇总，为高效生产提供了重要决策支持。

## 15.1.2　畜禽农业物联网系统的架构

畜禽养殖物联网系统和一般的物联网结构相似，由感知层、传输层和应用层三个层次组成。通过集成畜禽养殖信息智能感知技术及设备、无线传输技术及设备、智能处理技术，实现畜禽养殖环境实时在线监测和控制。畜禽农业物联网系统总体框架如图15.1所示。

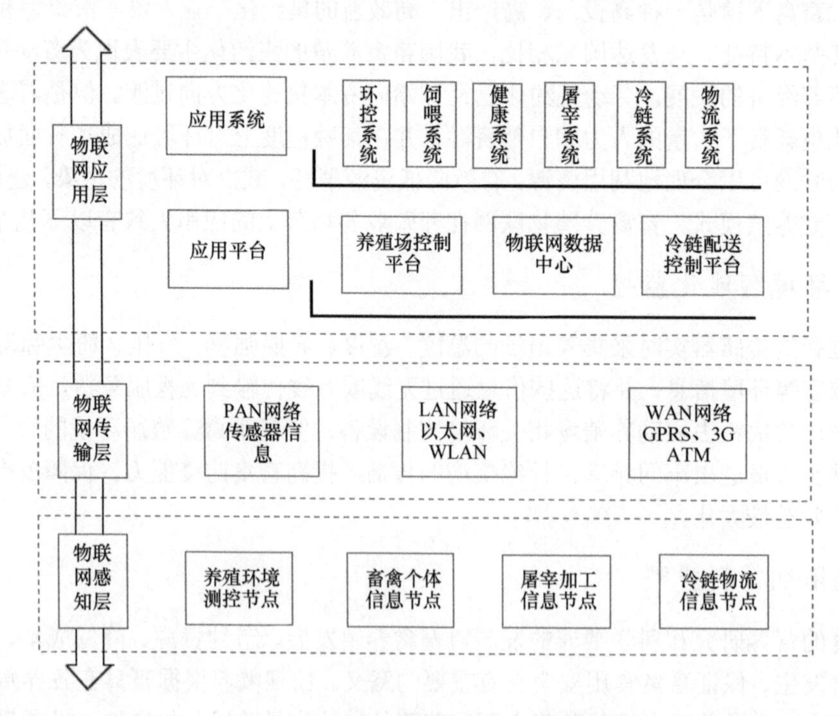


图15.1　畜禽农业物联网系统总体框架

### 1. 感知层

作为畜禽农业物联网系统的“眼睛”，对畜禽养殖的环境进行探测、识别、定位、跟踪和监控。主要技术有：传感器技术、射频识别（RFID）技术、二维码技术、视频和图像技术等。采用传感器采集温度、湿度、光照、二氧化碳、氨气和硫化氢等畜禽养殖环境参数，采用 RFID 技术及二维码技术对畜禽个体进行自动识别，利用视频捕捉等，实现多种养殖环境信息的捕捉。

### 2. 传输层

传输层完成感知层向应用层的信息传递。传输层的无线传感网络包括无线采集节点、无线路由节点、无线汇聚节点及网络管理系统，采用无线射频技术，实现现场局部范围内信息采集传输。远距离数据传输应用 GPRS 通信技术和 3G 通信技术。

### 3. 应用层

应用层分为公共处理平台和具体应用服务系统。公共处理平台包括各类中间件及公共核心处理技术，通过该平台实现信息技术与行业的深度结合，完成物品信息的共享、互通、决策、汇总、统计等，如实现畜禽养殖过程的智能控制、智能决策、诊断推理、预警和预测等核心功能。具体应用服务系统是基于物联网架构的农业生产过程架构模型的最高层，主要包括各类具体的农业生产过程系统，如畜禽养殖系统及产品物流系统等。通过应用上述系统，保证产前优化设计，确保资源利用率；产中精细管理，提高生产效率；产后高效流通，实现安全溯源等多个方面，促进产品的高产、优质、高效、生态、安全。

在以上架构基础上，根据实际需要，进行基于物联网的畜禽养殖环境控制系统的搭建与开发，并在畜禽养殖过程中进行具体应用检验。

## 15.1.3　畜禽物联网养殖环境监控系统

设计与开发畜禽养殖环境控制系统，需要了解系统内各个环境要素之间的相互关系：当某个要素发生变化，系统能自动改变和调整相关参数，从而创造出合适的环境，以利于动物的生长和繁殖。

针对我国现有的畜禽养殖场缺乏有效信息监测技术和手段，养殖环境在线监测和控制水平低等问题，畜禽养殖环境监控系统采用物联网技术，实现对畜禽环境信息的实时在线监测和控制。

在具体设计与开发畜禽养殖环境控制系统过程中，将系统划分为畜禽养殖环境信息智能传感子系统、畜禽养殖环境信息自动传输子系统、畜禽养殖环境自动控制子系统和畜禽养殖环境智能监控管理平台 4 个部分（郭理等，2014）。

### 1. 智能传感子系统

畜禽养殖环境信息智能传感子系统是整个畜禽养殖物联网系统最底层的设施，它主要用来感知畜禽养殖环境质量的优劣，如冬天畜禽需要保温，夏天需要降温，畜舍内通风不畅，温湿度、粉尘浓度、光照、二氧化碳、硫化氢和氨气等是否达到最佳指标。通过相应的专门的传感器来采集这些环境信息，将这些信息转变为电信号，以方便进行传输、存储、处理。它是实现自动检测和自动控制的首要环节。图 15.2 为畜禽环境信息采集结构示意图。

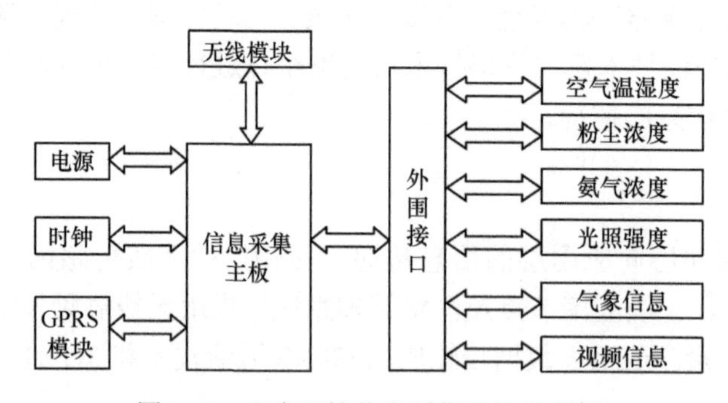


图 15.2　畜禽环境信息采集结构示意图

## 2. 自动传输子系统

畜禽养殖环境信息自动传输子系统通过有线和无线相结合的方式，将收集到的信息进行上传，即将上方的控制信息传递到下方接收设备。

目前，图像信息传输在畜禽养殖生产中也有着迫切的需求，它可以为病虫害预警、远程诊断和远程管理提供技术支撑。为有效保证图像、视频等信息传输的质量和实际应用效果，采用在圈舍内建设有线网络来配合视频监控传输，将视频数据发送到监控中心，可以实现远程查看圈舍内情况的实时视频，并可对圈舍指定区域进行图像抓拍、触发报警、定时录像等功能。

传输层实现采集信息的可靠传输。为增加信息传输的可靠性，传输层设计采用了多路径信息传输工作模式。传输节点是传输层的链本结构单元，点对点传输是信息传输的基本工作形式，多节点配合实现信息的多跳远程传输。根据传输节点基本功能，设计传输节点结构如图 15.3 所示。

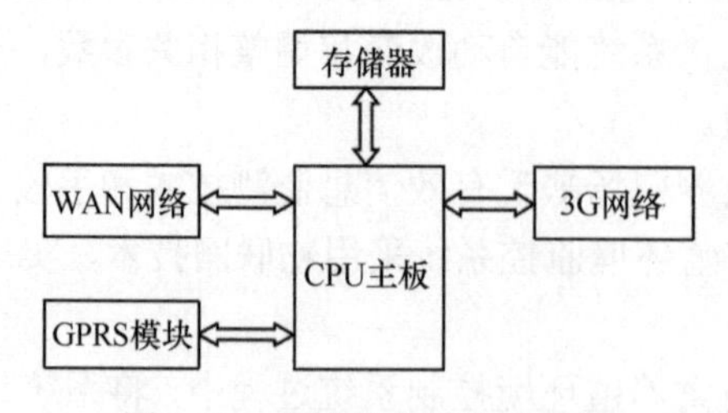


图 15.3　传输节点结构示意图

## 3. 自动控制子系统

控制层在分析采集信息的基础上，通过智能算法及专家系统完成畜禽养殖环境的智能控制。控制设备主要采用并联的方式接入主控制器，主控制器可以实现对控制设备的手动控制。根据畜舍内的传感器检测空气温度、湿度、二氧化碳、硫化氢和氨气等参数，对畜舍内的控制设备进行控制，实现畜舍环境参量获取和自动控制等功能。图 15.4 为畜禽养殖环境控制系统结构示意图。

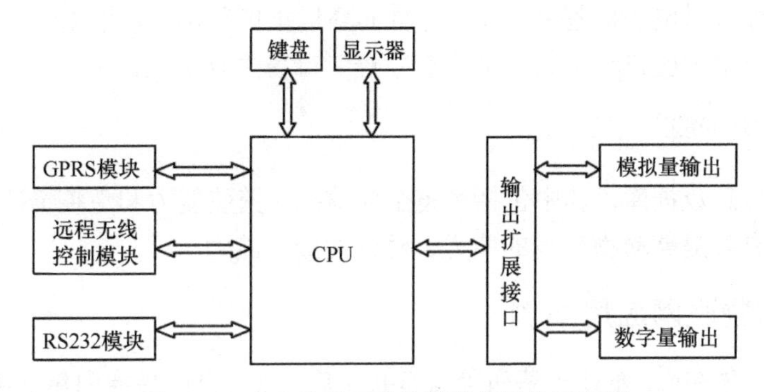


图 15.4　畜禽养殖环境控制系统结构示意图

### 15.1.4　精细喂养管理系统

精细喂养根据动物在各生长阶段所需营养成分、含量，以及环境因素的不同来智能调控动物饲料的投喂，系统要实现的功能如下。

#### 1. 饲料配方

我国养殖业的饲料配方计量技术比发达国家落后许多，不能满足畜禽饲料配方的需求，精细喂养管理系统就是借助物联网技术和养殖专家经验建立不同的动物品种在各阶段饲料成分、定量的模型，利用传感器采集的畜禽圈内环境信息和动物生长状态，建立畜禽精细投喂决策。

#### 2. 饲料成分含量控制

根据不同动物建立饲料投喂模型，再结合动物实际生长情况，智能服务平台会科学计算出动物当天需要的进食量和投喂次数，并进行自动投喂，避免人工喂养造成的误差。

### 15.1.5　动物繁育监控

智能化的动物繁育监控系统可以提高动物繁殖效率。畜禽育种繁育管理系统主要运用传感器技术、预测优化模型技术、射频识别技术，根据基因优化原理，科学监测母畜发情周期，实现精细投喂和数字化管理，从而提高种畜和母畜繁殖效率，缩短出栏周期，减少繁殖家畜饲养量，进而降低生产成本和饲料占用量。动物繁育智能监控的功能主要如下所述。

#### 1. 母畜发情监控

母畜发情监测是母畜繁育过程中的重要环节，错过了最佳时间将会降低繁殖能力。要提高畜禽的繁殖率，首先要清楚地监测畜禽的发情期。

运用射频识别技术对母畜个体进行标识，通过视频传感器监测母畜行为状态，还可以通过温度传感器测量母畜体温状况。系统根据采集的数据分析、判断母畜发情信息。

### 2. 母畜配料智能管理

对于怀孕母畜以电子标签来识别，在群养环境里单独饲养，根据母畜精细投喂模型和实际个体情况来智能自动配料，从而有效控制母畜生长情况。

### 3. 种畜数据库管理

建立种畜信息数据库，其中包括种畜个体体况、繁殖能力和免疫情况。智能化的种畜数据库可以有效提高动物繁育的能力、幼仔的成活能力。

## 15.1.6　畜禽物联网应用案例

目前，由于禽流感、布鲁氏菌病等人畜共患病，以及畜产品瘦肉精等事件频繁发生，越来越多的因动物而引起的食品安全和公共安全问题也受到全社会的广泛关注，如何管好动物和动物产品安全是现在面临的严峻问题。

射频识别技术的引入，在动物身体贴上电子标签，就可以追溯动物饲养及动物产品生产、加工、销售等不同环节可能存在的问题，并进行有效追踪和溯源，及时加以解决。

此项目主要针对环境二氧化碳、氨气、硫化氢、空气温湿度、光照强度、气压、噪声、粉尘等与生猪生长所必需的环境因子的数据，通过光纤传输到农业物联网生产管控平台，进行数据的存储、分析比对系统设定的数据阈值，将反馈控制命令通过光纤通信方式传输反馈到每个连栋大棚农业物联网温室智能控制柜，自动控制喷灌、风机设备，使环境保持在适宜生猪生长的条件下，如图 15.5 所示。

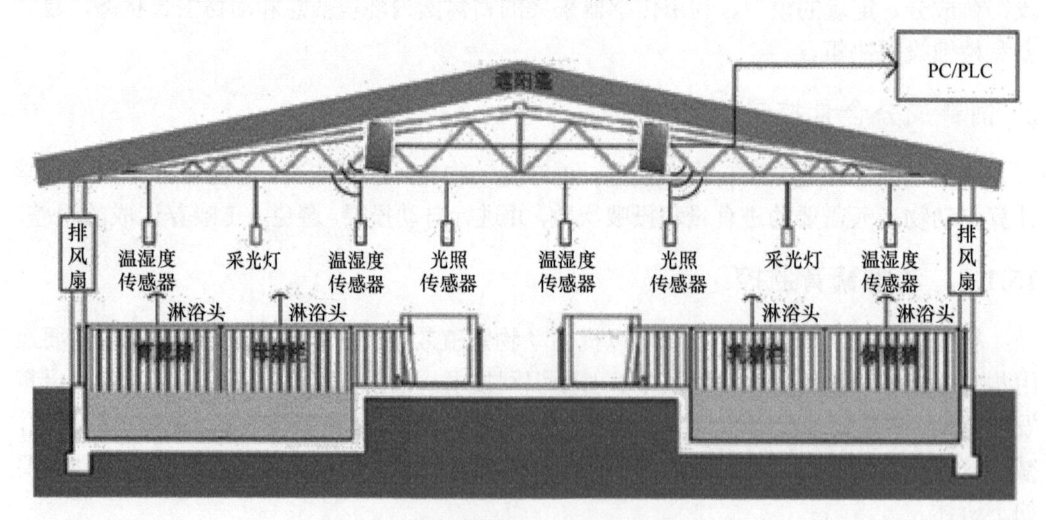


图 15.5　物联网信息化与智能化设施猪舍

本系统结合阜宁县生猪养殖基地实现物联网福利养殖环境信息监测与自动调控。根据养殖户实际应用需求温室信息采集器采集 5 种环境参数：空气温湿度、二氧化碳浓度、气压、有害气体、光照强度。当此类环境因素超标时，二氧化碳、氨气、硫化氢、粉尘等气体的增加会导致猪发生疫情；空气温湿度、光照强度、气压影响着猪生长的质量；密度、温湿度、通风换气则影响着猪生长繁殖的速度；自动报警系统则会短信通知用户，用户可自行采取应对措施。主要技术结构框图如图 15.6 所示。

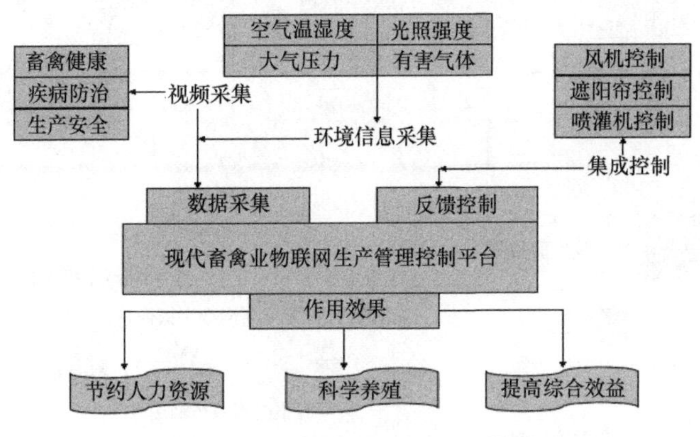


图 15.6　物联网设施养猪系统构成

农业物联网智能控制器通过光纤通信方式传输环境信息，并采用市电供电模式，环境采集器信息经过接力传输后最终汇聚到园区畜禽养殖管理办公室的农业物联网平台服务器中，并通过农业物联网生产管控平台实时显示环境信息。实现对猪舍采集信息的存储、分析、管理；提供阈值设置功能、智能分析、检索、报警功能；提供权限管理功能和驱动养殖舍控制系统。当农民在养殖过程中遇到难题，还可以将相关信息或者图片传输到农业智能专家系统，生猪养殖领域的专家会为用户答疑解惑。用户还可自行生成饲养知识数据库，当同类问题重复出现时，便能自动查看解决方法，如图 15.7 所示。

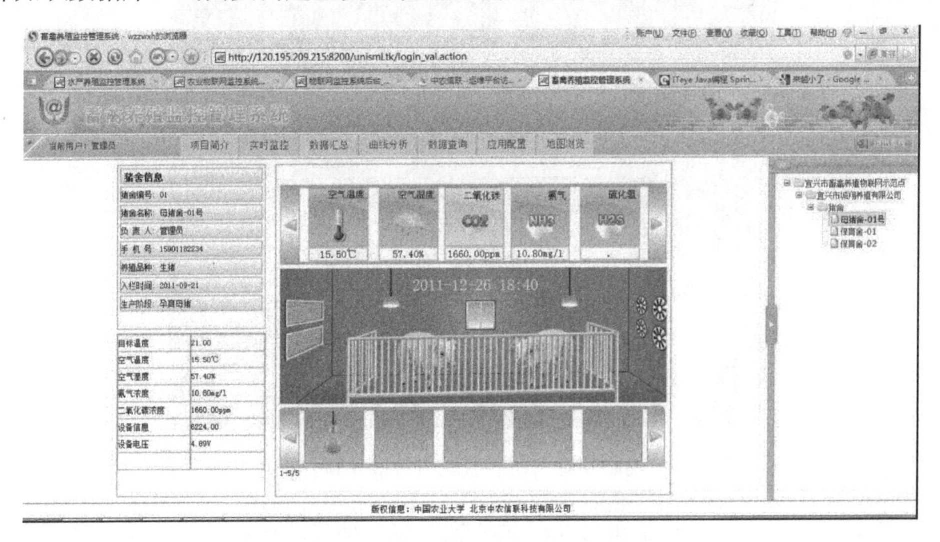

图 15.7　猪舍信息监测与智能调控软件系统

视频系统是利用大棚安装的高清数字摄像机，通过光纤网络传输方式对连栋大棚内生猪生长状况、设备运行状态和园区生产管理场景进行全方位视频采集和监控；园区管理者可以根据监控平台系统显示的畜禽生长情况、大棚内环境信息远程对养猪场大棚设施及饲料喂养实现自动化的控制，同时可远程对农场生产进行指导管理，其构成如图 15.8 所示，系统整体应用情况如图 15.9 所示。

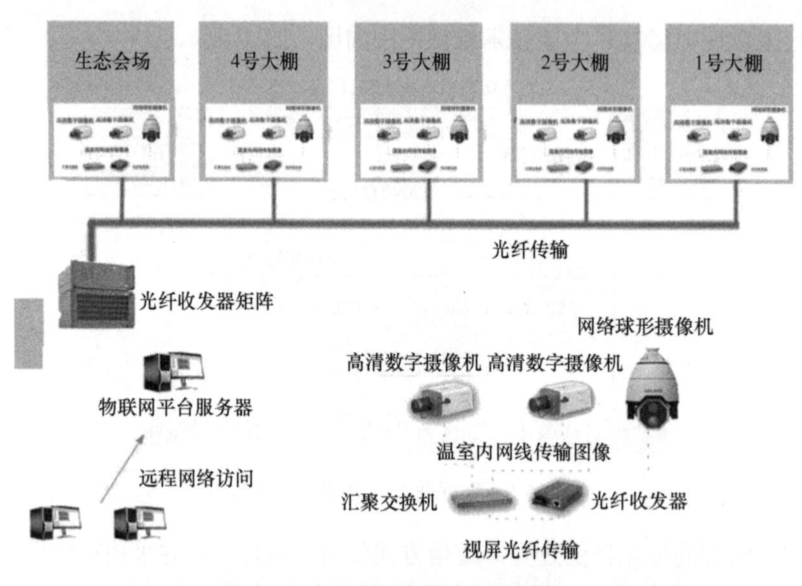


图 15.8　猪舍视频监控技术构架

图 15.9　物联网猪舍信息获取与智能化调控应用实况

通过物联网信息获取装备实时获取猪环境信息，结合通风、补光、调温装备实现猪的最佳适应环境智能化调控，并结合可视化监控技术实现猪生长过程的远程可视化监测与在线诊断，对提高科学养猪、提高效率、节省劳力、保障品质有重大意义。

## 15.2　水产农业物联网系统应用

水产农业物联网是现代智慧农业的重要应用领域之一，它采用先进的传感网络、无线通信技术、智能信息处理技术，通过对水质环境信息的采集、传输、智能分析与控制，来调节水产养殖水域的环境质量，使养殖水质维持在一个健康的状态。物联网技术在水产养殖业中的应用，改变了我国传统的水产养殖方式，提高了生产效率、保障了食品安全，实现水产养殖业生产管理高效、生态、环保和可持续发展。

### 15.2.1　概述

我国是水产养殖大国，同时又是一个水产弱国，因为目前我国水产养殖业主要沿用消耗大量资源和粗放式经营的传统方式。这一模式导致生态失衡和环境恶化的问题已日益显现，细菌、病毒等大量滋生和有害物质积累给水产养殖业带来了极大的风险和困难，粗放式养殖模式难以持续性发展，这一模式越强化，所带来的环境状况、养殖业在生产条件及经济效益等越差。

随着科技发展，我国的水产养殖已经从传统的粗放养殖逐步发展到工厂集约化养殖，环境对水产养殖的影响越来越大，对水产养殖环境监控系统的研究也越来越多。目前，水产养殖环境监控系统的研究主要集中在分布式计算机控制系统，但由于大多数养殖区分布范围较广、环境较为恶劣，有线方式组成的监督网络势必会产生很多问题，如价格昂贵、布线复杂、难以维护等，难以在养殖生产中大规模使用。无线智能监控系统不但可以实现对养殖环境的各种参数进行实时连续监测、分析和控制，而且减少了布线带来的一系列问题。

水产养殖环境智能监控通过实时在线监测水体温度、pH、溶氧量（dissolved oxygen，DO）、盐度、浊度、氨氮、化学需氧量（chemical oxygen demand，COD）、生化需氧量（biochemical oxygen demand，BOD）等对水产品生长环境有重大影响的水质参数、太阳辐射、气压、雨量、风速、风向、空气温湿度等气象参数，在对所检测数据变化趋势及规律进行分析的基础上，实现对养殖水质环境参数预测预警，并根据预测预警结果，智能调控增氧机、循环泵等养殖设施，实现水质智能调控，为养殖对象创造适宜水体环境，保障养殖对象健康生长。

### 15.2.2　水产农业物联网的总体架构

要实现水产养殖业的智能化，首先，必须保证养殖水域的水质质量，这就需要各种传感器来采集水质的参数；其次，采集到的信息要实时、可靠地传输回来，这就需要无线通信技术的支持；最后，利用传输的数据分析、决策和控制，这就需要计算机处理系统来完成。

根据以上所需的技术支持，水产农业物联网的结构和一般物联网的结构大致一样，即分为感知层、传输层和应用层三个层次。图 15.10 为水产农业物联网系统结构示意图。

#### 1. 感知层

感知层由各种传感器组成，如温度、pH、DO、盐度、浊度、氨氮、COD、BOD 等传感器。这些传感单元直接面向现场，由必要的硬件组成 ZigBee 无线传感网络，网络由传感器节点、簇头节点、汇聚节点及控制节点组成。

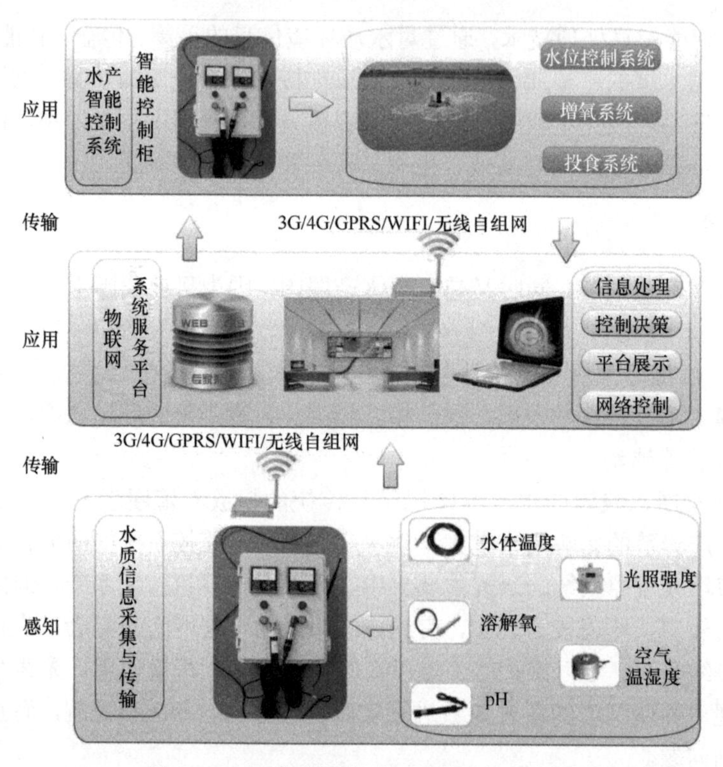


图 15.10　水产农业物联网系统结构示意图

采用簇状拓扑结构的无线传感网，对于大小相似、彼此相对独立的养殖池来说是较为合适的。通过设备商提供的接口函数，将每个鱼池中的若干传感器节点设置组成一个簇，并且设置一个固定的簇头。传感器节点只能与对应的簇头节点通信，不能与其他节点进行数据交换。簇头之间可以相互通信转发信息，各簇头通过单跳或多跳的方式完成与汇聚节点的数据通信，汇聚节点通过 RS232/485 总线与现场监控计算机进行有线数据通信。

## 2. 传输层

传输层完成感知层和数据层之间的通信。传输层的无线传感网络包括无线采集节点、无线路由节点、无线汇聚节点及网络管理系统，采用无线射频技术，实现现场局部范围内信息采集传输，远程数据采集采用 3G 、GPRS 等移动通信技术，无线传感网络具有自动网络路由选择、自诊断和智能能量管理功能。

## 3. 应用层

应用层提供所有的信息应用和系统管理的业务逻辑。它分解业务请求，在应用支撑层的基础上，通过使用应用支撑层提供的工具和通用构件进行数据访问和处理，并将返回信息组织成所需的格式提供给客户端。应用层为水产养殖物联网应用系统（四大家鱼养殖物联网系统、虾养殖物联网系统、蟹养殖物联网等）提供统一的接口，为用户（包括养殖户、农民合作组织、养殖企业、农业相关职能部门等用户）提供系统入口和分析工具。

### 15.2.3　水产养殖环境监测系统

在大规模现代化水产养殖中，水质的好坏对水产品的质量、效率、产量有着至关重要的影响。及时了解和调整水体参数，形成最佳的理想环境，使其适合动物的生长。

目前对水质的监控已初步完成对养殖水体的多个理化指标，如温度、盐度、溶解氧含量、pH、氨氮含量、氧化还原电位、亚硝酸盐、硝酸盐等进行自动监测、报警，并对水位、增氧、投饵等养殖系统进行自动控制及水产工厂化养殖多环境因子的远程集散监控系统。

#### 1. 环境监测系统结构

水产养殖水质在线监测系统由传感器、无线网络、计算机数据处理三个层次组成，系统总体结构如图 15.11 所示。最底层是数据采集节点，采用分布式结构，运用多路传感器采集温度、pH、溶氧量、氨氮浓度和水位等养殖水体参数数据，并将采集到的数据转换成数字信号，通过 ZigBee 无线通信模块将数据上传；中间层是中继节点，中继节点负责接收数据采集节点上传的数据，并通过 GPRS 无线通信模块将数据上传至监控中心，管理人员对养殖区进行远程监测，减轻监控人员的劳动强度，使水产养殖走上智能化、科学化的轨道。

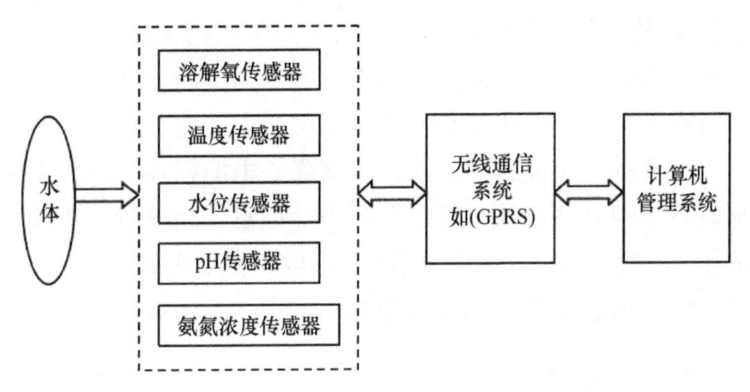


图 15.11　水产养殖环境监测系统结构示意图

#### 2. 智能水质传感器

智能传感器（intelligent sensor）是具有信息处理功能的传感器。智能传感器带有微处理机，具有采集、处理、交换信息的能力，是传感器集成化与微处理机相结合的产物。一般智能机器人的感觉系统由多个传感器集合而成，采集的信息需要计算机进行处理，而使用智能传感器就可将信息分散处理，从而降低成本。与一般传感器相比，智能传感器具有以下三个优点：通过软件技术可实现高精度的信息采集，而且成本低；具有一定的编程自动化能力；功能多样化。

#### 3. 无线增氧控制器

无线增氧控制器是实现增氧控制的关键部分，它可以驱动叶轮式、水车式和微孔曝气空压机等多种增氧设备。

#### 4. 无线通信系统

无线传感网络可实现 2.4 GHz 短距离通信和 GPRS 通信，现场无线覆盖范围 3 km；采用智能信息采集与控制技术，具有自动网络路由选择、自诊断和智能能量管理功能。

每个需要监测的水域内布置若干个数据采集节点和中继节点，数据采集节点上的多路传感器分别对所监测区域内的水体温度、pH、溶氧量、氨氮浓度、水位等水体参数信息进行采集，采集到的数据被暂存在扩展的存储器中，数据采集节点的微控制器对数据进行处理后将其上传给中继节点。

中继节点接收到数据采集节点发送的数据后，通过处理器对数据进行校验，所得到的参数会在液晶屏上进行显示，现场的工作人员可以通过按键查看水体参数值。中继节点通过 GPRS 模块将水体参数数据转发至监控中心并响应监控中心发出的指令，完成与监控中心的通信。此外，中继节点会对水体参数进行阈值判断，一旦超出阈值，中继节点会发出现场报警信号，同时还会通过短信通知工作人员，提醒工作人员及时进行处理。

监控中心会对所有收到的数据进行再处理、分析、存储和输出等。工作人员可以在监控中心界面上手动修改系统参数，自行选择要查看的区域及参数类型。监控中心界面会显示数据曲线图，用户可以在即时数据和历史数据之间进行切换，所有的数据都可以以 Excel 格式输出到个人计算机，方便数据的转存和打印。

每个区域的数据采集节点和中继节点之间采用网状网络拓扑结构组建数据无线传输网络，当节点有入网请求时，网络会自动进行整个网络的重建。系统无故障时，数据采集节点和中继节点不会一直处于工作状态，系统会在一次数据传输结束后，设置它们进入休眠状态，定时唤醒。通过这种方式，能够降低电能损耗，延长电池工作时间。系统的每个节点都设有电源管理模块，可以监测电池电量。当电量低于阈值时，系统发出报警信号，提醒用户跟换电池。数据采集节点、中继节点和监控中心构成一个有机整体，完成整个水产养殖区域内水质参数的在线监测。

### 15.2.4　水产养殖精细投喂系统

饲料投喂方法的好坏对水产养殖非常重要，不当的投喂方法可能导致资源的浪费，而饲料过多是导致水质富营养化的重要原因，对养殖水域造成污染，带来不必要的经济损失。

精细喂养决策是根据各养殖品种长度与重量关系，通过分析光照度、水温、溶氧量、浊度、氨氮、养殖密度等因素与鱼饵料营养成分的吸收能力、饵料摄取量关系，建立养殖品种的生长阶段与投喂率、投喂量间定量关系模型，实现按需投喂，降低饵料损耗，节约成本。

### 15.2.5　水产养殖疾病预防系统

随着我国工业化的不断发展，水污染已经成为困扰人们生存与发展的重要制约因素。水污染严重影响了水体的自我净化能力、水生物的生存状况、人们的健康，同时这也是导致动物疾病的“罪魁祸首”。其中有机污染物是引起水质污染的常见原因。

有机物污染是指以碳水化合物、蛋白质、氨基酸等形式出现的天然有机物质和能够进行生物分解的人工合成有机物质的污染物。其长期存在于环境中，对环境和人类健康具有消极影响。通常将有机污染物分为天然有机污染物及人工合成有机污染物。天然有机污染物主要是由生物体的代谢活动及化学过程产生的，主要有：黄曲霉毒素、氨基甲酸乙酯、麦角、细辛脑和草蒿脑等。人工合成有机污染物主要由现代化学工业产生的，包括塑料、合成纤维、洗涤剂、燃料、溶剂和农药等。

利用专家调查方法，确定集约化养殖的主要影响因素为溶氧量、水温、盐度、氨氮、pH 等水环境参数为准的预测预警。通过传感器采集的各参数信息，物联网应用层对数据进行分析，实时监测水环境，并以短消息的方式发送到养殖管理人员手机上，及时给予预警。

### 15.2.6 水产农业物联网应用实例

南美白对虾养殖风险较大，究其原因主要是缺乏精准监测与智能调控装备，尤其在高密度养殖的环境中，溶解氧是最容易导致对虾大面积死亡的因素，缺氧容易导致对虾窒息，富氧又容易导致水体病菌增加，容易感染病害。因此，本系统研发了水质在线监测系统与自动化调控装备，实现鱼塘水质在线监测与调控，并在杭州进行应用示范。

#### 1. 鱼塘水质信息与环境监测设备

共挑选比较具有代表性的 12 个鱼塘作为示范区，每 3 个鱼塘安装一个信息采集设备，每个采集设备上安装有溶解氧传感器、pH 传感器、氨氮传感器、水温传感器及光照、空气温度、空气温度传感器。每个采集设备均由太阳能供电，且每个设备均使用无线传输。无线将信息传输到管理中心。管理中心再根据接收到的信号发布反馈控制信号，执行自动增氧、智能报警等操作，如图 15.12 所示。

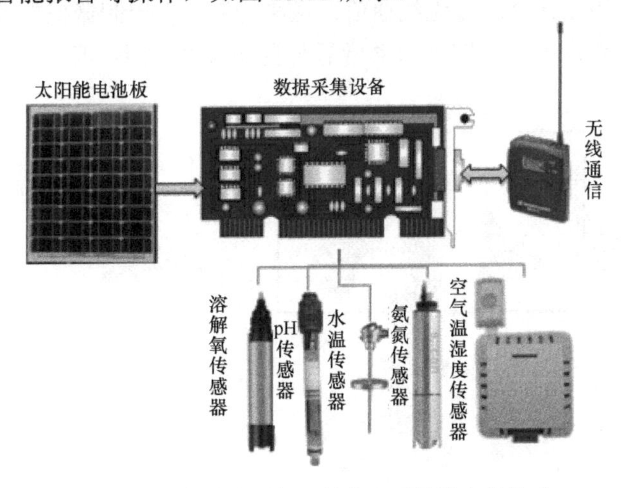


图 15.12 鱼塘水质与环境信息采集设备的构成

#### 2. 信息采集方案

每 3 个鱼塘安装一个水质信息与环境监测设备。每个设备均通过无线通信方式与监控中心通信。且每个设备不仅具备信息采集和无线发送功能，且具有无线自组网功能。采集设备在安装好后可以自行进行智能组网，以最低功耗和最高效率将信息传输到监控中心。组网通信方式如图 15.13 所示。

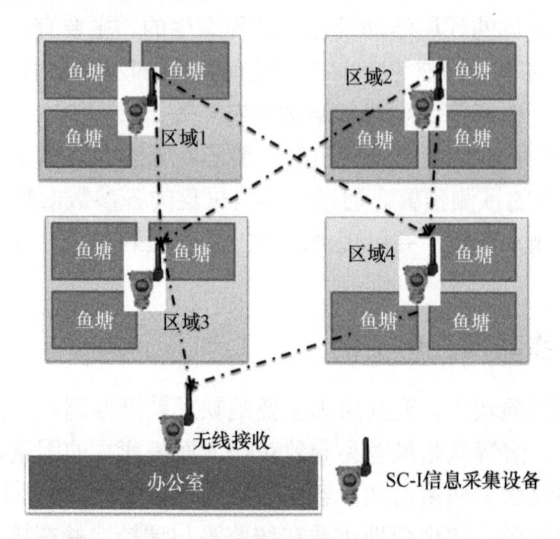


图 15.13　水产信息物联网信息采集示意图

## 3. 鱼塘自动增氧与换水的智能控制方案

南美白对虾养殖过程中，养殖户所承担的最大风险是鱼塘溶氧量问题。成年或快成年的南美白对虾耗氧量大，若不及时增氧则可能造成短时间内整个鱼塘的虾全部因缺氧死亡。对养殖户经济损失巨大。本项目针对该情况设计的控制方案如图 15.14 所示。监控中心控制指令主要根据实时接收到的鱼塘物联网信息作为控制依据，根据养殖经验数据作为控制参数，控制指令通过无线通信发送给控制器。控制器根据控制命令执行自动增氧与自动排水、给水操作，实现自动增氧与自动换水功能，其原理如图 15.14 所示。

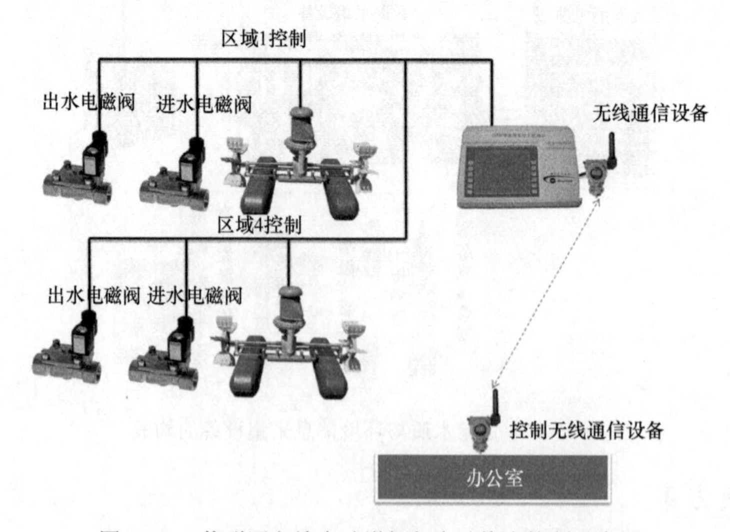


图 15.14　物联网鱼塘自动增氧与自动换水控制示意图

## 4. 养殖园区可视化实施方案

水产养殖园区的可视化为园区管理提供了非常便利的管理模式。本项目可视化设计方案为，利用 3 个枪型摄像机监测园区特定视角位置，利用一个球机（360°旋转、27 倍变焦）作为园区全景监控设备。球机可以手动控制旋转和放大变焦，也可以自动运行，自动全景 360°扫描，具体方案如图 15.15 所示。

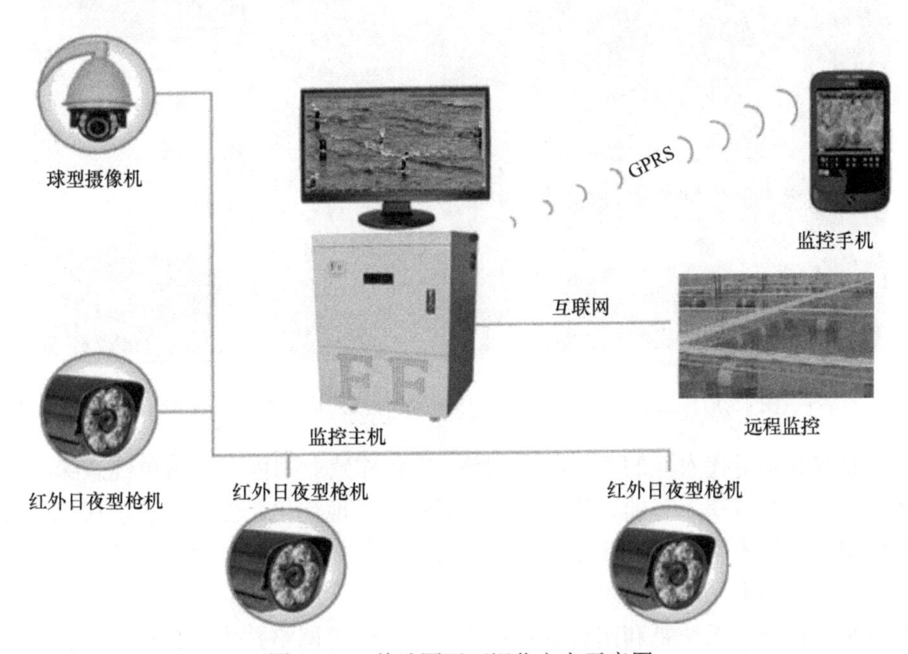


图 15.15　养殖园区可视化方案示意图

## 5. 系统应用示范

将上述技术与装备应用于杭州明朗农业开发有限公司养殖基地，实现在线、离线的自动化信息监测与自动控制，如图 15.16 和图 15.17 所示。

图 15.16　水产养殖信息监测与智能化调控系统实物图

图 15.17　浙江省杭州市明朗农业开发有限公司渔业工厂化养殖

现代养殖业是现代农业的主要组成部分，现代养殖业的内涵不再单纯意味着养殖过程的现代化，已经演变为基础设施现代化、经营管理现代化、生活消费现代化、资源环境现代化和科学技术现代化等多个方面，而无论哪个方面要实现现代化都离不开现代的科学技术，尤其是现代信息技术。

畜禽农业物联网系统是利用传感器技术、无线传感网络技术、自动控制技术、机器视觉和射频识别等现代信息技术，对畜禽养殖环境参数进行实时的监测，并根据畜禽生长的需要，对畜禽养殖环境进行科学合理的优化控制，实现畜禽环境的自动监控、精细投喂、育种繁育和数字化销售管理。

## 参 考 文 献


陈娜娜, 周益明, 徐海圣, 等. 2011. 基于 ZigBee 与 GPRS 的水产养殖环境无线监控系统的设计. 传感器与微系统, 30(3): 108-110.

陈晓华. 2012. 农业信息化概论. 北京: 中国农业出版社.

郭理, 秦怀斌, 邵明文. 2014. 基于物联网的农业生产过程智能控制架构研究. 农机化研究, 36(8): 193-195.

李道亮. 2012. 农业物联网导论. 北京: 科学出版社.

李晋, 熊炎. 2013. 大区域水质污染智能监测系统设计. 计算机测量与控制, 21(10): 2670-2672.

李秀峰, 艾红波. 2012. 畜禽养殖物联网设计方案. 农业网络信息, 8: 28-30.

刘渊, 杨泽林, 赵永军. 2012. 基于 RFID 的物联网技术在畜牧业中的应用. 黑龙江畜牧兽医, 8: 15-17.

柳平增, 毕树生, 付冬菊, 等. 2010. 室外农业机器人导航研究综述. 农业网络信息, 3: 5-10.

史兵, 赵德安, 刘星桥, 等. 2011. 基于无线传感网络的规模化水产养殖智能监控系统. 农业工程学报, 27(9): 136-140.

熊沈学, 冯嘉林. 2014. 农业物联网技术在养殖上的推广应用. 中国畜牧兽医文摘, 4: 1.

许秀英, 黄操军, 仝志民, 等. 2011.工厂化养殖水质参数无线监测系统探讨. 广东农业科学, 38(9): 186-188.
杨萍, 庄传礼, 傅泽田, 等. 2006. 基于 Internet 的鱼病远程会诊系统的设计与初步实现. 农业工程学报, 22(6): 127-130.
姚旭国. 2013. 物联网技术在规模化畜禽养殖业中的应用探析. 农业网络信息, 10: 24-26.
于承先, 徐丽英, 邢斌, 等. 2009. 集约化水产养殖水质预警系统的设计与实现. 计算机工程, 35(17): 268-270.
曾宝国, 刘美岑. 2013. 基于物联网的水产养殖水质实时监测系统. 计算机系统应用, 6: 53-56.
赵协. 2014. 物联网技术在现代畜牧业中的应用. 河南畜牧兽医: 市场版, 35(3): 13-14.

# 第 16 章　农产品安全溯源系统应用

## 16.1　农产品加工物联网系统应用

### 16.1.1　概述

农产品加工业是以人工生产的农业物料和野生动植物资源为原料，进行工业生产活动的总和。广义上是指以人工生产的农业物料和野生动植物资源及其加工品为原料进行的工业生产活动，狭义上是指以农、林、牧、渔产品及其加工品为原料进行的工业生产活动。农产品加工使农业生产资源由低效益行业向高效益行业转换，由低生产率向高生产率转移，进而延伸了整个农业产业链。它作为生产的范畴，通过对农产品的初、深、精、细等不同层次的加工，可使农产品多次增值，同时使各种资源得到综合利用。

#### 1. 农产品加工的现实意义

农产品通过多环节的加工与流转，既能不断增值，又能增加农民收入，还能给消费者带来便利。发达国家农业增值的最大环节就是产后部门的农产品加工，发达国家在该环节创造的价值可以占农产品价值的一半以上。我国以海南企业为例，发展椰子加工，可促进椰子增值 5～10 倍。

农产品加工业以农、林、牧、渔产品及其加工品为原料进行工业生产，可推动种植业、畜牧业、渔业等行业的发展。肉类加工企业发展促进了生猪养殖业；果蔬加工业的发展使果蔬供不应求；农产品加工业的蓬勃发展，能带动相关工业行业（如机械设备业）的发展；延长农业产业链，可以带动其他物流、运输行业的发展。农产品加工企业的良好发展可以激发整个产业链的活力，促进经济有序高效运行。

农产品易腐烂，当季蔬果一旦没有得到及时销售，则会给农民造成巨大的经济损失。例如，曾经发生在海南的泡椒、毛节瓜、佛手瓜滞销风波，使当地农民面临着成本难以收回的局面。而加工业的兴起不仅能够解决类似问题，还能带动农产品收入增长。同样是海南的例子，当地在建设了槟榔加工厂后，迅速带动了槟榔价格的上涨，直接促进槟榔种植户增收。由以上举例可见，农产品加工业充满活力有利于保证农民获得收入。农产品加工业需要众多人手，发展农产品加工业自然也能提高就业率，减少社会不安定因素。

#### 2. 农产品加工业的现状

根据《全国食品工业“十二五”发展纲要》提供的数据，2015 年，我国肉类总产量超过 8500 万 t，其中猪肉、牛羊肉、禽肉产量各占 20%、25%和 55%左右；肉制产品产量将超过 1100 万 t，达到肉类总产量的 12.6%。2015 年，我国食品工业总产值超过 37 000

亿元，食品工业产值与农业产值之比将提高到 0.8∶1。目前我国肉类产品的现状不容乐观。由于盐酸克仑特罗、注水肉等肉类食品安全问题，公众对肉类食品安全的保障能力和公共卫生系统的管理能力越来越担心，对肉类食品安全的信任度大幅度降低。近年来，我国肉类食品出口形势严峻，国外对我国肉类出口限制是制约我国肉类产品出口的最大障碍。由于口蹄疫、禽流感等原因，欧盟尚未解除对我国主要动物性食物源及禽类产品的进口禁令；韩国、日本等也没有恢复我国冻鸡等禽肉生品的进口；俄罗斯不仅继续对猪肉、牛肉和禽肉进口实施关税配额管理，而且在 2004 年又宣布禁止我国肉类产品的输入，这些都严重限制和影响了我国肉类产品的对外出口。

随着人均消费肉类的比例加大，肉类行业已经成为我国农业产业化发展的龙头，也是农产品深加工的重要发展领域。但是，肉类行业的安全形势十分严峻，各种安全事件层出不穷，因此必须严格按照《中华人民共和国食品安全法》、《中华人民共和国动物防疫法》、《生猪屠宰管理条例》及《动物标识及疫病可追溯体系》等法律法规，建立动物屠宰加工管理系统，并且在动物屠宰、产品加工环节中落实应用。

### 16.1.2　农产品加工物联网的总体架构

在农产品加工过程中，感知层主要为二维码、RFID 农产品标识信息获取、加工环境监控等方面（魏霜，2013），具体应用如图 16.1 所示。

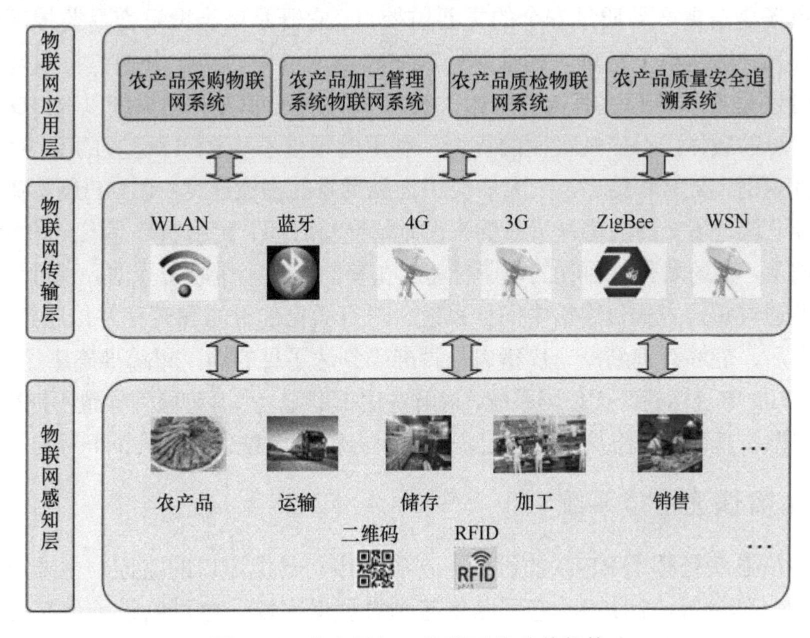


图 16.1　农产品加工物联网的总体架构

### 16.1.3　畜禽产品跟踪与追溯系统

畜牧业是典型的流程型制造业，其特点是所生产的产品不能逆转。畜产品的安全管理，包括生产、加工、储存、运输和销售等各个环节，每一个环节都有可能出现安全问题。

最近几年，食品安全事件屡屡发生，不时引起社会恐慌。因此，畜产品安全的信息化管理已经成为食品安全监管工作中十分重要的组成部分，如何利用信息技术为畜产品的质量安全和生产服务，已是政府、学术界和民众面临的严峻问题。由于物联网中的RFID技术易于操控、简单实用，可以在食品安全管理中快速地反应、追本溯源、确定问题、有效地控制，所以其广泛的应用必然是时代的选择。

郭曼等（2007）将数据网络技术与RFID技术相结合，构建了基于数据网络的RFID农产品质量跟踪与追溯系统，实现了农产品跟踪与信息共享的物联网系统。金淑芳（2008）将RFID技术与传感器技术有效结合，实现水产品供应物流环节全程监控与追踪。李琳娜等（2009）等应用电子标签和自动识别技术，在广东省的7家养殖场、5家批发市场、2家水产品加工企业和1家省级监管中心实施水产品质量安全追溯体系。谢菊芳等（2006）等运用二维条码技术、RFID技术和组件技术，构建了猪肉可追溯系统，实现了该系统对猪及其产品的全程质量控制，完成了基于.NET构架的猪肉安全生产的追溯系统。史海霞和杨毅（2009）通过构建网络体系构架，并运用RFID技术，实现了基于.NET框架下的肉用猪质量的可追溯监测系统，该系统可以实现让消费者追溯到肉的生产全过程，保证了猪肉的质量安全。

### 16.1.4 畜禽批发市场管理系统

批发市场是畜禽产品质量安全的重要监控点。它既是肉类批发交易监控系统和产品安全追溯体系，也是整个畜禽产品追踪监控平台供应链中对应于分销与批发环节的监控系统，同时还是畜产品到达消费者中的关键环节。批发市场管理系统以RFID标签作为肉类批发信息的载体，对应批发商的货物，利用射频技术及RFID标签的手持读取功能，对货物进行识别、交易和结算，大大加快了肉类批发的物流速度。以RFID标签为交易核心数据，可记录进场交易的每件货品的来源地、交易时间、食用农产品安全检测结果。在每一片猪肉上，市场贴有可回收的电子标签。在猪肉到达某个收货点时，识读器将采集相关信息，并通过短信方式传递给中间件系统，进行数据的过滤和暂存并传递到后台系统。该体系建立后，能够查询到每一片猪肉是否准确到达了目的地，跟踪准确率达100%。

使用RFID电子标签替代条码系统，可解决由于潮湿、污渍等原因导致不能准确读出条码信息等问题。其错误率将从1%降低到0.1%，标签平均寿命则将从3个月延长到5年。

### 16.1.5 畜禽快速检疫系统

快速检疫系统是基于RFID的设置，在省、市、县境道口的监控，主要对过境的畜禽疫病监管（刘渊等，2012）。它可以覆盖到大型屠宰场，也可以进一步扩展到冷库和批发市场。该系统中含有动物防疫监督数据库，主要对入境、出境、过境畜禽产品货物情况（品种、数量、产地、去向和检查情况）、证明情况（检疫证号、消毒证号、免疫证号、非免疫号和准运证等）、违章情况（违章原因、移送部门、处理方式和处理金额等）等方面进行有效检查与记录，并对货物全程进行信息追踪，所有数据可供查询及数据汇总。该系统将数据及时反馈给相关的监管部门，并且实现了权限分配功能，使得不同用户能对数据拥有不同访问权限，还实现了对畜产品进出城市的运输进行追踪监控，以确保运输环节中对畜产品做出记录和质量监控（温希军等，2013）。

### 16.1.6　畜屠宰加工管理系统

以动物耳标标识为源头，以动物产品溯源条码为结尾，畜屠宰加工管理系统利用数据库、智能终端、网络通信、二维码、条码等技术，把动物屠宰检疫、产品加工的各个环节的信息整合起来，全程记录并跟踪动物及动物产品的主要业务数据，实现从动物入场检疫、准宰、屠宰、分割、成品检疫、产品销售、数据统计、数据上传，到溯源查询全程监督的可追溯管理。

### 16.1.7　应用案例

新疆维吾尔自治区畜牧厅使用的新疆畜牧综合信息服务平台中的屠宰加工管理子系统，可以实现动物产品安全生产的监督、出证快速化、统计查询方便化和全面的质量安全追溯。

1. 监督安全生产

动物卫生监督管理机构通过此系统，掌控各个屠宰场的动物来源及动物产品流向，按业务类别进行汇总、查询、统计分析，详细了解各屠宰场的生产情况，对日常监督、行政执法等形成有力的帮助。同时，该系统也是提升屠宰场按照标准业务流程安全生产的有力工具。

2. 实现快速出证

系统能根据业务数据自动打印动物产品检疫证，并且支持对打印出来的动物产品检疫合格证进行防伪加密，即在证明的左下角打印一个加密的二维码图案，里面记录了合格证的相关信息，如证明号码、数量、货主等，并且通过移动的智能终端可以进行扫描识别，确保了动物产品检疫合格证的真实性。

3. 方便统计查询

系统提供对屠宰出证情况的综合统计和按动物类别进行某段时间的统计，通过波动的曲线查看屠宰量、生产量、销售量、出证量的情况。

4. 实现全面追溯

系统提供了通过“动物产品检疫合格证明号”查询溯源，溯源到产品的生产单位、货主、畜主、屠宰检疫等相关信息。

## 16.2　农产品物流物联网系统应用

### 16.2.1　农产品物流物联网概述

由于统筹城乡发展，落实惠农富农政策，我国农村经济发展经历了一个较快的增长期（皇甫军红，2013）。2012 年，我国粮食产量达 5895.5 亿 kg，已连续 9 年实现增产；油料产量 347.6 亿 kg，实现连续 5 年增产；棉花总产 68.4 亿 kg，增长 3.8%；糖料产量 1350 亿 kg，增长 7.8%；全国蔬菜总产量 7020 亿 kg，增长 3.4%；猪牛羊禽肉产量 822.1 亿 kg，同比增长 5.4%；禽蛋产量 286.1 亿 kg，同比增长 1.8%；牛奶产量 374.4 亿 kg，同比增长 2.3%。这些农产品除部分农民自用外，大都作为商品进行流通，形成了巨大的农产品物流需求。

我国农产品虽然丰收，但是广大农民收入依然微薄，城乡差距依然存在，农产品收购价暴跌而终端价格较高依然未得到解决。2012 年，河北、山东等地的大白菜迎来了大丰收，但大白菜农民地头收购价为 0.2 元/kg，甚至有些低到 0.1 元/kg，而在城里卖到 2 元/kg，价格涨了 10 倍。农产品“卖难买贵”既是一个“三农”问题，又是一个民生问题。降低农产品物流成本，可以推动我国农村经济的发展，切实增加农民收入，缩小城乡差距。

农产品物流物联网指的是运用物联网技术把农产品生产、运输、仓储、智能交易、质量检测及过程控制管理等节点有机结合起来，建立基于物联网的农产品物流信息网络体系。农产品物流物联网是以食品安全追溯为主线，集农产品生产、收购、运输、仓储、交易、配货于一体的物联网技术的集成应用。应用感知技术（电子标签技术、无线传感技术、GPS 定位技术和视频识别技术等），构建各流通环节的智能信息采集节点，通过网络技术（无线传感网络、3G 网络、有线宽带网络、互联网等），将各个节点有机地结合在一起，通过数据库技术、智能信息处理技术，对农产品生产、加工、运输、仓储、包装、检测和卫生等各个环节进行监控，建立可追溯的完整供应链数据库。物联网技术在农产品物流过程的集成应用，可以提高基础设施的利用率，减少农产品物流货损值，提高农产品物流整体效率，优化农产品物流管理流程，降低农产品物流成本、实现农产品电子化交易，推进传统农产品交易市场向现代化交易市场的整体改造、提高农产品（食品）质量安全，实现农产品从农田(养殖基地)到餐桌的全过程、全方位可溯源的信息化管理(胡艺峰等,2010)。

### 16.2.2 农产品物流物联网的特点

基于物联网技术的现代农产品物流是以先进的物联网信息感知技术为基础，注重服务、人员、技术、信息与管理的综合集成，能够快速、实时、准确地进行信息采集和处理，是农产品物流领域现代生产方式、现代经营管理方式和现代信息技术相结合的综合体现。它强调农产品物流的标准化和高效化，以相对较低的成本提供较高的客户服务水平。农产品物流物联网具有多项特点。

#### 1. 农产品供应链的可视化

从农产品生产、加工、供应商到最终用户，通过使用物联网技术，农产品在整个供应链上的分布情况，以及农产品本身的信息都完全可以实时、准确地反映在信息系统中，使得整个农产品供应链和物流管理过程变成一个完全透明的体系。同时，实时、准确的农产品供应链信息，使得整个系统能够在短时间内对复杂多变的市场做出快速反应，提高农产品供应链对市场变化的适应能力。

2. 农产品物流企业资产管理智能化

农产品自身的生化特性和食品安全的需要决定了它在基础设施、仓储条件、运输工具和质量保证技术手段等方面具有相对专用的特性。在农产品储运过程中，需采取低温、防潮、烘干、防虫害、防霉变等一系列技术措施，以保证农产品的使用价值。它要求有配套的硬件设施，包括专门设立的仓库、输送设备、专用码头、专用运输工具和装卸设备等。并且农产品流通过程中的发货、收货及中转环节都需要进行严格的质量控制，以确保农产品品质。这是其他非农产品流通过程中所不具备的。

在农产品物流企业资产管理中使用物联网技术，对运输车辆等设备的生产运作过程通过标签化的方式进行实时的追踪，便可以实时地监控这些设备的使用情况，实现对企业资产的可视化管理，有助于企业对其整体资产进行合理规划应用。

3. 农产品物流信息同步化、采集自动化

由于农业生产的季节性，农业生产点多面广，消费农产品的地点也很分散，农产品的运输都具有时间性强和地域分布不均衡的特点，同时由于信息交流的制约，农产品流通流向还会出现对流、倒流、迂回等不合理运输现象。各种农产品的收获季节也是农产品的紧张运输期，在其他时间运输量就小得多，这就决定了农产品运输在农产品流通中的重要地位，要求运输工具的配备和调动与之相适应。近几年里，从“蒜你狠”、“豆你玩”、“姜你军”、“辣翻天”、“玉米疯”的高价到菜农因蔬菜收购价太低而弃收的现象，说明了我国农产品市场供求关系存在很多问题（皇甫军红，2013）。

农产品供应链管理是农产品生产、加工、流通企业最有力的竞争工具之一（禄琳和刘凤山，2012）。农产品物流物联网系统在整个农产品供应链管理、设备保存、车流交通和加工工厂生产等方面，实现信息采集、信息处理的自动化及信息的同步化，为用户提供实时准确的农产品状态信息、车辆跟踪定位、运输路径选择、物流网络设计与优化等服务，减少了信息失真的现象，有效控制了供应链管理中的“牛鞭效应”。也可以利用传感器监测追踪特定物体，包括监控货物在途中是否受过震动、温度的变化对其是否有影响、是否损坏其物理结构等，大大提升物流企业综合竞争能力。

4. 农产品物流组织规模化

我国是一个以农户生产经营为基础的农业大国，大多数农产品是由分散的农户进行生产的，相对于其他市场主体，分散农户的市场力量非常薄弱，他们没有力量组织大规模的农产品流通。基于物联网技术的农产品物流系统能够实现农产品物流管理和决策智能化，实现农产品物流的有效组织。例如，库存管理、自动生成订单和优化配送线路等。与此同时，企业能够为客户提供准确、实时的物流信息，并能降低运营成本，实现为客户提供个性化服务，大大提高了企业的客户服务水平。

### 16.2.3　农产品物流物联网的主要技术

物联网主要技术体系包括：感知技术体系、通信与网络传输技术体系和智能信息处理技术体系。下面我们依次针对这几个技术体系在农产品物流上的应用加以介绍。

1. 农产品物流常用的物联网感知技术

射频识别（RFID）技术用于农产品的感知定位、过程追溯、信息采集、物品分类拣选等；GPS 技术用于物流信息系统中以实现对物流运输与配送环节的车辆或物品的定位、追踪、监控与管理；视频与图像感知技术目前还停留在监控阶段，不具备自动感知、识别及智能处理的功能，需要人工对图像进行分析。在物流系统中主要作为其他感知技术的辅助手段，往往会与 RFID 和 GPS（全球定位系统）等技术结合应用。也常用来对物流系统进行安防监控，物流运输中的安全防盗等。传感器感知技术及传感网技术相较于 RFID 和 GPS 等技术较晚使用在物流领域。传感器感知技术与 GPS 和 RFID 等技术结合应用，主要用于对粮食物流系统和冷链物流系统的农产品状态及环境进行感知；扫描、红外、激光和蓝牙等其他感知技术主要用在自动化物流中心自动输送分拣系统，用于对物品编码自动扫描、计数、分拣等方面，激光和红外也应用于物流系统中智能搬运机器人的导引。

2. 农产品物流常用的物联网通信与网络传输技术

在物流系统中，农产品加工物流系统的网络架构，往往都是以企业内部局域网为主体建设独立的网络系统。

在农产品物流公司，由于农产品地域分散，并且货物在实时移动过程中，因此，物流的网络化信息管理往往借助互联网系统与企业局域网相结合应用。在物流中心，物流网络往往基于局域网技术，也采用无线局域网技术和组建物流信息网络系统。在数据通信方面，往往是采用无线通信与有线通信相结合。

3. 农产品物流物联网常用的智能信息处理技术

以物流为核心的智能供应链综合系统、物流公共信息平台等领域常采用的智能处理技术有智能计算技术、云计算技术、数据挖掘技术和专家系统等智能技术。

### 16.2.4 农产品物流物联网系统总体架构

物联网是通过以感知技术为应用的智能感应装置采集物体的信息，把任何物品与互联网连接起来，通过传输网络，到达信息处理中心，最终实现物与物、人与物之间的自动化信息交互与处理的智能网络。它包括了感知层、传输层和应用层三个层次。农产品物流物联网整体技术架构如图 16.2 所示。

1. 农产品物流物联网感知层

感知层主要包括：传感器技术、RFID 技术、二维码技术、多媒体（视频、图像采集、音频、文字）技术等。主要是识别物体，采集信息，与人体结构中皮肤和五官的作用相似。具体到农产品流通中，就是识别和采集在整个流通环节中农产品的相关信息。

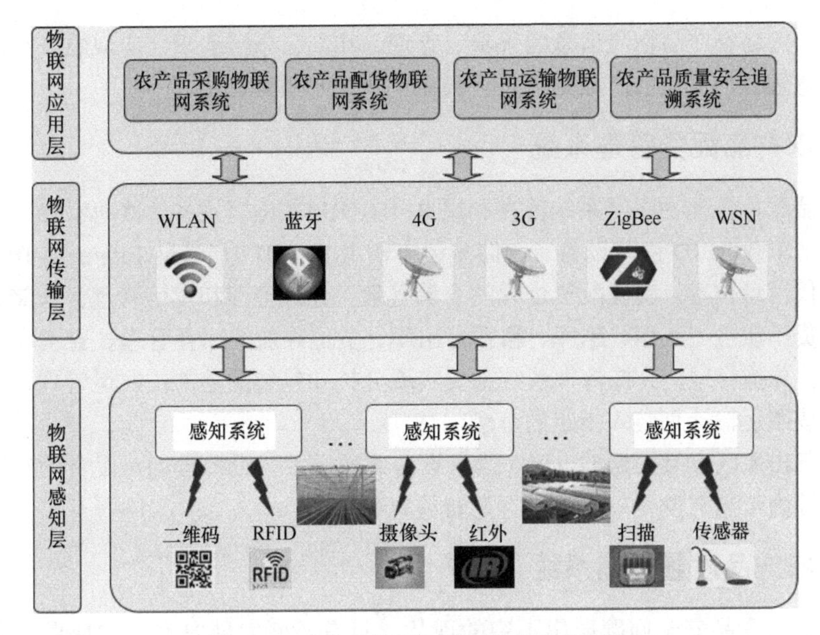


图 16.2　农产品流通物联网整体技术架构

在农产品物流中产品识别、追溯方面，常采用 RFID 技术、条码自动识别技术；分类、拣选方面，常采用 RFID 技术、激光技术、红外技术、条码技术等；运输定位、追踪方面，常采用 GPS 定位技术、RFID 技术、车载视频识别技术；质量控制和状态感知方面。常采用传感器技术（温度、湿度等）、RFID 技术和 GPS 技术。

## 2. 农产品物流物联网传输层

网络层包括通信与互联网的融合网络、网络治理中心、信息中心和智能处理中心等。网络层将感知层获取的信息进行传递和处理，类似于人体结构中的神经中枢和大脑。在一定区域范围内的农产品物流管理与运作的信息系统，常采用企业内部局域网技术，并与互联网、无线网络接口；在不方便布线的地方，采用无线局域网络；在大范围农产品物流运输的管理与调度信息系统，常采用互联网技术和 GPS 技术相结合的方式；在以仓储为核心的物流中心信息系统，常采用现场总线技术、无线局域网技术和局域网技术等网络技术；在网络通信方面，常采用无线移动 356 通信技术、3G 技术和 M2M 技术等。

## 3. 农产品物流物联网应用层

应用层是物联网与行业专业技术的深度融合，与行业需求结合实现行业智能化，这类似于人的社会分工，终极构成人类社会。农产品流通物联网感知信息的获取、存储等云基础处理，采购、配货、运输物联网感知信息云应用服务和农产品流通信息服务云软件服务三个层面，构建农产品物流信息云处理系统、电子交易信息云服务系统、配货信息云服务系统、运输信息云服务系统和农产品流通信息服务系统，进行农产品流通物联网云计算资源的开发与集成，建立农产品物流物联网云计算环境及应用技术体系。面向农产品流通主体提供云端计算能力、存储空间、数据知识、模型资源、应用平台和应用软件服务，提高农产品物流信息的采集、管理、共享、分析水平，实现农产品流通要素聚集、信息融合，促进农产品物流产业链条的快速形成和拓展。

### 16.2.5 农产品配货管理系统

农产品配货管理物联网系统旨在利用 RFID、RFID 读写设备、移动手持 RFID 读写设备、移动车载 RFID 读写设备（仓储搬运车辆用）、WIFI/局域网/Internet、IPv6、智能控制等现代信息技术，实现配货过程的仓储管理、分拣管理和发运管理。仓储管理，主要实现收货、质检、入库、越库、移库、出库、货位导航、库存管理、查询和采购单生成等功能；分拣管理，分拣管理系统主要实现分拣和包装的功能；发运管理，将包装好的容器，按照运输计划装入指定的车辆。

在发货出库区安装固定的 RFID 读取设备或通过手持设备自动对发货的货物进行识别读取标签内信息与发货单匹配进行发货检查确认。

### 16.2.6 农产品质量追溯系统

面对我国食品安全问题层出不穷的现状，只有不断发展农产品的质量安全追溯技术，才能解决农产品的安全问题。消费者也越来越关注自己所购买的商品是否有质量保证，是否存在安全隐患。食品安全问题已经迫在眉睫。

以农产品流通的全程供应链提供追溯依据和手段为目标，以农产品流通全过程流通链为立足点，综合分析各类流通农产品的特点，建立从采购到零售终端的产品质量安全追溯体系。以实现最小流通单元产品质量信息的准确跟踪与查询。

### 16.2.7 农产品运输管理系统

农产品运输物联网系统旨在利用 RFID、RFID 读写设备、移动手持 RFID 读写设备、智能车载终端、GPS/GPRS，WIFI/Internet、IPv6、智能控制等现代信息技术等，实现运输过程的车辆优化调度管理、运输车辆定位监控管理和沿途分发管理。

车辆优化调度。主要实现运输车辆的日常管理、车辆优化调度、运输线路优化调度和货物优化装载等功能。

运输车辆定位监控管理。在途运行的运输车辆通过智能车载终端连接 GPS 和 GPRS，实现运输途中的车辆、货物定位和货物状态实时监控数据上传到物联网的数据服务器，实现运输途中的车辆、货物定位和监测数据上传。

沿途配送分发管理。按照客户所在地分线路配送，沿途的各中转站在运输车辆经过时，用计算机自动识别电子标签，并自动分拣出应卸下的货物，并利用物联网的数据服务器做好相关的业务处理流程工作，然后各发散地按照规划的线路分发到客户手中。

### 16.2.8 农产品采购交易系统

农产品采购交易物联网系统旨在利用 RFID、RFID 读写设备、Internet、无线通信网络、3G、RFID、IPv6 和智能控制等现代信息技术，实现采购过程的数据采集与产品质量控制管理，是农产品物流的全链条信息化管理的开始。

1. 电子标签制作与数据上传

生产基地生产出来的产品（采购部门采购回来的产品）在装箱之前制作好电子标签并通过手持式 RFID 读卡器或智能移动读写设备把信息通过网络传输到系统服务器的数据库中，由此开始了管理追踪农产品流通全过程。其信息主要包括品名、产地、数量、所占库位大小和预计到货时间等，并在物联网的数据服务器做好相关的业务处理工作，这样就能有效地为配送总部做好冷库储藏的准备和协调工作。

2. 采购单管理

主要根据库存信息、客户订单生成采购单，以便实现采购单管理。实现环境：RFID、RFID 读写设备、移动 RFID 读写设备、无线通信网络、Internet 网络和计算机等。

### 16.2.9　应用案例

2004 年，北京市场内连续发生以张北（河北）毒蔬菜事件和香河（河北）毒韭菜事件为代表的较为严重食品安全事故，不仅给首都消费者带来了较大恐慌，也给河北的蔬菜产业带来较大损失。农业部适时组织开展了“京冀两地蔬菜产品质量追溯制度试点”，这项工作由北京市农业局和河北省农业厅具体组织实施。试点工作选择河北承德、唐山等地 6 个代表性的蔬菜生产基地，探讨进京蔬菜产品产地加工、分级和包装和基地产品应用产品标签信息码的应用等，实现农产品的源头追溯和流向追踪等。

2009 年成都市为各家农贸市场的猪肉全安上电子芯片，跟踪记录猪肉产品屠宰、加工、批发和零售各个环节的质量安全信息，并配备专门的电子溯源秤，消费者据小票上的食品安全追溯码查询获取各环节信息。

2010 年 10 月，商务部宣布在全国有条件的大中城市率先启动肉类蔬菜流通追溯体系建设试点，成都是首批 10 个试点城市之一。目前，成都的肉类蔬菜流通追溯体系覆盖点位已经超过 10 000 个，以猪肉溯源系统为例，市民可以追踪到批发商、屠宰企业、屠宰时间、肉品检验、动物检验情况、生猪供应商、生猪原产地、产地检疫号、运输车牌号等翔实内容。

农产品物流物联网是以食品安全追溯为主线，应用电子标签技术、无线传感技术、GPS 定位技术和视频识别技术等感知技术，应用无线传感网络、3G 网络、有线宽带网络和互联网等网络技术，把农产品生产、运输、仓储、智能交易、质量检测及过程控制管理等节点有机结合起来，建立基于物联网的农产品物流信息网络体系。基于物联网技术的农产品物流系统是物联网技术与农产品物流技术的集成与融合，它不同于传统农产品物流系统，是农产品物流的更高阶段，是农产品全程质量控制，是保障农产品质量和安全的重要措施。

基于物联网技术建设农产品流通体系模式处于“初创”阶段，可以预计，今后还会出现多种多样有效的现代化农产流通体系。目前，物联网技术处于起步时期，技术仍然在急剧变革和创新，市场在迅速增长中变数也非常大，因此，在过去一段时期内，农产品流通体系会处于“百花齐放”阶段，农产品流通模式模式层出不穷，创新空间很大，但是其内在基本规律已经体现并可以总结。

## 参 考 文 献

胡艺峰, 张友华, 李绍稳, 等. 2010. 物联网在农产品物流中的应用研究, 北京: 中国农业工程学会电气信息与自动化专委会、中国电机工程学会农村电气化分会科技与教育专委会 2010 年学术年会.

皇甫军红. 2013. 我国农产品物流存在的问题及对策. 山西农业科学, 41(8): 882-884.

郭曼, 朱海鹏, 郦晶. 2007. 基于数据网格的 RFID 农产品跟踪与追溯系统研究. 农机化研究, (11): 101-104.

金淑芳. 2008. RFID 技术在水产品供应链中的应用. 物流科技, 13(4): 96-98.

李道亮. 2012. 农业物联网导论. 北京: 科学出版社.

李琳娜, 陈文, 宋怿, 等. 2009. 水产品质量安全及溯源系统的建立与应用. 中国水产, (3): 11-13.

刘渊, 杨泽林, 赵永军. 2012. 基于 RFID 的物联网技术在畜牧业中的应用. 黑龙江畜牧兽医, (8): 15-17.

禄琳, 刘凤山. 2012. 基于物联网的农产品供应链管理研究. 现代化农业, (7): 57-60.

史海霞, 杨毅. 2009. 肉用猪质量安全追溯系统. 农机化研究, 31(12): 61-64.

魏霜. 2013. 物联网技术在农产品质量安全追溯中的应用. 中外企业家, (11): 130-131.

温希军, 陈新文, 王琼, 等. 2013. 动物屠宰加工管理系统中物联网技术的应用. 物联网技术, (4): 81-83.

谢菊芳, 陆昌华, 李保明, 等. 2006. 基于.NET 构架的猪肉安全可追溯系统实现. 农业工程学报, 22(6): 218-220.